FÍSICA DOS SEMICONDUTORES

M.I. Vasilevskiy, M.I.C. Ferreira

FÍSICA DOS SEMICONDUTORES

FUNDAMENTOS, APLICAÇÕES E NANOESTRUTURAS

FÍSICA DOS SEMICONDUTORES

AUTOR
M.I. VASILEVSKIY, M.I.C. FERREIRA

EDITOR
EDIÇÕES ALMEDINA, SA
Rua da Estrela, n.º 6
3000-161 Coimbra
Tel: 239 851 904
Fax: 239 851 901
www.almedina.net
editora@almedina.net

EXECUÇÃO GRÁFICA
G.C. GRÁFICA DE COIMBRA, LDA.
Palheira – Assafarge
3001-453 Coimbra
producao@graficadecoimbra.pt

Setembro, 2005

DEPÓSITO LEGAL
233086/05

Toda a reprodução desta obra, por fotocópia ou outro qualquer processo,
sem prévia autorização escrita do Editor,
é ilícita e passível de procedimento judicial contra o infractor.

ÍNDICE

Nota prévia 9

Lista de símbolos principais 11

Capítulo I – Propriedades básicas dos semicondutores. Teoria das bandas electrónicas.

1.1. .. Introdução. As propriedades básicas dos semicondutores 15
1.2. ... Espectros electrónicos em sólidos cristalinos 15
    1.2.1. A equação de Schrödinger de um electrão num cristal 15
    1.2.2. O teorema de Bloch 18
    1.2.3. Consequências do teorema de Bloch 19
    1.2.4. Aproximação dos electrões quase-livres 21
    1.2.5. Aproximação da ligação forte (*tight-binding approximation*) 23
    1.2.6. Métodos de cálculo da estrutura das bandas 26
        1.2.6.1. Característica geral 26
        1.2.6.2. O método do pseudopotencial 26
        1.2.6.3. O método $k \cdot p$ 29
1.3. Ocupação das bandas a $T = 0$. Classificação dos sólidos do ponto de vista da teoria
    das bandas 31
1.4. A descrição quase-clássica dos estados electrónicos 33
    1.4.1. A massa efectiva 33
    1.4.2. A conservação do quase-momento. A segunda lei de Newton num cristal 35
1.5. O conceito de lacuna 37
1.6. A interacção spin-órbita. Lacunas leves e pesadas 39
1.7. Os materiais semicondutores mais importantes e a sua estrutura de bandas 44
    1.7.1. A estrutura cristalina e a rede recíproca 44
    1.7.2. Variação dos parâmetros da estrutura das bandas com a temperatura 47
    1.7.3. Determinação experimental de alguns parâmetros da estrutura das bandas 48
1.8. Níveis locais de energia devidos a impurezas. O modelo hidrogenóide 48
Problemas 53
Bibliografia 66

Capítulo II – Estatística dos portadores de carga 67

2.1. A densidade de estados numa banda electrónica 67
    2.1.1. A expressão geral 67
    2.1.2. O espectro parabólico 68
    2.1.3. As singularidades de Van Hove 69
    2.1.4. A densidade de estados nos níveis locais 70

6   *Física dos Semicondutores*

2.2. A distribuição de Fermi-Dirac nas bandas e nos níveis locais. O nível de Fermi 72
2.3. A concentração de portadores de carga e o nível de Fermi em função da temperatura
    e da concentração de impurezas 74
    2.3.1. Expressões gerais. A equação de neutralidade 74
    2.3.2. Semicondutor intrínseco 76
    2.3.3. Semicondutores dopados 77
Problemas 81
Bibliografia 89

Capítulo III – Fenómenos de transporte 91

3.1. A fórmula de Drude para a condutividade eléctrica 91
3.2. A equação cinética de Boltzmann. A aproximação do tempo de relaxação 94
3.3. Os principais mecanismos de difusão de portadores de carga em semicondutores 99
    3.3.1. O tempo de relaxação microscópico 99
    3.3.2. Difusão por iões de impurezas 99
    3.3.3. Fonões em semicondutores cristalinos 101
    3.3.4. Difusão por fonões 107
3.4. A condutividade eléctrica no formalismo da equação de Boltzmann 110
3.5. A difusão espacial dos portadores de carga em semicondutores 113
3.6. O efeito de Hall 114
    3.6.1. Aspectos introdutórios 114
    3.6.2. Estudo detalhado com base na equação cinética 118
    3.6.3. Medição do efeito de Hall. O método de Van der Pauw 125
    3.6.4. Magnetoresistência 126
    3.6.5. O caso de campos magnéticos fortes 127
    3.6.6. Efeitos quânticos 128
3.7. Os efeitos termoeléctricos 132
    3.7.1. Efeitos causados por um gradiente de temperatura 132
    3.7.2. Efeito de Seebeck 134
    3.7.3. Efeitos de Thomson e de Peltier 135
    3.7.4. Efeitos termo-galvanomagnéticos 137
3.8. Os electrões quentes 138
Problemas 144
Bibliografia 152

Capítulo IV – Óptica de semicondutores 153

4.1. Os principais processos de interacção da luz com a matéria sólida. As relações da
    electrodinâmica microscópica 153
4.2. Transições inter-bandas 156
    4.2.1. Transições verticais 156
    4.2.2. A expressão microscópica para a função dieléctrica 157
    4.2.3. Os factores que influenciam o limiar de absorção 164
    4.2.4. Transições não verticais com a participação de fonões 166
4.3. Excitões. Absorção excitónica 168
4.4. Outros mecanismos de absorção 172
    4.4.1. Absorção por electrões livres. Plasmões 172
    4.4.2. Transições entre sub-bandas de lacunas 175
    4.4.3. Interacção da radiação electromagnética com fonões ópticos 177
    4.4.4. Absorção com participação de níveis devidos a impurezas 180

Índice

4.5. Efeitos electro-ópticos e magneto-ópticos 181
4.6. Portadores de carga fora do equilíbrio. O tempo de vida 186
    4.6.1. Definições e equação de balanço 186
    4.6.2. Recombinação não radiativa 188
    4.6.3. Recombinação na superfície 191
    4.6.4. Recombinação radiativa 193
4.7. Fotoluminescência 197
4.8. Fotocondutividade 201
Problemas 204
Bibliografia 211

Capítulo V – Fenómenos de contacto 213
5.1. O perfil do potencial eléctrico para uma junção p-n 213
5.2. Junção p-n fora de equilíbrio. As características estáticas I-V 217
5.3. A capacidade eléctrica da junção p-n 221
5.4. Aplicações de junções p-n 222
    5.4.1. Díodos e transístores 222
    5.4.2. Fotodíodos 224
    5.4.3. Díodos emissores de luz (LEDs) e lasers de injecção 227
    5.4.4. A fabricação das junções p-n 232
5.5. Heterojunções 234
    5.5.1. Heterojunções de semicondutores 234
    5.5.2. Junções metal-semicondutor 237
Problemas 242
Bibliografia 247

Capítulo VI – Estruturas de semicondutores com confinamento quântico 249
6.1. Heteroestruturas com gás electrónico bidimensional 250
    6.1.1. A realização de um gás electrónico bidimensional e o seu espectro de energia 250
    6.1.2. O efeito Hall quântico 259
    6.1.3. Propriedades ópticas de poços quânticos 268
        6.1.3.1. Transições ópticas inter-bandas 268
        6.1.3.2. Transições entre várias sub-bandas da mesma banda 273
        6.1.3.3. Lasers de injecção com poços quânticos 274
6.2. Estruturas com heterojunções múltiplas. Super-redes 276
    6.2.1. Díodo de efeito túnel ressonante 276
    6.2.2. Heteroestruturas com poços quânticos múltiplos 282
    6.2.3. Super-redes 286
6.3. Fios e pontos quânticos 290
    6.3.1. Fios quânticos 290
    6.3.2. Pontos quânticos 294
        6.3.2.1. Características gerais e métodos de fabrico 294
        6.3.2.2. Espectros electrónicos e propriedades ópticas dos nanocristais 297
        6.3.2.3. Pontos quânticos auto-organizados 308
Problemas 320
Bibliografia 334

Nota prévia

O estudo das propriedades dos materiais que actualmente designamos por semicondutores começou muito provavelmente nos anos 30 do século XIX, quando Michael Faraday descobriu que a condutividade eléctrica do sulfato de prata, ao contrário dos outros condutores sólidos, aumentava com a temperatura. Ainda no século XIX foi registado o fenómeno da fotocondutividade do selénio, que consiste em um aumento muito forte da condutividade eléctrica quando o material é iluminado por luz, um efeito nunca observado em metais. Provavelmente o primeiro dispositivo a ser construído à base de um material semicondutor foi uma fonte de corrente contínua que fazia uso deste efeito, realizada por C. Fritts[1] em 1883. Ele conseguiu depositar um filme de selénio em cima de um substrato metálico, com cerca de $30cm^2$ de área, e cobriu o filme com uma camada de ouro tão fina que era transparente à luz visível. A iluminação produzia uma corrente eléctrica considerável no fio que ligava o contacto de ouro ao substrato metálico. Hoje em dia este dispositivo seria chamado célula fotovoltaica.

A invenção do transístor, em 1947, por J. Bardeen, W. H. Brattain e W. B. Shockley, investigadores dos Laboratórios Bell (EUA), é indiscutivelmente um marco na expansão da Física dos Semicondutores e, como tal, no desenvolvimento de inúmeros dispositivos electrónicos que utilizamos diariamente, muitas vezes sem dar conta disso.

Um outro momento assinalável neste mesmo campo da Física é a invenção dos circuitos integrados, por J. Kilby (Texas Instruments, 1958) e por J. Hoemi e R. Noyce (Fairchild Semiconductor Corporation, 1959).

Posteriormente, em 1970, o aparecimento do microprocessador permitiu a utilização intensiva do computador incorporado em inúmeros dispositivos electrónicos de muito pequena dimensão. É de mencionar também o laser de semicondutor (realizado, pela primeira vez, em 1962 e, praticamente ao mesmo tempo, por vários grupos de investigadores[2] nos EUA), que é muito compacto e versátil em comparação com os outros tipos de lasers e, por isso, tem aplicações muito variadas, em equipamentos sofisticados de alta tecnologia e em leitores de CDs portáteis.

Na base de todos estes dispositivos vamos encontrar uma electrónica de alta precisão que se baseia nas propriedades dos chamados materiais semicondutores, tais como o silício, o germânio, o arsenieto de gálio, o óxido de cobre, polímeros orgânicos, etc.

Os mais recentes avanços científicos no campo da Ciência e Tecnologia dos Materiais permitem produzir dispositivos baseados nos chamados pontos quânticos, ou seja, domínios de matéria cuja dimensão característica é da ordem dos nanometros, em que as propriedades electrónicas são governadas pelas leis da Mecânica Quântica.

Estes desenvolvimentos são sustentados pela compreensão dos fenómenos físicos que estão na base dos dispositivos electrónicos de alta tecnologia. Neste campo merece especial destaque a Física dos Semicondutores por ser o ramo da Física que permite estudar a estrutura, as propriedades fundamentais e as aplicações dos materiais semicondutores em campos tão distintos como a Electrónica, as Ciências do Espaço, as Telecomunicações e as Ciências da Vida e da Saúde. A importância da Física dos Semicondutores foi reconhecida, por exemplo, na atribuição do Prémio Nobel da Física de 2000 aos cientistas Z. Alferov e H. Kroemer pelo desenvolvimento dos semicondutores heteroestruturados para optoelectrónica e a J. Kilby pela criação do circuito integrado.

---

[1] C. Fritts, Proc. Am. Assoc. Adv. Sci. **33**, 97 (1883)

[2] R.N. Hall et al, Phys. Rev. Lett. **9**, 366 (1962); M.I. Nathan et al, Appl. Phys. Lett. **1**, 62 (1962); N. Holonyak, S.F. Bevasqua, Appl. Phys. Lett. **1**, 82 (1962)

Neste livro os autores apresentam os conceitos e as teorias subjacentes ao estudo das propriedades dos materiais semicondutores e de muitas das suas aplicações mais relevantes e recentes, como os dispositivos com base nas junções *p-n*, heterojunções, e nanoestruturas com confinamento quântico de portadores de carga.

As matérias abordadas no presente livro têm como principal público-alvo estudantes universitários de cursos graduados ou pós-graduados em Física, Engenharia Física, Engenharia de Materiais, Engenharia Electrónica e afins. Pressupõe-se que os leitores têm formação em Física Geral, em Análise Matemática e que já possuem competências básicas em Mecânica Quântica, Física Estatística e do Estado Sólido.

A abordagem dos tópicos é feita procurando um tratamento teórico rigoroso, porém aplicado a situações que correspondem a aplicações já desenvolvidas ou de potencial interesse. Os autores reconhecem que várias partes do livro podem ter um nível de dificuldade considerável. Os temas mais recentes, como os considerados no último capítulo, que é dedicado às nanoestruturas, exigem uma preparação mais avançada e talvez um maior esforço por parte do leitor.

O livro contém cerca de 100 problemas, muitos deles resolvidos de forma detalhada e outros com resposta, o que tem por objectivo demonstrar a dedução de algumas fórmulas apresentadas no texto ou então fornecer informação complementar sobre os conteúdos considerados. Uma parte dos problemas é dedicada à aplicação numérica dos resultados teóricos apresentados. Estes problemas são importantes para o leitor começar a "sentir" as ordens de grandeza dos parâmetros típicos dos materiais semicondutores e dispositivos. Usa-se o sistema de unidades CGS, o qual é mais apropriado para a Física Teórica. Normalmente a passagem para as unidades do sistema SI não provoca dificuldades, por exemplo, nas expressões onde está presente a constante dieléctrica ela deve ser multiplicada por $4\pi\bar{\varepsilon}_0$ (com $\bar{\varepsilon}_0$ a permitividade eléctrica do vácuo).

É com grande prazer que os autores agradecem a ajuda valiosa de Igor Vasilevskiy na preparação das figuras, de Maria Vasilevskaya na preparação do manuscrito, e de Rafael Miranda na revisão final do manuscrito.

Braga, 1 de Julho de 2005

Os autores

Lista de símbolos principais

Letras latinas

a - constante da rede cristalina
A - várias constantes
$\vec{A}$ - potencial vector
a_b - raio de Bohr efectivo do electrão
$a_c \left(a_v\right)$ - potencial de deformação para a banda de condução (valência)
a_{ex} - raio de Bohr efectivo do excitão
a_H - raio de Bohr
$\hat{a}\left(\hat{a}^+\right)$ - operador de criação (aniquilação) de fotão
b - constante da rede recíproca; largura de barreira
B - intensidade do campo magnético
c - velocidade da luz
C - capacidade eléctrica (por unidade de área)
d - espessura
D - coeficiente de difusão; elemento de matriz de Kane
$\vec{D}$ - deslocamento eléctrico
e - carga do electrão
$\vec{e}$ - vector (unitário) de polarização
e_T - carga "transversal"
E - energia
E_g - energia do *gap*
E_F - energia de Fermi
E - intensidade do campo eléctrico
f - função de distribuição
F - força; função envelope
$F_n\left(F_p\right)$ - pseudo-nível de Fermi para electrões (lacunas)
$F_{1/2}$ - integral de Fermi
g - densidade de estados
G - taxa de geração de portadores de carga (por unidade de volume); condutância
$\overline{G}$ - taxa de geração de portadores de carga (por unidade de área)
H - hamiltoniano
h - altura; $(= 2\pi\hbar)$ - constante de Planck
I - intensidade de corrente eléctrica; intensidade de emissão
$\vec{j}$ - densidade de corrente eléctrica
j_l - função esférica de Bessel
J - momento angular total
J_0 - densidade de corrente de saturação
$\vec{k}$, $\vec{K}$ - vector de onda
k - constante de Boltzmann; módulo do vector de onda
l - momento orbital; comprimento
L - comprimento; parâmetro do método "$\vec{k}\cdot\vec{p}$"

L_D - comprimento de Debye

m_0 - massa do electrão livre

m^* - massa efectiva

m_e - massa efectiva do electrão

m_{lh} - massa efectiva da lacuna leve

m_{hh} - massa efectiva da lacuna pesada

m_{ds}^* - massa efectiva da densidade de estados

M - massa atómica; massa do excitão; parâmetro do método "$\vec{k} \cdot \vec{p}$"

n - concentração de partículas; número quântico

$\hat{n}$ - índice de refracção complexo

N - número de átomos; número de estados; parâmetro do método "$\vec{k} \cdot \vec{p}$"

$N_c \left(N_v \right)$ - densidade de estados efectiva na banda de condução (valência)

$\vec{p}$ - momento linear; quase-momento

p - concentração de lacunas; módulo do quase-momento

$\vec{P}_{cv}$ - elemento de matriz do operador do momento linear

$\vec{q}$ - vector de onda do fonão

Q - carga eléctrica

$\vec{r}$ - vector de posição

r - distância

r_H - factor de Hall

R - resistência eléctrica; reflectância óptica; taxa de recombinação; raio de nanocristal

R - reflectância de barreira

R_{ex} - Rydberg efectivo do excitão

R_H - constante de Hall

s - spin

S - área

$S_n \left(S_p \right)$ - taxa de recombinação na superfície para electrões (lacunas)

t - tempo

T - temperatura; transmitância óptica

T - transmitância de barreira

T_e - temperatura electrónica

$u_{\vec{k}}$, u_n - amplitude de Bloch

U - energia potencial; f.e.m.

U_C - energia de correlação

v - velocidade

v_d - velocidade de deriva

υ - volume da célula unitária

V - energia potencial, ou simplesmente "potencial"; tensão eléctrica

V - volume de cristal

w, W - probabilidade de transição por unidade de tempo

$\vec{w}$ - fluxo térmico; deslocamento relativo de duas sub-redes

W - largura

Y - rendimento quântico

Y_{lm} - função harmónica esférica

Z - carga relativa

Letras gregas

α - coeficiente de absorção

α_T - coeficiente termoeléctrico

β - factor de degenerescência de um nível local; vários coeficientes adimensionais

γ - parâmetros de Luttinger; variância de uma distribuição gaussiana; vários coeficientes

δ - fase de onda de De Broglie

$\delta(x)$ - função de Dirac

δ_{ij} - símbolo de Kronecker

Δ_{so} - energia de interacção spin-órbita

ε - nível de energia atómico

$\hat{\varepsilon}$ - função dieléctrica complexa

ε_0 - constante dieléctrica estática

ε_∞ - constante dieléctrica a altas frequências

ε_{ij} - componentes do tensor de deformação

η - índice de refracção

$\theta(x)$ - função de Heaviside

ϑ, ϕ - ângulos esféricos

κ - condutividade térmica; coeficiente de extinção

λ - comprimento de onda

$\mu_n(\mu_p)$ - mobilidade de electrões (lacunas)

μ_H - mobilidade de Hall

μ_{eh}^* - massa efectiva reduzida do excitão

ν - factor de degenerescência

ρ - resistividade eléctrica; densidade de estados do fotão; raio em coordenadas cilíndricas

σ - condutividade eléctrica; componente z do spin; secção eficaz

τ - tempo de relaxação de Drude

τ_e - tempo de relaxação de energia

τ_{fc} - tempo de relaxação de fotocondutividade

τ_p - tempo de relaxação microscópico

τ_r - tempo de vida

τ_{rad} - tempo de vida para recombinação radiativa

φ - potencial eléctrico; orbital atómica

φ_c - potencial de contacto

φ_s - potencial de superfície

Φ - trabalho de extracção

χ - afinidade electrónica

Ψ - função de onda de um sistema de muitas partículas

ψ - função de onda de uma partícula

ω - frequência

ω_c - frequência ciclotrónica

ω_{LO} - frequência de fonão óptico longitudinal

ω_p - frequência de plasmão

ω_{TO} - frequência de fonão óptico transversal

Ω - ângulo sólido

CAPÍTULO I
PROPRIEDADES BÁSICAS DOS SEMICONDUTORES. TEORIA DAS BANDAS ELECTRÓNICAS

Neste capítulo são apresentados os conceitos básicos da física do estado sólido e a teoria das bandas electrónicas de um sólido, aplicada às situações mais usuais no campo dos semicondutores.

São aplicados e discutidos os conceitos de massa efectiva e de lacuna, bem como o papel das impurezas nos semicondutores, de acordo com o formalismo da mecânica quântica.

São referidas as propriedades de semicondutores bem conhecidos como sejam o silício, o germânio e o arsenieto de gálio.

1.1. Introdução. As propriedades básicas dos semicondutores

O estudo da condutividade eléctrica dos materiais tem revelado que os chamados materiais metálicos possuem condutividades eléctricas elevadas ($\sigma > 10^5 \Omega^{-1} cm^{-1}$) que diminuem com o aumento da temperatura.

Por outro lado, materiais como o sulfureto de prata apresentam condutividades eléctricas muito inferiores às dos metais ($\sigma \approx 10^{-10} \Omega^{-1} cm^{-1}$). Além disso, a condutividade destes aumenta com a temperatura, contrariamente ao caso dos metais. É interessante notar que a noção de semicondutor como uma classe de materiais distinta dos condutores "normais" antecedeu em muitos anos (Faraday, 1833) os desenvolvimentos teóricos deste campo da Física.

Com efeito, só a aplicação da mecânica quântica ao estudo dos estados electrónicos dos sólidos permitiu o desenvolvimento da teoria das bandas (Sommerfeld, 1930), a partir da qual foi possível explicar os mecanismos da condução eléctrica nos metais e nos semicondutores.

Na tabela 1.1 apresentam-se exemplos de materiais semicondutores de diversos tipos.

Tabela 1.1 Classificação dos materiais semicondutores

	Elementares		$Si, Ge, S, Se, Te, B, P,...$
Cristalinos	Compostos binários	III – V:	$GaAs, InP, InSb, GaN,...$
		II – VI	$CdS, CdTe, ZnSe, CdO,...$
		IV – VI	$PbS, PbTe,...$
		IV – IV	SiC
	Óxidos		$CuO, Cu_2O, La_2CuO_4,...$
	Soluções sólidas		$Si_xGe_{1-x} \quad (x = 0 \div 1)$ $Al_xGa_{1-x}As, Cd_xHg_{1-x}Te, ZnS_xSe_{1-x}$
Não cristalinos	Amorfos		Silício amorfo, TiO_2
	Orgânicos		Polímeros "conjugados" (MEH-PPV)

Como se vê, existe uma grande diversidade de materiais semicondutores. Porém, os de mais vasta aplicação são os dispositivos baseados no silício que é o elemento químico mais abundante na natureza. No entanto, os materiais que se usam em optoelectrónica são outros. Por exemplo, o arsenieto de gálio é o material mais usado para os emissores e detectores de luz vermelha (incluindo os lasers utilizados hoje em dia nos leitores de CDs), o GaN é usado para fontes de luz azul e verde, a solução sólida $Cd_x Hg_{1-x} Te$ é um material exclusivo para as aplicações no infravermelho longínquo (os aparelhos de visão nocturna e termovisores), células solares são feitas à base do CdS. Mais recentemente o desenvolvimento da electrónica molecular permite antever a produção de novos dispositivos baseados em materiais híbridos ou em estruturas moleculares organizadas.

Para além da grande variedade de materiais semicondutores puros na natureza, a dopagem permite variações muito elevadas em determinadas propriedades físicas. Assim, por exemplo, a condutividade do germânio puro, que toma o valor $\sigma_{Ge} = 2 \cdot 10^{-3} \Omega^{-1} cm^{-1}$ a $T=300K$ pode aumentar até seis ordens de grandeza para o germânio dopado (compare-se com a condutividade do cobre, que é $\sigma_{Cu} = 5.8 \cdot 10^5 \Omega^{-1} cm^{-1}$). Dependendo do tipo de impurezas, um determinado material semicondutor pode ter portadores de carga maioritários positivos ou negativos. Como exemplo cita-se o caso do silício, que pode ser preparado como material tipo *n* (portadores maioritários os electrões) ou então como material tipo *p* (portadores maioritários positivos, as lacunas). Um contacto de um material tipo *n* com um material tipo *p* (junção *p-n*) tem resistência eléctrica que depende fortemente da polaridade da diferença de potencial aplicada, o que está na base do funcionamento do díodo sólido e do transístor.

Dum modo sucinto, indicam-se como **principais características dos semicondutores** as seguintes:

1. em semicondutores puros, a condutividade aumenta em função da temperatura segundo uma lei exponencial;
2. em semicondutores com impurezas, a condutividade depende fortemente da concentração das impurezas;
3. a condutividade aumenta sob iluminação (o efeito fotoeléctrico interno);
4. dependendo do tipo de impurezas, um semicondutor pode ter portadores de carga maioritários negativos ou positivos;
5. um contacto metal-semicondutor ou um contacto de dois semicondutores com portadores de carga maioritários de sinal diferente têm propriedade rectificadora, ou seja, a condutividade destes contactos é anisotrópica.

Como se verá nos capítulos seguintes, a teoria das bandas electrónicas e os níveis electrónicos locais criados pelas impurezas, permitem explicar estas propriedades e descrevê-las quantitativamente.

1.2. Estados electrónicos em sólidos cristalinos

1.2.1. A equação de Schrödinger de um electrão num cristal

Considere-se um cristal formado por N_a átomos multielectrónicos, que contém N electrões. A equação de Schrödinger para o cristal envolve o seguinte hamiltoniano:

$$H\left(\cdots, \vec{R}_j, \cdots, \vec{r}_i, \cdots\right) = -\frac{\hbar^2}{2} \sum_j \frac{1}{M_j} \nabla_j^2 - \frac{\hbar^2}{2m_0} \sum_i \nabla_i^2$$

$$+\frac{1}{2} \sum_{j,j'}{}' \frac{Z_j Z_{j'} e^2}{\left|\vec{R}_j - \vec{R}_{j'}\right|} + \frac{1}{2} \sum_{i,i'}{}' \frac{e^2}{\left|\vec{r}_i - \vec{r}_{i'}\right|} - \sum_{i,j} \frac{Z_j e^2}{\left|\vec{r}_i - \vec{R}_j\right|} , \qquad (1.1)$$

onde os $\vec{R}_j$-s são os vectores de posição dos iões e os $\vec{r}_i$-s são os dos electrões, M_j é a massa do respectivo ião, $Z_j e$ é a sua carga e m_0 é a massa do electrão.

A função de onda completa envolve todas as coordenadas de espaço dos núcleos e dos electrões (cerca de 10^{23} parâmetros independentes ou argumentos), ou seja, é demasiado complexa para se obter como solução exacta da equação de Schrödinger. Para além disso, as interacções electrão-ião e entre pares de iões e pares de electrões não permitem decompor a equação de Schrödinger do cristal em tantas equações diferenciais quantos os parâmetros independentes. Assim, há que introduzir aproximações. Por norma são adoptadas as seguintes [1.1, 1.2]:

a) a **aproximação adiabática** ($\vec{R}_j = \text{const}$), que consiste em considerar que os electrões se "movem" numa configuração espacial de núcleos aproximadamente constante, isto é, de núcleos que possuem movimentos vibracionais muito lentos, e que permite eliminar cerca de metade dos graus de liberdade relacionados com o movimento dos iões;

b) a **aproximação do campo médio**, que permite reduzir o problema de muitos electrões ao de um electrão, através da introdução de um potencial efectivo, criado pelo conjunto de todos os iões e todos os electrões menos o electrão considerado:

$$V_{\textit{eff}}(\vec{r}_i) = -\sum_j \frac{Z_j e^2}{\left|\vec{r}_i - \vec{R}_j\right|} + \sum_{i' \neq i} e^2 \int d\vec{r}_{i'} \frac{\left|\psi_{i'}\right|^2}{\left|\vec{r}_i - \vec{r}_{i'}\right|} \ .$$

Nestas aproximações a função de onda do cristal é simplesmente o produto (de $N \approx 10^{23}$) das funções de onda dos electrões individuais:

$$\Psi(\cdots, \vec{r}_i, \cdots) = \prod_{i=1}^{N} \psi(\vec{r}_i) \ .$$

O uso do potencial efectivo acima apresentado e da função de onda factorizada chama-se aproximação de Hartree ou do campo auto-consistente. A teoria do campo médio foi posteriormente refinada de forma a considerar a interacção de troca ou permuta entre os electrões. Nesta aproximação, designada por aproximação de Hartree-Fock [1.2], a função de onda total de cada electrão escreve-se como o produto da função de onda espacial (orbital) pela função de onda de spin e é anti-simétrica em relação a todas as permutações possíveis dos electrões, ou seja, obedece ao princípio de Pauli.

De qualquer forma, o **potencial efectivo**, $V_{\textit{eff}}(\vec{r})$, não é conhecido explicitamente. A única coisa que se sabe sobre este potencial é que ele é periódico,

$$V_{\textit{eff}}(\vec{r} + \vec{a}_n) = V_{\textit{eff}}(\vec{r})$$

onde $\vec{a}_n$ é um dos vectores de translação da rede cristalina. No entanto, a periodicidade de $V_{\textit{eff}}(\vec{r})$, adiante designado por $V(\vec{r})$, permite tirar desde já algumas conclusões importantes relativamente ao espectro electrónico do cristal.

1.2.2. O teorema de Bloch

Na aproximação de campo médio, a equação de Schrödinger para um electrão no cristal é:

$$-\frac{\hbar^2}{2m_0}\nabla^2\psi(\vec{r})+V(\vec{r})\psi(\vec{r})=E\psi(\vec{r})\ . \tag{1.2}$$

Esta equação pode ser reescrita para um outro ponto, distante de um vector de translação:

$$-\frac{\hbar^2}{2m_0}\nabla^2\psi(\vec{r}+\vec{a}_n)+V(\vec{r})\psi(\vec{r}+\vec{a}_n)=E\psi(\vec{r}+\vec{a}_n)\ .$$

Mas, tendo em consideração a periodicidade do potencial, será,

$$\psi(\vec{r}+\vec{a}_n)=C_n\psi(\vec{r}),$$

com C_n uma constante que satisfaz a condição de normalização $|C_n|=1$.

De igual modo, para um outro vector de translação $\vec{a}_{n'}\neq\vec{a}_n$ e para a translação que é a soma das duas primeiras, $\vec{a}_{n''}=\vec{a}_{n'}+\vec{a}_n$, chega-se à conclusão que

$$C_{n'+n}=C_{n'}\cdot C_n$$

Esta condição é satisfeita sempre que

$$C_n=e^{i\vec{k}\vec{a}_n}$$

com $\vec{k}$ um vector arbitrário. Então, a função de onda num cristal, ou seja, a onda de Bloch pode ser escrita sob a seguinte forma:

$$\psi(\vec{r})=u_{\vec{k}}(\vec{r})\exp\left(i\vec{k}\vec{r}\right) \tag{1.3}$$

onde

$$u_{\vec{k}}(\vec{r})=u_{\vec{k}}(\vec{r}+\vec{a}_n)$$

é uma função periódica; designa-se por **amplitude de Bloch**, e $\exp\left(i\vec{k}\vec{r}\right)$ é a **exponencial de Bloch**. Então,

$$\psi(\vec{r}+\vec{a}_n)=\psi(\vec{r})e^{i\vec{k}\vec{a}_n}\ . \tag{1.4}$$

A equação (1.3) expressa o teorema de Bloch. A função de onda (1.3), desenhada abaixo, é constituída por dois factores: a amplitude de Bloch, que é igual para qualquer célula unitária, e a "função envelope", que é uma função harmónica (ver Fig.1.1). O parâmetro que distingue as várias funções de onda é o vector de onda, $\vec{k}$.

Figura 1.1 A função de onda de Bloch (a cheio) é uma função complexa mas periódica, modulada por uma função harmónica (a tracejado).

Se (1.3) for válida para um $\vec{k}$ qualquer, também vai ser válida para um outro vector de onda $\vec{k}'$, sendo

$$\vec{k}' = \vec{k} + \vec{b}_n,$$
$$(\vec{b}_n \cdot \vec{a}_n) = 0, 2\pi, 4\pi, \cdots \tag{1.5}$$

Assim surge a **rede recíproca**, que pode ser construída com base nos vectores,

$$\vec{b}_1 = \frac{2\pi}{v}(\vec{a}_2 \times \vec{a}_3),$$
$$\vec{b}_2 = \frac{2\pi}{v}(\vec{a}_3 \times \vec{a}_1), \tag{1.6}$$
$$\vec{b}_3 = \frac{2\pi}{v}(\vec{a}_1 \times \vec{a}_2),$$

onde $v = \vec{a}_1 \cdot [\vec{a}_2 \times \vec{a}_3]$ é o volume da célula unitária.

Por exemplo, para uma rede cúbica simples, a rede recíproca também é cúbica simples, de aresta $\frac{2\pi}{a}$. Se a rede directa for cúbica de faces centradas (c.f.c.), a rede recíproca é corpo-centrada (c.c.c.) e *vice versa*. A célula de Wigner-Seitz da rede recíproca chama-se **primeira zona de Brillouin (ZB)**

1.2.3. Consequências do teorema de Bloch

1) Como os estados electrónicos com $\vec{k}$ e $\vec{k} + \vec{b}$ (onde $\vec{b}$ é um vector de translação da rede recíproca) são fisicamente indistinguíveis, tem-se

$$E(\vec{k}) = E(\vec{k} + \vec{b}), \tag{1.7}$$

ou seja, a **energia** do electrão no cristal é uma **função periódica em** $\vec{k}$.

Todos os estados fisicamente distinguíveis correspondem aos $\vec{k}$ da primeira zona de Brillouin. Além disso,

$$E(\vec{k}) = E(-\vec{k}), \tag{1.8}$$

o que se deve à simetria da equação de Schrödinger em relação a inversão do tempo (na ausência de campo magnético).

2) O vector de onda está associado a um conjunto de (três) números quânticos que permitem distinguir entre si os vários estados electrónicos no cristal. A grandeza $\vec{p} = \hbar\vec{k}$ chama-se **quase-momento**. O seu significado corresponde ao do momento"verdadeiro" de um electrão livre, isto é não sujeito a qualquer campo mas que se encontra num cristal em vez do vácuo.

As diferenças e as semelhanças entre um electrão livre e um electrão num potencial periódico estão apresentadas na tabela 1.2.

Os valores permitidos para as componentes de $\vec{k}$ (ou do quase-momento) são determinados pelas condições de fronteira nas superfícies do cristal. Geralmente consideram-se as condições de fronteira periódicas, propostas por Born e von Karman,

$$\psi(\vec{r}) = \psi(\vec{r} + \vec{L})$$

onde $\vec{r}$ é o vector de posição de um ponto na superfície do cristal, $\vec{L} = (L_x, L_y, L_z)$, L_α ($\alpha = x, y, z$) é a dimensão do cristal na respectiva direcção.

Aplicando esta condição à função de onda (1.3), obtém-se:

$$k_x = \frac{2\pi}{L_x} n_x, \, etc. \tag{1.9}$$

em que n_x é inteiro. Então $\vec{k}$ e o quase-momento variam de maneira discreta, mas **pseudocontínua** para valores elevados de L, ou seja, para valores de L muito superiores às distâncias inter-atómicas.

Tabela 1.2 Comparação das propriedades do electrão livre com as do electrão num cristal

Electrão livre	Electrão num cristal
Números quânticos: **momento** Varia **continuamente** $-\infty < p_x, p_y, p_z < \infty$	Números quânticos: **quase-momento** Varia de modo discreto mas **pseudocontínuo** $-\infty < p_x, p_y, p_z < \infty$, (é suficiente considerar apenas os estados **dentro da ZB**)
Energia $E_0(\vec{p}) = \dfrac{p^2}{2m_0}$ (função contínua)	**Energia** $E_0(\vec{p}) = E_0(\vec{p} + \hbar\vec{b})$ (função periódica)
Função de onda $\psi(\vec{r}) = \dfrac{1}{\sqrt{V}} e^{i\frac{\vec{p}\cdot\vec{r}}{\hbar}}$ (onda plana)	**Função de onda** $\psi(\vec{r}) = u_{\vec{k}}(\vec{r}) e^{i\frac{\vec{p}\cdot\vec{r}}{\hbar}}$ (onda de Bloch)

Capítulo I – Propriedades Básicas dos Semicondutores

21

1.2.4. Aproximação dos electrões quase-livres

A forma explícita da energia potencial para um electrão num cristal, $V(\vec{r})$, indicada em (1.2) não é conhecida. Utilizando alguns modelos artificiais, é possível calcular um espectro exacto do electrão no cristal (ver Problemas **I.1-I.4**). No entanto, nos cálculos que procuram uma descrição realista, é necessário introduzir aproximações adicionais a fim de se obter um espectro electrónico mais próximo da realidade.

A aproximação dos electrões quase-livres consiste em admitir que $V(\vec{r})$ é suficientemente pequeno para que possa ser tomado como uma perturbação relativamente à situação do electrão livre (sistema não perturbado). Esta situação corresponde a admitir que os electrões interactuam fracamente com os iões da rede e entre si.

A função de onda não perturbada é uma onda plana:

$$\psi(\vec{r}) = \frac{1}{\sqrt{V}} e^{i\vec{k}\vec{r}} \tag{1.10}$$

em que V é o volume do cristal. Da teoria das perturbações tem-se:

$$E(\vec{k}) = \frac{\hbar^2 k^2}{2m_0} + \sum_{\vec{k}' \neq \vec{k}} \frac{\left|V_{\vec{k}\vec{k}'}\right|^2}{E_0(\vec{k}) - E_0(\vec{k}')} \, , \tag{1.11}$$

onde $E_0(\vec{k}) = \dfrac{\hbar^2 k^2}{2m_0}$ e $V_{\vec{k}\vec{k}'}$ é o elemento de matriz do potencial $V(\vec{r})$,

$$V_{\vec{k}\vec{k}'} = \frac{1}{V} \int_V V(\vec{r}) e^{i(\vec{k}-\vec{k}')\vec{r}} \, d\vec{r} \, . \tag{1.12}$$

A equação (1.11) determina para o espectro de energias do electrão quase livre uma estrutura de **bandas de energia**, que pode ser apresentada no esquema estendido/expandido ou no esquema reduzido. No esquema estendido é simplesmente representada a relação (1.11) admitindo que as componentes de $\vec{k}$ podem variar entre menos e mais infinito, tal com se mostra na fig. 1.2-a. A interacção electrão-cristal, representada pelo segundo termo na fórmula (1.11), é importante para aqueles pontos da ZB onde $E(\vec{k}) \approx E(\vec{k}')$ para $\vec{k} \neq \vec{k}'$. Sabe-se que a função $V(\vec{r})$ é periódica, com o período a. Então, a sua transformada de Fourier tem que ser um conjunto de picos para $k' - k = \dfrac{2\pi}{a} n$, $n = 0, \pm 1, \ldots$, ou seja, $V_{kk'} \neq 0$ para $k' - k = \dfrac{2\pi}{a} n$. Logo, a interacção torna-se importante, por exemplo, para os pontos $k = 0$ e $k = \pm \dfrac{\pi}{a}$ da ZB. A interacção faz com que as bandas se afastem, porque o segundo termo é negativo para a banda mais baixa e é positivo para banda mais alta (o sinal do denominador é diferente!). Este efeito é particularmente importante para estados de energia degenerados, que é precisamente a situação que ocorre nos pontos $k = \pm \dfrac{\pi}{a}, \pm \dfrac{2\pi}{a}$, *etc*, da ZB.

Nestas condições, deve recorrer-se à teoria das perturbações para níveis degenerados, que permite calcular as energias dos níveis perturbados através da equação secular:

$$\begin{vmatrix} E_0(\vec{k}) - E & V_{\vec{k},\vec{k}+\vec{K}_r} \\ V^*_{\vec{k},\vec{k}+\vec{K}_r} & E_0(\vec{k}+\vec{K}_r) - E \end{vmatrix} = 0 \ ,$$

onde $\vec{K}_r$ é o vector de onda que separa os estados com valores de energia próximos e o asterisco significa o complexo conjugado. Agora, o espectro perturbado é dado pela expressão:

$$E(\vec{k}) = \frac{1}{2}(E_0(\vec{k}) + E_0(\vec{k}+\vec{K}_r)) \pm \sqrt{\frac{1}{4}(E_0(\vec{k}) - E_0(\vec{k}+\vec{K}_r))^2 + \left| V_{\vec{k},\vec{k}+\vec{K}_r} \right|^2} \ . \quad (1.11a)$$

Repare-se que, se $\left| V_{\vec{k},\vec{k}+\vec{K}_r} \right|$ for pequeno quando comparado com $(E_0(\vec{k}) - E_0(\vec{k}+\vec{K}_r))$, a fórmula (1.11) é recuperada.

No caso de um cristal unidimensional e para $k = \pm\dfrac{\pi}{a}$ obtém-se, a partir de (1.11a), o seguinte resultado:

$$E(k) = E_0(\vec{k}) \pm \left| V_{k,k\pm\frac{2\pi}{a}} \right| \ ,$$

ou seja, há uma descontinuidade ou hiato de energia, de valor

$$E_g = 2 \left| V_{k,k\pm\frac{2\pi}{a}} \right| \ .$$

Conclui-se que a acção do potencial periódico, com origem na rede iónica cristalina, considerado como perturbação, determina o aparecimento de intervalos de energia proibida, ou **hiatos de energia** (*energy gaps*). Na figura 1.2-a mostra-se também a curva de dispersão da energia de um electrão livre (curva a tracejado) a qual não apresenta as descontinuidades encontradas na aproximação do electrão quase livre.

De acordo com o teorema de Bloch, num cristal unidimensional $E(k) = E\left(k \pm \dfrac{2\pi}{a}\right)$ e os valores de k fisicamente não equivalentes são os que se encontram dentro da primeira zona de Brillouin, $-\dfrac{\pi}{a} < k \le \dfrac{\pi}{a}$.

A deslocação dos segmentos da parábola $\dfrac{\hbar^2 k^2}{2m_0}$ correspondentes a $-\dfrac{\pi}{a} + \dfrac{2\pi}{a}n < k \le \dfrac{\pi}{a} + \dfrac{2\pi}{a}n$ (n inteiro) para dentro da ZB leva à obtenção do chamado esquema reduzido de níveis de energia, que tem em conta o teorema de Bloch explicitamente. Este esquema é apresentado na fig. 1.2-b.

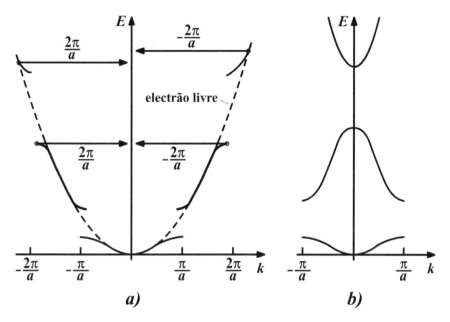

Figura 1.2 Representação da energia do electrão em função do vector de onda, nas representações estendida (*a*) e reduzida (*b*), na aproximação do electrão quase livre.

1.2.5. Aproximação da ligação forte (*"tight binding approximation"*)

É uma aproximação oposta à anteriormente apresentada no sentido em que o estado do electrão no cristal é agora considerado muito semelhante ao seu estado atómico.

Tal aproximação é aceitável para os electrões de camadas internas, para os quais a função de onda é localizada na vizinhança do núcleo atómico. Nestas condições, a interacção com os outros átomos é pequena. A função de onda é encontrada através de uma combinação linear de orbitais atómicas:

$$\psi(\vec{r}) = \sum_j a_j \varphi(\vec{r} - \vec{R}_j) \qquad (1.13)$$

em que a_j é o coeficiente correspondente a $\varphi_j \equiv \varphi(\vec{r} - \vec{R}_j)$, que representa a orbital atómica correspondente ao átomo situado no ponto $\vec{R}_j$. Cada φ_j obedece à equação de Schrödinger para o átomo respectivo:

$$-\frac{\hbar^2}{2m_0}\nabla^2 \varphi_j + U_j \varphi_j = \varepsilon_j \varphi_j \qquad (1.14)$$

com U_j o potencial atómico e ε_j um nível de energia atómico.
Substituindo (1.13) em (1.2), obtém-se:

$$\sum_j \left\{ -a_j \frac{\hbar^2}{2m_0}\nabla^2 + a_j(V - U_j) + \underline{a_j U_j} \right\} \varphi_j = E \sum_j a_j \varphi_j \; .$$

Os termos sublinhados, conduzem ao resultado $\varepsilon \sum_j a_j \varphi_j$, de acordo com (1.14) e atendendo ao facto de todos os átomos serem iguais, com o nível de energia ε.
Então,

$$\sum_j \{(V - U_j)a_j - (E - \varepsilon)a_j\}\varphi_j = 0 \ . \tag{1.15}$$

Multiplicando (1.15) pela função $\varphi_{j'}^*$ e integrando, tem-se:

$$\sum_j a_j \left\{ \underbrace{\int (V - U_j)\varphi_j \varphi_{j'}^* d\vec{r}}_{A(\vec{R}_{jj'})} - (E - \varepsilon)\underbrace{\int \varphi_j \varphi_{j'}^* d\vec{r}}_{S(\vec{R}_{jj'})} \right\} = 0 \ . \tag{1.15a}$$

Os integrais $S_{jj'}$ e $A_{jj'}$ dependem só da distância entre os átomos j e j' e chamam-se **integrais de sobreposição**. Para que a função de onda (1.13) obedeça ao teorema de Bloch, os coeficientes a_j têm que ter a seguinte forma[1]:

$$a_j = e^{i\vec{k}\vec{R}_j} \ . \tag{1.16}$$

Assim,

$$\psi(\vec{r}) = \sum_j e^{i\vec{k}\vec{R}_j} \varphi(\vec{r} - \vec{R}_j) = \underbrace{\sum_j e^{i\vec{k}(\vec{R}_j - \vec{r})} \varphi(\vec{r} - \vec{R}_j)}_{u_{\vec{k}}(\vec{r})} e^{i\vec{k}\vec{r}} \ ,$$

ou seja, a função de onda tem a forma compatível com o teorema de Bloch (1.3).

Substituindo (1.16) em (1.15) e multiplicando por $e^{-i\vec{k}\vec{R}_{j'}}$ obtém-se o resultado:

$$E = \varepsilon + \frac{\sum_j e^{i\vec{k}(\vec{R}_j - \vec{R}_{j'})} A(\vec{R}_{jj'})}{\sum_j e^{i\vec{k}(\vec{R}_j - \vec{R}_{j'})} S(\vec{R}_{jj'})} \ , \tag{1.17}$$

ou, mudando o índice nos somatórios por $m = j - j'$,

$$E = \varepsilon + \frac{\sum_m e^{i\vec{k}\vec{R}_m} A(\vec{R}_m)}{\sum_m e^{i\vec{k}\vec{R}_m} S(\vec{R}_m)} \ , \tag{1.17a}$$

---

[1] Aqui considera-se uma rede cristalina de Bravais em que todos os nós podem ser obtidos por translações de um único átomo. O caso de uma rede com base é considerado no Problema I.5-d.

uma vez que todos os átomos são iguais para o cristal perfeito, aqui considerado; nestas condições $\varepsilon_j = \varepsilon$ e $\vec{R}_m = \vec{R}_j - \vec{R}_{j'}$ também é um vector de translação da rede.

Admitindo que a sobreposição das funções de onda é pequena, é aceitável adoptar a seguinte aproximação:

$$S(\vec{R}_m) = \begin{cases} 1 & \text{para } \vec{R}_m = 0 \\ 0 & \text{em outros casos} \end{cases} ;$$

$$A(\vec{R}_m) = \begin{cases} A_0 & \text{para } \vec{R}_m = 0 \\ A_1 & \text{para } \vec{R}_m = \vec{a} \text{ (1}^{os}\text{ vizinhos).} \\ 0 & \text{em outros casos} \end{cases}$$

No cálculo de $A(\vec{R}_{jj'})$ o termo $\varphi_j \varphi_{j'}^*$, de valor reduzido, é compensado pela grande diferença entre os potenciais cristalino e atómico $(V - U_j)$ longe do átomo j.

Então,

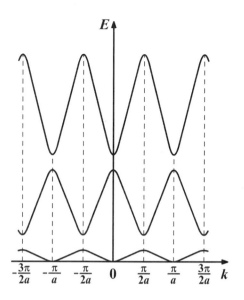

Figura 1.3 A energia do electrão em função do vector de onda, ao longo de uma das direcções (100), calculada na aproximação da ligação forte. Cada banda corresponde a um nível atómico (ε) diferente.

$$E(\vec{k}) = \varepsilon + A_0 + A_1 \sum_{\downarrow} e^{i\vec{k}\vec{R}_m} \qquad . \qquad (1.18)$$

sobre os vizinhos mais próximos

Por exemplo, para uma rede cúbica,

$$E(\vec{k}) = \varepsilon + A_0 + 2A_1(\cos(k_x a) + \cos(k_y a) + \cos(k_z a)) \quad . \qquad (1.18a)$$

Como se pode ver a partir de (1.18) e de (1.18a), a largura da banda depende de A_1.

No caso da rede cúbica obtém-se uma banda, de largura igual a $12A_1$, a partir de um nível atómico.

Se fossem considerados dois níveis de energia atómicos, obter-se-iam duas bandas, *etc*.

Note-se que o parâmetro A_1 depende do grau de sobreposição das orbitais atómicas entre primeiros vizinhos. Assim, se as distâncias inter-atómicas diminuírem A_1 aumenta e a largura da banda também. Em resumo, valores elevados da sobreposição das orbitais conduzem à formação de bandas largas.

Pode-se mostrar que o sinal do parâmetro A_1 se altera para os níveis consecutivos. Então, os máximos da banda inferior ocorrem para os valores de k correspondentes aos mínimos da banda superior, como mostra a figura 1.3.

Finalmente salienta-se que o número de estados que compõem uma banda depende do número de átomos da rede cristalina. Assim para um cristal com N_a átomos cada banda é composta de $2N_a$ estados, em que o factor 2 tem origem no spin do electrão.

1.2.6. Métodos de cálculo da estrutura das bandas

1.2.6.1 Característica geral

O espectro electrónico do cristal determina a grande maioria das suas propriedades. No entanto, a análise e interpretação de um espectro medido experimentalmente permite obter em geral um conjunto restrito de dados ou parâmetros, cuja interpretação tem que ser sustentada por cálculos avançados, ou seja, com o recurso a modelos complexos.

Com efeito, mesmo após a adopção da aproximação adiabática e do conceito de campo médio, subsiste o problema de encontrar o potencial efectivo adequado e as soluções aproximadas da equação de Schrödinger. Mesmo com o nível actual de desenvolvimento dos meios computacionais, é muito difícil construir o potencial cristalino a partir de primeiros princípios (ou seja, partindo da estrutura electrónica dos átomos que constituem o cristal) e utilizando o conceito de Hartree-Fock. É frequente o recurso a métodos experimentais indirectos como única via de obtenção de informação fiável sobre o espectro electrónico.

Por estas razões, é usual utilizar métodos semi-empíricos para o cálculo da estrutura das bandas electrónicas. Estes métodos baseiam-se na definição de alguns parâmetros de ajuste, cujo valor se obtém por comparação do comportamento simulado com os resultados experimentais. O sucesso da parametrização depende da informação existente sobre as propriedades dos átomos isolados, as distâncias inter-atómicas no sólido, obtidas por difracção de raios X, os hiatos de energia medidos experimentalmente, *etc.* Há métodos semi-empíricos baseados nas aproximações já indicadas, tais como a dos electrões quase livres (*"orthogonalised plane waves"*, OPW) e a da ligação forte (*"linear combination of atomic orbitals"*, LCAO). Por exemplo, no método LCAO o espectro electrónico é determinado por um número limitado de integrais de sobreposição (também chamados "probabilidades de saltos" do electrão de um átomo para outro). Na versão mais simples, considerada na secção anterior, foram incluídos apenas os saltos entre o mesmo nível dos átomos vizinhos (o parâmetro A_1). A generalização deste método no sentido de incluir os integrais de sobreposição também entre os níveis diferentes torna o cálculo mais complexo mas faz com que o método LCAO seja muito mais versátil e realista. Contudo, este método é mais usado para descrever bandas estreitas que têm origem nos estados de camadas interiores (por exemplo, estados do tipo d nos metais de transição).

De seguida apresentam-se os dois métodos mais utilizados para calcular as bandas nos semicondutores cristalinos. São eles:

1) o método do pseudopotencial;

2) o método "$\vec{k} \cdot \vec{p}$".

1.2.6.2 O método do pseudopotencial

Como já foi salientado, o potencial atómico, $U(\vec{r})$, que actua sobre um dos electrões de valência é bastante complexo para os átomos com muitos electrões. Apenas a distâncias suficientemente elevadas este potencial converge para o potencial Coulombiano, $-e^2/r$, criado pelo ião positivo (o próprio átomo menos o electrão em causa). Na região das camadas electrónicas interiores, a forma de $U(\vec{r})$ não é conhecida. Ao mesmo tempo, a função de onda oscila rapidamente nesta região (recorde-se que a parte radial da função de onda que corresponde, por exemplo, ao estado $4s$ troca de sinal 4 vezes). No entanto, o comportamento exacto da função de onda na região interior do átomo tem pouca importância para a ligação química entre os átomos, ou seja, para as propriedades do cristal. A ideia do método em epígrafe é desprezar este carácter

Capítulo I – Propriedades Básicas dos Semicondutores

27

oscilatório da função de onda junto aos núcleos e introduzir uma pseudo-função de onda que tenha um comportamento regular e suave. Ao mesmo tempo, introduz-se o conceito de pseudopotencial, correspondente à pseudo-função de onda de um átomo isolado. Ao contrário do potencial atómico real, que diverge para $r \to 0$ ($U(\vec{r}) \to -\infty$), o pseudopotencial é finito ($U_p(0) = const$). Este "efeito" deve-se à inclusão da energia cinética do electrão de valência no pseudopotencial (esta energia cinética corresponde às oscilações da função de onda verdadeira).

Então, a "equação de Schrödinger" para a pseudo-função de onda de um electrão de valência no cristal é:

$$-\frac{\hbar^2}{2m_0}\nabla^2\psi_{\vec{k}}(\vec{r}) + V(\vec{r})\psi_{\vec{k}}(\vec{r}) = E(\vec{k})\psi_{\vec{k}}(\vec{r}),\qquad(1.19)$$

onde $V(\vec{r}) = \sum_j U_p(\vec{r} - \vec{R}_j)$ e os diferentes estados são enumerados pelo vector de onda $\vec{k}$. Considerando os pseudopotenciais (que não atingem valores negativos muito grandes, como é o caso dos potenciais verdadeiros) como perturbações, podemos efectuar a expansão da pseudo-função de onda, $\psi_{\vec{k}}(\vec{r})$, numa combinação linear de ondas planas,

$$\psi_{\vec{k}}(\vec{r}) = \sum_{\vec{G}} c_{\vec{k}}\left(\vec{G}\right)\left|\vec{k} + \vec{G}\right\rangle; \quad \left|\vec{K}\right\rangle \equiv \frac{1}{\sqrt{V}}e^{i\vec{K}\vec{r}}.\qquad(1.20)$$

Esta expansão está escrita na forma que obedece explicitamente ao teorema de Bloch se os vectores $\vec{G}$ corresponderem aos nós da rede recíproca (então, $e^{i\vec{G}\vec{r}} = e^{i\vec{G}(\vec{r}+\vec{a})}$). Substituindo (1.20) na eq. (1.19), multiplicando por $\left\langle\vec{k} + \vec{G}'\right|$ e integrando sobre o volume do cristal, temos:

$$\sum_{\vec{G}} c_{\vec{k}}\left(\vec{G}\right)\left\{\left[\frac{\hbar^2\left(\vec{k} + \vec{G}\right)^2}{2m_0} - E(\vec{k})\right]\delta_{\vec{G}\vec{G}'} + \left\langle\vec{G}'\left|V(\vec{r})\right|\vec{G}\right\rangle\right\} = 0.\qquad(1.21)$$

A eq. (1.21) pode ser escrita para cada ponto $\vec{k}$ da primeira zona de Brillouin e, na realidade, representa um sistema de equações (homogéneas) em ordem às constantes $c_{\vec{k}}\left(\vec{G}\right)$ para os vários nós da rede recíproca. A condição de compatibilidade deste sistema (o seu determinante nulo) determina o(s) valor(es) da energia $E(\vec{k})$. O elemento de matriz que acopla os vários $\vec{G}$ s tem a seguinte estrutura,

$$V_{\vec{g}} \equiv \left\langle\vec{G}'\left|V(\vec{r})\right|\vec{G}\right\rangle = \left[\frac{1}{N}\sum_j e^{-i\vec{g}\vec{R}_j}\right]\cdot\left[\frac{1}{\upsilon}\int U_p(\vec{r})e^{-i\vec{g}\vec{r}}d\vec{r}\right] \equiv S_{\vec{g}}\cdot U_{\vec{g}}.\qquad(1.22)$$

O integral é calculado no volume da célula unitária (designado por υ), N é o número de células unitárias no cristal e $\vec{g} = \vec{G}' - \vec{G}$. O primeiro factor na eq. (1.22), $S_{\vec{g}}$, chama-se **factor de forma** e contém a informação sobre a estrutura cristalina do material. O segundo é a componente de Fourier do pseudopotencial atómico. A eq. (1.22) pressupõe que todos os átomos são iguais (por exemplo, num cristal de silício). Se o material for um compósito, é conveniente definir o factor de forma para cada tipo de átomo (α),

$$S_{\vec{g}}^{\alpha} = \frac{1}{N} \sum_{j} e^{-i\vec{g}\vec{R}_{j}^{\alpha}} ,$$

em que a soma é sobre as células unitárias. Assim, o elemento de matriz (1.22) fica igual a

$$V_{\vec{g}} = \sum_{\alpha} S_{\vec{g}}^{\alpha} U_{\vec{g}}^{\alpha} . \tag{1.22a}$$

Por exemplo, considere-se um cristal com a estrutura cúbica de faces centradas (c.f.c.). A rede recíproca é a cúbica corpo-centrada (c.c.c.). Colocando a origem no centro do cubo que representa a célula unitária da rede recíproca e dirigindo os eixos ao longo das arestas, os nós da rede recíproca são:

$$\vec{g}_0 = \frac{2\pi}{a}(0,0,0);$$

$$\vec{g}_3 = \frac{2\pi}{a}(\pm 1,\pm 1,\pm 1);$$

$$\vec{g}_4 = \frac{2\pi}{a}(\pm 2,0,0), \frac{2\pi}{a}(0,\pm 2,0), \frac{2\pi}{a}(0,0,\pm 2);$$

$$\vec{g}_8 = \frac{2\pi}{a}(\pm 2,\pm 2,0), \frac{2\pi}{a}(\pm 2,0,\pm 2), \frac{2\pi}{a}(0,\pm 2,\pm 2);$$

$$etc.$$

No centro da zona de Brillouin, $\vec{k} = \vec{g}_0 = 0$, a condição de compatibilidade do sistema (1.21) exprime-se por:

$$\det \begin{pmatrix} -E(0) & V_{\vec{g}_3} & V_{\vec{g}_4} & \cdots \\ \overline{V}_{\vec{g}_3} & \dfrac{\hbar^2 g_3^2}{2m_0} - E(0) & V_{\vec{g}_3} & \cdots \\ \overline{V}_{\vec{g}_4} & \overline{V}_{\vec{g}_3} & \dfrac{\hbar^2 g_4^2}{2m_0} - E(0) & \cdots \\ \cdots & \cdots & \cdots & \cdots \end{pmatrix} = 0 \tag{1.23}$$

onde $\overline{V}_{\vec{g}}$ designa o complexo conjugado de $V_{\vec{g}}$. Repare-se na semelhança entre a eq. (1.23) e a aproximação de electrões quase livres. Se as componentes de Fourier do pseudoptencial fossem nulas, ter-se-ia como solução da eq. (1.23) os seguintes níveis de energia:

$$E_0 = 0 \text{ (não degenerado)};$$

$$E_3 = \frac{\hbar^2 g_3^2}{2m_0} \text{ (8 vezes degenerado)};$$

$$E_4 = \frac{\hbar^2 g_4^2}{2m_0} \quad \text{(6 vezes degenerado);}$$

etc.

Estes níveis são afinal os pontos da parábola $E(\vec{k}) = \dfrac{\hbar^2 k^2}{2m_0}$, desenhada no esquema de bandas reduzido, no centro da primeira zona de Brillouin. A "interacção" representada pelos termos não diagonais da matriz na eq. (1.23) provoca um levantamento da degenerescência e altera os valores da energia, à semelhança do efeito ilustrado na figura 1.2. Por exemplo, é possível, utilizando a teoria de grupos, mostrar que o nível E_3 fica desdobrado em dois estados não degenerados (normalmente designados por Γ_1 e Γ_2') e dois tripletos (designados por Γ_{15} e Γ_{25}').

É preciso conhecer apenas um número reduzido de parâmetros $U_{\vec{g}}^{\alpha}$ dos pseudopotenciais atómicos (e os respectivos factores de forma) para calcular o espectro de energia não só no centro da ZB mas em qualquer ponto do espaço $\vec{k}$. Tipicamente $V_{\vec{g}}$ diminui com g^{-2}, o que permite truncar a matriz da eq. (1.23) a partir de uma certa distância no espaço recíproco e obter bons resultados. Há dois métodos para obter as componentes $U_{\vec{g}}^{\alpha}$,

1) considerá-las como parâmetros de ajuste, que se obtêm a partir de dados experimentais (o método semi-empírico), ou
2) partindo de uma forma (semi-)analítica do pseudopotencial atómico $U_p(\vec{r})$, calcular os factores de forma e os parâmetros $V_{\vec{g}}$ (o método *ab initio*).

Com o desenvolvimento dos meios computacionais, os métodos *ab initio* permitem obter resultados cada vez mais precisos, embora a verificação experimental seja sempre necessária.

É importante salientar que os pseudopotenciais atómicos normalmente são "transferíveis" de uma substância para outra (por exemplo, os átomos de gálio são descritos pelo mesmo pseudopotencial em GaAs e em GaN), embora haja efeitos específicos para cada semicondutor que não podem ser descritos dentro da aproximação do pseudoptencial que actua sobre um único electrão. O tratamento dos efeitos de muitos corpos (nomeadamente, da interacção de troca e da correlação) exige métodos mais sofisticados. Contudo, os métodos que usam o conceito de pseudopotencial permitiram obter os espectros electrónicos de muitos semicondutores, que são considerados de confiança e que vão ser discutidos na secção 1.7. para alguns materiais mais importantes.

1.2.6.3 O método "$\vec{k} \cdot \vec{p}$"

Este método também permite calcular a estrutura das bandas utilizando um número pequeno de parâmetros que podem ser extraídos de resultados experimentais. As propriedades ópticas dos semicondutores, medidas experimentalmente, fornecem dados sobre os valores de vários hiatos de energia (*gaps*) e também as forças de oscilador das respectivas transições ópticas. Estas últimas não são utilizadas nos métodos do pseudopotencial e das combinações lineares de orbitais atómicas (LCAO), mas são usadas como parâmetros de entrada no método "$\vec{k} \cdot \vec{p}$". Neste método a estrutura das bandas é extrapolada para os vários pontos da zona de Brillouin a partir do seu centro (ou um outro ponto), para o qual são conhecidos empiricamente os hiatos de energia entre os vários estados permitidos (*gaps*) e os elementos de matriz para a transição entre eles.

A equação base para o método "$\vec{k} \cdot \vec{p}$" é obtida substituindo na equação de Schrödinger para um electrão no cristal (1.2), a função de onda na forma de Bloch (1.3) na qual se introduz o índice de banda (que enumera os vários estados para o mesmo $\vec{k}$),

$$\psi_n(\vec{r}) = u_{n\vec{k}}(\vec{r})e^{i\vec{k}\vec{r}} \ . \tag{1.24}$$

A substituição dá:

$$\left(-\frac{\hbar^2}{2m_0}\nabla^2 - i\frac{\hbar^2}{m_0}\vec{k} \cdot \vec{\nabla} + \frac{\hbar^2 k^2}{2m_0} + V(\vec{r}) \right) u_{n\vec{k}}(\vec{r}) = E_n(\vec{k})u_{n\vec{k}}(\vec{r}). \tag{1.25}$$

O segundo termo do primeiro membro da equação é responsável pelo nome do método. No centro da zona de Brillouin, a eq. (1.25) reduz-se a

$$\left(-\frac{\hbar^2}{2m_0}\nabla^2 + V(\vec{r}) \right) u_{n0}(\vec{r}) = E_n(0)u_{n0}(\vec{r}) \ . \tag{1.26}$$

Admita-se que as soluções da eq. (1.26) são conhecidas. Nestas condições os termos $i\frac{\hbar^2}{m_0}\vec{k} \cdot \vec{\nabla}$ e $\frac{\hbar^2 k^2}{2m_0}$ podem ser tratados como perturbações. Para uma banda não degenerada no ponto $\vec{k} = 0$, o espectro não pode conter termos lineares em $\vec{k}$ ($E(\vec{k})$ é uma função par!). Então, para cada nível de energia a primeira correcção contém dois termos, um de primeira ordem em $\frac{\hbar^2 k^2}{2m_0}$, e outro de segunda ordem em $i\frac{\hbar^2}{m_0}\vec{k} \cdot \vec{\nabla}$. Com a mesma aproximação, nas funções de Bloch inclui-se apenas o termo linear em $(\vec{k} \cdot \vec{\nabla})$ Assim obtém-se:

$$E_n(\vec{k}) = E_n(0) + \frac{\hbar^2 k^2}{2m_0} + \frac{\hbar^4}{m_0^2}\sum_{n \neq n'}\frac{\left|\left\langle u_{n0}\left|\vec{k} \cdot \vec{\nabla}\right|u_{n'0}\right\rangle\right|^2}{E_n(0) - E_{n'}(0)}$$

$$= E_n(0) + \frac{\hbar^2}{m_0}\sum_{\beta,\gamma}k_\beta k_\gamma \left\{ \frac{1}{2}\delta_{\beta\gamma} + \frac{\hbar^2}{m_0}\sum_{n \neq n'}\frac{\left\langle u_{n0}\left|\nabla_\beta\right|u_{n'0}\right\rangle\left\langle u_{n'0}\left|\nabla_\gamma\right|u_{n0}\right\rangle}{E_n(0) - E_{n'}(0)} \right\}; \tag{1.27}$$

$$u_{n\vec{k}}(\vec{r}) = u_{n0}(\vec{r}) + \frac{\hbar^2}{m_0}\sum_{n \neq n'}\frac{\left\langle u_{n0}\left|\vec{k} \cdot \vec{\nabla}\right|u_{n'0}\right\rangle}{E_n(0) - E_{n'}(0)} \ . \tag{1.28}$$

Na eq. (1.27) os índices β e γ representam as coordenadas cartesianas. Como é óbvio desta expressão, o espectro electrónico no cristal difere do do electrão livre, devido à "interacção" da banda considerada com outras bandas, representada pelo último termo. Os elementos de matriz das componentes do operador de momento linear, $\hat{\vec{p}} = -i\hbar\vec{\nabla}$, que aparece nas eqs. (1.27) e (1.28), são os mesmos que determinam a força de oscilador das transições electrónicas com absorção ou emissão de um fotão, conforme se mostra no Capítulo IV. Os denominadores são precisamente os hiatos (*gaps*) de energia. Então, o espectro electrónico na vizinhança do centro da primeira zona de Brillouin, é, de facto, determinado pela expressão (1.28) que envolve parâmetros mensuráveis nas experiências ópticas.

Para uma banda degenerada no ponto $\vec{k} = 0$ (que corresponde, por exemplo, aos estados Γ_{15} ou Γ'_{25} mencionados atrás), as relações simples (1.27) e (1.28) não têm lugar. O espectro na vizinhança do centro da ZB deve ser obtido resolvendo uma equação secular, de acordo com a teoria de perturbações para níveis degenerados. As expressões resultantes não são compactas e podem ser consultadas, por exemplo, no livro de Yu e Cardona [1.3]. É de salientar que os níveis que constituem o tripleto no ponto $\vec{k} = 0$ ficam desdobrados para os vectores de onda finitos.

O método "$\vec{k} \cdot \vec{p}$" também pode ser usado na vizinhança de um outro ponto na zona de Brillouin onde exista uma transição óptica de momento dipolar elevado, o que permite extrair dos espectros experimentais os parâmetros necessários. Obviamente, longe destes pontos (que normalmente são os pontos de alta simetria na ZB), a eficácia do método é limitada pela necessidade de usar termos de ordens elevadas na teoria de perturbações.

1.3. Ocupação das bandas a *T*=0. Classificação dos sólidos do ponto de vista da teoria das bandas

Dum modo geral, as duas bandas mais importantes do ponto de vista das propriedades electrónicas e ópticas dos semicondutores são as seguintes: uma, que tem origem no último nível electrónico do átomo (o de energia mais elevada), e a outra, a seguir a essa. Por exemplo, nos metais alcalinos, o único electrão da última camada ocupa o estado νs ($\nu = 2 \rightarrow$ Li, $\nu = 3 \rightarrow$ Na, *etc*). No cristal, este nível dá origem a uma banda, a última banda ocupada a $T = 0$. Esta banda chama-se **banda de valência** (BV). A banda a seguir a essa designa-se por **banda de condução** (BC).

Diversas situações podem ocorrer no que se refere ao posicionamento relativo destas duas bandas na escala de energias, com se mostra a seguir:

1) Os estados da banda de valência são **parcialmente** ocupados (a $T = 0$) por electrões. Por exemplo, na banda νs dos metais alcalinos ocorrem ($2N$) estados mas só existem N electrões. Metade dos estados fica por ocupar (figura 1.4-a). Note-se que os diagramas da fig. 1.4 são uma representação simplificada da situação real na medida em que o cristal é considerado "uniforme" e os níveis de energia são representados como sendo iguais em qualquer ponto do espaço.

Numa estrutura electrónica deste tipo cada electrão ocupa um estado de energia havendo contudo outros estados de energia muito próximos não ocupados e, como tal, disponíveis. Nestas condições, a aplicação de um campo eléctrico uniforme, E, fraco quando comparado com os campos atómicos, vai permitir que um electrão adquira uma pequena energia adicional,

$$-e\varphi(x) = eEx,$$

a qual permite que um estado não ocupado o seja nestas condições.
Com efeito, note-se que os níveis de energia, na presença do termo adicional, $-e\varphi(x)$, estão simplesmente deslocados deste valor, ou seja,

$$E' = E - e\varphi(x).$$

Assim, um estado ocupado possui, em virtude de E', um estado livre vizinho isoenergético, tornando-se assim possível o movimento de electrões no sentido contrário ao do campo eléctrico, ou seja, vai haver uma corrente eléctrica. Esta situação corresponde a um **metal** (ou **condutor**), o que significa que a condutividade eléctrica a $T=0$ é não nula.
2) Numa outra situação, todos os estados da banda de valência estão ocupados, mas há sobreposição com a banda de condução (fig.1.4-b). Esta situação também corresponde a um metal, por exemplo, o cálcio.
3) Todos os estados da banda de valência estão ocupados e não há sobreposição com a banda de energia superior. Este material será **isolador**.

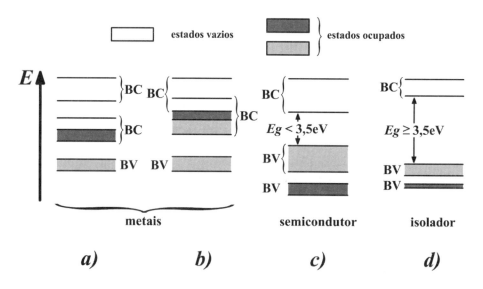

Figura 1.4 A classificação dos sólidos cristalinos de acordo com a ocupação das bandas de energia pelos electrões a $T=0$.

Considere-se, por exemplo, o sal (NaCl), sólido iónico, cujos iões possuem a seguinte estrutura electrónica:

$$Na^+(1s^2 2s^2 2p^6)$$
$$Cl^-(1s^2 2s^2 2p^6 3s^2 3p^6)$$

A banda de valência tem origem no estado $3p$ do Cl^-, possui $6N$ estados, todos ocupados a $T=0$. A banda de condução tem origem no estado $3s$ do Na e contém $2N$

Capítulo I – Propriedades Básicas dos Semicondutores

33

estados, todos vazios. Há um hiato, E_g, entre as bandas. Se se aplicar um campo eléctrico, não vai haver corrente, ou seja, o NaCl é isolador.

Então, a estrutura das bandas permite uma classificação dos sólidos, como mostra a figura 1.4. Note-se que a diferença entre um material isolador e um **semicondutor** é quantitativa e não qualitativa. De facto, consideram-se como isoladores materiais com $E_g \geq (3,5-4)eV$ (figuras 1.4-c e 1.4-d).

As energias do hiato para os materiais mais importantes estão indicadas na tabela 1.3, que também mostra se o hiato é directo, ou seja, se o mínimo da banda de condução e o máximo da banda de valência se situam no mesmo pontô da ZB, e ainda o grupo de simetria pontual do cristal.

1.4. A descrição quase-clássica dos estados electrónicos

1.4.1. A massa efectiva

Considerem-se apenas a banda de valência e a de condução de um semicondutor, cujos valores máximo e mínimo são respectivamente E_v e E_c. Segundo o modelo dos electrões quase-livres, na vizinhança do máximo de E_v tem-se:

$$E(k) = E(0) + \underbrace{\frac{\partial E}{\partial k}\Big|_{k=0}}_{0} k + \frac{1}{2}\frac{\partial^2 E}{\partial k^2}\Big|_{k=0} k^2 + \cdots \ ;$$

$$E(k) = E_v - \frac{\hbar^2}{2}k^2\frac{1}{m_v^*} \tag{1.29}$$

com

$$\frac{1}{m_v^*} = \frac{1}{\hbar^2}\frac{\partial^2 E(k)}{\partial k^2}\Big|_{k=0} \ . \tag{1.30}$$

m_v^* é a chamada **massa efectiva** (na banda de valência). Segundo (1.29) a energia do electrão em movimento na rede cristalina será a energia de uma partícula de massa m_v^* cujo momento linear é $\vec{p} = \hbar\vec{k}$.

Para a banda de condução será:

$$E(k) = E_c + \frac{\hbar^2 k^2}{2m_c^*} = E_c + \frac{p^2}{2m_c^*} \ . \tag{1.31}$$

Note-se que a massa efectiva é uma função dos parâmetros da rede e do potencial cristalino.

Tabela 1.3 Grupos de simetria, energias do hiato e massas efectivas de portadores de carga para alguns semicondutores cristalinos[2]

Grupo	Sem.	Sim.	E_g (eV)	dir/indir	m_e/m_0	m_{lh}/m_0	m_{hh}/m_0
IV	Si	O_h	1,17	i	$\perp 0,19$ $\parallel 0,92$	0,15	0,54
	Ge	O_h	0,744	i	$\perp 0,08$ $\parallel 1,6$	0,043	0,3
	SiC^3 (2H)	C_{6v}	2,13	i	$\perp 0,43$ $\parallel 0,26$		$\perp 0,59$ $\parallel 1,55$
III-V	InSb	T_d	0,50	d	0,013	0,02	0,4
	InP	T_d	1,40	d	0,073	0,12	0,6
	InAs	T_d	0,50	d	0,026	0,027	0,41
	GaAs	T_d	1,50	d	0,066	0,07	0,47
	GaP	T_d	2,35	i	$\perp 0,25$ $\parallel 2,2$	0,2	0,6
	GaN	C_{6v}	3,50	d	0,22	0,3	1,3
	GaSb	T_d	0,80	d	0,042	0,05	0,35
	AlAs	T_d	2,30	i	$\perp 1,56$ $\parallel 0,19$	0,15	0,76
	AlSb	T_d	1,70	i	$\perp 0,26$ $\parallel 1,0$	0,11	0,94
	AlN	C_{6v}	6,30	d	0,4		≈ 5
II-VI	CdTe	T_d	1,60	d	0,1	0,13	0,4
	CdSe	C_{6v}	1,84	d	0,13		$\perp 0,45$ $\parallel 1,1$
	CdS	C_{6v}	2,58	d	0,2		$\perp 0,7$ $\parallel 2,5$
	ZnO	C_{6v}	3,44	d	0,28		$\perp 0,45$ $\parallel 0,59$
	ZnS	C_{6v}	3,91	d	0,28		0,5
	ZnSe	T_d	2,82	d	0,15	0,15	0,8
	ZnTe	T_d	2.39	d	0,12		0,6
I-VII	CuCl	T_d	3,40	d	0,4		2,4
	CuBr	T_d	3,08	d	0,25		1,4
	CuI	T_d	3,12	d	0,3		≈ 2

[2] Os dados nesta tabela são compilados das referências [1.3 a 1.5, 1.19].
[3] Para os materiais com estrutura hexagonal as bandas de lacunas normalmente são chamadas A e B em vez de hh e lh. Os valores apresentados correspondem à banda A, a de energia mais alta.

Com efeito, m^* só se torna igual à massa do electrão livre, m_0, quando o electrão é totalmente livre, ou seja, quando o potencial produzido pela rede cristalina tende para zero.

Então, o efeito da rede cristalina está incluído neste parâmetro. Assim, por exemplo, no modelo da ligação forte, descrito por (1.17a), será:

$$\frac{1}{m^*} = -\frac{1}{\hbar^2} 2A_1 a^2 ,$$

com

$$m^* = -\frac{\hbar^2}{2A_1 a^2} \quad \begin{pmatrix} m^* > 0 & - \text{ banda de condução} \\ m^* < 0 & - \text{ banda de valência} \end{pmatrix} \tag{1.32}$$

(Note-se se que o sinal do parâmetro A_1 é diferente para as bandas consecutivas, como foi mencionado na secção 1.2.5). Da eq. (1.32) conclui-se que a massa efectiva é inversamente proporcional à largura da banda.

A definição de massa efectiva pode ser generalizada nas seguintes situações:

1) para qualquer ponto $\vec{k}_0$ da ZB, e

2) para um espectro anisotrópico.

O tensor da massa efectiva é então definido da seguinte maneira:

$$\left(\frac{1}{m^*}\right)_{\alpha\beta}(\vec{k}_0) = \frac{1}{\hbar^2} \frac{\partial^2 E}{\partial k_\alpha \partial k_\beta}\bigg|_{\vec{k}=\vec{k}_0} \tag{1.33}$$

com $(\alpha, \beta = x, y, z)$.

É também usual introduzir o conceito de **superfícies de energia constante**, que são superfícies no espaço $\vec{k}$ $(3D)$, definidas por

$$E(\vec{k}) = \text{const.}$$

Na vizinhança de um extremo, estas superfícies são elipsóides, ou esferas, se a função $E(\vec{k})$ for isotrópica. A massa efectiva determina a curvatura das superfícies de energia constante.

1.4.2. A conservação do quase-momento. A 2ª lei de Newton num cristal

Recorde-se que os estados estacionários do electrão num cristal são ondas de Bloch, o número quântico é $\vec{k}$ (ou o quase-momento $\vec{p} = \hbar\vec{k}$). Um estado arbitrário, não estacionário, pode ser representado como um **pacote ou grupo de ondas planas**. Este estado é descrito pela função de onda

$$\psi(\vec{r},t) = \int_{\vec{k}_0-\Delta\vec{k}}^{\vec{k}_0+\Delta\vec{k}} a(\vec{k})\, e^{i(\vec{k}\vec{r}-\omega t)}\, d\vec{k} .$$

É uma combinação linear de estados estacionários que representa uma partícula localizada numa região do espaço, de volume da ordem de $\left(\Delta k_x \Delta k_y \Delta k_z\right)^{-1}$, na vizinhança do ponto $\vec{r}$.

O movimento deste pacote é caracterizado pela velocidade de grupo

$$\vec{v} = \left.\frac{d\omega}{d\vec{k}}\right|_{\vec{k}_0} = \left.\frac{\partial E}{\partial \vec{p}}\right|_{\vec{p}_0} \ (= \vec{\nabla}_{\vec{p}} E) \tag{1.34}$$

que representa a velocidade média à qual o electrão se desloca na rede cristalina, segundo a mecânica quântica. A velocidade depende do quase-momento. Só na vizinhança do extremo da banda, onde

$$E = \frac{p^2}{2m^*} \ ,$$

é que a velocidade está relacionada com o quase-momento através da relação usual,

$$v = \frac{p}{m^*} \ ,$$

De um modo geral, a relação é mais complicada. Por exemplo, na aproximação da ligação forte (*tight-binding*)

$$v_\alpha = const \cdot \sin(k_\alpha a); \qquad \alpha = x, y, z \ .$$

Repare-se que a velocidade média de todos os estados electrónicos numa banda é nula, porque $E(\vec{k})$ é sempre uma função par, então, a velocidade em função do vector de onda é uma função impar e a ZB é simétrica.

Admita-se agora que um electrão do cristal se encontra sob acção de um campo exterior, $\vec{E}$, fraco comparado com os campos eléctricos que existem nos átomos. O trabalho realizado pelo campo $\vec{E}$ sobre a partícula - o electrão - durante o intervalo de tempo dt será:

$$dW = \vec{F} \cdot d\vec{r} = -e\vec{E} \cdot \vec{v} dt \ .$$

A energia do electrão varia de $dE = dW$. Nas condições em que a aproximação quase-clássica é aplicável,

$$\frac{\partial E}{\partial t} = (\vec{F} \cdot \vec{v}) \ . \tag{1.35}$$

A derivada em ordem ao tempo pode ser escrita como

$$\frac{\partial E}{\partial t} = \frac{\partial \vec{p}}{\partial t} \cdot \frac{\partial E}{\partial \vec{p}} = \frac{\partial \vec{p}}{\partial t} \cdot \vec{v} \ .$$

Então, tem-se:

$$\frac{\partial \vec{p}}{\partial t} = \vec{F},\qquad(1.36)$$

o que formalmente coincide com a segunda lei de Newton para uma partícula no vazio. No entanto, o significado é diferente: $\vec{p}$ é o quase-momento. Para o momento "verdadeiro", a equação seria

$$\frac{\partial \vec{P}}{\partial t} = \vec{F} - \frac{\partial V}{\partial \vec{r}}$$

com V o potencial cristalino. Então, não há conservação do momento num cristal, mesmo na ausência de qualquer força externa. No entanto, o quase-momento conserva-se, se não existir nenhuma força externa. O quase-momento num cristal periódico desempenha o papel do momento no vazio. Se o cristal contiver algum defeito (uma impureza, ou qualquer irregularidade no potencial cristalino), esta ocorrência provoca a alteração do quase-momento, ou difusão do electrão.

1.5. O conceito de lacuna

Considerem-se os electrões de uma banda totalmente ocupada. Nesta banda, mesmo sob a acção de um campo externo aplicado, o movimento destas partículas é impossível. Diz-se então que "a corrente total é nula", ou seja,

$$\vec{j} = -\frac{e}{\hbar V}\sum_{\vec{k}}\frac{\partial E}{\partial \vec{k}} = 0.\qquad(1.37)$$

Só se existir um estado vazio ou **lacuna** $(\vec{k}')$, é que a corrente deixa de ser nula:

$$\vec{j} = \sum_{\vec{k}\neq\vec{k}'}\vec{j}_{\vec{k}} = \underbrace{-\vec{j}_{\vec{k}'}}_{\downarrow} \neq 0 \ .\qquad(1.38)$$

a corrente correspondente ao estado vazio

Sempre que um electrão se deslocar e ocupar uma lacuna (deixando vazio o estado anteriormente ocupado), há corrente e esse movimento é equivalente ao movimento da lacuna em sentido inverso.

A velocidade da lacuna $(\vec{k}')$ será:

$$v_x = \frac{\partial E}{\partial p_x} = -eE\frac{dv_x}{\partial p_x}t\qquad(1.39)$$

na direcção e no sentido do campo aplicado porque, perto do topo da banda de valência, a massa efectiva é negativa,

$$\frac{\partial v_x}{\partial p_x} = m_{xx}^{*-1} < 0 .$$

Então, pode definir-se a lacuna como uma quase-partícula com carga positiva ($q = e$) e massa positiva ($m_h^* > 0$).

As propriedades da lacuna são (ver fig. 1.5):

1) O seu quase-momento é igual e oposto ao do respectivo estado electrónico,

$$\hbar \vec{k}_h = -\hbar \vec{k}_e .$$

Como o quase-momento total duma banda totalmente ocupada a menos de 1 electrão é ($-\hbar \vec{k}_e$), ele é igual ao quase-momento da (única) lacuna.

2) A energia da lacuna é contada de cima para baixo, na escala da energia electrónica,

$$E_h(\vec{k}_h) = -E_e(\vec{k}_e),$$

ou seja,

$$E_h = E_v + \frac{\hbar^2 k_h^2}{2m_h^*} . \qquad (1.40)$$

3) A densidade de corrente associada a uma lacuna é:

$$\vec{j} = -(-e)\vec{v}_e / V = e\vec{v}_h / V .$$

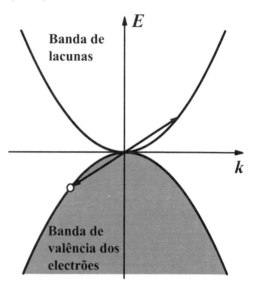

Figura 1.5 A correspondência entre a banda de valência dos electrões e a banda das lacunas.

É preciso ter em conta que a analogia entre os electrões da banda de condução e as lacunas da banda de valência é incompleta. As lacunas só se portam como partículas com massa positiva e carga positiva em resposta a campos eléctricos e magnéticos aplicados ao cristal. Num campo gravítico isto já não é verdade. A propósito disto, é relevante mencionar uma série de experiências realizadas por R.C. Tolman e seus colaboradores [1.6] e, mais tarde, por S.J. Barnett [1.7]. Nestas experiências mediu-se um impulso de corrente eléctrica produzida pela paragem abrupta do movimento de rotação de uma bobina em torno do seu eixo. Quando o fio que constitui a bobina pára, os portadores de carga ainda continuam o seu movimento pela inércia, o que produz uma corrente mensurável, proporcional à sua aceleração (negativa). Não é difícil mostrar que a carga medida pelo galvanómetro ligado às duas extremidades da bobina, entre o momento $t = 0$ em que ocorre a paragem e o infinito, é dada por:

$$\int_0^\infty I dt = -\frac{1}{R}\left(\frac{m}{q}\right) L u_0 ,$$

em que R é a resistência da bobina, L o comprimento do fio e u_0 a velocidade linear do fio antes de parar. Já nas experiências de Tolman, a carga específica $\left(\dfrac{q}{m}\right)$ das partículas que transportam a corrente eléctrica era praticamente igual para três metais, cobre (Cu), prata (Ag) e alumínio (Al). O resultado da experiência de Barnett tornou-se ainda mais surpreendente, porque foram estudados o molibdénio (Mo) e o zinco (Zn), dois metais em que os portadores de carga maioritários são lacunas (de acordo com o sinal positivo do efeito de Hall – ver Capítulo III). Curiosamente, os autores deste trabalho [1.7] consideraram o resultado obtido por eles como uma prova de inexistência de portadores de carga positiva nestes materiais.

A explicação deste paradoxo foi dada mais tarde e baseia-se no facto das lacunas não serem partículas verdadeiras mas sim quase-partículas introduzidas pela conveniência de descrição dos estados electrónicos para os quais a massa efectiva é negativa. A massa efectiva negativa reflecte a interacção dos electrões com a rede cristalina. Numa desaceleração da bobina, o que se altera é o momento (verdadeiro) total do metal, incluindo os seus electrões. Por isso, a interacção interna dos electrões com a rede cristalina não é relevante para a desaceleração do fio e a propriedade de inércia dos electrões é sempre caracterizada pela massa do electrão livre e não pela massa efectiva. Então, a carga específica medida foi sempre a do electrão livre, independentemente do tipo de portadores de carga maioritários (electrões ou lacunas). Uma discussão mais extensa do conceito de lacunas em semicondutores e metais pode ser encontrada no artigo [1.8].

1.6. A interacção spin-órbita. Lacunas leves e pesadas

A banda de valência, na maior parte dos semicondutores cristalinos tem origem nos estados atómicos do tipo p, com o número quântico orbital $l = 1$ (ver secção 1.7). Estes estados são 6 vezes degenerados (o número magnético pode tomar os valores $m = 0,\pm 1$ e a projecção do spin $s = \pm 1/2$). Num cristal, eles dão origem a três bandas sobrepostas (cada uma é duas vezes degenerada por causa do spin). Devido à alta simetria da estrutura cristalina dos semicondutores típicos, no centro da zona de Brillouin as três curvas de dispersão $E(\vec{k})$ (que correspondem às três bandas) deveriam chegar ao mesmo ponto, ou seja, o estado $E(0)$ seria 3 vezes degenerado (6 vezes contando com o spin). Este facto já foi mencionado na secção 1.2.6 a propósito do cálculo da energia utilizando o método do pseudopotencial.

No entanto, existe uma interacção, chamada **acoplamento "spin-órbita"**, que influencia a estrutura das bandas. Este efeito é uma consequência do facto de o momento angular orbital e de spin não se conservarem separadamente. Com efeito, é o **momento angular total,**

$$\vec{J} = \vec{l} + \vec{s}$$

que se conserva.

Em rigor este efeito exige que o estado quântico do electrão seja descrito pela equação relativista de Dirac e não a de Schrödinger. No entanto, na maior parte dos casos, este acoplamento spin-órbita pode ser tratado pelo método perturbativo. Nestas condições é adicionado o termo seguinte [1.9, 1.10]:

$$\hat{H}_{so} = \frac{\hbar}{4m_0^2 c^2} (\vec{\nabla} V \times \vec{p}) \cdot \vec{\sigma}, \qquad (1.41)$$

à equação de Schrödinger, em que $\vec{\sigma}$ é o vector de matrizes de Pauli.
Este termo pode ser tratado como uma perturbação e assim pode calcular-se a energia associada à interacção spin-órbita.
Quando este termo é tomado em consideração, aparecem efeitos importantes na estrutura electrónica. Um desses efeitos é o desdobramento da banda de valência no ponto $\vec{k} = 0$. Neste ponto a banda superior está associada ao momento angular total $J = \frac{3}{2}$ enquanto que a banda inferior (chamada **banda "spin-split"**) corresponde a $J = \frac{1}{2}$, conforme se mostra na figura 1.6. A banda superior é 4 vezes degenerada no centro da zona de Brillouin, de acordo com os quatro valores possíveis da projecção do momento angular total ($J_z = \pm \frac{1}{2}, \pm \frac{3}{2}$). Fora do ponto $\vec{k} = 0$ a banda superior desdobra-se em duas bandas, uma correspondente às chamadas **lacunas leves** e a outra correspondente às **lacunas pesadas**.

A forma das curvas de dispersão na vizinhança ponto $\vec{k} = 0$ pode ser encontrada utilizando o método "$\vec{k} \cdot \vec{p}$".

Na secção 1.2.6 foi considerado apenas o caso de uma banda não degenerada. Considere-se agora o estado três vezes degenerado, desprezando, por enquanto, a interacção spin-órbita. Para simplificar a notação, nesta secção o $\vec{k}$ vai designar o vector de onda das lacunas.
De acordo com a teoria das perturbações para estados

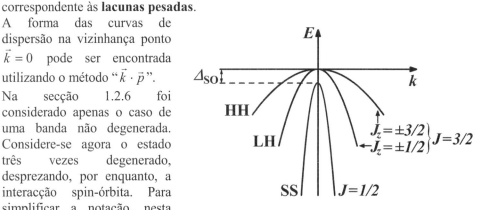

Figura 1.6 Esquema da banda de valência desdobrada devido à interacção spin-órbita.

degenerados [1.10], as correcções de primeira ordem devido ao termo $\frac{\hbar^2 k^2}{2m_0}$ obtêm-se da equação secular:

$$\left| \sum_j \langle i | \frac{\hbar^2 k^2}{2m_0} | j \rangle - E^{(1)} \delta_{ij} \right| = 0 \qquad (1.42)$$

em que $i, j = 1, 2, 3$ enumeram os três estados que sem perturbação (ou seja, exactamente no ponto $\vec{k} = 0$) têm a mesma energia E_V. É plausível, e pode ser mostrado com rigor [1.3], que os estados não perturbados têm a mesma simetria que as

Capítulo I – Propriedades Básicas dos Semicondutores   41

orbitais atómicas com o momento orbital $l = 1$, ou seja, podem ser designados como $|X\rangle$, $|Y\rangle$ e $|Z\rangle$. Assim, a eq. (1.42) determina correcções idênticas para os três estados,

$$E_i^{(1)} = \frac{\hbar^2 k^2}{2m_0} \qquad (1.43)$$

onde $i = 1,2,3$ (ou X,Y,Z). O desdobramento surge apenas na segunda correcção devido ao termo $i\frac{\hbar^2}{m_0}\vec{k}\cdot\vec{\nabla}$ que, no entanto, é da mesma ordem de grandeza, em ordem a k, que (1.42),

$$\left| \sum_{j,n} \frac{\langle i|\frac{\hbar^2(\vec{k}\cdot\nabla)}{m_0}|n\rangle\langle n|\frac{\hbar^2(\vec{k}\cdot\nabla)}{m_0}|j\rangle}{E_v - E_n^{(0)}} - E^{(2)}\delta_{ij} \right| = 0 \ . \qquad (1.44)$$

O índice n designa as outras bandas que existem além das três consideradas (por exemplo, a de condução). É possível mostrar que os vários elementos de matriz que entram neste determinante, para um cristal cúbico, podem ser expressos em termos de apenas três constantes [1.11]:

$$L = \frac{\hbar^2}{m_0^2}\sum_n \frac{\left|\langle X|\hat{p}_x|n\rangle\right|^2}{E_v - E_n^{(0)}} \ , \qquad (1.45)$$

$$M = \frac{\hbar^2}{m_0^2}\sum_n \frac{\left|\langle X|\hat{p}_z|n\rangle\right|^2}{E_v - E_n^{(0)}} \ , \qquad (1.46)$$

$$N = \frac{\hbar^2}{m_0^2}\sum_n \frac{\langle X|\hat{p}_x|n\rangle\langle n|\hat{p}_y|Y\rangle}{E_v - E_n^{(0)}} \ , \qquad (1.47)$$

em que $\hat{p}_\alpha$ são as componentes do operador momento linear (verdadeiro). Em termos destes parâmetros, a equação (1.44) é reescrita na seguinte forma:

$$\left| \begin{matrix} Lk_x^2 + M\left(k_y^2 + k_z^2\right) - E^{(2)} & Nk_xk_y & Nk_xk_z \\ Nk_xk_y & Lk_y^2 + M\left(k_x^2 + k_z^2\right) - E^{(2)} & Nk_yk_z \\ Nk_xk_z & Nk_yk_z & Lk_z^2 + M\left(k_x^2 + k_y^2\right) - E^{(2)} \end{matrix} \right| = 0$$

$$(1.44a)$$

A eq. (1.44a) tem três raízes. Por exemplo, na direcção (100) no espaço $\vec{k}$, em que $k_y = k_z = 0; k_x \neq 0$ as três soluções são:

$$E_1^{(2)} = Lk_x^2; \ E_2^{(2)} = E_3^{(2)} = Mk_x^2.$$

Adicionando a correcção de primeira ordem (1.43), tem-se:

$$E_1(k_x) = E_v + \frac{\hbar^2 k_x^2}{2m_0} + L k_x^2 ;$$

$$E_2(k_x) = E_3(k_x) = E_v + \frac{\hbar^2 k_x^2}{2m_0} + M k_x^2 , \qquad (1.48)$$

ou seja, há duas bandas com a massa efectiva $\left(\dfrac{1}{m_0} + \dfrac{2M}{\hbar^2}\right)^{-1}$ e uma com $\left(\dfrac{1}{m_0} + \dfrac{2L}{\hbar^2}\right)^{-1}$.

Para uma outra direcção, menos simétrica, as expressões são bastante mais complicadas. Os parâmetros L, M e N podem ser determinados empiricamente e são conhecidos para os semicondutores mais importantes. Por exemplo, para o silício $L = 6,8$, $M = 4,43$ e $N = 8,61$ [1.12], nas unidades de $\dfrac{\hbar^2}{m_0^2}$. Alguns autores [1.3], em vez destes, preferem usar parâmetros A, B e C, relacionados da seguinte forma com os definidos pelas eqs. (1.45) - (1.47):

$$A = \frac{L + 2M}{3} ; \quad B = \frac{L - M}{3} ; \quad C = \frac{(N + L - M)(N - L + M)}{3} .$$

A interacção spin-órbita pode ser incorporada na consideração acima apresentada, mas isso conduz a uma equação secular 6×6 [1.5]. O resultado consiste no desdobramento das duas bandas (1.48). Numa primeira aproximação, este desdobramento é independente de k e dado por:

$$\Delta_{so} = i \frac{3\hbar}{4m_0^2 c^2} \left\langle X \left| \frac{\partial U}{\partial x} \hat{p}_y - \frac{\partial U}{\partial y} \hat{p}_x \right| Y \right\rangle . \qquad (1.49)$$

Este parâmetro é uma constante real, chamada **constante de interacção spin-órbita**, e é determinada empiricamente. Quando Δ_{so} é grande se comparado com a energia térmica (kT) a banda *"spin-split"* praticamente não tem importância para as propriedades do semicondutor e é suficiente considerar as de lacunas leves e pesadas. Relembre-se que estas duas bandas coincidem no ponto $\vec{k} = 0$ (constituindo um estado 4 vezes degenerado, normalmente chamado Γ_8) mas têm massas efectivas diferentes, de acordo com as relações (1.48).

Existe uma interpretação alternativa do espectro de lacunas na vizinhança do ponto $\vec{k} = 0$, proposta por J.M. Luttinger [1.13]. Segundo este autor e para o estado degenerado $J = \dfrac{3}{2}$, o hamiltoniano das lacunas tem a seguinte forma:

$$\hat{H}_L = \frac{\hbar^2}{m_0} \left\{ \frac{1}{2}(\gamma_1 + \frac{5}{2}\gamma_2)\hat{k}^2 - \gamma_3(\hat{\vec{k}} \cdot \hat{\vec{J}}) \right.$$

$$+ (\gamma_3 - \gamma_2)\left(\hat{k}_x^2 \hat{J}_x^2 + \hat{k}_y^2 \hat{J}_y^2 + \hat{k}_z^2 \hat{J}_z^2\right)\Big\} \tag{1.50}$$

onde γ_1, γ_2 e γ_3 são parâmetros de Luttinger e $\hat{J}_x$, $\hat{J}_y$, $\hat{J}_z$ são operadores de "spin $\frac{3}{2}$" (matrizes 4×4) cuja forma explícita pode ser encontrada em [1.13] ou no livro [1.14]. Os parâmetros de Luttinger estão relacionados com L, M e N dados pelas eqs. (1.45) - (1.48) e podem ser calculados através de modelos microscópicos ou então extraídos de resultados experimentais (das massas efectivas de lacunas). O último termo do hamiltoniano (1.50) muitas vezes é desprezado, admitindo-se $\gamma_3 \approx \gamma_2 = \gamma$. Nesta aproximação a sua forma explícita é:

$$\hat{H}_L = \begin{pmatrix} \hat{H}_{hh} & c & b & 0 \\ c^* & \hat{H}_{lh} & 0 & -b \\ b^* & 0 & \hat{H}_{lh} & c \\ 0 & -b^* & c^* & \hat{H}_{hh} \end{pmatrix} \tag{1.50a}$$

com

$$\hat{H}_{hh} = \frac{\hbar^2 \hat{k}_z^2}{2m_0}(\gamma_1 - 2\gamma) + \frac{\hbar^2\left(\hat{k}_x^2 + \hat{k}_y^2\right)}{2m_0}(\gamma_1 + \gamma) \; ;$$

$$\hat{H}_{lh} = \frac{\hbar^2 \hat{k}_z^2}{2m_0}(\gamma_1 + 2\gamma) + \frac{\hbar^2\left(\hat{k}_x^2 + \hat{k}_y^2\right)}{2m_0}(\gamma_1 - \gamma) \; ;$$

$$c = -\sqrt{3}\,\frac{\hbar^2}{2m_0}\gamma\left(k_x - ik_y\right)^2 \; ;$$

$$b = -\sqrt{3}\,\frac{\hbar^2}{m_0}\gamma\,k_z\left(k_x - ik_y\right) \; .$$

As linhas e as colunas da matriz (1.50a) correspondem a $J_z = -\frac{3}{2}; -\frac{1}{2}; \frac{1}{2}; \frac{3}{2}$ (nesta ordem).

Para $\gamma_1 > 2\gamma$ a diagonalização de (1.50a) conduz à seguinte relação de dispersão:

$$E(\vec{k}) = \frac{\hbar^2}{2m_0}(\gamma_1 \pm 2\gamma)k^2, \tag{1.51}$$

que é parabólica e isotrópica e que corresponde às massas efectivas das lacunas leves e das lacunas pesadas, dadas pelas seguintes expressões, respectivamente[4]:

---

[4] A partir daqui o asterisco no símbolo de massa efectiva será omitido sempre que não provocar confusão.

$$m_{lh} = \frac{m_0}{\gamma_1 + 2\gamma}; \qquad m_{hh} = \frac{m_0}{\gamma_1 - 2\gamma}.$$

Na tabela 1.3 apresentam-se as massas efectivas das lacunas para diversos materiais.

1.7. Os materiais semicondutores mais importantes e a sua estrutura de bandas

1.7.1. A estrutura cristalina e a rede recíproca

Cristais de Si e Ge possuem a **estrutura** tipo **diamante**, que é constituída por duas redes cúbicas de faces centradas, c.f.c., uma das **quais é deslocada de um quarto da** diagonal do cubo que representa a célula unitária da primeira (figura 1.7). Por essa razão este tipo de estrutura não constitui uma rede de Bravais mas é uma rede com base formada por dois átomos. Os vizinhos mais próximos estão ligados ente si por ligações covalentes. Os ângulos entre estas ligações são iguais $(\arccos(-1/3))$, de tal modo que os quatro vizinhos mais próximos de um átomo ocupam os vértices de um tetraedro, enquanto que o próprio átomo se encontra no centro deste tetraedro. O grupo de simetria pontual desta estrutura é O_h.

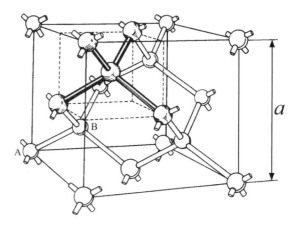

Figura 1.7 **A célula unitária da estrutura cristalina do diamante, com** *a* **sendo a constante da rede. O pequeno cubo designa o espaço que "pertence" a um átomo, ou seja, a célula primitiva.**

A maioria dos semicondutores III-V e II-VI possuem uma estrutura tipo **blenda**, que se distingue da do diamante pelo facto de uma das sub-redes c.f.c. ser ocupada pelos catiões e a outra pelos aniões. Então, os 4 vizinhos mais próximos de cada átomo (por exemplo, do átomo A na fig. 1.7) são átomos de outro tipo (B). O grupo de simetria pontual desta estrutura é T_d. Esta é a estrutura de muitos materiais binários, tais como os GaAs, InAs, InSb, e CdTe.

A **rede recíproca** para ambas as estruturas é cúbica de corpo centrado (c.c.c), com a constante da rede igual a $4\pi/a$, sendo a definido na fig. 1.7. A célula de Wigner-Seitz desta rede, ou seja, a primeira zona de Brillouin (ZB) é um octaedro truncado (fig. 1.8). Como a rede recíproca é cúbica, as direcções de simetria mais elevada são (100), (111) e (110). A estrutura electrónica dos semicondutores é geralmente representada no espaço ao longo destas direcções, dentro da ZB. Nestas direcções, existem alguns pontos de alta simetria, que têm nomes especiais, como por exemplo,

$$\Gamma(0,0,0),\ X\left(0,\frac{2\pi}{a},0\right),\ L\left(\frac{\pi}{a},\frac{\pi}{a},\frac{\pi}{a}\right),\ K\left(\frac{3\pi}{2a},\frac{3\pi}{2a},0\right),$$

e que são de importância primordial para o posicionamento correcto das curvas de dispersão na escala das energias.

Nos cristais de Si e Ge, bem como nos materiais com estrutura da blenda, as ligações covalentes estabelecem-se a partir de orbitais híbridas do tipo sp^3 que existem, por exemplo, numa molécula de metano (CH_4). Como é conhecido da Física Atómica, a estrutura electrónica do carbono é $1s^2 2s^2 2p^2$. No entanto, na maior parte das ligações químicas este átomo passa para um estado excitado, $1s^2 2s^1 2p^3$, no qual os 4 electrões podem participar na formação de ligações covalentes. É mais correcto dizer que os electrões do átomo de carbono criam as ligações covalentes a partir do estado híbrido que é uma sobreposição de uma orbital do tipo s e três do tipo p. Os pesos relativos das 4 orbitais nesta sobreposição são determinados pelo mínimo da energia e correspondem à configuração tetraédrica, característica da molécula de metano e também da estrutura cristalina do diamante. Como se observa na fig. 1.7, a substituição dos átomos do hidrogénio na molécula CH_4 pelos átomos de carbono permite continuar as ligações inter-atómicas de uma maneira regular e assim chegar ao cristal do diamante. Uma ligação C-C neste cristal é constituída por dois electrões (pois cada átomo cede um electrão) e tem duas componentes, designadas por σ (proveniente das orbitais atómicas do tipo s) e π (constituída por duas orbitais do tipo p, centradas nos átomos adjacentes). Como os átomos do silício e do germânio são quimicamente muito semelhantes ao do carbono, estes elementos também cristalizam na estrutura tipo diamante.

Nos semicondutores III-V e II-VI, como o GaAs, o InSb e o CdTe, a situação é similar. Por exemplo, no caso do InSb, o átomo de índio tem a última camada electrónica $5s^2 5p^1$ enquanto o de antimónio tem $5s^2 5p^3$. Então, estes dois átomos têm no total 8 electrões de valência, tantos quanto um par de átomos de silício ou de germânio. Se um dos electrões passar do anião (Sb) para o catião (In), a formação de uma ligação covalente é possível. A diferença relativamente aos semicondutores elementares é que esta ligação covalente é polar, ou seja, os compostos binários são parcialmente iónicos.

A **banda de valência** de todos os materiais semicondutores acima referidos tem origem predominantemente nos níveis electrónicos do tipo p do respectivo átomo. As orbitais do tipo p de dois átomos vizinhos, que constituem a base da rede cristalina do diamante[5], combinam-se de duas maneiras
- simétrica, ou
- anti-simétrica.

A primeira combinação dá origem a orbitais p ligantes que, no seu conjunto, constituem a banda de valência. Tal é o caso do Si, Ge, Sn e dos compostos de estrutura tipo blenda. Por outro lado, as orbitais anti-ligantes resultam de combinações lineares anti-simétricas.

As bandas com origem nas orbitais anti-ligantes do tipo p e do tipo s podem ter diferente ordem de sequência na escala da energia. Porém, a **banda de condução** tem origens distintas para os diferentes materiais com a mesma estrutura química. Assim para o silício, a banda de condução é do tipo p (anti-ligante); no ponto Γ, é 3 vezes degenerada. Para o germânio, a banda do tipo s (anti-ligante) tem energia mais baixa e portanto é esta a banda de condução (não degenerada no ponto Γ).

---

[5] As estruturas do diamante e da blenda podem ser interpretadas como uma rede c.f.c. constituída por moléculas diatómicas. Neste cristal, cada nível electrónico molecular dá origem a uma banda de energias.

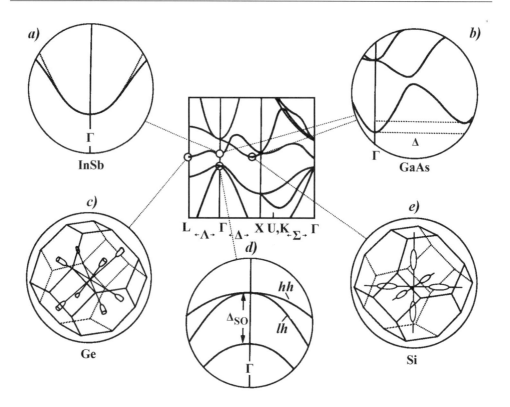

Figura 1.9 Esquema da estrutura electrónica típica dos semicondutores com a estrutura cristalina cúbica (quadro central) e alguns detalhes dos materiais mais importantes [1.15].

A banda de condução nos materiais com a estrutura da blenda também é do tipo s, não degenerada.
A estrutura electrónica típica dos materiais semicondutores com rede cristalina cúbica é apresentada na parte central da fig. 1.9, de uma forma qualitativa. Os círculos indicam os mínimos de energia na banda de condução para os diferentes materiais.
Repare-se que, para o Si e o Ge, este mínimo não se situa no centro da zona de Brillouin (fig.1.9-c e fig.1.9-e). Isto significa que, para estes semicondutores, o mínimo da banda de condução e o máximo da banda de valência ocorrem para valores distintos de $\vec{k}$.
Diz-se então que o Si e o Ge são semicondutores de **estrutura indirecta**. Além disso, os valores principais do tensor da massa efectiva dos electrões no silício são diferentes nas direcções (100) e equivalentes, e nas perpendiculares a elas. Para o germânio, a situação é semelhante mas a direcção que se destaca é a (111). A anisotropia do espectro electrónico é muito acentuada. Com efeito, para o silício $m_{\parallel}/m_{\perp} \approx 5$ e para o germânio $m_{\parallel}/m_{\perp} \approx 20$! A anisotropia do espectro electrónico faz com que as superfícies de energia constante sejam elipsóides de revolução. São múltiplos, devido ao facto de existirem vários pontos equivalentes na zona de Brillouin, que correspondem ao mínimo da energia.
Pelo contrário, a maior parte dos materiais III-V e II-VI apresentam estrutura directa (as excepções são o GaP e o AlAs, sendo o último um material artificial que só existe na forma de filmes finos depositados sobre um substrato de GaAs). A banda de condução,

na vizinhança do ponto Γ é isotrópica e parabólica. No entanto, afastando-se do mínimo de energia, o desvio da curva de dispersão da simples parábola começa a ser notável, sobretudo nos materiais com o *gap* relativamente estreito (por exemplo, para InSb, ver fig.1.9-a). É de salientar a existência de um segundo mínimo na banda de condução do GaAs, situado na direcção (111) no espaço $\vec{k}$ e aproximadamente superior em 0,3eV relativamente ao mínimo principal, na escala da energia (fig. 1.9-b). Em determinadas condições, os electrões podem "povoar" este mínimo, dando origem a um fenómeno importante conhecido como **efeito de Gunn** (discutido em 3.8).

Tal como foi referido em 1.6., a interacção spin-órbita induz efeitos importantes na estrutura das bandas, como sejam a separação entre o par de bandas das lacunas (leves e pesadas) e uma terceira banda, a *spin-split band* no ponto Γ da banda de valência. Além disso, fora do ponto Γ a banda superior desdobra-se na banda das lacunas leves (*lh*) e na banda das lacunas pesadas (*hh*). Este efeito é mostrado na fig.1.9-d.

Em suma indicam-se as seguintes propriedades dos semicondutores com estrutura cristalina cúbica:

1) o Si e o Ge têm estrutura de bandas indirecta; as superfícies de energia constante são no silício 6 elipsóides, situados nas direcções (100) e equivalentes, a $\vec{k} = 0.85\vec{k}_X$ enquanto que no germânio são 8 metades de elipsóide, para $\vec{k} = \vec{k}_L$.

2) a maioria dos materiais cúbicos III-V e II-VII tem estrutura de bandas directa;

3) a banda de valência é constituída por duas sub-bandas (lacunas leves e lacunas pesadas); a uma energia Δ_{so} inferior, ocorre mais uma banda ("*spin-split*");

4) para alguns materiais, por exemplo, o InSb, a banda de condução é acentuadamente não parabólica.

1.7.2. Variação dos parâmetros da estrutura das bandas com a temperatura

Os hiatos de energia dependem da temperatura da rede cristalina do semicondutor. A principal origem desta dependência é a **expansão térmica** do material, que é um efeito anarmónico das vibrações da rede cristalina. As larguras das bandas electrónicas normalmente diminuem com o aumento da temperatura porque a constante da rede aumenta devido à expansão térmica e os integrais de sobreposição devem diminuir (ver secção1.2.5). Então, à primeira vista, parece que os hiatos de energia deveriam aumentar. De facto, é assim nalguns casos mas para a maior parte dos semicondutores acontece o contrário. É que, nos semicondutores mais típicos, a banda de valência provém dos estados ligantes e a banda de condução dos estados anti-ligantes, de um par de átomos que constituem a base do cristal (estes dois átomos podem ser iguais, como no silício, ou diferentes, como no arsenieto de gálio). O desdobramento dos estados ligantes e anti-ligantes diminui quando a distância entre os átomos aumenta, por isso, diminui o *gap*. A partir de uma certa temperatura, que é tipicamente da ordem de 200K, esta variação é linear em temperatura e pode ser aproximada pela expressão:

$$E_g(T) = E_g(0) - \delta \cdot T, \tag{1.52}$$

em que δ é um coeficiente fenomenológico (por exemplo, para o silício $\delta = 2,84 \cdot 10^{-4} \, \text{eV} \cdot \text{K}^{-1}$ e para o germânio $\delta = 3,90 \cdot 10^{-4} \, \text{eV} \cdot \text{K}^{-1}$ [1.16]). A variação do valor do hiato com a temperatura pode atingir algumas dezenas de meV, por isso, é sempre necessário prestar atenção ao valor da temperatura a que se referem os valores apresentados na literatura. Na tabela 1.3 são apresentados os valores de $E_g(0)$.

As massas efectivas também variam em função da temperatura mas a sua variação normalmente é menos importante do que a dos hiatos de energia.

1.7.3. Determinação experimental de alguns parâmetros da estrutura das bandas
Experimentalmente, é possível medir:
1) hiatos de energia;
    - directos ou indirectos, através da medição da resistividade e/ou da constante de Hall em função da temperatura,
    - directos, por espectroscopia de absorção óptica.
2) As massas efectivas, através do método de **ressonância ciclotrónica**.
Segundo esta técnica um campo magnético constante, B, é aplicado e os portadores de carga ficam animados de um movimento oscilatório, com a frequência ciclotrónica (ver Problema **I.9**).

$$\omega_c = \frac{2\pi eB}{\hbar^2 c}\left[\frac{\partial S(E,k_z)}{\partial E}\right]^{-1}$$

onde S é a área da secção $k_z = \text{const}$ da superfície de energia constante ($\hbar k_z$ é o valor do quase-momento na direcção do campo magnético). No caso mais simples de uma banda isotrópica e parabólica, esta expressão reduz-se a

$$\omega_C = \frac{eB}{m^* c}.$$

Como será discutido no Capítulo III, os níveis de energia, por exemplo, dos electrões numa banda de condução, são quantificados através da relação:

$$E_n = (n + \frac{1}{2})\hbar\omega_c; \quad n = 0,1,2,\ldots \tag{1.53}$$

Estes níveis chamam-se **níveis de Landau** [1.11]. Observando a absorção ressonante de radiação electromagnética, devida a transições electrónicas entre estes níveis, pode-se determinar ω_C e, através dela, a massa efectiva. Aplicando o campo magnético em direcções diferentes, é possível medir a anisotropia da massa efectiva, que é o caso dos electrões nos cristais de Si e Ge. As massas efectivas dos electrões são dadas na tabela 1.3. Das técnicas espectroscópicas e de medida da resistividade e do efeito de Hall falar-se-á mais adiante.

1.8. Níveis locais de energia devidos a impurezas. O modelo hidrogenóide

A presença de alguns átomos de impurezas num cristal semicondutor perturba o potencial cristalino e muitas vezes dá origem a **níveis locais** de energia que se situam no hiato (*gap*) entre as bandas de valência e de condução. As impurezas de maior importância são aquelas que criam níveis locais próximos (na escala da energia) dos extremos das bandas de condução e de valência, os chamados níveis rasantes (*shallow levels*). Por exemplo, se um átomo de fósforo for introduzido num cristal de silício, quatro dos cinco electrões de valência deste átomo vão criar ligações covalentes com quatro átomos de silício que são os seus vizinhos na rede cristalina e o quinto electrão fica relativamente livre, "ligado" apenas pela atracção Coulombiana (o átomo de fósforo sem este electrão ficaria um ião positivo). Para distâncias elevadas ($r \to \infty$), este potencial de interacção torna-se semelhante a $\dfrac{e}{\varepsilon_0 r}$ (onde ε_0 é a constante dieléctrica estática do material semicondutor), embora na vizinhança do átomo da impureza deva ser descrito por uma função mais complexa. Em geral, a energia potencial devida a um átomo de impureza deste tipo escreve-se na seguinte forma:

$$V_i(\vec{r}) = V_c(\vec{r}) - \frac{e^2}{\varepsilon_0 r},$$

em que $V_c(\vec{r})$ é uma função que descreve a interacção de curto alcance, conhecida como "interacção da célula central". Os níveis de energia obtêm-se através da resolução da equação de Schrödinger:

$$(\hat{H}_0 + V_i(\vec{r}))\psi(\vec{r}) = E\psi(\vec{r}), \tag{1.54}$$

com $\hat{H}_0$ o hamiltoniano do cristal perfeito. Na aproximação da massa efectiva (AME), a solução desta equação de Schrödinger é encontrada admitindo-se que a função de onda adequada é da forma:

$$\psi(\vec{r}) = \sum_n u^n_{\vec{k}=0} F_n(\vec{r}), \tag{1.55}$$

com o somatório estendido às várias bandas electrónicas e $F_n(\vec{r})$ a respectiva função envelope. Repare-se que isto é uma aproximação, pois aparecem as amplitudes de Bloch apenas com $\vec{k}=0$ e não com todos os vectores de onda possíveis. Normalmente é suficiente incluir no somatório (1.55) apenas a banda mais próxima (na escala de energia) do nível local criado pelo átomo da impureza. As impurezas que criam níveis locais perto de E_c chamam-se **dadores**, e aquelas que dão origem aos níveis perto de E_v chamam-se **aceitadores**. Então, para os dadores a função de onda do estado localizado é determinada pela(s) função(ões) de Bloch da banda de condução e para os aceitadores pela banda de valência.

É possível mostrar (ver Problema **I.14**) que a função envelope para uma banda de condução simples é determinada pela seguinte equação:

$$\left(-\frac{\hbar^2}{2m^*} + V_i(\vec{r}) \right) F(\vec{r}) = (E - E_c)F(\vec{r}) \tag{1.56}$$

com m^* a massa efectiva desta banda. Desprezando a interacção da célula central, tem-se o **modelo** mais simples possível, chamado **hidrogenóide**, que permite calcular de imediato os níveis locais de energia utilizando a analogia com o átomo de hidrogénio. Os níveis locais de energia são então dados pela série hidrogenóide:

$$E_n = E_c - \frac{m^* e^4}{2\varepsilon_0^2 \hbar^2} \frac{1}{n^2} \quad (n = 1, 2, \ldots). \tag{1.57}$$

O estado com $n = 1$ é o estado fundamental do electrão ligado ao átomo da impureza. A função envelope que corresponde a este estado é

$$F(r) = \frac{1}{\sqrt{\pi \, a_b^3}} \exp\left(-\frac{r}{a_b}\right)$$

onde a_b é o **raio de Bohr efectivo**,

$$a_b = \frac{\varepsilon_0 \hbar^2}{m^* e^2}. \tag{1.58}$$

Este parâmetro indica o número de células unitárias que podem ser "percorridas" pelos dadores em torno do átomo impureza. Em geral a_b toma valores muito superiores ao valor do raio de Bohr do átomo de hidrogénio, $a_H = 5{,}29 \cdot 10^{-9}\,\text{cm}$ (ver Problema **I.14**). Para os níveis dadores nos cristais de Si e Ge onde, como se sabe, o mínimo principal da banda de condução fica fora do ponto Γ, é preciso ter em conta o seguinte:

1) a amplitude de Bloch que entra na relação (1.55) é $u_{\vec{k}_0}$, sendo $\vec{k}_0$ o vector de onda do ponto do mínimo (ver secção 1.7);

2) a massa efectiva é anisotrópica, por isso a função envelope não pode ser apresentada na forma analítica. Por exemplo, para o estado fundamental a função envelope é normalmente aproximada pela seguinte expressão:

$$F(\vec{r}) = \frac{1}{(\pi \, a_\| a_\perp^2)^{1/2}} \exp\left[-\left(\frac{x^2 + y^2}{a_\perp^2} + \frac{z^2}{a_\|^2}\right)^{1/2}\right], \tag{1.59}$$

onde $a_\| = \dfrac{\varepsilon_0 \hbar^2}{m_\| e^2}$, $a_\perp = \dfrac{\varepsilon_0 \hbar^2}{m_\perp e^2}$ e o eixo z é dirigido segundo a direcção $\vec{k}_0$;

3) como existem $\nu > 1$ mínimos equivalentes de $E(\vec{k})$ na banda de condução, a função de onda do estado localizado é uma combinação linear de ν termos correspondentes aos vários mínimos [1.8],

$$\psi(\vec{r}) = \sum_{j=1}^{\nu} \gamma_j u_{\vec{k}_j} F_j(\vec{r}) \tag{1.60}$$

onde $\vec{k}_j$ representam os vectores de onda dos mínimos equivalentes, γ_j são alguns coeficientes e $F_j(\vec{r})$ podem ser aproximadas pela eq. (1.59) (tendo em

Capítulo I – Propriedades Básicas dos Semicondutores 51

conta que as direcções x, y e z são diferentes para cada j). Consequentemente, os estados localizados no dador são ν vezes degenerados.

Repare-se que as dimensões típicas de localização do electrão segundo a direcção $\vec{k}_0$, que é (100) para o Si e (111) para o Ge, e no plano perpendicular a ela são diferentes em cerca de 5-8 vezes! A distribuição da probabilidade ($|\psi(\vec{r})|^2$) que corresponde à eq. (1.59) é parecida com um charuto com o centro no átomo dador. Levando em conta os vários mínimos equivalentes, a distribuição da probabilidade para o electrão localizado é representada por ν (6 para o silício e 4 para o germânio) "charutos" sobrepostos, sendo cada um deles dirigido segundo uma das direcções (100) para o Si e (111) para o Ge, porque para o estado localizado da menor energia todos os γ_j em (1.60) são iguais.

Para os **níveis aceitadores**, em qualquer material semicondutor com estrutura cristalina de diamante ou blenda, o modelo hidrogenóide descrito por (1.57), em rigor, não é aplicável, porque a banda de valência é degenerada no ponto Γ.

Considerando apenas duas sub-bandas (as de lacunas leves e lacunas pesadas), é necessário resolver duas equações acopladas para obter as duas funções envelope (F_{lh} e F_{hh}) e os níveis de energia. O resultado para o nível fundamental, ou seja, o nível aceitador de energia mais alta, ($E = E_V + E_a$) é apresentado na forma gráfica na figura 1.10, onde

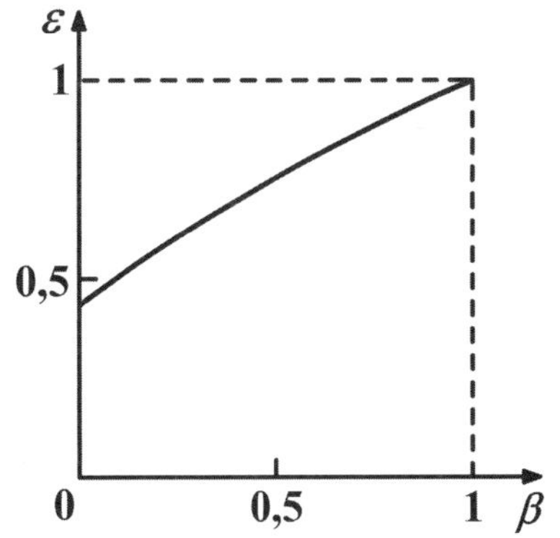

$$\varepsilon = E_a / E_{hh}, \quad E_{hh} = \frac{e^2}{2\varepsilon_0 a_{hh}},$$

a_{hh} é o raio de Bohr efectivo das lacunas pesadas e $\beta = m_{lh} / m_{hh}$.

Refira-se finalmente que o decaimento assimptótico (para $r \rightarrow \infty$) da função de onda é determinado pelo raio de Bohr das lacunas leves (de massa efectiva m_{lh}) [1.17],

Figura 1.10 Energia relativa de ionização de um nível aceitador em função da razão entre as massas efectivas das lacunas leves e pesadas conforme [1.17].

$$F_{lh}(r) \propto \exp\left(-r\sqrt{\frac{2m_{lh}E_a}{\hbar^2}}\right). \tag{1.61}$$

O modelo hidrogenóide pode então servir apenas para uma estimativa grosseira da energia dos níveis aceitadores e das correspondentes funções de onda.

As energias de ionização, ou seja, as energias dos níveis locais relativamente às respectivas bandas estão apresentadas na tabela 1.4, para algumas impurezas importantes nos Si e Ge. Note-se que o modelo hidrogenóide e o método da massa efectiva, em geral, não descrevem muito bem os resultados experimentais, sobretudo para o silício. A razão é que este modelo não inclui devidamente o potencial de curto alcance, ou seja, não leva em conta a correcção da célula central, $V_c(\vec{r})$. Esta correcção aumenta significativamente a energia de ligação do electrão ao ião de impureza. Por exemplo, o potencial $V_i(\vec{r})$ exercido sobre uma lacuna por um ião de índio num cristal de silício, obviamente é muito diferente do Coulombiano.

Tabela 1.4 Energias de ionização (em meV) de algumas impurezas tecnológicas nos Si e Ge cristalinos[6]

	VT_d	P	As	Sb	VT_a	B	Al	Ga	In
Si	31,27	45,5	53,7	42,7	31,56	44,5	68,5	72	157
Ge	9,81	9,9	10,0	10,0	9,73	10,47	10,80	10,97	11,61

A interacção de curto alcance também é responsável, em grande parte, pelo desdobramento do nível de energia mais baixo do electrão, localizado num átomo dador no silício ou no germânio. Esta interacção associa os vários mínimos equivalentes da banda de condução e produz o levantamento da degenerescência acima referida. Por exemplo, no germânio o estado fundamental do dador, que seria 4 vezes degenerado sem a interacção de curto alcance, desdobra-se em um singleto e um tripleto. O valor do desdobramento é de 0,57meV para o Sb e cerca de dez vezes maior para os P e As [1.8].

---

[6] Os valores experimentais nesta tabela são compilados das referências [1.15] e [1.18]. As colunas VT_d e VT_a representam os valores teóricos calculados no modelo hidrogenóide para os dadores e aceitadores, respectivamente.

Problemas

I.1. Considere o movimento unidimensional de um electrão cuja energia potencial em função da coordenada x é dada por

$$U(x) = -V_0 \delta(x) ,$$

onde V_0 é uma constante. Resolva a equação de Schrödinger e obtenha o nível de energia para o (único) estado confinado.

Resolução.
A equação de Schrödinger unidimensional para a função de onda do electrão (ψ) é:

$$-\frac{\hbar^2}{2m}\frac{d^2\psi}{dx^2} - V_0\delta(x)\psi = E\psi . \qquad (P1.1)$$

Para resolvê-la, aplique-se a transformação de Fourier, notando que

$$\int_{-\infty}^{+\infty}\frac{d^2\psi}{dx^2}e^{ikx}dx = -k^2\int\psi e^{ikx}dx = -k^2\tilde{\psi}$$

onde $\tilde{\psi}$ é a transformada de Fourier da função de onda. Assim tem-se:

$$\frac{\hbar^2 k^2}{2m}\tilde{\psi} - V_0\psi(0) = E\tilde{\psi} \qquad (P1.2)$$

em que $\psi(0)$ é o valor de ψ para $x = 0$. Resolvendo (P1.2), vem:

$$\tilde{\psi} = \frac{2mV_0}{\hbar^2}\frac{\psi(0)}{k^2 + \varepsilon} ,$$

onde se introduziu $\varepsilon = -\dfrac{2mE}{\hbar^2} > 0$, porque se pretende encontrar a solução da eq. (P1.1) com a energia negativa. Efectuando a transformação inversa, obtém-se:

$$\tilde{\psi} = \frac{1}{2\pi}\int_{-\infty}^{+\infty}e^{-ikx}\tilde{\psi}(k)dk = \frac{2mV_0}{\hbar^2}\psi(0)\int_{-\infty}^{+\infty}\frac{e^{-ikx}}{k^2 + \varepsilon}\frac{dk}{2\pi} ;$$

$$\psi(x) = \frac{mV_0}{\hbar^2}\psi(0)\frac{e^{-\sqrt{\varepsilon}|x|}}{\sqrt{\varepsilon}} . \qquad (P1.3)$$

Exigindo a auto-consistência,

$$\psi(x = 0) \equiv \psi(0) ,$$

chega-se ao nível de energia,

$$\frac{mV_0}{\hbar^2 \sqrt{\varepsilon}} = 1 \; ;$$

$$E = -\frac{mV_0^{\,2}}{2\hbar^2} \; . \tag{P1.4}$$

A amplitude da função de onda pode ser achada aplicando a condição de normalização,

$$\int_{-\infty}^{+\infty} \psi^2 dx = 1 \; .$$

I.2. No Problema **I.1** foi considerado um "átomo unidimensional" de energia potencial aproximada pela função de Dirac. Obtenha os níveis de energia para os estados confinados de um electrão num sistema constituído por:
   a) dois poços iguais separados por uma distância a, ou seja, com a energia potencial dada por

$$U(x) = -V_0 \left(\delta(x - \frac{a}{2}) + \delta(x + \frac{a}{2}) \right) ;$$

   b) três poços iguais,

$$U(x) = -V_0 \left(\delta(x - a) + \delta(x) + \delta(x + a) \right).$$

Resolução.
Considere-se o caso de dois poços. Aplicando o método do Problema 1.1, chega-se à seguinte expressão para a função de onda:

$$\psi = \frac{2mV_0}{\hbar^2} \int \frac{\left[\psi\left(\frac{a}{2}\right) e^{ik\frac{a}{2}} + \psi\left(-\frac{a}{2}\right) e^{-ik\frac{a}{2}} \right]}{k^2 + \varepsilon} \times e^{-ikx} \frac{dk}{2\pi}$$

$$= \frac{mV_0}{\hbar^2} \frac{\psi\left(\frac{a}{2}\right) e^{-\sqrt{\varepsilon}\left|x - \frac{a}{2}\right|} + \psi\left(-\frac{a}{2}\right) e^{-\sqrt{\varepsilon}\left|x + \frac{a}{2}\right|}}{\sqrt{\varepsilon}} \; .$$

Esta função deve obedecer a duas condições de auto-consistência, para $x = \pm\frac{a}{2}$, das

quais resultam duas equações homogéneas para as amplitudes $\psi\left(\frac{a}{2}\right)$ e $\psi\left(-\frac{a}{2}\right)$. A

compatibilidade destas equações dá:

Capítulo I – Propriedades Básicas dos Semicondutores   55

$$\left(\frac{mV_0}{\sqrt{\varepsilon}\hbar^2}-1\right)=\pm\frac{mV_0}{\sqrt{\varepsilon}\hbar^2}e^{-\sqrt{\varepsilon}a} \quad .$$ (P1.5)

A eq. (P1.5) tem duas soluções que correspondem a dois níveis de energia possíveis para este sistema. Admitindo que $e^{-\sqrt{\varepsilon}a}\ll 1$, obtém-se:

$$E=-\frac{mV_0^2}{2\hbar^2}\left(1\pm 2e^{-mV_0a/\hbar^2}\right) \quad .$$ (P1.6)

Então, o nível "atómico" (P1.4) desdobrou-se em dois e o desdobramento aumenta quando a distância entre os "átomos" diminui. É fácil mostrar que para o nível mais baixo, com o sinal "+" em (P1.6), a função de onda é par em relação ao ponto $x=0$ e para o outro é impar. Para o caso de três átomos e de maneira idêntica se obtêm três níveis de energia $E<0$.

I.3. Calcule o espectro electrónico de um "cristal unidimensional" constituído por $N+1$ "átomos" idênticos aos considerados nos Problemas **I.1** e **I.2**. Admita que um electrão fica sujeito ao potencial periódico,

$$U(x)=-V_0\sum_{n=-N/2}^{n=N/2}\delta(x-a\cdot n).$$

Resolução.
A aplicação directa do método utilizado para resolver o Problema 1.2 leva à relação:

$$\psi(a\cdot l)=\frac{mV_0}{\sqrt{\varepsilon}\hbar^2}\sum_{n=-N/2}^{n=N/2}\psi(a\cdot n)e^{-a\sqrt{\varepsilon}|l-n|} \quad .$$ (P1.7)

onde $l=-N/2,\ldots,N/2$. A condição de compatibilidade da eq. (P1.7) impõe que o determinante seja igual a zero, daí resultando uma equação em ordem a ε que, em princípio, pode ser resolvida numericamente. No entanto, considerando N grande e utilizando o teorema de Bloch, é possível obter o espectro analiticamente. Substituindo na eq. (P1.7) a função de onda na forma de Bloch,

$$\psi(x)=u_k(x)e^{ikx},$$

obtém-se:

$$u_k(0)=\frac{mV_0}{\sqrt{\varepsilon}\hbar^2}\sum_{n=-N/2}^{n=N/2}u_k(0)e^{ika(n-l)-a\sqrt{\varepsilon}|l-n|} \quad .$$ (P1.8)

Considerando $e^{-\sqrt{\varepsilon}a}\ll 1$, a eq. (P1.8) tem como solução os seguintes valores para a energia,

$$E(k) = -\frac{mV_0^2}{2\hbar^2}\left(1 - 4\cos(ka)e^{-mV_0 a/\hbar^2}\right).\tag{P1.9}$$

O espectro (P1.9) é constituído por uma banda de largura

$$4\frac{mV_0^2}{\hbar^2}\exp\left(-\frac{mV_0 a}{\hbar^2}\right)$$

com origem no "nível atómico" (P1.4).

I.4. Considere o modelo de Kronig-Penney para um cristal unidimensional, conforme se mostra na figura P1.1. Neste modelo os átomos são representados por poços rectangulares de energia potencial (de largura a), separados por barreiras de altura finita (U_0) e largura b. Um "átomo" isolado pode ter um ou vários níveis, dependendo dos parâmetros U_0 e a.

a) Resolva a equação de Schrödinger para uma célula unitária deste potencial periódico.

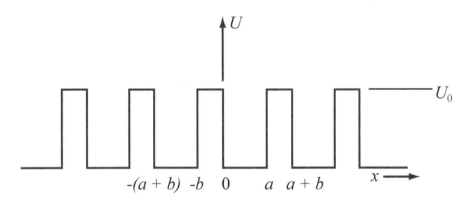

Figura P1.1 A energia potencial do electrão no modelo de Kronig-Penney.

b) Utilize o teorema de Bloch para relacionar os valores da função de onda para duas células unitárias vizinhas. Mostre que o espectro de energia $E(k)$ é implicitamente determinado pela seguinte equação:

$$\left[(Q^2 - K^2)/2QK\right]\sinh Qb \sin Ka + \cosh Qb \cos Ka = \cos k(a+b)$$

onde $Q^2 = \frac{2m}{\hbar^2}(U_0 - E)$, $K^2 = \frac{2m}{\hbar^2}E$ e k é o vector de onda de Bloch que serve de número quântico para este problema.

c) Analise esta solução para $Q \gg K$, $Qb \ll 1$ e mostre a existência de bandas de valores interditos da energia.

Capítulo I – Propriedades Básicas dos Semicondutores 57

I.5. Na aproximação da ligação forte, a função de onda de um electrão num cristal é considerada como uma combinação linear das orbitais atómicas centradas nos nós da rede cristalina:

$$\Psi_{\vec{k}}(\vec{r}) = \sum_j \Phi(\vec{r} - \vec{R}_j)e^{i\vec{k}\vec{R}_j} ,$$

onde a função Φ obedece à equação de Schrödinger para os átomos isolados (o valor próprio, ou seja, o nível atómico de energia é ε).

a) Mostre que $\Psi_{\vec{k}}(\vec{r})$ obedece ao teorema de Bloch.

b) Substituindo $\Psi_{\vec{k}}(\vec{r})$ na equação de Schrödinger para o cristal, obtenha a expressão para a energia $E(\vec{k})$.

c) Simplifique esta expressão considerando não nula apenas a interacção com os vizinhos mais próximos. Trace um gráfico qualitativo de $E(\vec{k})$ para um cristal unidimensional.

d) Na aproximação da alínea c), obtenha a expressão de $E(\vec{k})$ para a estrutura do diamante.

Resolução.
Como a estrutura do diamante não é uma rede de Bravais, a eq. (1.17) não é directamente aplicável e tem que ser generalizada. Para isto, comece-se por reescrever a eq. (1.15a) fazendo distinção entre os átomos que pertencem ou não à mesma sub-rede,

$$\sum_{l,j} a_{lj}\left\{A\left(\vec{R}_{lj} - \vec{R}_{l'j'}\right) - (E - \varepsilon)S\left(\vec{R}_{lj} - \vec{R}_{l'j'}\right)\right\} = 0 \quad , \tag{P1.10}$$

onde j designa as células unitárias diferentes da respectiva rede de Bravais (c.f.c. neste caso) e l enumera os átomos da base $(l = 1,2)$, com $\vec{R}_{lj} = \vec{R}_j + \vec{r}_e$.

Considerando

$$a_{lj} = a_l e^{i\vec{k}\vec{R}_j} , \quad \sum_l |a_l|^2 = 1 ,$$

o que é compatível com o teorema de Bloch, e multiplicando (P1.10) por $e^{-i\vec{k}\vec{R}_{j'}}$, tem-se:

$$\sum_l a_l\left\{\sum_j \alpha_{ll'}\left(\vec{R}_j - \vec{R}_{j'}\right)e^{i\vec{k}\left(\vec{R}_j - \vec{R}_{j'}\right)} - (E - \varepsilon)\sigma_{ll'}\left(\vec{R}_j - \vec{R}_{j'}\right)e^{i\vec{k}\left(\vec{R}_j - \vec{R}_{j'}\right)}\right\} = 0 \tag{P1.11}$$

com $\alpha_{ll'}\left(\vec{R}_j - \vec{R}_{j'}\right) \equiv A\left(\vec{R}_{lj} - \vec{R}_{l'j'}\right)$ e $\sigma_{ll'}\left(\vec{R}_j - \vec{R}_{j'}\right) \equiv S\left(\vec{R}_{lj} - \vec{R}_{l'j'}\right)$. Substituindo em (P1.11) $\vec{R}_j - \vec{R}_{j'} \rightarrow \vec{R}_i$ e $j \rightarrow i$ obtêm-se duas equações explícitas para as amplitudes a_1 e a_2,

$$a_1\left[A_{11} - (E - \varepsilon)S_{11}\right] + a_2\left[A_{12} - (E - \varepsilon)S_{22}\right] = 0 ;$$

$$\tag{P1.12}$$

$$a_1\left[A_{21} - (E - \varepsilon)S_{21}\right] + a_2\left[A_{22} - (E - \varepsilon)S_{22}\right] = 0$$

em que

$$A_{ll'} = \sum_i \alpha_{ll'}\left(\vec{R}_i\right)\exp\left(i\vec{k}\vec{R}_i\right) \quad ; \quad S_{ll'} = \sum_i \sigma_{ll'}\left(\vec{R}_i\right)\exp\left(i\vec{k}\vec{R}_i\right).$$

A condição de compatibilidade do sistema (P1.12) dá:

$$(E - \varepsilon)^2\left[S_{11}\cdot S_{22} - S_{12}S_{21}\right] - (E - \varepsilon)\left[A_{11}S_{22} + A_{22}S_{11} - A_{12}S_{21} - A_{21}S_{12}\right] + A_{11}A_{22} - A_{12}S_{21} = 0.$$

Resolvendo esta equação quadrática, obtém-se:

$$E = \varepsilon + \frac{\beta}{2\gamma} \pm \frac{\sqrt{\beta^2 - 4\gamma(A_{11}A_{22} - A_{12}A_{21})}}{2\gamma} \tag{P1.13}$$

onde $\beta = A_{11}S_{22} + A_{22}S_{11} - A_{12}S_{21} - A_{21}S_{12}$ e $\gamma = S_{11}S_{22} - S_{12}S_{21}$. A relação (P1.13) é a generalização da eq. (1.17a).

Como se pode concluir da fig. 1.7, a estrutura do diamante pode ser considerada como uma rede c.f.c., constituída por moléculas diatómicas, cada uma das quais está situada simetricamente em respeito ao ponto médio entre os átomos que a constituem (por exemplo, os átomos A e B). Estes pontos são os nodos da rede c.f.c. Embora tenha 12 vizinhos mais próximos nesta rede, apenas 6 deles têm ligações reais com o nodo da origem. As coordenadas destes vizinhos são:

$$\left(\frac{a}{2}, \frac{a}{2}, 0\right); \quad \left(0, \frac{a}{2}, \frac{a}{2}\right); \quad \left(\frac{a}{2}, 0, \frac{a}{2}\right);$$

$$\tag{P1.14}$$

$$\left(-\frac{a}{2}, -\frac{a}{2}, 0\right); \quad \left(0, -\frac{a}{2}, -\frac{a}{2}\right); \quad \left(-\frac{a}{2}, 0, -\frac{a}{2}\right).$$

Considerando não nula apenas a interacção com os vizinhos mais próximos, os coeficientes $\alpha_{ll'}$ e $\sigma_{ll'}$ são:

$$\sigma_{ll'}(0) = \begin{pmatrix} 1 & s \\ s & 1 \end{pmatrix}; \quad \sigma_{ll'}(nn+) = \begin{pmatrix} 0 & 0 \\ s & 0 \end{pmatrix}; \quad \sigma_{ll'}(nn-) = \begin{pmatrix} 0 & s \\ 0 & 0 \end{pmatrix};$$

$$\alpha_{ll'}(0) = \begin{pmatrix} A_0 & A_1 \\ A_1 & A_0 \end{pmatrix}; \quad \alpha_{ll'}(nn+) = \begin{pmatrix} 0 & 0 \\ A_1 & 0 \end{pmatrix}; \quad \alpha_{ll'}(nn-) = \begin{pmatrix} 0 & A_1 \\ 0 & 0 \end{pmatrix}$$

onde o símbolo $(nn+)$ corresponde aos primeiros três nodos acima apresentados, e $(nn-)$ designa os restantes três. s, A_0 e A_1 são integrais de sobreposição definidos à semelhança com a eq. (1.15a) e considerados reais.
Assim,

$$S_{11} = S_{22} = 1; \qquad S_{12} = s\left(1 + \sum_{\text{sobre } nn+} e^{i\vec{k}\vec{R}_i}\right); \qquad S_{21} = s\left(1 + \sum_{\text{sobre } nn-} e^{i\vec{k}\vec{R}_i}\right);$$

$$\text{(P1.15)}$$

$$A_{11} = A_{22} = A_0; \qquad A_{12} = A_1\left(1 + \sum_{\text{sobre } nn+} e^{i\vec{k}\vec{R}_i}\right); \qquad A_{21} = A_1\left(1 + \sum_{\text{sobre } nn-} e^{i\vec{k}\vec{R}_i}\right).$$

Note-se que $S_{12} = S_{21}^*$ e $A_{12} = A_{21}^*$.

Substituindo (P1.14) e (P1.15) em (P1.13), obtém-se:

$$E(\vec{k}) = \varepsilon + \frac{A_0 - 4A_1 s\zeta(\vec{k}) \pm 2\sqrt{(A_1 - A_0 s)^2 \zeta(\vec{k})}}{1 - 4s^2\zeta(\vec{k})} \tag{P1.16}$$

com

$$\zeta(\vec{k}) = 1 + \cos\left(\frac{k_x a}{2}\right)\cos\left(\frac{k_y a}{2}\right) + \cos\left(\frac{k_z a}{2}\right)\cos\left(\frac{k_y a}{2}\right) + \cos\left(\frac{k_x a}{2}\right)\cos\left(\frac{k_z a}{2}\right).$$

Levando em conta que $s, A_1 \lll 1$, a eq. (P1.16) pode ser simplificada desprezando os termos quadráticos, como sA_1 e s^2, o que dá:

$$E(\vec{k}) = \varepsilon \pm 2\sqrt{(A_1 - A_0 s)^2 \zeta(\vec{k})} \tag{P1.17}$$

Por exemplo, para $\vec{k} \parallel [100]$, ou seja, $k_y = k_z = 0$, $k_x \neq 0$, tem-se:

$$\zeta(\vec{k}) = 2\left(1 + \cos\frac{k_x a}{2}\right) = 4\cos^2\left(\frac{k_x a}{4}\right)$$

e

$$E(k_x) = \varepsilon + A_0 \pm 4|A_1 - A_0 s| \cdot \left|\cos\left(\frac{k_x a}{4}\right)\right|. \tag{P1.18}$$

Note-se que um único nível atómico (do tipo s) neste cristal constituído por duas sub-redes, dá origem a duas bandas, uma do tipo ligante e a outra anti-ligante. A banda do tipo s-ligante normalmente é totalmente preenchida e não tem influência nas propriedades electrónicas dos semicondutores, enquanto que a outra desempenha o papel de uma das bandas de condução (ver a parte central da fig. 1.9).

I.6. Num cristal hipotético que tem estrutura cúbica simples o espectro do electrão na banda de condução, na aproximação de ligação forte, é:

$$E(\vec{k}) = E_0 - t \cdot (\cos k_x a + \cos k_y a + \cos k_z a) \tag{P1.19}$$

onde E_0 e t são constantes.

  a) Qual a largura da banda?

  b) Calcule a massa efectiva de condutividade, $m^{*-1} = \dfrac{1}{3}\left(m_{xx}^{-1} + m_{yy}^{-1} + m_{zz}^{-1}\right)$, e

  faça um gráfico da m^* em função da energia.

  c) Analise as superfícies de energia constante em função da energia dentro da banda. Faça um desenho da secção destas superfícies no plano $k_z = 0$.

I.7. A energia em função do vector de onda na banda de valência de um semicondutor típico pode ser expressa na seguinte forma:

$$E(\vec{k}) = E_v - \frac{h^2 k^2}{2m_0}\left\{ A \pm B'\left[1 + \delta\left(6\frac{k_x^2 k_y^2 + k_x^2 k_z^2 + k_y^2 k_z^2}{k^4} - 1 \right) \right]^{1/2} \right\} \qquad \text{(P1.20)}$$

onde $B' = (B^2 + C^2/6)^{1/2}$, $\delta = C^2/6B'^2$ são alguns parâmetros do material. Por exemplo, para o InP A=13,3, B=8,57, C=12,78 [1.15]. Utilizando a expansão desta expressão em ordem ao parâmetro δ, calcule as massas efectivas das lacunas leves e lacunas pesadas para o InP.

I.8. O espectro electrónico na banda de condução e na banda de lacunas leves de um semicondutor com o *gap* suficientemente estreito pode ser descrito pela expressão proposta por Kane, que tem a seguinte forma:

$$E(\vec{k}) = E_c + \frac{\hbar^2 k^2}{2m_0} + \frac{1}{2}\left(-E_g \pm \sqrt{E_g^2 + \frac{8}{3}P^2 k^2} \right) \qquad \text{(P1.21)}$$

em que m_0 é a massa do electrão livre, E_g é a energia do *gap* e P é um parâmetro (o elemento de matriz do operador de momento linear, conhecido pelo nome de Kane). O sinal "+" ou "-" aplica-se aos electrões e lacunas leves, respectivamente.

  a) Calcule a massa efectiva no fundo da banda de condução.

  b) Como varia a massa efectiva da banda de condução em função da energia?

Resposta.

$$\frac{1}{m^*(E)} = \frac{1}{m^*(0)} - \frac{1}{3}\frac{m^*(0)P^4}{\hbar^4 E_g^3}(E - E_c); \qquad \frac{1}{m^*(0)} = \frac{1}{m_0} + \frac{4}{3}\frac{P^2}{\hbar^2 E_g} \ .$$

I.9. As superfícies de energia constante para um electrão num semicondutor (ou num metal), em geral, não são esféricas. Por isso, a trajectória deste electrão, sujeito a um campo magnético estacionário e uniforme, não é circular, quer no espaço real quer no espaço recíproco. Considere o movimento quase-clássico do electrão, na presença do campo magnético, e mostre que:

  a) este movimento é periódico, desde que a superfície de energia constante seja fechada,

Capítulo I – Propriedades Básicas dos Semicondutores 61

b) o período deste movimento é

$$T = \frac{\hbar^2 c}{eB} \left[\frac{\partial S(E, k_z)}{\partial E} \right], \qquad (P1.22)$$

onde S é a área da secção da superfície de energia constante (no espaço $\vec{k}$) segundo o plano $k_z = \text{const}$ (o eixo z está dirigido ao longo do campo magnético $\vec{B}$).

Resolução.
O movimento quase-clássico de uma partícula com carga q num campo magnético é descrito pela equação de movimento:

$$\hbar \frac{d\vec{k}}{dt} = \frac{q}{c} (\vec{v} \times \vec{B}), \qquad (P1.23)$$

em que $\vec{v} = \frac{1}{\hbar} \frac{\partial E(\vec{k})}{\partial \vec{k}}$ é a velocidade da partícula. Multiplicando a eq. (P1.23) por $\vec{B}$, acha-se

$$\frac{d(\vec{B} \cdot \vec{k})}{dt} = 0 \ ,$$

ou seja, a componente do quase-momento ao longo do eixo z paralelo ao campo magnético é um integral de movimento ($k_z = const$).

Note-se que também $E(\vec{k}) = const$ pois o campo magnético não altera a energia da partícula. Então, a trajectória quase-clássica da partícula no espaço $\vec{k}$ é representada pela intersecção de uma superfície de energia constante com um plano $k_z = const$, e as constantes são determinadas pelas condições iniciais.

A eq. (P1.23) conduz a:

$$\frac{dk_x}{dt} = \frac{e}{\hbar c} v_y B \ ;$$
$$\frac{dk_y}{dt} = -\frac{e}{\hbar c} v_x B \ . \qquad (P1.24)$$

A diferença entre as eqs. (P1.24) e as equações do movimento de uma partícula livre num campo magnético, conhecidas da Física Geral, é que a velocidade, em geral não é simplesmente proporcional a $\vec{k}$ mas é uma função (em princípio, tensorial) do vector de onda. Isto faz com que a resolução geral das eqs. (P1.24) seja impossível. Procura-se ultrapassar esta dificuldade introduzindo

$$dl_k = \sqrt{dk_x^2 + dk_y^2}$$

e

$$v_\perp = \sqrt{{v_x}^2 + {v_y}^2} \; ,$$

obtendo-se das eqs. (P1.24):

$$\frac{dl_k}{dt} = \frac{qB}{\hbar c} v_\perp \; . \tag{P1.25}$$

Da eq. (P1.25), o período do movimento ao longo de uma trajectória fechada no plano $k_z = const$ é:

$$T = \frac{\hbar c}{qB} \oint \frac{dl_k}{v_\perp} \; . \tag{P1.16}$$

Para escrever (P1.26) noutra forma, calcule-se a área entre duas trajectórias muito próximas, $E(\vec{k}) = const$ e $E(\vec{k}) = const + dE$:

$$dS = \oint dk_\perp dl_k = dE \oint \frac{dk_\perp}{dE} dl_k \; .$$

O integral é calculado ao longo da trajectória. Como a largura do "anel" entre as duas trajectórias varia, o $dk_\perp$ está dentro do integral sobre dl_k (mas não há integração em ordem a $dk_\perp$!).
Tendo em consideração que

$$dE = \left| \frac{dE}{d\vec{k}} \right| dk_\perp \; ,$$

vem:

$$dS = dE \oint \frac{dl_k}{\left| \dfrac{dE}{d\vec{k}} \right|} = \frac{1}{\hbar} dE \oint \frac{dl_k}{v_\perp} \; . \tag{P1.27}$$

Comparando as eqs. (P1.26) e (P1.27), obtém-se a relação (P1.22). Note-se ainda que a frequência deste movimento oscilatório, a **frequência ciclotrónica**, é dada por:

$$\omega_c = \frac{2\pi}{T} = 2\pi \frac{qB}{c\hbar^2} \left(\frac{\partial S}{\partial E} \right)^{-1} \; . \tag{P1.28}$$

I.10. Utilizando o resultado do problema anterior, calcule a frequência ciclotrónica para um electrão na vizinhança do mínimo da banda de condução no silício cristalino. O espectro de energia do electrão é dado pela seguinte expressão:

$$E = E_c + \frac{\hbar^2}{2} \left(\frac{\left(k_\parallel - k_\parallel^0 \right)^2}{m_\parallel} + \frac{{k_\perp}^2}{m_\perp} \right) ,$$

Capítulo I – Propriedades Básicas dos Semicondutores — 63

onde $k_{\parallel}$ e $k_{\perp}$ são as componentes do vector de onda ao longo da direcção (100) e no plano perpendicular a ela, $k_{\parallel}^0 = 0,85\dfrac{2\pi}{a}$, a é a constante da rede e $m_{\parallel} \neq m_{\perp}$ são os valores principais do tensor de massa efectiva. Mostre que esta frequência é igual à de uma partícula livre com a massa

$$m^* = \left[\frac{\det\left|m_{ij}\right|}{m_{zz}}\right]^{1/2} \tag{P1.29}$$

onde m_{ij} são as componentes do tensor da massa efectiva e o eixo z é dirigido ao longo do campo magnético B.

I.11. Calcule o número de átomos por cm^3 num cristal de silício, sabendo que a constante da rede é $0,543nm$.

Calcule também o volume da primeira zona de Brillouin.

I.12. Admitindo que $\gamma_3 \approx \gamma_2 = \gamma$ expresse os parâmetros de Luttinger em termos dos L, M e N dados pelas equações (1.45 a 1.48).

Resposta.

$$\gamma_1 = -\frac{2m_0}{3\hbar^2}L\,; \qquad \gamma_2 = -\frac{m_0}{3\hbar^2}M\,.$$

I.13. Calcule as massas efectivas das lacunas leves e pesadas a partir dos parâmetros de Luttinger para cristais de silício ($\gamma_1 = 4,26$, $\gamma_2 = 0,34$, $\gamma_3 = 1,45$), de germânio ($\gamma_1 = 13,25$, $\gamma_2 = 4,20$, $\gamma_3 = 5,56$) e de GaAs ($\gamma_1 = 6,8$, $\gamma_2 = 2,1$, $\gamma_3 = 2,9$)[7].

Tome $\gamma = (\gamma_3 + \gamma_2)/2$. Compare os resultados com os dados da tabela 1.3.

Qual é o efeito dos termos no hamiltoniano (1.50), desprezados nesta aproximação ($\gamma_3 \approx \gamma_2$)?

I.14. Mostre que a função de onda de um electrão localizado numa impureza dadora e cujo nível de energia está situado próximo do fundo de uma banda de condução, não degenerada, pode ser apresentada na forma:

$$\psi(\vec{r}) = u_{\vec{k}=0}F(\vec{r})\,, \tag{P1.30}$$

em que a função envelope obedece à eq. (1.56).

Resolução.

Partindo-se do princípio que as funções de Bloch correspondentes a todas as bandas, com todos os vectores de onda possíveis, constituem um conjunto completo, a função de onda do estado localizado pode ser apresentada como uma combinação linear:

---

[7] Ref. [1.20].

$$\psi(\vec{r}) = \sum_{n,\vec{k}} B_n(\vec{k})\phi_{\vec{k}}^n \qquad (\text{P1.31})$$

em que $\phi_{\vec{k}}^n$ representa as funções de Bloch do cristal sem impurezas e $B_n(\vec{k})$ são alguns coeficientes. Substituindo (P1.31) na eq. (1.54), multiplicando por $\left(\phi_{\vec{k}'}^{n'}\right)^*$ e integrando sobre $\vec{r}$, obtém-se:

$$\sum_{n,\vec{k}} B_n(\vec{k})\left\{\int d\vec{r}\left(\phi_{\vec{k}'}^{n'}\right)^* \hat{H}_0 \phi_{\vec{k}}^n + \int d\vec{r}\left(\phi_{\vec{k}'}^{n'}\right)^* V_i(\vec{r})\phi_{\vec{k}}^n\right\} = E\sum_{n,\vec{k}} B_n(\vec{k})\delta_{nn'}\delta_{\vec{k}\vec{k}'} \quad (\text{P1.32})$$

onde foi utilizada a condição de ortogonalidade e a normalização das funções de Bloch,

$$\int d\vec{r}\left(\phi_{\vec{k}'}^{n'}\right)^* \phi_{\vec{k}}^n = \delta_{nn'}\delta_{\vec{k}\vec{k}'} \ .$$

A eq. (P1.32) pode ser reescrita sob a forma:

$$\left(E_n(\vec{k}) - E\right)B_n(\vec{k}) + \sum_{n',\vec{k}'} W_{n,n'}(\vec{k},\vec{k}')B_{n'}(\vec{k}') = 0 \qquad (\text{P1.33})$$

onde $E_n(\vec{k})$ é a relação de dispersão para a banda número n e

$$W_{n,n'}(\vec{k},\vec{k}') = \int d\vec{r}\left(\phi_{\vec{k}'}^{n'}\right)^* V_i(\vec{r})\phi_{\vec{k}}^n = \frac{1}{V}\int d\vec{r}\left(u_{\vec{k}'}^{n'}\right)^* V_i(\vec{r})u_{\vec{k}}^n e^{i(\vec{k}-\vec{k}')\vec{r}} \qquad (\text{P1.34})$$

(V é o volume do cristal e $u_{\vec{k}}^n$ são as amplitudes de Bloch).

Admitindo que as amplitudes de Bloch variam pouco para os diferentes $\vec{k}$, $u_{\vec{k}}^n \approx u_0^n$, e utilizando a condição de normalização das amplitudes de Bloch,

$$\int_{c.u.} d\vec{r}_g \left(u_0^{n'}\right)^* u_0^n = \delta_{nn'}$$

(em que $\vec{r}_g$ varia dentro de uma célula unitária), a expressão (P1.34) simplifica-se e fica:

$$W_{nn'}(\vec{k},\vec{k}') = \delta_{nn'}\frac{1}{V}\int d\vec{r}V_i(\vec{r})e^{i(\vec{k}-\vec{k}')\vec{r}} \ , \qquad (\text{P1.35})$$

ou seja, nesta aproximação $W(\vec{k},\vec{k}')$ não depende do índice da banda e representa a transformada de Fourier do potencial $V_i(\vec{r})$ produzido pelo átomo da impureza. A relação (P1.33) é um sistema de equações que definem os coeficientes $B_n(\vec{k})$. A sua condição de compatibilidade determina o(s) nível(eis) de energia associado(s) à impureza.

No entanto, há um caminho mais fácil. Na mesma aproximação, ou seja, desprezando a variação de $u_{\vec{k}}^n$ com $\vec{k}$, pode-se escrever:

$$\psi(\vec{r}) = \sum_n u_0^n \cdot \frac{1}{\sqrt{V}} \sum_{\vec{k}} B_n(\vec{k})e^{i\vec{k}\vec{r}} \ . \tag{P1.36}$$

Designando o segundo factor na eq. (P1.36) por $F_n(\vec{r})$, obtém-se a relação antecipada (eq. (1.55)). A relação (P1.33) permite achar a equação para esta função envelope de imediato. Multiplicando a eq. (P1.33) por $V^{-1/2}e^{i\vec{k}\vec{r}}$ e somando sobre $\vec{k}$, obtém-se:

$$\sum_{\vec{k}} \left(E_n(\vec{k}) - E\right) \cdot \frac{1}{\sqrt{V}} B_n(\vec{k})e^{i\vec{k}\vec{r}} = -\sum_{\vec{k},\vec{k}'} W(\vec{k},\vec{k}')e^{i(\vec{k}-\vec{k}')\vec{r}} \cdot \frac{1}{V} B_n(\vec{k}')e^{i\vec{k}'\vec{r}}$$

$$= -V_i(\vec{r})F_n(\vec{r}) \ , \tag{P1.37}$$

porque $W(\vec{k},\vec{k}')$, de facto, só depende da diferença $(\vec{k} - \vec{k}')$, então, o somatório sobre $\vec{k}$ pode ser considerado como o sobre $(\vec{k} - \vec{k}')$ e assim representa a transformada de Fourier inversa à (P1.35).

Da eq. (P1.37) é óbvio que, numa primeira aproximação, pode-se desprezar na eq. (P1.36) as contribuições de todas as bandas menos daquela que está mais próxima do nível local E. Para todas as outras bandas os factores $\left(E_n(\vec{k}) - E\right)$ são grandes, então, os respectivos coeficientes $B_n(\vec{k})$ são pequenos.

Considerando uma banda de condução, não degenerada, como a mais próxima do nível E e colocando a origem da escala da energia no fundo desta banda (E_c), tem-se $E_n(\vec{k}) = \frac{\hbar^2 k^2}{2m^*}$. Notando que

$$\sum_{\vec{k}} k^2 \frac{1}{\sqrt{V}} B_n(\vec{k}) \, e^{i\vec{k}\vec{r}} = \nabla^2 F_n(\vec{r})$$

e utilizando a eq. (P1.37), obtém-se a eq. (1.56) para a (única neste caso) função envelope $F_n(\vec{r})$.

I.15. Admitindo que a constante dieléctrica para o silício cristalino é $\varepsilon_0 = 12$ e a massa efectiva dos electrões na banda de condução é $m^* = 0{,}34m_0$, calcule a energia de ionização de um dador hidrogenóide. Expresse esta energia em electron-volts e compare com a energia de hiato do silício.

I.16. O semicondutor InP tem (a T=300K) energia do *gap* $E_g = 1{,}34\text{eV}$, a constante dieléctrica $\varepsilon_0 = 12{,}5$ e a massa efectiva de electrões livres $m^* = 0{,}08m_0$. Calcule:
  a) a energia de ionização de um dador hidrogenóide no InP;
  b) o raio da órbita de Bohr que corresponde ao estado fundamental do dador;
  c) a concentração de átomos dadores para a qual a sobreposição de funções de onda de electrões localizados nos dadores vizinhos começa a ser importante.

Bibliografia

1.1 C. Kittel, "Introduction to Solid State Physics", Wiley, 1986

1.2 N. Ashkroft, N. Mermin, "Solid State Physics", Holt, Rinehart and Winston, 1976

1.3 P.Y. Yu, M. Cardona, "Fundamentals of Semiconductors", Springer, 1996

1.4 C.F. Klingshirn, "Semiconductor Optics", Springer, 1995

1.5 I.M. Tsidilkovskii, "Band Structure of Semiconductors", Pergamon, 1982

1.6 R.C. Tolman, T.D. Stewart, Phys. Rev. **8**, 97 (1916); **9**, 164 (1917); R.C. Tolman, L.M. Mott-Smith, Phys. Rev. **28**, 794 (1926)

1.7 S.J. Barnett, Phys. Rev. **87**, 601 (1952)

1.8 I.M. Tsidilkovskii, Uspekhi Fizicheskih Nauk [Sov. Phys. Uspekhi] **115**, 321 (1975)

1.9 J.J. Brehm, W.J. Mullin, "Introduction to the Structure of Matter", Wiley, 1989

1.10 L.D. Landau, E.M. Lifshits, "Quantum Mechanics", Pergamon, 1977

1.11 A.I. Anselm, "Introduction to Semiconductor Theory", Mir, Moscow, 1981

1.12 M. Voos, P. Uzan, C. Delalande, G. Bastard, A. Halimaoui, Appl. Phys. Lett. **61**, 1213 (1992)

1.13 J.M. Luttinger, Phys. Rev. **102**, 1030 (1956)

1.14 G.E. Pikus, G.L. Bir, "Symmetry and Strain-Induced Effects in Semiconductors", Wiley, 1974

1.15 V.L. Bonch-Bruevich, S.G. Kalashnikov, "Physics of Semiconductors" (em Russo), Moscow, Nauka, 1990

1.16 K. Seeger, "Semiconductor Physics", Springer, 1973

1.17 B.L. Gelmont, M.I. Diakonov, Fizika I Tekhnika Poluprovodnikov [Sov. Phys. Semiconductors] **5**, 2191 (1971)

1.18 Base de dados "Semiconductors" do *Ioffe Physico-Technical Institute of RAS*, http://www.ioffe.ru

1.19 N.T. Son *et al*, In: "Silicon Carbide. Recent Major Advances", W.J. Choyke, H. Matsunami, G. Pensl (eds.), Springer, 2004

1.20 P.K. Basu, "Theory of Optical Processes in Semiconductors. Bulk and Microstructures", Clarendon, Oxford, 1997

CAPÍTULO II
ESTATÍSTICA DOS PORTADORES DE CARGA

Neste capítulo determinam-se as concentrações dos portadores de carga num semicondutor, em função da temperatura e das concentrações das impurezas com que este material pode estar dopado. Como é conhecido da Física Estatística [2.1], a concentração dos electrões na banda de condução, muitas vezes chamados "electrões livres", bem como a das lacunas na banda de valência, são determinadas por dois factores: o número de níveis disponíveis na banda respectiva e a probabilidade da sua ocupação. Esta probabilidade depende da temperatura e da energia do respectivo nível, enquanto que o número de níveis por unidade de volume ou densidade de estados é uma característica do material e varia pouco com a temperatura.

2.1 A densidade de estados numa banda electrónica

2.1.1 A expressão geral
Como se pode concluir do capítulo anterior, o número de estados electrónicos permitidos a cada electrão de um sólido (cristal) semicondutor depende do número de estados atómicos, ou seja, do número de átomos que contribui para o cristal. Então para um cristal de dimensões macroscópicas o número de estados permitidos dentro de cada banda é tão elevado que se pode considerar que, dentro de cada banda, a energia varia de um modo pseudo-contínuo. Assim é usual definir a chamada **densidade de estados**, que representa o número de estados por intervalo de energia e por unidade de volume:

$$g(E) = \frac{1}{V}\frac{dN}{dE}, \qquad (2.1)$$

em que dN é o número de estados na camada entre duas superfícies de energia constante muito próximas (E e $E + dE$),

$$dN = 2dV_k dV \frac{1}{(2\pi)^3}. \qquad (2.2)$$

Aqui dV_k designa o elemento de volume no espaço recíproco e dV o do espaço "normal". O factor 2 é devido ao spin do electrão ou da lacuna. De acordo com o princípio da incerteza de Heisenberg, cada estado $\vec{k}$ "ocupa" uma célula de volume, $(2\pi)^3$ no espaço a 6 dimensões ($\vec{k}, \vec{R}$), chamado **espaço de fase** [2.1]. Além disso, segundo a mecânica quântica, cada estado só pode ser ocupado por dois electrões, uma vez que estas partículas possuem spin semi-inteiro ($s = 1/2$) e como tal obedecem ao princípio da exclusão de Pauli.

No caso geral, isto é, sem impor restrições sobre a forma da superfície de energia constante, tem-se:

$$dV_{\vec{k}} = dk_{\perp} \int_{\downarrow} dS \qquad (2.3)$$

sobre a superfície E=const

em que $dk_\perp$ é a variação de $\vec{k}$ na direcção perpendicular à superfície. Combinando (2.1) e (2.3), temos:

$$g(E) = \frac{2}{(2\pi)^3} \int dS \frac{dk_\perp}{dE}$$

$$= \frac{2}{(2\pi)^3} \int dS \frac{1}{\left|\nabla_{\vec{k}} E\right|} \ , \tag{2.4}$$

pois $dE = dk_\perp \left|\nabla_{\vec{k}} E\right|$, em que $\nabla_{\vec{k}} E$ é o gradiente da energia $E(\vec{k})$ no espaço recíproco.

2.1.2 O espectro parabólico

Admitindo que o espectro é parabólico e isotrópico, para os vectores de onda $\vec{k}$ próximos de $\vec{k}_0$, que é o ponto de extremo da energia $E(\vec{k})$ na banda de condução, as superfícies de energia constante são esferas. Nestas condições tem-se:

$$E(\vec{k}) = E_c + \frac{\hbar^2 k^2}{2m^*} \ ;$$

$$\nabla_{\vec{k}} E = \frac{\hbar^2 \vec{k}}{m^*} \ ;$$

$$g(E) = \frac{2m^*}{(2\pi)^3 \hbar^2} \int \frac{dS}{k} = 4\pi \frac{\left(2m^*\right)^{3/2}}{(2\pi\hbar)^3} (E - E_c)^{1/2} \ . \tag{2.5}$$

$$\text{sobre a esfera de raio } \sqrt{\frac{E - E_c}{2m^* \hbar^2}}$$

Como foi salientado em 1.7, na banda de condução do Si e do Ge a massa efectiva é anisotrópica e as superfícies de energia constante são elipsóides de revolução:

$$E = E_c + \frac{\hbar^2}{2} \left(\frac{\left(k_z - k_{z_0}\right)^2}{m_\parallel} + \frac{k_x^2 + k_y^2}{m_\perp} \right) \tag{2.6}$$

onde o eixo z é escolhido ao longo de (111) para o Ge e ao longo da direcção (100) para o Si.

A mudança de variáveis:

$$\kappa_z = \frac{k_z - k_{z_0}}{\sqrt{m_\parallel}} \ ; \qquad \kappa_y = \frac{k_y}{\sqrt{m_\perp}} \ ; \qquad \kappa_x = \frac{k_k}{\sqrt{m_\perp}} \ ,$$

permite escrever (2.6) na forma:

$$E = E_c + \frac{\hbar^2 \kappa^2}{2} \ ; \quad \vec{\kappa} = \left\{\kappa_x, \kappa_y, \kappa_z\right\}. \tag{2.7}$$

A densidade de estados é agora:

$$g(E) = \frac{2^{1/2} \left(m_\parallel m_\perp^2\right)^{1/2} \left(E - E_c\right)^{1/2}}{\pi^2 \hbar^3} \ . \tag{2.8}$$

De acordo com 1.7., quer para o silício quer para o germânio, as superfícies de energia constante são constituídas por vários elipsóides equivalentes, ou seja, diversos mínimos da banda de condução, que se situam nos pontos $\vec{k}$ simetricamente equivalentes. Por essa razão o número de estados tem que ser multiplicado pelo número de vales ou mínimos equivalentes. A densidade de estados para a banda de condução nestes materiais pode ser apresentada na seguinte forma:

$$g(E) = \frac{\sqrt{2} \left(m_{ds}^*\right)^{3/2}}{\pi^2 \hbar^3} \sqrt{E - E_c} \tag{2.9}$$

em que

$$m_{ds}^* = \left(v^2 m_\parallel m_\perp^2\right)^{1/3}$$

representa a **massa efectiva da densidade de estados**, v é o número de vales. Por exemplo, para o silício $m_\parallel = 0,95 m_0$, $m_\perp = 0,19 m_0$, $v = 6$ e $m_{ds}^* = 1,08 m_0$.

A densidade de estados para uma banda de valência é definida de maneira totalmente análoga a (2.4). Se o seu espectro for isotrópico e parabólico, então

$$g(E) \propto \sqrt{E_v - E} \ .$$

Na banda de valência dos semicondutores mais importantes há, pelo menos, dois tipos de estados (lacunas leves e lacunas pesadas). Neste caso a massa efectiva da densidade de estados na banda de valência é dada por:

$$m_{ds}^* = \left(m_{lh}^{3/2} + m_{hh}^{3/2}\right)^{2/3} .$$

Note-se que a densidade de estados é parabólica na vizinhança do extremo de qualquer banda. No entanto, fora dessa região (na escala da energia), a expressão (2.9) deixa de ser válida.

2.1.3 As singularidades de Van Hove

Como $E(\vec{k})$ é uma função periódica, há pontos na zona de Brillouin (ZB) onde $\nabla_{\vec{k}} E = 0$. Então, a função integrada na eq. (2.4) é infinita nestes pontos. Os valores de energia que correspondem a estes pontos chamam-se **singularidades de Van Hove**. São pontos especiais do espectro electrónico e, por isso, são importantes do ponto de vista experimental. As suas propriedades podem ser percebidas do exemplo considerado a seguir.

Na aproximação da ligação forte, o espectro de energias do electrão numa rede cúbica simples, é descrito por (1.18), que aqui se reescreve na forma:

$$E = E_0 - 2t(\cos k_x a + \cos k_y a + \cos k_z a)$$

(onde t é uma constante). O módulo do gradiente é:

$$\left|\frac{dE}{d\vec{k}}\right| = 2ta\sqrt{\sin^2(k_x a) + \sin^2(k_y a) + \sin^2(k_z a)}.$$

Os pontos no espaço $\vec{k}$, com as coordenadas

$$k_x = 0, \pm\frac{\pi}{a}$$
$$k_y = 0, \pm\frac{\pi}{a}$$
$$k_z = 0, \pm\frac{\pi}{a},$$

correspondem às singularidades de Van Hove. Entre estas 27 combinações de k_x, k_y e k_z, há pontos de dois tipos:
1) o centro da ZB e os seus vértices, com as energias $E = E_0 \pm 6t$, que correspondem a extremos;
2) os restantes 18 pontos, com as energias $E = E_0 \pm 2t$, que são pontos de "sela".

A densidade de estados, no caso tridimensional, é contínua nestes pontos. No entanto, a sua derivada (que determina o declive) é descontínua. A fig.2.1 mostra os vários tipos de singularidades de Van Hove. Os pontos M_0 e M_3 são extremos, enquanto que M_1 e M_2 são os pontos de "sela".

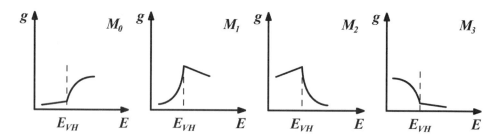

Figura 2.1 Os vários tipos de singularidades de Van Hove (E_{VH}) na função de densidade de estados.

2.1.4 A densidade dos níveis locais

Como já se disse em 1.8. a presença de impurezas origina o aparecimento de níveis ou estados locais. O número de estados por unidade de volume é igual à concentração de átomos de impureza. Então,

$$g(E) = N_D \delta(E - E_D), \qquad (2.10)$$

onde N_D é a concentração e E_D é o nível fundamental no hiato (*gap*), criado pela impureza, por exemplo, do tipo dador. Na eq. (2.10) E_D representa a energia do estado fundamental do electrão ligado ao dador. Os estados excitados já estão muito próximos da banda de condução, onde a densidade de estados é muito maior, e por isso não têm importância do ponto de vista da estatística dos electrões.

A expressão (2.10) é valida se a concentração das impurezas não for demasiado elevada. Nestas condições a distância média entre os átomos da impureza ($\approx N_D^{-1/3}$) é superior ao raio de Bohr efectivo, a_b, dado por (1.58). Sempre que aquela distância se tornar comparável a a_b cada átomo da impureza "sente" a presença dos outros átomos da impureza, ou seja, surge uma interacção entre os electrões localizados nos diferentes átomos da impureza. Outro efeito que contribui para a dispersão das energias dos níveis locais é a interacção Coulombiana entre um electrão associado ao seu átomo de origem e um dador ionizado. Como a distância entre os dadores vizinhos flutua, a energia desta interacção é aleatória. O resultado é a formação de uma **banda de impurezas**, como mostra a figura 2.2.

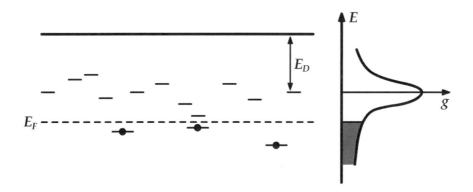

Figura 2.2 Distribuição de níveis dadores, de energia média de ionização E_D, num semicondutor fortemente dopado e respectiva função de densidade de estados $g(E)$. A linha a tracejado representa o nível de Fermi a $T \to 0$.

A forma desta banda pode ser bastante complexa e, como tal, difícil o cálculo de $g(E)$ [2.2]. Porém, muitas vezes, a densidade de estados na banda de impurezas é considerada como sendo descrita, em boa aproximação, por uma função gaussiana de largura finita (fig. 2.2).

Num semicondutor dopado ainda mais fortemente, a banda de impurezas, enquanto conjunto de estados, cada um dos quais criado por um dador individual, pode desaparecer completamente devido ao efeito de blindagem produzido pelos portadores de carga livres (ver Problemas **II.12-II.14**). Isto acontece quando

$$N_D a_b^3 \gg 1.$$

A densidade de estados é contínua e forma uma cauda que se estende para dentro do hiato e pode ser descrita pela seguinte expressão [2.2]:

$$g(E) = \frac{\sqrt{2}(m_{ds}^*)^{3/2} \gamma^{1/2}}{\pi^2 \hbar^3} G(\gamma^{-1} E) \qquad (2.11)$$

em que

$$G(X) = \frac{1}{\sqrt{\pi}} \int_{-\infty}^{X} (X-y)^{1/2} e^{-y^2} dy,$$

$$\gamma = \frac{e^2}{\varepsilon_0 L_D} \sqrt{4\pi N_d L_D^3}$$

é a escala característica da extensão da cauda no hiato e L_D é o comprimento de Debye (ver Problema **II.12**), que determina a escala espacial da blindagem do potencial Coulombiano, criado por uma impureza ionizada, na presença dos portadores de carga livres.

2.2 A distribuição de Fermi-Dirac nas bandas e nos níveis locais. O nível de Fermi

Sendo os electrões partículas de spin semi-inteiro ($s = \frac{1}{2}$) o seu comportamento colectivo obedece à estatística de Fermi-Dirac.
Segundo esta distribuição, a probabilidade de um electrão ocupar um estado quântico de energia E é [2.3]:

$$f(E,T) = \frac{1}{1+\exp\left(\frac{E-E_F}{kT}\right)}, \qquad (2.12)$$

onde E_F é o potencial electroquímico do gás de electrões, ou **energia de Fermi** ou ainda **nível de Fermi**.
Para $T=0$, esta função é um degrau, sempre que o nível de Fermi se situe numa das bandas de energia permitida, pois todos os estados abaixo do nível de Fermi estão ocupados enquanto todos acima dele estão vazios.
A $T>0$, o degrau converte-se numa curva em forma de cauda cujo afastamento relativamente a E_F é da ordem

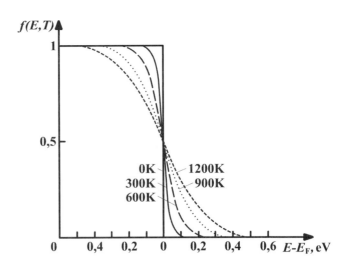

Figura 2.3 A função de distribuição de Fermi-Dirac para várias temperaturas.

de kT (fig. 2.3).

Para $E - E_F \gg kT$, a eq. (2.12) tende para a distribuição clássica de Maxwell-Boltzmann,

$$f(E,T) = C \exp\left(-\frac{E}{kT}\right)$$ (2.12a)

em que $C = \exp\left(\dfrac{E_F}{kT}\right)$.

Para os níveis locais, a probabilidade de ocupação é dada por uma expressão algo diferente de (2.12). Considere-se um centro do tipo dador com apenas um nível ou, de uma forma mais correcta, um conjunto de centros idênticos, de modo que se possa aplicar a mecânica estatística. A energia livre deste centro é [2.3]:

$$F = -kT \ln \sum_{\downarrow} \exp\left(-\frac{E_{nN} - N E_F}{kT}\right)$$

sobre todos os estados possíveis, n, com N electrões

$$= -kT \ln\left\{1 + \beta_d \exp\left(-\frac{E_d - E_F}{kT}\right) + \exp\left(-\frac{2(E_d - E_F) + E_{cor}}{kT}\right)\right\}$$ (2.13)

em que E_d é a energia do nível, β_d é o grau de degenerescência do nível ocupado por um electrão (no caso mais simples corresponde às duas projecções do spin) e E_{cor} é a energia de repulsão de dois electrões no mesmo centro. Esta energia normalmente é bastante grande e, por isso, o último termo pode ser desprezado. Assim tem-se:

$$F = -kT \ln\left\{1 + \beta_d e^{-\frac{E_d - E_F}{kT}}\right\} .$$

O número médio de electrões no centro dador, em equilíbrio térmico, é:

$$n_d = -\frac{\partial F}{\partial E_F}\bigg|_{T=const} = \frac{1}{1 + \beta_d^{-1} \exp\left(\dfrac{E_d - E_F}{kT}\right)} .$$ (2.14)

Esta situação corresponde a dadores neutros, ou seja, a electrões que se mantêm num estado hidrogenóide, no átomo de impureza de origem. Então a probabilidade de ocorrência de um dador ionizado será:

$$p_d = 1 - n_d = \frac{1}{1 + \beta_d \exp\left(\dfrac{E_F - E_d}{kT}\right)} .$$ (2.14a)

De maneira análoga, para níveis aceitadores

$$n_a = \frac{1}{1 + \beta_a^{-1} \exp\left(\dfrac{E_a - E_F}{kT}\right)} \quad . \tag{2.15}$$

A eq. (2.15) exprime a probabilidade de ocorrência de um centro aceitador ionizado. Devido à estrutura complexa da banda de valência o valor de β_a pode tomar valores superiores a 2, valor mínimo já referido. Com efeito, no caso dos semicondutores com a estrutura cristalina cúbica, em que o momento angular total toma o valor $J = \dfrac{3}{2}$ para a banda de valência, o factor de degenerescência é $\beta_a = 4$ (desprezando a banda "spin-split" e outros efeitos), correspondente aos quatro valores possíveis de J_z .

Há que salientar a diferença entre a probabilidade de ocupação de um nível deslocalizado, dada pela função de Fermi-Dirac usual (2.12), e a de ocupação de um nível localizado, dada por (2.14). Note-se porém que, para $\beta_d = 2$ e admitindo $E_{cor} = 0$, o argumento do logaritmo na relação (2.13) é

$$\left\{ \left[1 + \exp\left(-\frac{E_d - E_F}{kT} \right) \right]^2 \right\} .$$

Assim, a eq. (2.14) fica:

$$n_d = 2 f(E,T)$$

em que $f(E,T)$ é a função de Fermi-Dirac (2.12), ou seja, as duas probabilidades de ocupação são iguais (o factor de 2 associado ao spin pode ser incluído tanto na probabilidade de ocupação como na densidade de estados).

Então, a probabilidade de ocupação de um nível local só pode ser descrita pela função de Fermi-Dirac quando a energia de correlação de dois electrões neste nível for desprezável. A estatística de Fermi-Dirac aplica-se, em rigor, a um *gás* electrónico, em que a correlação é fraca, por definição.

2.3 A concentração de portadores de carga em função da concentração das impurezas e da temperatura

2.3.1 Expressões gerais. A equação de neutralidade

O controlo da densidade de portadores de carga (electrões e lacunas) é muito importante na obtenção das propriedades eléctricas desejáveis de um material semicondutor em determinada aplicação. Esta densidade, ou concentração, depende da temperatura e dos parâmetros do semicondutor através de dois factores que a determinam, que são a densidade de estados e a probabilidade da sua ocupação (fig. 2.4).

Com efeito, a concentração de electrões livres na banda de condução é dada por:

$$n = \int_{E_c}^{\infty} g(E) f(E,T) dE \qquad (2.16)$$

que é a soma sobre todos os níveis na banda, ponderada pela probabilidade de ocupação.

Introduzindo $x = \dfrac{E - E_c}{kT}$ e $\eta = \dfrac{E_F - E_c}{kT}$, o **nível de Fermi reduzido**, e utilizando (2.9) e (2.12), tem-se:

$$n = N_c \cdot F_{1/2}(\eta) \qquad (2.17)$$

onde

$$N_c = 2 \frac{(2\pi m_{ds}^* kT)^{3/2}}{(2\pi\hbar)^3} \qquad (2.18)$$

e

$$F_{1/2}(\eta) = \frac{2}{\sqrt{\pi}} \int_0^{\infty} \frac{x^{1/2} dx}{1 + \exp(x - \eta)} \qquad (2.19)$$

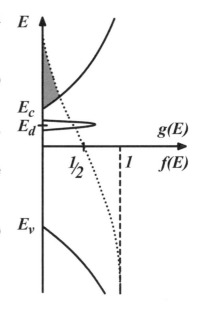

Figura 2.4 Concentração dos portadores de carga nas bandas e nos níveis locais, determinada pelo produto da densidade de estados com a probabilidade de ocupação.

O parâmetro N_c tem as dimensões de uma concentração (cm^{-3}) e por vezes é designado por **densidade de estados efectiva na banda de condução** [2.4, 2.5]. $F_{1/2}(\eta)$ designa-se por **integral de Fermi de ordem 1/2**. Não tem expressão analítica, sendo usual utilizar as seguintes aproximações:

$$F_{1/2}(\eta) = \begin{cases} e^{\eta}, & \eta < 0; |\eta| \gg 1 \\ \dfrac{1}{0.27 + e^{-\eta}}, & -5 < \eta < 1 \\ \dfrac{4}{3\sqrt{\pi}} \eta^{3/2}, & \eta > 1 \end{cases}$$

De igual modo, a concentração de lacunas na banda de valência é:

$$p = \int_{-\infty}^{Ev} \rho(E)(1 - f(E)) dE = N_v F_{1/2}(\eta^*) \qquad (2.20)$$

em que N_v tem um significado análogo a N_c e

$$\eta^* = \frac{E_v - E_F}{kT}.$$
(2.21)

Então, de acordo com as relações (2.17) e (2.20), para calcular concentrações de electrões e lacunas livres em função da concentração das impurezas e da temperatura, é preciso conhecer o nível de Fermi. A sua posição é determinada pela condição de neutralidade eléctrica:

$$\int_{\downarrow} dV (\sum p - \sum n) = 0 .$$

sobre o volume do cristal

Para um **semicondutor uniforme**, isto reduz-se à condição de **neutralidade local**:

$$\sum p = \sum n$$
(2.22)

onde as somas são sobre todas as bandas e todos os níveis locais. A eq. (2.22) é conhecida como a equação de neutralidade.

A seguir consideram-se os casos particulares mais importantes.

2.3.2 Semicondutor intrínseco

Para um semicondutor intrínseco, ou seja, que não contém impurezas, as únicas cargas que existem são os electrões e as lacunas livres. Então, a eq. (2.22) toma a seguinte forma:

$$n = p .$$

Substituindo as eqs. (2.17) e (2.20), utilizando a aproximação exponencial para ambos os integrais de Fermi e resolvendo em ordem a η obtém-se:

$$E_F = \frac{E_c - E_v}{2} + \frac{3}{4} kT \ln \frac{m_v^*}{m_c^*} ,$$
(2.23)

em que m_c^* e m_v^* representam as massas efectivas da densidade de estados (introduzidas em 2.1.2) para as bandas de condução e de valência, respectivamente. A eq. (2.23) indica que o nível de Fermi num semicondutor intrínseco está próximo do meio do hiato, desviando-se ligeiramente com a temperatura. Isto justifica a aproximação exponencial do integral de Fermi, atrás utilizada, e implica que ambos os gases de electrões e de lacunas são não degenerados.

A concentração intrínseca de portadores de carga depende da temperatura, de acordo com a seguinte relação:

$$n_i = \sqrt{N_c N_v} \exp\left(-\frac{E_g}{2kT}\right) ,$$
(2.24)

que pode ser obtida substituindo (2.23) em qualquer uma das relações (2.17) ou (2.20).
A título exemplificativo indica-se que para o Si à temperatura de 300K e sendo $E_g = 1.11\,\text{eV}$, $m_c^* = 1,08 m_0$ e $m_v^* = 0,59 m_0$ [2.5] obtêm-se os valores

$N_c = 2{,}81 \cdot 10^{19} \, \text{cm}^{-3}$, $N_v = 1{,}13 \cdot 10^{19} \, \text{cm}^{-3}$ e $n_i = 7{,}11 \cdot 10^{9} \, \text{cm}^{-3}$. Note-se que o valor de n_i é muitas ordens de grandeza inferior às densidades de portadores de carga de um metal, as quais atingem valores da ordem de $10^{22} \, \text{cm}^{-3}$.

2.3.3 Semicondutores dopados

Para um semicondutor dopado com dadores (cuja concentração é N_d), a equação de neutralidade é:

$$n = p + p_d \cdot N_d \; .$$

Pode-se prever que o nível de Fermi se deve situar na parte superior do hiato ou mesmo na banda de condução. Assim e para as lacunas, considera-se a aproximação exponencial do integral de Fermi, ou seja,

$$\frac{N_d}{1 + \beta_d \exp\left(\dfrac{E_F - E_d}{kT}\right)} + N_v \exp\left(\frac{E_v - E_F}{kT}\right) = N_c F_{1/2}\left(\frac{E_F - E_c}{kT}\right) \; . \tag{2.25}$$

No entanto, se a temperatura for suficientemente baixa, as transições térmicas inter-bandas são pouco prováveis e podemos desprezar as lacunas da banda de valência, na eq. (2.25).
Convém escrever:

$$\exp\left(\frac{E_F - E_d}{kT}\right) = \frac{n}{N_c} \exp\frac{E_c - E_d}{kT} \equiv \frac{n}{n_1},$$

em que $n_1 = N_c \exp\left(\dfrac{E_d - E_c}{kT}\right)$. Com esta notação, a eq. (2.25) passa a escrever-se como:

$$n = \frac{N_d}{1 + \beta_d \dfrac{n}{n_1}},$$

ou seja,

$$(N_d - n) = \frac{n^2}{\beta_d^{-1} n_1} \; . \tag{2.26}$$

Resolvendo a equação quadrática (2.26), obtém-se:

$$n = \frac{\beta_d^{-1} n_1}{2}\left(\sqrt{1 + \frac{4 N_d}{\beta_d^{-1} n_1}} - 1\right). \tag{2.27}$$

Para temperaturas muito baixas $\left(\text{quando } \dfrac{4\beta_d N_d}{n_1} \gg 1\right)$,

$$n = \sqrt{\beta_d^{-1} n_1 N_d} = \left(\beta_d^{-1} N_c N_d\right)^{1/2} \exp\left(\frac{E_c - E_d}{2kT}\right) \tag{2.28}$$

e

$$E_F - E_c = kT \ln \frac{n}{N_c} = \frac{E_d + E_c}{2} + \frac{kT}{2} \ln \frac{N_d}{\beta_d N_c} \; . \tag{2.29}$$

Nesta gama de temperaturas as impurezas estão apenas parcialmente ionizadas e o grau de ionização aumenta com a temperatura. Simultaneamente, o valor do nível de Fermi sobe.

Para temperaturas mais elevadas, quando $n_1 \gg N_d$ mas ainda $N_d \gg N_v e^{\frac{E_v - E_F}{kT}}$,

$$n \approx N_d$$

e

$$E_F - E_c = kT \ln \frac{N_d}{N_c} \; . \tag{2.30}$$

Estas relações implicam que as impurezas estão totalmente ionizadas e o nível de Fermi passa a descer com o aumento da temperatura quando N_d / N_c se torna inferior a 1. É precisamente esta região de temperaturas que se utiliza em dispositivos de semicondutores porque a concentração dos portadores de carga maioritários é estável. O nível de Fermi varia linearmente com a temperatura e pode ser directamente relacionado com a concentração dos electrões substituindo N_d por n na eq. (2.30). Existem também expressões empíricas entre E_F e n que são mais exactas do que a (2.30) (que foi obtida na aproximação da estatística de Boltzmann), como, por exemplo, a de Joyce e Dixon [2.6]:

$$E_F - E_c = kT\left[\ln \frac{n}{N_c} + \sum_{i=1}^{3} A_i \left(\frac{n}{N_c}\right)^i\right] \tag{2.31}$$

em que $A_1 = 0{,}35355$, $A_2 = -4{,}9501 \cdot 10^{-3}$ e $A_3 = 1{,}4839 \cdot 10^{-4}$.

Para temperaturas ainda mais elevadas, o número de electrões na banda de condução, devido à ocorrência de transições inter-bandas, ultrapassa o número de electrões com origem nas impurezas, e

$$n \approx n_i \, ,$$

ou seja, o semicondutor torna-se efectivamente intrínseco, com o nível de Fermi dado por (2.23).

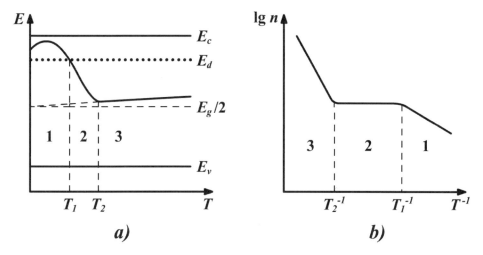

Figura 2.5 Variação do nível de Fermi (*a*) e da concentração de electrões livres (*b*) com a temperatura num semicondutor dopado com dadores.

As variações do nível de Fermi e da concentração dos electrões para toda a gama de temperaturas estão desenhadas na figura 2.5, de um modo qualitativo. Na variação da concentração de electrões livres em função da temperatura é possível distinguir três regiões típicas (ver fig. 2.5-b). A região 1 (das temperaturas mais baixas) é delimitada pela saturação da concentração dos electrões livres fornecidos pelas impurezas. Na região 2 a concentração dos portadores de carga maioritários mantém-se constante. A terceira região característica corresponde às temperaturas mais altas, a partir de T_2, para a qual a concentração intrínseca dos electrões ultrapassa a concentração de dadores. Através do declive do gráfico

$$\lg n = f\left(\frac{1}{T}\right),$$

é possível determinar a energia do hiato (*gap*), indicado como E_g na região 3 da figura 2.5, e a energia de ionização dos átomos de impurezas, $I_d = E_c - E_d$, na região 1.

De modo semelhante, podem ser analisados os casos de semicondutores com aceitadores e de **semicondutores compensados**, ou seja, que contêm simultaneamente impurezas dadoras e aceitadoras em concentrações comparáveis (ver Problema **II.8**). Note-se que a compensação altera significativamente a posição do nível de Fermi e a função $n(T)$ para as temperaturas mais baixas. Para $T \to 0$ e $N_d > N_a$ E_F coincide com o nível dador, o que se deve ao facto de alguns electrões poderem "cair" para o nível aceitador, deixando os seus dadores ionizados. Como se sabe, às temperaturas próximas do zero absoluto, o nível de Fermi separa os estados vazios dos estados ocupados, por isso coincide com E_d. Numa banda de impurezas, em que existe uma distribuição de níveis, o nível de Fermi encontra-se no centro desta (ver fig.2.2). Esta situação é semelhante à dos metais, que possuem uma banda preenchida parcialmente. De facto, em determinadas condições, a condutividade através de uma banda de impurezas pode apresentar um carácter metálico ou não, dependendo da posição do nível de Fermi [2.2]. Este fenómeno interessante é conhecido como a **transição de**

Mott-Anderson [2.7, 2.8]. Tem lugar não só em semicondutores fortemente dopados mas também em materiais amorfos. Do ponto de vista teórico, é um problema fundamental de localização/deslocalização de estados electrónicos em sistemas desordenados. Hoje em dia é geralmente aceite a existência de uma energia característica no espectro electrónico que faz fronteira entre os estados localizados e deslocalizados[1]. Esta energia depende do grau de desordem e chama-se **limiar de mobilidade** [2.9]. A transição de Mott-Anderson ocorre quando o nível de Fermi atravessa o limiar de mobilidade. Generalizando a classificação do Capítulo I, pode-se dizer que um material em que o nível de Fermi se encontra (a $T \rightarrow 0$) ou dentro do gap ou entre estados localizados é dieléctrico. Pelo contrário, um material é metálico se o nível de Fermi (a $T \rightarrow 0$) estiver entre estados electrónicos permitidos e deslocalizados. Deste ponto de vista, um semicondutor fortemente dopado e compensado pode ser chamado metal. Contudo, o efeito da condutividade eléctrica pela banda de impurezas é desprezável para temperaturas superiores, tipicamente, a 10K.

---

[1] Esta conclusão aplica-se a materiais maciços. Em sistemas bidimensionais e unidimensionais todos os estados electrónicos são localizados para qualquer magnitude de desordem, pelo menos, na aproximação de um electrão [2.9].

Problemas

II.1 A concentração de electrões livres num material semicondutor intrínseco à temperatura $T=400K$ é $n_i = 1,38 \cdot 10^{15}\,\text{cm}^{-3}$. Sabe-se que as massas efectivas do electrão e da lacuna são aproximadamente iguais e que a energia do hiato (*gap*) em função da temperatura varia de acordo com a seguinte relação: $E_g(T) = (0,785 - 4,0 \cdot 10^{-4} \cdot T)\text{eV}$. Calcule a massa efectiva do electrão para este material.

II.2 Considere um electrão num cristal bidimensional, cuja energia é dada por:

$$E(\vec{p}) = E_0 + (p_x^2 + p_y^2)/(2m^*)$$

Calcule a densidade de estados electrónicos em função da energia e trace um gráfico qualitativo.

Resposta.

$$g(E) = \begin{cases} m^*/(\pi\hbar^2) & \text{se} \quad E > E_0 \\ 0 & \text{se} \quad E < E_0 \end{cases}. \tag{P2.1}$$

II.3 Considere a densidade de estados electrónicos em função da energia para o espectro do modelo de ligação forte numa rede quadrada, dado por:

$$E(\vec{k}) = E_0 - t(\cos k_x a + \cos k_y a) \tag{P2.2}$$

onde E_0 e t são constantes. Indique os pontos do espaço (k_x, k_y) em que ocorrem as singularidades de Van Hove e calcule as energias correspondentes a essas singularidades. Trace um gráfico qualitativo para a densidade de estados em função da energia.

II.4 Considere electrões na banda de condução de um semicondutor (a massa efectiva do electrão é m^*). Admita que o gás electrónico é fortemente degenerado.

a) Mostre que a energia cinética por partícula é igual a $E - E_c = (3/5)E_F$, onde E_F é a energia de Fermi.

b) Obtenha a expressão para a energia de Fermi em função da concentração de electrões (n).

Resposta.

$$E_F - E_c = \frac{\hbar^2}{2m^*}\left(3\pi^2 n\right)^{2/3}. \tag{P2.3}$$

c) Para $m^* = 0,1m_0$ e $n = 10^{19}\,\text{cm}^{-3}$ calcule esta energia (em eV) e compare com kT à temperatura ambiente.

II.5 Determine, para o germânio, a temperatura T_1 para a qual o nível de Fermi coincide com o nível da impureza do tipo dador (antimónio), $E_d = E_c - 0{,}01\text{eV}$, se a concentração de átomos de antimónio for $N_d = 10^{16}\,\text{cm}^{-3}$. Considere o factor de degenerescência $\beta_d = 2$. Qual a concentração de electrões livres para esta temperatura?

Sugestão.
A temperatura T_1 separa as regiões características 1 e 2 indicadas na fig. 2.5. Ambas as expressões aproximadas para o nível de Fermi, eqs. (2.29) e (2.30), válidas para as regiões características 1 e 2, respectivamente, não são completamente correctas neste caso. No entanto, qualquer uma delas pode ser usada para fazer uma estimativa. Use ambas as expressões (2.29) e (2.30) para achar T_1 e veja se o resultado é muito diferente. Uma média destas duas estimativas daria uma melhor aproximação do resultado exacto, que pode ser obtido através da resolução numérica da eq. (2.25) em ordem à temperatura, depois de considerar $E_F = E_d$, nesta equação.

II.6 Na banda de condução do GaAs, além do mínimo principal no ponto Γ da zona de Brillouin (distante E_g do máximo da banda de valência), há outros mínimos (ou vales) de energia mais alta (E_L), situados na direcção (111) (ver fig. P2.1). A densidade de estados efectiva nestes vales é ν vezes superior à do mínimo principal ($\nu \approx 50$). Calcule o nível de Fermi neste semicondutor à $T = 300\text{K}$ e faça o gráfico da fracção de electrões nos vales L em função da temperatura, admitindo que a concentração de electrões é fixa e igual a $n_1 = 10^{17}\,\text{cm}^{-3}$ e que
 a) o gás de electrões não é degenerado;
 b) o gás de electrões é fortemente degenerado.

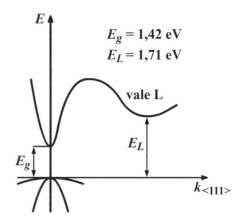

Figura P2.1 Esquema da banda de condução de GaAs.

Resolução.
No equilíbrio os electrões que se encontram no ponto Γ e nos vales L têm a mesma energia de Fermi. Da aplicação directa da eq. (2.17) resulta:

$$n_\Gamma = N_c \cdot F_{1/2}(\eta);$$

$$n_L = \nu \cdot N_c \cdot F_{1/2}\left(\eta - \frac{E_L - E_g}{kT}\right),$$

em que $\eta = \dfrac{E_F - E_c}{kT}$ e E_c é a energia do fundo da banda de condução no ponto Γ.
Como a concentração total dos electrões na banda de condução é fixa,

$$n_\Gamma + n_L = n_1.$$

Estas relações permitem obter o nível de Fermi. Por exemplo, no caso dos electrões não degenerados

$$\eta = \ln\left[\frac{n_1}{N_c\left(1 + \nu\exp\left(-\frac{E_1}{kT}\right)\right)}\right]$$ (P2.4)

em que $E_1 = E_L - E_g = 0,29\text{eV}$. Segundo a fórmula (2.18), a densidade de estados efectiva na banda de condução é:

$$N_c = 2,5 \cdot 10^{19}\left(\frac{T}{300\text{K}}\right)^{3/2}\left(\frac{m^*}{m_0}\right)^{3/2} \quad \left[\text{cm}^{-3}\right] \ .$$ (P2.5)

Substituindo os parâmetros $m^* = 0,067m_0$ para o GaAs obtém-se $E_F - E_c \approx -0,037\text{eV}$ para $T = 300\text{K}$.
A fracção dos electrões nos vales L é:

$$\frac{n_L}{n_1} = \frac{\nu\exp\left(-\frac{E_1}{kT}\right)}{1 + \nu\exp\left(-\frac{E_1}{kT}\right)} \ .$$ (P2.6)

Desprezável à temperatura ambiente, esta fracção aumenta com a temperatura e aproxima-se de 1.

II.7 Admita que numa amostra de semicondutor a concentração intrínseca de portadores de carga é de $8\,\mu\text{m}^{-3}$. Sem alterar a temperatura, introduzem-se na amostra átomos de impureza do tipo dador, na concentração de $12\,\mu\text{m}^{-3}$, que ficam totalmente ionizados. Quais serão as concentrações dos electrões e das lacunas depois do sistema chegar ao equilíbrio térmico?

II.8 Algumas impurezas (por exemplo, o ouro no silício) podem simultaneamente criar níveis dadores E_d (próximo do fundo da banda de condução) e aceitadores E_d (próximo do topo da banda de valência). Obtenha as expressões para as concentrações de átomos neutros e iões positivos e negativos desta impureza em função da temperatura.

Resolução.
Um átomo da impureza aqui considerada pode estar num dos estados apresentados na tabela seguinte:

Estado	+	0	−
Número de electrões, N	0	1	2
Energia, E_N	E_0	$E_0 + E_d$	$E_0 + E_a + E_d$
Factor de degenerescência	g_0	g_1	g_2

onde E_0 é a energia do ião positivo. De acordo com a Física Estatística, a probabilidade de ocorrência de um estado com N electrões e energia E_N, g_N vezes degenerado, é dada por [2.2]:

$$W_N = \frac{1}{Z} g_N \exp\left(-\frac{E_N - E_F \cdot N}{kT}\right) \qquad (P2.7)$$

em que Z é a soma estatística:

$$Z = \sum_N W_N \ .$$

Substituindo os dados da tabela acima na eq. (P2.7) obtém-se:

$$W_0 = \frac{g_0 \exp\left(-\dfrac{E_0}{kT}\right)}{g_0 \exp\left(-\dfrac{E_0}{kT}\right) + g_1 \exp\left(-\dfrac{E_0 + E_d - E_F}{kT}\right) + g_2 \exp\left(-\dfrac{E_0 + E_d + E_a - 2E_F}{kT}\right)} =$$

$$= \frac{1}{1 + \dfrac{g_1}{g_0} \exp\left(-\dfrac{E_d - E_F}{kT}\right) + \dfrac{g_2}{g_0} \exp\left(-\dfrac{E_d + E_a - 2E_F}{kT}\right)} \ ; \qquad (P2.8)$$

$$W_1 = \frac{1}{1 + \dfrac{g_0}{g_1} \exp\left(-\dfrac{E_F - E_d}{kT}\right) + \dfrac{g_2}{g_1} \exp\left(-\dfrac{E_a - E_F}{kT}\right)} \ ; \qquad (P2.9)$$

$$W_2 = \frac{1}{1 + \dfrac{g_0}{g_2} \exp\left(-\dfrac{2E_F - E_d - E_a}{kT}\right) + \dfrac{g_1}{g_2} \exp\left(-\dfrac{E_F - E_a}{kT}\right)} \ . \qquad (P2.10)$$

Costuma-se usar os factores de degenerescência relativos, $\beta_d = \dfrac{g_1}{g_0}$ e $\beta_a = \dfrac{g_2}{g_1}$. Com esta notação, é óbvio que as relações (2.14a) e (2.15) representam os casos particulares das eqs. (P2.8) e (P2.10), respectivamente. As concentrações dos iões positivos, átomos

Capítulo II – Estatística dos Portadores de Carga

neutros e iões negativos da impureza são $W_0 N_i$, $W_1 N_i$ e $W_2 N_i$, respectivamente, onde N_i é a concentração total das impurezas.

A equação de neutralidade eléctrica (2.22) toma a seguinte forma:

$$n + \frac{N_i}{1 + \beta_a^{-1} \beta_d^{-1} \exp\left(-\dfrac{2E_F - E_d - E_a}{kT}\right) + \beta_a^{-1} \exp\left(-\dfrac{E_F - E_a}{kT}\right)}$$

$$= p + \frac{N_i}{1 + \beta_d \exp\left(-\dfrac{E_d - E_F}{kT}\right) + \beta_a \beta_d \exp\left(-\dfrac{E_d + E_a - 2E_F}{kT}\right)}$$

e permite achar o nível de Fermi e as concentrações em função da temperatura.

II.9 Quais são os portadores de carga maioritários, à temperatura ambiente, num semicondutor dopado com átomos de uma impureza que cria um nível dador $E_d = E_c - 0{,}04\text{eV}$ e um nível aceitador $E_a = E_v + 0{,}06\text{eV}$? Utilize os parâmetros do silício citados no final da secção 2.3.1.

II.10 Considere um semicondutor dopado com dadores (concentração N_d) em que estas impurezas estão parcialmente compensadas por impurezas aceitadoras ($N_a < N_d$).

Obtenha a expressão para a concentração dos electrões na banda de condução em função da temperatura, nas condições em que as transições inter-bandas podem ser desprezadas.

Resolução.
Como a temperatura é suficientemente baixa, a concentração de lacunas na banda de valência pode ser desprezada. Os níveis aceitadores devem estar completamente preenchidos pelos electrões "cedidos" pelos dadores. Os dadores podem estar apenas parcialmente ionizados. Assim, a equação de neutralidade eléctrica (2.22) para este caso tem a seguinte forma:

$$n + N_a = p + \frac{N_d}{1 + \beta_d \exp\left(\dfrac{E_F - E_d}{kT}\right)} \ . \tag{P2.11}$$

Exprimindo a função exponencial em termos de n com o auxílio da eq. (2.17), a eq.(P2.11) pode ser reescrita como

$$\frac{n(n + N_a)}{N_d - N_a - n} n_1 = \beta_d^{-1} N_c \exp\left(\frac{E_d - E_c}{kT}\right) \equiv n_2 \ .$$

Resolvendo esta equação quadrática em ordem a n obtém-se:

$$n = \frac{1}{2}(N_a + n_2)\left(\sqrt{1 + \frac{4(N_d - N_a)n_2}{(N_a + n_2)^2}} - 1\right) \quad . \tag{P2.12}$$

Para temperaturas muito baixas, quando $n \ll N_a$, $N_d - N_a$, tem-se:

$$n = \beta_d^{-1} \frac{(N_d - N_a)}{N_a} N_c \exp\left(\frac{E_c - E_d}{kT}\right). \tag{P2.13}$$

Repare-se na diferença entre este e o caso de um semicondutor não compensado, ao qual se aplica a eq. (2.28). O expoente na eq. (P2.13) é o dobro do da eq. (2.28).
Com o aumento da temperatura, a expressão (P2.12) tende para

$$n = (N_d - N_a)$$

o que corresponde à ionização completa dos dadores.

II.11 Uma amostra de germânio é dopada com antimónio e boro. A concentração do antimónio é $N_d = 10^{16} \, \text{cm}^{-3}$ e a taxa de compensação é $N_a / N_d = 0,5$. Qual é a concentração de electrões livres a $T = 25\text{K}$ se a massa efectiva da densidade de estados for $m_c^* = 0,55m_0$, $E_d = E_c - 0,01\text{eV}$ e $\beta_d = 2$?

II.12 Considere um ião de uma impureza, de carga $+e$, num semicondutor com a concentração média de electrões de condução, n_0, e a concentração média de lacunas na banda de valência, p_0. Os electrões e as lacunas livres produzem o efeito de blindagem do ião, isto é, a concentração local dos electrões na vizinhança do ião é ligeiramente superior à média enquanto a das lacunas é ligeiramente inferior. Devido a este efeito, o potencial eléctrico criado pelo ião decai mais rapidamente com a distância do que o potencial Coulombiano.
Mostre que o potencial do ião é dado pela expressão:

$$\varphi(\vec{r}) = \frac{e}{\varepsilon_0 r} \exp(-r / L_D), \tag{P2.14}$$

onde ε_0 é a constante dieléctrica do cristal e L_D é um parâmetro chamado **comprimento de Debye** [2.1]. Obtenha a expressão para o comprimento de Debye.

Sugestão.
Levando em conta a carga local atraída pelo ião, a equação de Poisson para o potencial eléctrico na vizinhança do ião é:

$$\nabla^2 \varphi = -\frac{4\pi e}{\varepsilon_0}\left(\delta(\vec{r}) - (n(\vec{r}) - n_0) + (p(\vec{r}) - p_0)\right) \quad . \tag{P2.15}$$

As concentrações locais dos electrões e das lacunas, no equilíbrio e admitindo a estatística de Boltzmann, são dadas por:

$$n(\vec{r}) = n_0 \exp\left(\frac{e\varphi(\vec{r})}{kT}\right) \approx n_0\left(1 + \frac{e\varphi(\vec{r})}{kT}\right); \qquad p(\vec{r}) = p_0 \exp\left(-\frac{e\varphi(\vec{r})}{kT}\right) \approx p_0\left(1 - \frac{e\varphi(\vec{r})}{kT}\right)$$

Substituindo estas relações na eq. (P2.15), obtém-se uma equação linear em ordem a $\varphi(\vec{r})$. É necessário encontrar a solução desta equação que tem simetria esférica.

II.13 Devido ao efeito de blindagem produzido pelos portadores de carga livres, o potencial eléctrico criado por um ião de impureza num semicondutor decai com a distância mais rapidamente do que o potencial Coulombiano. Como se sabe da Mecânica Quântica, um poço tridimensional, suficientemente estreito, pode não conter nenhum nível de energia, ou seja pode não existir nenhum estado localizado neste poço. Isto significa que, num semicondutor com muitos portadores de carga livres, os níveis locais devidos a impurezas podem desaparecer completamente.
Utilizando o resultado do problema anterior e o método variacional de Ritz, obtenha a condição de inexistência dos níveis locais no modelo hidrogenóide.

Resolução.
De acordo com o método variacional de Ritz [2.10], a energia do estado fundamental de uma partícula num poço de energia potencial pode ser estimada sem se conhecer a função de onda exacta. Usa-se uma função (de prova) que é semelhante ao que se espera; por exemplo, o seu decaimento é monótono e suficientemente rápido para $r \to \infty$ e tem alguns parâmetros de ajuste. Calcula-se a energia média da partícula com esta função de onda e os parâmetros de ajuste são escolhidos da maneira a que a energia atinja o seu mínimo. Esta energia mínima é uma boa aproximação do nível fundamental verdadeiro.
Uma escolha razoável da função de prova será a "função hidrogenóide",

$$\psi(\vec{r}) = \frac{1}{\sqrt{\pi a^3}} \exp\left(-\frac{r}{a}\right) \qquad (P2.16)$$

em que a é um parâmetro de ajuste. O cálculo da energia cinética dá:

$$\left\langle \frac{p^2}{2m^*} \right\rangle = -\frac{\hbar^2}{2m^*} \int \psi(\vec{r})\nabla^2\psi(\vec{r})d\vec{r} = \frac{\hbar^2}{m^* a^2} \quad .$$

A energia potencial média, $-e\varphi(\vec{r})$, em que o potencial é dado pela Eq. (P2.14), é obtida a partir de:

$$\langle V_i \rangle = \int \psi(\vec{r})(-e\varphi(\vec{r}))\psi(\vec{r})d\vec{r} = -\frac{e^2}{\varepsilon_0 a} \frac{1}{\left(1 + a/(2L_D)\right)^2}$$

em que L_D é o comprimento de Debye.

O mínimo da energia total, $\langle E \rangle = \left\langle \dfrac{p^2}{2m^*} \right\rangle + \langle V_i \rangle$, ocorre para o valor de a que satisfaz a equação:

$$a_b = a \frac{\left(1 + 3a/(2L_D)\right)}{\left(1 + a/(2L_D)\right)^3} \tag{P2.17}$$

em que $a_b = \dfrac{\varepsilon_0 \hbar^2}{m^* e^2}$ é o raio de Bohr do electrão. A eq. (P2.17) deixa de ter solução quando $L_D < a_b$. Isto significa que o nível local relacionado com o ião da impureza desaparece.

II.14 Obtenha a expressão do comprimento de Debye, em função da concentração n, no caso de um gás electrónico fortemente degenerado.

Resposta.

$$L_D = \frac{1}{2}\left(\frac{\pi}{3}\right)^{1/3} \frac{a_b}{\sqrt{a_b n^{1/3}}} \, . \tag{P2.18}$$

Bibliografia

2.1 E.J.S. Lage, "Física Estatística", Fundação Calouste Gulbenkian, 1995

2.2 B.I. Shklovskii, A.L. Efros, "Electronic Properties of Doped Semiconductors", Springer, 1984

2.3 L.D. Landau, E.M. Lifshits, "Statistical Physics, Part I", Pergamon, 1980

2.4 J.S. Blakemore, "Semiconductor Statistics", Pergamon, 1962

2.5 K.V. Shalimova, "Physics of Semiconductors", (em Russo), Moscow, Mir, 1979; Edição em Espanhol: "Fisica de los Semiconductores", Moscou, Mir, 1975

2.6 W.B. Joyce, R.W. Dixon, Appl. Phys. Lett. **31**, 354 (1977)

2.7 N.F. Mott, "Metal-Insulator Transitions", Taylor and Francis, London, 1974

2.8 P.W. Anderson, Phys. Rev. **109**, 1492 (1958)

2.9 P.A. Lee, T.V. Ramakrishnan, "Disordered electronic systems", Rev. Mod. Phys. **57**, pp. 287–337 (1985)

2.10 L.D. Landau, E.M. Lifshits, "Quantum Mechanics", Pergamon, 1977

CAPÍTULO III
FENÓMENOS DE TRANSPORTE

Conhecida a estrutura electrónica de um semicondutor, torna-se possível caracterizar os fenómenos de transporte que ocorrem nestes materiais, o que é muito importante, quer do ponto de vista fundamental, quer ainda do ponto de vista da sua aplicação em dispositivos electrónicos.
Neste capítulo são estudados os principais mecanismos de difusão dos portadores de carga em materiais semicondutores, que determinam as suas propriedades de transporte. A condutividade eléctrica é estudada, quer no formalismo de Drude, quer por aplicação da equação cinética de Boltzmann. O mecanismo de transporte dos portadores de carga por difusão espacial é também tratado, assim como os efeitos da aplicação de campos magnéticos, ou seja, o efeito de Hall e os fenómenos relacionados.
Por fim, os efeitos térmicos na dinâmica electrónica são examinados, nomeadamente os efeitos de Seebeck, de Thomson e de Peltier.

3.1 A fórmula de Drude para a condutividade eléctrica

Considere-se um electrão na banda de condução sujeito a um campo eléctrico. Se o seu quase-momento for pequeno, a sua velocidade é

$$\vec{v} = \frac{\hbar \vec{k}}{m^*}.$$

Admita-se que a massa efectiva é isotrópica. Escolhendo a direcção do campo $\vec{E}$ como a do eixo z, resulta da segunda lei de Newton para o cristal que:

$$\dot{v}_z = -\frac{e}{m^*}\mathrm{E}, \quad v_z(0) = 0, \tag{3.1}$$

$$v_z(t) = -\frac{e}{m^*}\mathrm{E}t. \tag{3.2}$$

O electrão move-se de acordo com a eq. (3.2) durante o intervalo de tempo t_1, até que ocorre uma colisão com algum defeito da rede cristalina. Admita-se que, após a colisão, a velocidade (em média) é outra vez igual a zero. Durante algum tempo, t_2, após a primeira colisão o movimento é uniformemente acelerado:

$$v_z(t) = -\frac{e}{m^*}\mathrm{E}(t - t_1) \quad \text{para} \quad t_1 < t < t_1 + t_2.$$

No instante $(t_1 + t_2)$ ocorre uma segunda colisão, etc. Então, o movimento do electrão segundo o eixo $(t_1 + t_2)$ é tal que a velocidade média, segundo o eixo z, é:

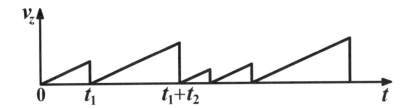

Figura 3.1 Representação da variação da componente da velocidade do electrão segundo o eixo z com o tempo.

$$\overline{v}_z(t) = -\frac{eE}{m^*} \sum_i \frac{t_i^2}{2} \bigg/ \left(\sum_i t_i\right) . \tag{3.3}$$

Os intervalos de tempo entre duas colisões seguidas, t_i, são números aleatórios. Para que a eq. (3.3) conduza a um resultado com significado físico, é preciso: ou observar um electrão durante um tempo suficientemente longo, ou considerar um conjunto numeroso de electrões.

Considere-se então um conjunto de electrões, cujo movimento se inicia no instante $t = 0$. Designe-se por $n(t)$ o número de electrões que, até ao instante t sofreram colisões. Se a probabilidade de colisão por unidade de tempo for ω, pode-se escrever:

$$-dn = n(\omega\, dt) \tag{3.4}$$

Integrando (3.4), tem-se: sofrera as colisões. Se a

$$n(t) = n_0 e^{-t/\tau} \tag{3.5}$$

com $n_0 = n(0)$ e $\tau = \omega^{-1}$ o tempo característico entre duas colisões, chamado **tempo de relaxação**. A partir da eq. (3.5) pode definir-se a **função de distribuição** de intervalos de tempo de movimento sem colisão:

$$f(t) \propto n(t);$$

ou seja,

$$f(t) = const \cdot e^{-t/\tau}$$

em que a constante de normalização se determina através da condição

$$\int_0^\infty f(t)\, dt = 1 \quad \rightarrow \quad const = \tau^{-1} .$$

Então,

$$f(t) = \tau^{-1} e^{-t/\tau} \tag{3.6}$$

o que corresponde a uma distribuição de Poisson. Utilizando (3.6) e (3.3), pode-se calcular a velocidade média do movimento do electrão no campo eléctrico:

$$\bar{v}_z = -\frac{eE}{m^*} \frac{\int_0^\infty \frac{t^2}{2} f(t)\,dt}{\int_0^\infty t f(t)\,dt} = -\frac{eE}{m^*}\tau . \tag{3.7}$$

Esta velocidade chama-se **velocidade de deriva**.

Então, devido às colisões, o movimento segundo z, em média, é uniforme e não uniformemente acelerado. Num semicondutor com n electrões por centímetro cúbico a densidade da corrente eléctrica é:

$$j = -en\bar{v}_z = n\frac{e^2\tau}{m^*}E = \sigma E \tag{3.8}$$

com

$$\sigma = \frac{e^2\tau}{m^*}n \tag{3.9}$$

a **condutividade eléctrica**. A eq. (3.9) chama-se **fórmula de Drude** [3.1 a 3.3].
A condutividade pode ser reescrita sob a forma

$$\sigma = en\mu \tag{3.9a}$$

em que

$$\mu = \frac{|\bar{v}_z|}{E} = |e|\frac{\tau}{m^*} \tag{3.10}$$

é a chamada **mobilidade dos electrões**.

Num semicondutor que tem electrões (com a concentração n) e lacunas (com a concentração p), a corrente eléctrica tem duas componentes:

$$j = n\frac{e^2\tau_n}{m_n^*}E + p\frac{e^2\tau_p}{m_p^*}E$$

$$= (en\mu_n + ep\mu_p)E \tag{3.11}$$

94   *Física dos Semicondutores*

A condutividade eléctrica, neste caso, é:

$$\sigma = en\mu_n + ep\mu_p .$$ (3.12)

Conhecidos os valores experimentais das mobilidades dos portadores de carga, é possível obter estimativas dos tempos de relaxação dos electrões e das lacunas. Note-se que o tempo de relaxação, introduzido na eq. (3.5), é um parâmetro eficaz que depende da temperatura, da concentração das impurezas, *etc.*

Na tabela 3.1. apresentam-se valores das mobilidades dos portadores de carga para alguns semicondutores (cristalinos) usuais, à temperatura ambiente.

Tabela 3.1. Valores típicos da mobilidade dos electrões e das lacunas em alguns semicondutores cristalinos[1]

Semi-condutor	Si	Ge	GaAs[2]	InAs	InSb	InP	CdS	CdHgTe ($x{=}0.2$)	PbSe
$\mu_n, \dfrac{cm^2}{V\cdot s}$	1300	3800	8500	33000	78000	4600	350	80000	1000
$\mu_p, \dfrac{cm^2}{V\cdot s}$	500	1820	400	400	750	150	15	100	1000

A partir destes dados e do valor das massas efectivas, indicados na tabela 1.3, podem ser obtidos os valores típicos dos tempos de relaxação. Assim, por exemplo, para o silício o tempo de relaxação dos electrões, a $T = 300K$, é da ordem de $2,5 \cdot 10^{-13}$s, enquanto que para o InSb se encontra o valor $5,8 \cdot 10^{-13}$s, para a mesma temperatura.

3.2 A equação cinética de Boltzmann. A aproximação do tempo de relaxação

A fórmula de Drude não toma em conta a distribuição térmica das velocidades das partículas. No equilíbrio, esta distribuição é dada pela função de Fermi-Dirac para os fermiões e pela função de Bose-Einstein para os bosões; no limite clássico, ambas tendem para a distribuição clássica de Maxwell-Boltzmann.

Quando um gás electrónico está sujeito, por exemplo, a um campo eléctrico, a função de distribuição é diferente da de Fermi-Dirac. É uma distribuição fora do equilíbrio, possivelmente não estacionária, designada por $f(\vec{p},\vec{r},t)$. Esta função determina a concentração (local e instantânea) das partículas,

---

[1] Os valores nesta tabela são compilados das referências [3.3] a [3.5] e correspondem a cristais maciços. Para camadas epitaxiais, especialmente puras, as mobilidades dos electrões podem ser bastante mais altas.
[2] O recorde actual da mobilidade para este material, crescido na forma de filmes epitaxiais, é de 3,1 $10^7 cm^2/(V\ s)$ a $T{=}0,3K$ [3.6].

$$n(\vec{r},t) = \frac{2}{(2\pi\hbar)^3} \int \vec{v} f(\vec{p},\vec{r},t) d\vec{p}, \qquad (3.13)$$

e a densidade de corrente,

$$\vec{j} = -\frac{2e}{(2\pi\hbar)^3} \int \vec{v} f(\vec{p},\vec{r},t) d\vec{p}. \qquad (3.14)$$

A função de distribuição $f(\vec{p},\vec{r},t)$ é determinada pelos factores que provocam o estado de não equilíbrio do sistema, e obedece a uma equação cinética.

A equação cinética foi proposta por Boltzmann em 1872 para gases rarefeitos (quase ideais), onde as interacções mútuas são fracas [3.7], ou seja[3],

$$e^2 / \left(\varepsilon_0 n^{1/3} \right) \ll kT .$$

A equação de Boltzmann também pode ser aplicada a um gás de partículas quânticas que possam ser descritas pela aproximação quase-clássica. Este gás até pode ser fortemente degenerado e, neste caso, o valor típico da energia cinética na desigualdade acima indicada seria E_F em vez de kT. Para um gás de partículas livres, o argumento $\vec{p}$ da função de distribuição significa o momento linear da partícula. A extensão do formalismo para os electrões na banda de condução ou para as lacunas na banda de valência de um cristal consiste em atribuir a $\vec{p}$ o significado de quase-momento das respectivas quase-partículas, caracterizadas pela sua massa efectiva.

A equação de Boltzmann para a função $f(\vec{p},\vec{r},t)$ pode ser obtida a partir do **teorema de Liouville** [3.8],

$$\frac{df}{dt} = 0 ,$$

válido para qualquer **sistema de partículas fechado**. Trata-se simplesmente da conservação do número médio de partículas com certos valores de $\vec{p}$ e $\vec{r}$.

A derivada total, por extenso, é:

$$\frac{df}{dt} = \frac{\partial f}{\partial t} + \vec{v}\,\frac{\partial f}{\partial \vec{r}} + \dot{\vec{p}}\,\frac{\partial f}{\partial \vec{p}} = 0$$

em que $\dot{\vec{p}} = \vec{\Im}$ e $\vec{\Im}$ é a força externa.

Para um **sistema aberto**, por exemplo, um gás de electrões que sofrem colisões com uma rede cristalina imperfeita, a derivada total já não é nula, mas sim

---

[3] Aqui considera-se importante apenas a interacção Coulombiana entre partículas carregadas.

$$\frac{df}{dt} = C\{f\} \tag{3.15}$$

em que o segundo membro da equação representa o chamado "**integral de colisões**". A estrutura do integral de colisões para o caso de um gás electrónico não ideal, por exemplo devido a eventuais choques com alguns obstáculos, como sejam defeitos da rede cristalina, pode ser apresentada na seguinte forma:

$$\text{perdas: } w(\vec{p}', \vec{p}) f(\vec{p})(1 - f(\vec{p}'))$$

$$\text{ganho: } w(\vec{p}, \vec{p}') f(\vec{p}')(1 - f(\vec{p})),$$

onde se omitiram os argumentos $\vec{r}, t$ das funções de distribuição para simplificar a expressão. O termo "perdas" inclui quaisquer processos que diminuem o número de partículas no estado $\vec{p}$, as quais passam a ocupar outros estados, $\vec{p}'$, com uma probabilidade $w(\vec{p}', \vec{p})$ por unidade de tempo. O termo "ganho" designa os processos que trazem partículas de outro estado para o estado $\vec{p}$.

Para os processos de difusão elástica

$$w(\vec{p}', \vec{p}) = w(\vec{p}, \vec{p}'),$$

o que expressa o **princípio do balanço detalhado** correspondente à reversibilidade dos processos microscópicos.

A probabilidade de difusão por unidade de tempo pode ser calculada através da teoria de perturbações dependentes do tempo [3.9], desde que seja conhecida a perturbação relativamente à situação do gás ideal. Por exemplo, se a perturbação estiver relacionada com a presença de um ião de impureza, com a energia potencial V_i,

$$w(\vec{p}, \vec{p}') = \frac{2\pi}{\hbar} \left| (V_i)_{\vec{p}\vec{p}'} \right|^2 \delta(E(\vec{p}) - E(\vec{p}')) \tag{3.16}$$

Esta fórmula também é conhecida como a "**regra de ouro**" **de Fermi**.

As funções de onda dos estados inicial e final do electrão, na aproximação quase-clássica, são ondas planas,

$$\psi_{\vec{p}} = \frac{1}{\sqrt{V}} \exp\left(i \frac{\vec{p}}{\hbar} \vec{r} \right),$$

com V o volume do sistema. Por essa razão, o elemento de matriz do potencial de perturbação (que provoca a difusão), V_i, pode ser calculado sem dificuldades, dum modo geral.

Para completar o balanço na parte direita da eq. (3.15), há que somar as "perdas" sobre todos os estados finais da partícula e todos os "ganhos" sobre os seus estados iniciais,

$$C\{f\} = \frac{V}{(2\pi\hbar)^3} \int d\vec{p}'\{\text{ganho - perdas}\} \;\;;$$

$$C\{f\} = \frac{V}{(2\pi\hbar)^3} \int d\vec{p}' w(\vec{p}', \vec{p})(f(\vec{p}') - f(\vec{p})) \;. \tag{3.17}$$

Na eq. (3.17) admite-se que os processos de difusão são elásticos.

Os estados das partículas quânticas são caracterizados, para além do seu quase-momento, pela projecção do seu spin. Em princípio, a integração sobre $\dfrac{d\vec{p}'}{(2\pi\hbar)^3}$ deve ser acompanhada pelo somatório sobre as possíveis projecções do spin. No entanto, na maioria dos casos, a projecção do spin não é alterada nos processos de difusão e assim na eq. (3.17) não há soma sobre projecções do spin[4].

Em geral, a equação cinética (3.15), tendo em conta o integral de colisões (3.17), é uma equação integral-diferencial, muito difícil de resolver. Por essa razão, é indispensável a sua simplificação. As simplificações adoptadas conduzem à **aproximação do tempo de relaxação.** Esta aproximação usa-se normalmente em todas as aplicações da equação de Boltzmann em física dos semicondutores [3.2, 3.3, 3.10], embora nem sempre isto seja rigorosamente correcto.

Considere-se um sistema não homogéneo na direcção z, com a função de distribuição

$$f(\vec{p}, z, t) = f_0(p) + \delta f(\vec{p}, z, t) \;;$$

em que δf é uma perturbação. Admita-se que esta perturbação pode ser apresentada na seguinte forma:

$$\delta f = \cos\theta \cdot g(p, z), \tag{3.18}$$

onde θ é o ângulo entre o vector $\vec{p}$ e o eixo z e $g(p, z)$ é uma função desconhecida. Substituindo (3.18) no integral de colisões (3.17), tem-se:

$$C\{f\} = g(p, z) \int (\cos\theta' - \cos\theta) d\Omega' = -\frac{g(p, z)}{\tau_p} \tag{3.19}$$

em que se introduziu o parâmetro

$$\tau_p^{-1} = \int (\cos\theta - \cos\theta') w(p, \alpha) d\Omega' \;;$$
$$= \int w(p, \alpha)(1 - \cos\alpha) d\Omega_\alpha \tag{3.20}$$

---

[4] Em semicondutores com impurezas magnéticas é necessário considerar os dois tipos de processos, sem e com inversão do spin. As probabilidades, w, destes processos são diferentes mas comparáveis em ordem de grandeza.

e

$$w(p,\alpha) = \frac{V}{(2\pi\hbar)^3} \int p'^2 dp' w(\vec{p}',\vec{p}).$$

Note-se que, para os processos elásticos, a probabilidade de difusão $w(\vec{p}',\vec{p})$ só depende do módulo do quase-momento da partícula, que não se altera, e do ângulo de difusão α (ver figura 3.2). A integração sobre dp' elimina a função de Dirac da eq. (3.16) que assegura a conservação de energia. Para passar da primeira para a segunda linha na eq. (3.20), recorre-se à fórmula

$$\cos\theta' = \cos\theta\cos\alpha + \sin\theta\sin\alpha\cos(\varphi-\varphi')$$

da trigonometria esférica. O segundo termo nesta fórmula, que envolve os ângulos azimutais φ, é igual a zero quando integrado entre 0 e 2π. Além disso, a integração sobre $d\Omega'$ na eq. (3.20) foi substituída pela integração sobre o ângulo sólido

$$d\Omega_\alpha = \sin\alpha d\alpha \cdot d\varphi_\alpha.$$

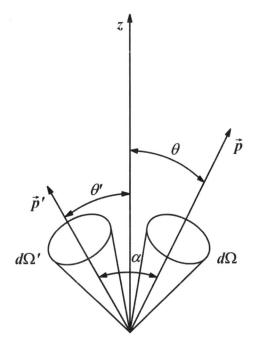

Figura 3.2 Representação da relação geométrica entre os vectores do quase-momento inicial e final e definição dos ângulos que constam das equações (3.19) e (3.20).

O parâmetro definido pela eq. (3.20) é, de facto, o **tempo de relaxação microscópico**, análogo a τ, introduzido na secção anterior. No entanto, agora existe uma definição detalhada deste parâmetro e sabe-se como o calcular através do modelo microscópico. Note-se que o tempo de relaxação é uma função do quase-momento, facto que é ignorado pelo modelo de Drude.

Então, na aproximação do tempo de relaxação, a equação cinética de Boltzmann tem a seguinte forma:

$$\frac{\partial f}{\partial t} + \vec{v}\frac{\partial f}{\partial \vec{r}} + \vec{\Im}\frac{\partial f}{\partial \vec{p}} = -\frac{f-f_0}{\tau_p}, \qquad (3.21)$$

que é uma equação apenas diferencial. Esta aproximação é válida se o sistema não estiver muito longe do equilíbrio e aplicável, com rigor, apenas quando a difusão de partículas pelos obstáculos é elástica.

3.3 Os principais mecanismos de difusão de portadores de carga em semicondutores

3.3.1 O tempo de relaxação microscópico

Como se viu na secção anterior, a função de distribuição dos portadores de carga fora de equilíbrio depende da acção exterior, que "força" o sistema para fora do equilíbrio, da temperatura e do tempo de relaxação. Este parâmetro caracteriza a rapidez com que o sistema recupera o estado de equilíbrio, depois de a força exterior deixar de actuar. É determinado pelos **mecanismos de difusão** dos portadores de carga, ou seja, por aqueles factores que interrompem o movimento uniforme e rectilíneo (na aproximação da massa efectiva) de um electrão no cristal, na ausência de forças externas.

Qualquer factor que afecte a periodicidade perfeita do potencial cristalino (defeitos, impurezas, vibrações dos átomos da rede cristalina, *etc.*) provoca difusão dos electrões na banda de condução e das lacunas. No entanto, admite-se que todos estes factores são relativamente pouco importantes, de modo a que os conceitos de bandas de energia e de movimento quase-clássico nas bandas de condução e de valência sejam válidos.

O tempo de relaxação microscópico, τ_p, é um parâmetro que caracteriza partículas individuais e é determinado pela interacção microscópica envolvida. Por definição, este tempo de relaxação de um electrão é o inverso da probabilidade de difusão do electrão por unidade de tempo; é uma função do seu quase-momento, embora também pudesse depender da temperatura e de outros parâmetros que influenciem a intensidade da interacção, e calcula-se utilizando os métodos da mecânica quântica. O τ_p é distinto do tempo de relaxação eficaz, τ, que consta da fórmula de Drude. A resolução da equação de Boltzmann (3.21) indica os métodos de cálculo dos valores médios a partir da distribuição estocástica dos tempos de relaxação microscópicos, e estes métodos, em princípio, são diferentes para cada fenómeno concreto de transporte de partículas, carga eléctrica ou energia.

De seguida discutem-se os mecanismos de difusão mais importantes nos cristais semicondutores, nomeadamente, os de iões de impureza e de fonões. Além destes, que são os mais universais, existem outros que podem dominar em certos materiais e numa determinada região de temperaturas, como a difusão por impurezas neutras, pelas deslocações e por flutuações da composição em soluções sólidas. Estes mecanismos são considerados nas publicações da especialidade. Como é de esperar, se existirem vários mecanismos a actuar simultaneamente, o tempo de relaxação resultante é determinado pela seguinte regra:

$$\tau_p^{-1}(p) = \sum_i \left(\tau_p^{(i)}\right)^{-1} , \qquad (3.22)$$

ou seja, é menor do que para qualquer um dos mecanismos individuais $\tau_p^{(i)}$.

3.3.2 Difusão por iões de impurezas

A eq. (3.20) determina o tempo de relaxação através da probabilidade de difusão por um obstáculo (por exemplo, um ião de impureza). Por sua vez, esta probabilidade é dada pela "regra de ouro" de Fermi (3.16). Existindo vários obstáculos, iguais e independentes, esta probabilidade tem que ser multiplicada pelo número de átomos de impureza. É usual escrever-se o resultado na seguinte forma [3.9, 3.11]:

$$\tau_p^{-1}(p) = \sigma_t \, v \, N_i \tag{3.23}$$

onde N_i é a concentração de impurezas, $v = \dfrac{p}{m^*}$ (p é o quase-momento) e σ_t é a **secção eficaz de transporte** definida ainda na mecânica clássica [3.11] como:

$$\sigma_t(p) = \int \frac{d\sigma}{d\Omega_\alpha}(1 - \cos\alpha)d\Omega_\alpha . \tag{3.24}$$

A secção diferencial

$$\frac{d\sigma}{d\Omega_\alpha} = \frac{V}{v} w(p,\alpha)$$

caracteriza a probabilidade de difusão normalizada à unidade de fluxo de partículas. Veja-se que a função de onda do electrão quase-clássico é normalizada de tal maneira que se tem uma partícula no volume V, ou seja, a concentração dos electrões é V^{-1} e o fluxo vV^{-1}. Outro modo de se chegar ao mesmo resultado é utilizar a função de onda do estado inicial na forma $\dfrac{1}{\sqrt{(p/m^*)}}\exp\left(\dfrac{i\vec{p}\vec{r}}{\hbar}\right)$, que corresponde à normalização via fluxo unitário.

A secção eficaz de transporte depende do tipo de impurezas, ou seja, do potencial de perturbação (V_i) criado por um átomo de impureza deste tipo. Um ião hidrogenóide, a distâncias grandes, cria um potencial aproximadamente Coulombiano (ver secção 1.8). Então, a secção eficaz pode ser obtida através da famosa fórmula de Rutherford, que prevê $\sigma_t \propto p^{-4}$. É notável que esta fórmula tenha a mesma forma na mecânica clássica e na mecânica quântica [3.9, 3.11]. No entanto, na presença de portadores de carga livres, o potencial criado por um ião decai com a distância mais rápido do que r^{-1} devido ao efeito de blindagem,

$$V_i(\vec{r}) = \pm\frac{e^2}{\varepsilon_0 r}\exp\left(-\frac{r}{L_D}\right), \tag{3.25}$$

onde L_D é o comprimento de Debye definido no Capítulo II (ver Problema **II.12**). Para um semicondutor não degenerado

$$L_D = \sqrt{\frac{\varepsilon_0 kT}{4\pi e^2 (n+p)}}, \tag{3.26}$$

Capítulo III – Fenómenos de Transporte

em que n e p são as concentrações de portadores de carga livres.

Para este potencial a secção diferencial é (ver Problema **III.3**):

$$\frac{d\sigma}{d\Omega}(p,\alpha) = 4L_D^2 \left(\frac{L_D}{a_b}\right)^2 \frac{1}{\left[1+\left(\frac{2pL_D}{\hbar}\sin\frac{\alpha}{2}\right)^2\right]^2},$$

onde a_b é o raio de Bohr efectivo (1.58).

A secção eficaz de transporte (3.24) é dada pela seguinte fórmula (Problema **III.4**):

$$\sigma_t = \frac{2\pi\hbar^4}{a_b^2 p^4}\left\{\ln\left[1+B^2\right]+\frac{B^2}{1+B^2}\right\}, \tag{3.27}$$

com $B = \dfrac{2pL_D}{\hbar}$. Se o efeito de blindagem não for demasiado forte, $B \gg 1$, para os valores típicos do quase-momento dos electrões ($p \sim \sqrt{m^*kT}$ para um gás não degenerado). Então,

$$\sigma_t = \frac{2\pi\hbar^4}{a_b^2 p^4}\left\{1 + 2\ln B\right\}, \tag{3.27a}$$

ou seja, de uma forma aproximada $\sigma_t \propto p^{-4}$, de acordo com a fórmula de Rutherford. As fórmulas (3.23) e (3.27) determinam o tempo de relaxação para o mecanismo considerado.

3.3.3 Fonões em semicondutores cristalinos

Um cristal perfeito, que só pode existir a $T = 0$ consiste num arranjo periódico de átomos mantidos nas suas posições pelas forças de coesão exercidas sobre eles pelos átomos vizinhos (forças de curto alcance) e, nos cristais parcialmente iónicos, como todos os semicondutores III-V e II-VI, pelas forças Coulombianas de longo alcance. A $T > 0$, todos os átomos vibram permanentemente em torno das suas posições de equilíbrio, o que, em princípio, quebra a simetria de translação do cristal. No entanto, para temperaturas suficientemente inferiores à de fusão do material, as vibrações atómicas são pequenas, quando comparadas com as distâncias inter-atómicas, provocando apenas pequenas perturbações na estrutura cristalina. As vibrações pequenas são harmónicas. Os *quanta* destas vibrações chamam-se **fonões**.

Nesta secção apresenta-se um resumo das propriedades dos fonões em cristais semicondutores. Uma descrição mais detalhada pode ser encontrada em vários livros, como, por exemplo, a referência [3.12].

Sendo "permitidas" as vibrações dos átomos do cristal, o seu hamiltoniano é dado pela expressão geral (1.1) em que as posições instantâneas dos átomos, $\vec{R}_j$, variam com o tempo. Convém introduzir, em vez do único índice, j, que percorre todos os átomos, dois índices, l e α, que enumeram as várias células unitárias do cristal e os átomos dentro de cada célula, respectivamente. A posição instantânea do átomo (l, α) pode ser escrita como

$$\vec{R}_{l\alpha}(t) = \vec{R}_{l\alpha}^{0} + \vec{u}_{l\alpha}(t) \equiv \vec{R}_{l}^{0} + \vec{r}_{\alpha}^{0} + \vec{u}_{l\alpha}(t)$$

em que $\vec{R}_{l\alpha}^{0} = \vec{R}_{l}^{0} + \vec{r}_{\alpha}^{0}$ é a posição do átomo no equilíbrio, que pode ser apresentada como a sua posição $\vec{r}_{\alpha}^{0}$ relativamente a um ponto de referência na célula unitária, $\vec{R}_{l}^{0}$ (por exemplo, o seu centro de massa) e $\vec{u}_{l\alpha}(t)$ é o deslocamento. Na aproximação harmónica, a energia potencial na eq. (1.1) desenvolve-se em série de Taylor em ordem aos deslocamentos atómicos, limitada aos termos quadráticos. Como no equilíbrio (com todos os $\vec{u}_{l\alpha} = 0$) a energia potencial é mínima, os termos lineares em deslocamentos anulam-se. O hamiltoniano, além dos termos que não dependem do tempo, pode ser apresentado na seguinte forma:

$$H = \sum_{l,\alpha} \frac{P_{l\alpha}^{2}}{2M_{\alpha}} + \frac{1}{2} \sum_{\substack{l,\alpha \\ l',\alpha'}} \ddot{A}_{ll'}^{\alpha\alpha'} \vec{u}_{l'\alpha'} \vec{u}_{l\alpha} , \qquad (3.28)$$

em que $\vec{P}_{l\alpha}$ são os momentos lineares dos átomos, M_{α} são as massas atómicas e $\ddot{A}_{ll'}^{\alpha\alpha'}$ é chamada **matriz dinâmica** do cristal. Esta matriz tem dimensões $3sN \times 3sN$ (onde s é o número de átomos por célula unitária e N o número de células unitárias no cristal) e é constituída pelas segundas derivadas dos potenciais inter-atómicos, calculadas no equilíbrio. A matriz dinâmica tem as seguintes propriedades gerais [3.12, 3.13]:

1) É simétrica em respeito a todos os pares dos seus índices com o mesmo significado (l e l', α e α', e ainda os índices cartesianos escondidos no símbolo matricial $\ddot{A}$).

2) Os seus elementos só dependem do módulo da diferença dos índices l e l', ou seja, da distância entre os respectivos átomos no equilíbrio. Assim, a matriz pode ser escrita sob a forma

$$\ddot{A}_{ll'}^{\alpha\alpha'} = \ddot{A}_{\alpha\alpha'}\left(\left| \vec{R}_{l}^{0} - \vec{R}_{l'}^{0} \right| \right) .$$

3) A invariância do hamiltoniano em relação às translações da rede cristalina implica que

$$\sum_{l',\alpha'} \ddot{A}_{ll'}^{\alpha\alpha'} = 0 .$$

Há ainda outras propriedades de simetria da matriz dinâmica relacionadas com a simetria da rede cristalina considerada.

As equações do movimento clássico dos átomos descritos pelo hamiltoniano (3.28) são:

$$M_{l\alpha}\ddot{u}_{l\alpha} = -\sum_{l',\alpha'} \vec{A}_{\alpha\alpha'}\left(\left|\vec{R}_l^0 - \vec{R}_{l'}^0\right|\right)\cdot \vec{u}_{l'\alpha'}\,, \qquad (3.29)$$

A solução deste sistema de equações homogéneas procura-se na forma de ondas planas:

$$\vec{u}_{l\alpha}(t) = \vec{b}_\alpha(\vec{q})\frac{1}{\sqrt{M_\alpha}}\exp\left[i\left(\vec{q}\vec{R}_l^0 - \omega t\right)\right] \qquad (3.30)$$

em que $\vec{b}_\alpha$ é a amplitude (complexa), $\vec{q}$ o vector de onda e ω a frequência da onda. Substituindo (3.30) na eq. (3.29) tem-se:

$$\sum_{\alpha'}\left[\vec{\Lambda}_{\alpha\alpha'}(\vec{q}) - \omega^2 \delta_{\alpha\alpha'}\right]\vec{b}_{\alpha'} = 0\,, \qquad (3.31)$$

onde

$$\vec{\Lambda}_{\alpha\alpha'}(\vec{q}) = \frac{1}{\sqrt{M_\alpha M_{\alpha'}}}\sum_{l',\alpha'}\vec{A}_{\alpha\alpha'}\left(\left|\vec{R}_l^0 - \vec{R}_{l'}^0\right|\right)\cdot \exp\left[-i\vec{q}\left(\vec{R}_l^0 - \vec{R}_{l'}^0\right)\right]\,.$$

A condição da compatibilidade das equações (3.31),

$$\det\left|\vec{\Lambda}_{\alpha\alpha'}(\vec{q}) - \omega^2 \delta_{\alpha\alpha'}\right| = 0\,, \qquad (3.32)$$

determina as frequências dos **modos normais** (ou modos próprios) de vibração do sistema para cada $\vec{q}$. A dimensão da eq. (3.32) é $3s$; então, esta equação tem $3s$ soluções em que algumas delas podem ser coincidentes. É possível mostrar que a matriz $\vec{\Lambda}_{\alpha\alpha'}(\vec{q})$ é hermítica, por isso, os seus valores próprios são reais e os respectivos vectores próprios $\vec{b}_\alpha(\vec{q})$ são ortogonais.

Assim, em geral, há $3s$ ramos de valores próprios $\omega(\vec{q})$, chamados também **curvas de dispersão** das vibrações normais. De entre eles, três são **ramos acústicos** com $\omega(\vec{q} \to 0) = 0$. A existência de três modos próprios com as frequências nulas está relacionada com a propriedade (3) da matriz dinâmica. Os ramos acústicos, no limite dos vectores de onda pequenos, correspondem às ondas sonoras que se propagam em qualquer meio elástico. Os restantes $3(s-1)$ **ramos** são chamados **ópticos**. Então, os ramos ópticos existem apenas nos cristais que têm mais de um átomo por célula unitária. É o caso da maior parte dos semicondutores (ver fig. 3.3). Quer a estrutura do diamante, quer a estrutura da blenda contém dois átomos na célula unitária.

No limite dos comprimentos de onda elevados ($\vec{q} \to 0$) há uma diferença qualitativa entre as vibrações acústicas e ópticas que pode ser confirmada pelos cálculos explícitos (veja-se, por exemplo, o Problema III.5). Para os modos acústicos, os dois átomos da mesma célula unitária exibem exactamente os mesmos deslocamentos. Pelo contrário, numa vibração óptica com $\vec{q} \to 0$ os dois átomos oscilam em oposição de fase, de modo que o centro de massa da célula unitária não se desloca.

O vector de onda das vibrações normais tem propriedades semelhantes às do $\vec{k}$ das ondas electrónicas de Bloch. Também varia de modo pseudocontínuo, devido aos tamanhos finitos do cristal e à sua estrutura discreta. Os modos normais cujos vectores de onda diferem de um vector de translação da rede recíproca ($\vec{b}$) são fisicamente indistinguíveis e têm a mesma frequência, ou seja, $\omega(\vec{q})$ é uma função periódica,

$$\omega(\vec{q}) = \omega(\vec{q} + \vec{b}) \ .$$

Por essa razão, é suficiente considerar apenas os vectores de onda que pertencem à primeira zona de Brillouin. Tal como $E(\vec{k})$ no caso dos electrões e, pela mesma razão, $\omega(\vec{q})$ também é uma função par, ou seja,

$$\omega(\vec{q}) = \omega(-\vec{q}) \ .$$

Os três ramos da mesma família (por exemplo, os acústicos) distinguem-se pela sua polarização, ou seja, pela direcção dos vectores $\vec{b}_{\alpha}$. Num cristal infinito, há dois ramos transversais e um longitudinal. Nos cristais cúbicos os dois ramos transversais coincidem, por isso só se apresentam quatro curvas de dispersão (normalmente designadas por TA, LA, TO e LO), como se pode ver na figura 3.3. Estas curvas são isotrópicas apenas na vizinhança do ponto Γ; para vectores de onda maiores as frequências dos modos normais dependem da direcção de propagação. As curvas de dispersão para várias direcções nos semicondutores mais importantes podem ser encontradas nas referências [3.10, 3.14].

Comparando os ramos ópticos para o Si e o GaAs (fig. 3.3), nota-se a seguinte diferença: no caso do silício os modos TO e LO são degenerados no limite $\vec{q} \to 0$ enquanto que no arsenieto de gálio esta degenerescência não se verifica. A razão desta diferença entre os dois materiais deve-se ao facto de um deles (o GaAs) ser polar, com as ligações parcialmente iónicas. Por esta razão, existem interacções Coulombianas de longo alcance no GaAs que fazem com que o decaimento dos elementos da matriz dinâmica com o aumento de $\left|\vec{R}_l^0 - \vec{R}_{l'}^0\right|$ seja lento (inversamente proporcional ao cubo da distância entre as células unitárias). Daqui resulta o levantamento da degenerescência a uma distância infinitesimal do ponto Γ (no espaço recíproco). É possível mostrar [3.15] que, para um material como o GaAs, as frequências dos modos LO e TO, no limite $\vec{q} \to 0$, são dadas por:

$$\omega_{TO}^2 = \omega_0^2 - \frac{4\pi}{3} \frac{e_T^2}{\varepsilon_\infty M \upsilon} \tag{3.33a}$$

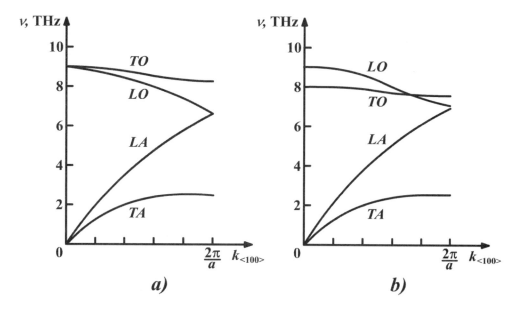

Figura 3.3 Representação qualitativa das curvas de dispersão das vibrações normais para *a*) o silício e *b*) o GaAs, com indicação dos modos transversais (TO, TA) e longitudinais (LO, LA).

e

$$\omega_{LO}^2 = \omega_0^2 + \frac{8\pi}{3} \frac{e_T^2}{\varepsilon_\infty M \upsilon} \qquad (3.33b)$$

em que ω_0 é a frequência de vibrações determinada exclusivamente pelas interacções de curto alcance, ε_∞ é a constante dieléctrica do material a altas frequências, υ o volume da célula unitária, M a massa reduzida dos dois iões que constituem a célula unitária e e_T é a carga efectiva de cada ião (esta **carga** também é chamada "**transversal**" [3.10]). As frequências ω_{LO} e ω_{TO} podem ser medidas experimentalmente pelas técnicas espectroscópicas de difusão Raman e de reflexão da radiação no zona do infravermelho longínquo. Os seus valores para alguns materiais encontram-se na tabela 3.2.

Segundo a mecânica quântica, o espectro das energias vibracionais do cristal é discreto, isto é, a energia vibracional está quantificada. A transição entre estados vibracionais está portanto associada a processos de absorção ou de emissão de quase-partículas, os fonões, que possuem uma determinada energia e direcção de propagação e representam os *quanta* de vibração.

Um fonão é caracterizado pelos seguintes números quânticos: o vector de onda $\vec{q}$, o ramo (acústico ou óptico) e a polarização. O conjunto dos últimos números quânticos designa-se, por exemplo, por $\vec{\sigma}$. A energia e o momento do fonão são dados pelas relações usuais,

$$E = \hbar\omega_{\vec{\sigma}}(\vec{q})$$

e

$$\vec{p} = \hbar\vec{q} .$$

A sua velocidade de propagação coincide com a velocidade de grupo do respectivo pacote de ondas,

$$\vec{v}_{ph} = \partial\omega_{\vec{\sigma}}(\vec{q})/\partial\vec{q} .$$

A propagação de ondas harmónicas corresponde, na teoria quântica, ao movimento livre de fonões que não interagem entre si. Os processos anarmónicos são interpretados como a interacção fonão-fonão. Também existem vários mecanismos de interacção dos fonões com os electrões, que são considerados de seguida. Em todos os processos de interacção das quase-partículas, as leis de conservação da energia e do quase-momento são obedecidas.

Como o vector de onda $\vec{q}$ varia de modo pseudo-contínuo, assim varia a energia dos fonões que pertencem ao mesmo ramo (os ramos também podem ser chamados **bandas de fonões**). À semelhança dos electrões, convém introduzir a **densidade de estados para os fonões**. Utilizando o mesmo raciocínio da secção 2.1, obtém-se a seguinte fórmula geral (para a banda número $\vec{\sigma}$):

$$g_{ph}^{\vec{\sigma}}(\omega') = \frac{1}{(2\pi)^3} \int dS \frac{1}{\left|\nabla_{\vec{q}}\omega_{\vec{\sigma}}(\vec{q})\right|} \tag{3.34}$$

Tabela 3.2. Valores das frequências de fonões ópticos no centro da ZB e das constantes dieléctricas para alguns semicondutores[5]

Semi-condutor	Si	Ge	GaAs	AlAs	GaN	InP	CdS	CdTe
ω_{LO}, cm^{-1}	520	300	295	400	$\begin{cases}\perp 746 \\ \parallel 744\end{cases}$	347	$\begin{cases}\perp 305 \\ \parallel 307\end{cases}$	169
ω_{TO}, cm^{-1}	520	300	269	360	$\begin{cases}\perp 559 \\ \parallel 533\end{cases}$	307	$\begin{cases}\perp 234 \\ \parallel 240\end{cases}$	140
ε_{∞}	11,7	16,2	10,9	8,2	5,35	9,6	5,3	7,2
ε_{0}	11,7	16,2	12,9	10,1	8,9	12,5	9,1	10,3

---

[5] Os valores nesta tabela são compilados das referências [3.10], [3.18] e [3.19] e correspondem à temperatura ambiente. Quando se apresentam dois valores, correspondem à estrutura hexagonal. As energias dos fonões podem ser convenientemente calculadas (em meV) pela fórmula $0,124 \cdot \omega\left[\text{cm}^{-1}\right]$.

onde o integral é calculado na superfície de frequência constante $\omega' = \omega_{\bar{\sigma}}(\bar{q})$. Se em vez da frequência for usado o seu quadrado como a variável espectral, a densidade de estados para fonões tem comportamento análogo ao da função $g(E)$ dos electrões, pelo menos na vizinhança do extremo da banda, devido à semelhança das respectivas relações de dispersão. De facto, na vizinhança do ponto Γ

$$\omega^2(q) = C^2 q^2 \quad \text{para os ramos acústicos,}$$

$$\omega^2(q) = \omega^2(0) - \beta q^2 \quad \text{para os ramos ópticos,}$$

onde C é a velocidade do som e β é uma constante fenomenológica. Recorde-se que para os electrões na vizinhança do mínimo da banda de condução se tem $E = p^2/(2m^*)$.

Os fonões têm spin nulo e são **bosões**. Isto significa que qualquer estado quântico (determinado pelos números $\bar{q}$ e $\bar{\sigma}$) pode conter um número arbitrário de fonões. No formalismo ondulatório, a amplitude de uma onda de vibração pode ser arbitrária.

Os fonões obedecem à estatística de Bose-Einstein. Como também não há restrições quanto ao número total de fonões do sistema, o potencial químico deste "gás" é nulo. Assim, a distribuição dos fonões pelos estados quânticos no equilíbrio térmico é dada pela seguinte função:

$$n_{\bar{q},\bar{\sigma}}(T) = \left[\exp\left(\frac{\hbar\omega_{\bar{\sigma}}(\bar{q})}{kT} \right) + 1 \right]^{-1}. \tag{3.35}$$

3.3.4 Difusão por fonões

A difusão por **fonões acústicos** ocorre através de vários mecanismos. O mais universal deve-se ao **potencial de deformação** criado pelos fonões. O deslocamento dos átomos provoca uma alteração do potencial cristalino que actua sobre os electrões. A perturbação introduzida na energia dos electrões é dada por

$$H_{e-ph} = a_c \operatorname{div} \bar{u}$$

onde $\bar{u}$ é o vector de deslocamento e a_c é uma constante, chamada "potencial de deformação volúmico" (da ordem de alguns eV); os valores numéricos de a_c para alguns semicondutores podem ser encontrados nas referências [3.16, 3.17]. Como é conhecido da mecânica de meios contínuos, a divergência do vector deslocamento corresponde à variação relativa do volume do cristal numa deformação pequena. Esta variação é nula para uma deformação (de desvio) provocada por um fonão transversal. Então, os electrões interagem, através deste mecanismo, principalmente com os fonões longitudinais (LA).

Pode-se mostrar que o tempo de relaxação para este mecanismo é [3.3, 3.10]:

$$\tau_p^{-1}(p) \propto p \cdot T \tag{3.36}$$

em que o factor p tem origem no elemento de matriz do hamiltoniano que descreve a interacção electrão-fonão, H_{e-ph}, e o factor T, temperatura, vem do número de fonões.

Note-se que a probabilidade de difusão é proporcional ao número de fonões para qualquer mecanismo de interacção electrão-fonão, pois este número representa a intensidade das vibrações da rede cristalina. Para temperaturas suficientemente elevadas ($kT \gg \hbar\omega$), de acordo com (3.35), o número de fonões acústicos tende para o valor

$$n_{ac}(T) \cong \frac{kT}{\hbar\omega},$$

o que determina o aumento linear da probabilidade de difusão com a temperatura.

Existe também um outro mecanismo de interacção de electrões com fonões acústicos, conhecido como o **mecanismo do piezopotencial**. Nos cristais que não têm centro de inversão (por exemplo, todos os materiais III-V e II-VI) uma deformação uniaxial produz um momento dipolar e, por consequência, um campo eléctrico que interage com os electrões. O tempo de relaxação para este mecanismo é [3.3, 3.10]:

$$\tau_p^{-1}(p) \propto p^{-1} \cdot T \ . \tag{3.37}$$

A interacção através do campo piezoeléctrico é importante sobretudo nos semicondutores com a estrutura hexagonal, como os ZnO, CdS, CdSe, AlN e GaN.

A difusão por fonões ópticos é muito forte sobretudo nos semicondutores polares. Os fonões ópticos longitudinais (LO) criam um campo eléctrico, conhecido como o campo de Fröhlich, que interage fortemente com os electrões. Este campo pode ser relacionado com o deslocamento relativo de dois iões que se encontram na mesma célula unitária, $\vec{w}_l = \vec{u}_{l+} - \vec{u}_{l-}$. No limite $\vec{q} \to 0$, o deslocamento relativo é praticamente igual para todas as células unitárias do cristal, ou seja, não depende do índice l. Por consequência, existe uma polarização homogénea do material, com o vector de polarização

$$\vec{P} = \frac{e_T}{\upsilon}\vec{w}.$$

Como se segue da lei de Gauss, para um corpo neutro a divergência do deslocamento eléctrico, $\vec{D} = \varepsilon_\infty \vec{E} + 4\pi\vec{P}$, é nula. Para um campo eléctrico homogéneo (embora variável), longitudinal, isto implica que $\vec{D} = 0$. Desta relação resulta que o campo eléctrico associado a um fonão LO (com $\vec{q} \to 0$) é dado por

$$\vec{E}_{LO} = -\frac{4\pi}{\varepsilon_\infty}\frac{e_T}{\upsilon}\vec{w}_{LO} \ . \tag{3.38}$$

O tempo de relaxação para este **mecanismo de Fröhlich** pode ser calculado usando a "regra de ouro" e atendendo a que o operador da interacção electrão-fonão é simplesmente $-e\varphi_{LO}$, em que φ_{LO} é o potencial electrostático correspondente ao campo eléctrico (3.38). É de notar que normalmente são possíveis apenas as transições com absorção (e não com emissão) de um fonão, porque a energia cinética dos electrões é, tipicamente, significativamente inferior a $\hbar\omega_{LO}$. O resultado é:

$$\tau_p^{-1}(p) = 2n_{LO}(T)\frac{e^2 m^* \omega_{LO}}{\hbar\varepsilon^* p}\ln\left[R + \sqrt{R^2 + 1}\right]$$

(3.39)

onde

$$R = \sqrt{\frac{p}{2m^*\hbar\omega_{LO}}},$$

$$\frac{1}{\varepsilon^*} = \left(\frac{1}{\varepsilon_\infty} - \frac{1}{\varepsilon_0}\right),$$

ε_0 é a constante dieléctrica estática (tabela 3.2), m^* é a massa efectiva do electrão, ω_{LO} é a frequência do fonão LO no ponto Γ e $n_{LO}(T)$ é o número destes fonões em função da temperatura, de acordo com (3.35).

Para $p^2/(2m^*) \ll \hbar\omega_{LO}$ a eq. (3.39) simplifica-se e fica:

$$\tau_p^{-1}(p) = 2\alpha\omega_{LO}n_{LO}(T)$$

(3.39a)

onde $\alpha = \dfrac{e^2}{\varepsilon^*}\left(\dfrac{m^*}{2\hbar^3\omega_{LO}}\right)^{1/2}$ é uma constante adimensional[6], ou seja, o tempo de relaxação não depende do quase-momento do electrão.

Nos materiais não polares, como o silício e o germânio, o mecanismo de Fröhlich não existe. No entanto, os electrões podem interagir com os fonões ópticos através do **mecanismo do potencial de deformação causado pelo fonão óptico (*optical deformation potential*, ODP),**

$$H_{e-ph} = D_0 \cdot \left|\vec{w}(\vec{q} \approx 0)\right|,$$

ou seja, a interacção é proporcional ao deslocamento relativo das duas sub-redes que constituem o cristal (por exemplo, de silício), sendo D_0 uma constante da ordem de 20-40eV (os valores concretos podem ser encontrados nas referências [3.10, 3.16]). Esta interacção de curto alcance é universal para os semicondutores polares e não polares. Contudo, nos semicondutores polares existe ainda a de Fröhlich, que é mais forte. O tempo de relaxação para o mecanismo ODP é [3.3]:

---

[6] Chama-se constante de Fröhlich.

$$\tau_p^{-1}(p) \propto D_0^2 n_{LO}(T)p \ .$$ (3.40)

As relações (3.36), (3.37), (3.39) e (3.40) determinam o tempo de relaxação em função do quase-momento dos portadores de carga (e da temperatura) para os principais mecanismos de difusão que envolvem fonões.

3.4 A condutividade eléctrica no formalismo da equação de Boltzmann

Considere-se a equação cinética na aproximação do tempo de relaxação, isto é, a eq. (3.21) para calcular a condutividade eléctrica. Como foi mencionado em 3.2, esta aproximação é rigorosamente válida apenas quando o sistema não está muito longe do equilíbrio e também se a difusão dos portadores de carga for elástica [3.7]. A última condição, em geral, não é obedecida nos semicondutores; assim, por exemplo, a difusão por fonões não é elástica. No entanto, o tratamento analítico da equação de Boltzmann só é possível nesta aproximação.

O único factor que "desvia" o gás electrónico para fora do equilíbrio é o campo eléctrico aplicado, que será considerado como sendo uniforme e estacionário. Assim, a função de distribuição não deve depender de $\vec{r}$ nem do tempo e a equação cinética pode ser escrita sob a forma:

$$-e\vec{E}\frac{\partial f}{\partial \vec{p}} = -\frac{f - f_0}{\tau_p}$$ (3.41)

Considerando apenas a resposta linear do sistema ao campo eléctrico, a solução a encontrar será da seguinte forma:

$$f = f_0 + \left(\vec{p} \cdot \vec{E}\right)g(p) \ .$$ (3.42)

Como a função de distribuição é escalar, a única possibilidade de ela conter um termo linear em $\vec{E}$ é pela multiplicação deste vector pelo vector do quase-momento. A função $g(p)$ é uma incógnita que se pretende determinar.

Substituindo (3.32) na eq. (3.31) e notando que $\dfrac{\partial f}{\partial \vec{p}} \approx \dfrac{\partial f_0}{\partial \vec{p}} = \dfrac{\vec{p}}{m^*}\dfrac{\partial f_0}{\partial E}$, tem-se:

$$g(p) = \frac{e\tau_p}{m^*}\frac{\partial f_0}{\partial E} \ .$$

A densidade de corrente eléctrica é dada pela eq. (3.14), em que se introduz (3.42):

$$\vec{j} = -\frac{2e^2}{(2\pi\hbar)^3}\int (\vec{v} \cdot \vec{E})\vec{v}\frac{\partial f_0}{\partial E} \cdot \tau_p d^3 p = \sigma\vec{E},$$

com

$$\sigma = -\frac{8\pi}{3}\frac{e^2}{(2\pi\hbar)^3 m^{*2}}\int p^4 \tau_p \frac{\partial f_0}{\partial E}dp \qquad (3.43)$$

a condutividade eléctrica, grandeza que já foi introduzida na secção 3.1. A eq. (3.43) relaciona σ, parâmetro macroscópico, com o mecanismo microscópico de difusão dos portadores de carga, presente através do tempo de relaxação. Não é difícil verificar que, na situação em que todos os portadores de carga têm a mesma velocidade, (3.43) se reduz à fórmula de Drude (3.9).

A eq. (3.43) pode ser escrita sob a forma (3.10), em que a mobilidade é dada pela relação

$$\mu = -\frac{e}{3m^{*2}}\frac{\int p^4 \tau_p \frac{\partial f_0}{\partial E}dp}{\int p^2 f_0 dp}. \qquad (3.44)$$

À semelhança da relação (3.11), a eq. (3.44) pode ser escrita como

$$\mu = \frac{e}{m^*}\langle \tau_p \rangle \qquad (3.44a)$$

em que o **tempo de relaxação médio** será:

$$\langle \tau_p \rangle = -\frac{1}{3m^*}\frac{\int p^4 \tau_p \frac{\partial f_0}{\partial E}dp}{\int p^2 f_0 dp}. \qquad (3.45)$$

A expressão simplifica-se admitindo que, no equilíbrio, os portadores de carga podem ser descritos pela estatística de Boltzmann, para a qual $\dfrac{\partial f_0}{\partial E} = -\dfrac{1}{kT}f_0$. Nestas condições

$$\langle \tau_p \rangle = \frac{1}{\left(\dfrac{3}{2}kT\right)}\frac{\int \dfrac{p^2}{2m^*}\tau_p(p)f_0 p^2 dp}{\int f_0 p^2 dp}. \qquad (3.45a)$$

O tempo médio de relaxação dos portadores de carga, dado pelas relações (3.45), depende só da temperatura (e da concentração de impurezas, se a difusão pelas impurezas for importante). Esta dependência da temperatura pode ser calculada facilmente utilizando as eqs. (3.23) e (3.27), (3.36), (3.37) e (3.39). Por exemplo, para o mecanismo de difusão por impurezas ionizadas

$$\langle \tau_p \rangle_{imp} \propto N_i \cdot T^{3/2} \qquad (3.46)$$

e para a difusão por fonões acústicos (mecanismo do potencial de deformação)

$$\langle \tau_p \rangle_{ac.ph.} \propto T^{-3/2}. \quad (3.47)$$

A mobilidade, quando actuam os dois mecanismos de difusão em paralelo, é dada por

$$\mu = \frac{e}{m^*}\left(\frac{1}{\langle \tau_p \rangle_{ac.ph..}} + \frac{1}{\langle \tau_p \rangle_{imp.}}\right)^{-1}$$

$$= \frac{e}{m^*}\left(AT^{3/2} + BT^{-3/2}\right)^{-1}$$

(3.48)

Para $T \to 0$, o segundo termo é dominante, ou seja, a mobilidade é limitada pela difusão por impurezas ionizadas. Quando a temperatura sobe, o primeiro termo é dominante, e $\mu \propto T^{-3/2}$. Esta é a situação típica para os semicondutores como o silício e o germânio. Na figura 3.4 mostra-se a mobilidade dos electrões e das lacunas em função da temperatura, para o antimoneto de índio dopado com impurezas dadoras ou aceitadoras, para diversas concentrações do dopante.

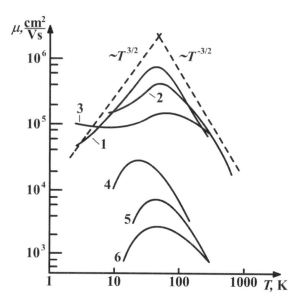

Figura 3.4 Mobilidade dos portadores de carga maioritários no InSb cristalino, em função da temperatura [3.20], para diversos teores de impurezas dadoras e aceitadoras:
1 – $n=2\ 10^{14}\mathrm{cm}^{-3}$; 2 – $n=10^{15}\mathrm{cm}^{-3}$; 3 – $n=10^{16}\mathrm{cm}^{-3}$; 4 – $p=3\ 10^{14}\mathrm{cm}^{-3}$; 5 – $p=4\ 10^{15}\mathrm{cm}^{-3}$; 6 – $p=3\ 10^{16}\mathrm{cm}^{-3}$.

Em conclusão, sendo conhecida a dependência, em relação à temperatura, da concentração dos portadores de carga (Capítulo II) e através das relações obtidas nesta secção, é possível prever a variação da condutividade dos materiais semicondutores com a temperatura,

$$\sigma(T) = en(T)\mu(T).$$

Como foi estabelecido no Capítulo II, $n(T)$ é uma função exponencial nas regiões das temperaturas baixas e altas (fig. 2.5) e é ela que determina a variação da função $\sigma(T)$, pois $\mu(T)$ é sempre uma função potencial. No entanto, para as temperaturas intermédias (região 2 na fig. 2.5), onde a concentração dos portadores de carga praticamente não se altera, é a variação da mobilidade que determina a função $\sigma(T)$. No caso do silício dopado, esta região normalmente inclui temperaturas próximas de 300 K. Então, nas condições ambientes a condutividade do silício dopado normalmente diminui com aumento da temperatura devido à difusão cada vez mais forte dos portadores de carga pelos fonões acústicos.

3.5 A difusão espacial dos portadores de carga em semicondutores

Imagine-se um semicondutor em que existe um gradiente de concentração dos portadores de carga (ou seja, do seu potencial químico), que foi criado por alguma intervenção exterior. Se este factor exterior desaparecer, o sistema vai evoluir no sentido de se aproximar do seu estado de equilíbrio, no qual, naturalmente, a concentração (mais precisamente, o potencial químico) é uniforme. Este processo de evolução pode ser descrito pela equação cinética. No estado fora do equilíbrio, a função de distribuição depende das coordenadas espaciais e do tempo e obedece à equação:

$$\vec{v} \cdot \vec{\nabla} f = -\frac{f - f_0}{\tau_p}. \tag{3.49}$$

À semelhança da metodologia adoptada na secção anterior, considera-se como solução adequada da eq. (3.49) a função de distribuição:

$$f - f_0 = (\vec{v} \cdot \vec{\nabla} E_F) g(p)$$

Utilizando a relação

$$\vec{\nabla} f = -\frac{\partial f_0}{\partial E} \vec{\nabla} E_F$$

obtém-se:

$$g(p) = e \tau_p \frac{\partial f_0}{\partial E}.$$

A densidade de corrente em número de partículas é:

$$\vec{j}_D = \frac{2}{(2\pi\hbar)^3} \int \vec{v} \tau_p (\vec{v} \cdot \vec{\nabla} E_F) d^3 p \frac{\partial f_0}{\partial E};$$

$$\vec{j}_D = \left\{ \frac{8\pi}{3} \frac{1}{(2\pi\hbar)^3 m^{*2}} \int p^4 \tau_p \frac{\partial f_0}{\partial E} dp \right\} \vec{\nabla} E_F.$$

Substituindo

$$\vec{\nabla}E_F = \frac{\partial E_F}{\partial n}\vec{\nabla}n$$

obtém-se finalmente

$$\vec{j}_D = -D\vec{\nabla}n \quad . \tag{3.50}$$

A equação (3.50) é conhecida como a **1ª lei de Fick**. O coeficiente de proporcionalidade D chama-se **coeficiente de difusão**, ou difusividade,

$$D = -\frac{8\pi}{3(2\pi\hbar)^3 m^{*2}} \int p^4 \tau_p \frac{\partial f_0}{\partial E}\, dp \cdot \left(\frac{\partial E_F}{\partial n}\right).$$

Comparando esta relação com a eq. (3.43) vê-se que

$$D = \frac{\partial E_F}{\partial n}\cdot\frac{\sigma}{e^2} = n\frac{\partial E_F}{\partial n}\cdot\frac{\mu}{e} \quad . \tag{3.51}$$

A eq. (3.51) é a chamada **relação de Einstein** entre o coeficiente de difusão e a mobilidade. Também pode ser escrita na seguinte forma:

$$\frac{eD}{\mu} = \frac{\partial E_F}{\partial \ln n} \quad . \tag{3.51a}$$

No caso particular da estatística de Boltzmann toma a forma:

$$\frac{eD}{\mu} = kT \quad . \tag{3.51b}$$

3.6 O efeito de Hall

3.6.1 Aspectos introdutórios

O efeito de Hall consiste no aparecimento de um campo eléctrico na direcção perpendicular à corrente eléctrica que atravessa um condutor, sujeito a um campo magnético perpendicular à corrente (ver fig.3.5). Foi descoberto em 1879 pelo físico americano E.H. Hall, que estudou o transporte eléctrico em películas rectangulares de ouro aplicando um campo magnético na direcção perpendicular à película. Hall mediu a diferença de potencial eléctrico (d.d.p.) entre dois eléctrodos colocados no meio das faces laterais da película e verificou que o campo eléctrico transversal é proporcional à densidade de corrente e à intensidade do campo magnético,

$$E_H = R_H \, B \, j \tag{3.52}$$

em que R_H é uma constante, hoje em dia chamada **constante de Hall**. Esta constante é considerada positiva se os vectores $\vec{j}$, $\vec{B}$ e $\vec{E}_H$ constituirem um sistema de eixos directo.

A proporcionalidade linear da d.d.p., medida com facilidade, à intensidade do campo magnético pode ser (e é) utilizada para medir campos magnéticos. Os dispositivos baseados no efeito de Hall são chamados **sensores de Hall** e a sua parte activa normalmente é constituída por um filme semicondutor.

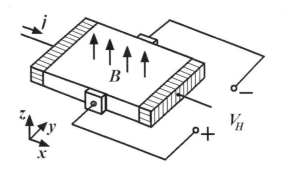

Figura 3.5 Montagem para a medição do efeito de Hall.

No entanto, um dos aspectos mais importantes deste efeito é o facto de que ele origina um dos mais directos e práticos métodos de caracterização da estrutura electrónica de materiais condutores, incluindo os semicondutores.

A física básica do efeito Hall é simples e pode ser percebida no âmbito de um modelo muito elementar.

Considere-se então uma amostra rectangular atravessada por corrente eléctrica segundo a direcção x. Como foi descoberto por Hall, a aplicação de um campo magnético ($\vec{B}$) na direcção z provoca uma diferença de potencial entre os lados opostos da amostra na direcção y (ver fig. 3.5).

Na aproximação quase-clássica, o movimento dos electrões na banda de condução e das lacunas na banda de valência pode ser descrito por equações essencialmente clássicas, sempre que a existência da energia potencial devida à rede cristalina estiver contida na massa efectiva das partículas e no uso do quase-momento, em vez do seu momento linear verdadeiro. Os portadores de carga q, que se movem na direcção do campo eléctrico, estão simultaneamente sob a acção da força de Lorentz,

$$\vec{F}_L = \frac{q}{c}(\vec{v} \times \vec{B}) \ . \tag{3.53}$$

Na mesma aproximação que foi usada na secção 3.1, a velocidade média deles (que seria nula na ausência do campo eléctrico) é a velocidade de deriva,

$$\langle \vec{v} \rangle = \frac{q\tau}{m^*}\vec{E} \ , \tag{3.54}$$

em que τ é o tempo de relaxação que aparece na fórmula de Drude e m^* é a massa efectiva. Então, em média, os portadores de carga, sofrem um desvio na direcção determinada pelo vector $\vec{E} \times \vec{B}$, ou seja, segundo o eixo y. É de notar que o sentido deste desvio não depende do sinal da carga q. No entanto, as cargas de sinal oposto, ou seja, os iões dadores ou aceitadores, conforme o tipo de portadores de carga maioritários no material, não se movem. A separação de cargas positivas e negativas determina a criação de um campo eléctrico na direcção y (chamada de "direcção de Hall"), que irá compensar a força magnética,

$$F_L = q\mathrm{E}_H = q\frac{V_H}{b}\,, \tag{3.55}$$

em que b é a largura da amostra e V_H é a d.d.p. de Hall. Combinando (3.53) e (3.55), tem-se

$$\mathrm{E}_H = \frac{\langle v_x \rangle}{c}B = \frac{1}{qnc}jB\,. \tag{3.56}$$

com n a concentração de portadores de carga. Comparando as eqs. (3.56) e (3.52) vê-se que a constante de Hall é:

$$R_H = \frac{1}{qnc} \tag{3.57}$$

No esquema apresentado na fig. 3.5, a corrente existe apenas na direcção x, pois o circuito na direcção de Hall não está fechado. Isto corresponde ao regime de "f.e.m. de Hall". Se os contactos "+" e "-" da fig. 3.5 forem ligados entre si, com um fio de resistência desprezável, ter-se-á o regime de "corrente de Hall", em que existe uma componente da corrente na direcção de Hall mas não há d.d.p. segundo y.

Determine-se a densidade da corrente segundo y com base do modelo de Drude. Levando em conta o facto de que a resistência do circuito externo que liga os contactos de Hall é finita, na realidade existe sempre uma d.d.p. entre estes contactos. Para obter as expressões gerais, admita-se que o campo eléctrico e a corrente podem ter componentes não nulas segundo todas as direcções, incluindo a do campo magnético (z).

Como se sabe, o efeito das colisões sofridas pelos portadores de carga no seu movimento ordenado pelo campo eléctrico é equivalente a uma força de atrito a actuar sobre eles. A equação do movimento de uma partícula, na presença dos campos eléctrico e magnético, é:

$$m^*\frac{d\vec{v}}{dt} = -m^*\frac{\vec{v}}{\tau} + q\vec{\mathrm{E}} + \frac{q}{c}\left(\vec{v}\times\vec{B}\right)\,. \tag{3.58}$$

Em estado estacionário a derivada é nula e as componentes da velocidade de deriva são:

$$\langle v_x \rangle = \frac{q\tau}{m^*}\left(\mathrm{E}_x + \frac{1}{c}\langle v_y \rangle B\right)\,;$$

$$\langle v_y \rangle = \frac{q\tau}{m^*}\left(\mathrm{E}_y - \frac{1}{c}\langle v_x \rangle B\right)\,;$$

$$\langle v_z \rangle = \frac{q\tau}{m^*} \mathrm{E}_z \ .$$

Multiplicando estas relações por qn obtêm-se três equações lineares para as componentes do vector da densidade de corrente. Resolvendo-as, vem

$$j_x = \frac{\sigma_0}{1+(\omega_c\tau)^2}\left(\mathrm{E}_x + \frac{|q|}{q}(\omega_c\tau)\mathrm{E}_y\right) \ ;$$

$$j_y = \frac{\sigma_0}{1+(\omega_c\tau)^2}\left(\mathrm{E}_y - \frac{|q|}{q}(\omega_c\tau)\mathrm{E}_x\right) \ ;$$

$$j_z = \sigma_0\mathrm{E}_z \ , \tag{3.59}$$

em que $\sigma_0 = \dfrac{q^2\tau}{m^*}n$ é a condutividade no modelo de Drude e $\omega_c = \dfrac{|q|B}{m^* c}$ é a frequência ciclotrónica. As relações (3.59) podem ser interpretadas como uma relação tensorial entre a densidade de corrente e o campo eléctrico:

$$\vec{j} = \hat{\sigma}\vec{\mathrm{E}} \ ;$$

$$\hat{\sigma} = \begin{pmatrix} \sigma_{xx} & \sigma_{xy} & 0 \\ \sigma_{yx} & \sigma_{yy} & 0 \\ 0 & 0 & \sigma_{zz} \end{pmatrix} \ . \tag{3.60}$$

em que as componentes do tensor da condutividade são:

$$\sigma_{xx} = \sigma_{yy} = \frac{\sigma_0}{1+(\omega_c\tau)^2} \ ; \quad \sigma_{zz} = \sigma_0 \ ;$$

$$\sigma_{xy} = -\sigma_{yx} = \frac{(\omega_c\tau)}{1+(\omega_c\tau)^2}\sigma_0 \ . \tag{3.61}$$

Voltando ao caso particular de $j_y = 0$, o regime de "f.e.m. de Hall", pode-se escrever:

$$j_y = \sigma_{yx}\mathrm{E}_x + \sigma_{yy}\mathrm{E}_y = 0 \ ;$$

$$\frac{\sigma_{yx}}{\sigma_{yy}} = -\frac{\mathrm{E}_y}{\mathrm{E}_x} \ . \tag{3.62}$$

Combinando a eq. (3.62) com a relação

$$j_x = \sigma_{xx}\mathrm{E}_x + \sigma_{xy}\mathrm{E}_y,$$

e comparando com a eq. (3.52), obtém-se a constante de Hall expressa em termos das componentes do tensor da condutividade:

$$R_H = \frac{1}{B} \cdot \frac{\sigma_{xy}}{\sigma_{xx}^2 + \sigma_{xy}^2}. \tag{3.63}$$

Substituindo as relações do modelo de Drude (3.61), é fácil verificar que a eq. (3.63) se reduz à fórmula (3.57). A relação (3.63) é considerada como a definição geral da constante de Hall.

3.6.2 Estudo detalhado com base na equação cinética

A expressão da constante de Hall obtida na secção anterior, eq. (3.57), enferma dos mesmos defeitos que a fórmula de Drude para a condutividade eléctrica, ou seja, não leva em conta a distribuição térmica das velocidades dos portadores de carga. Há então que descrever o efeito de Hall utilizando a equação cinética de Boltzmann, no âmbito da aproximação do tempo de relaxação.

Em concreto, admita-se que os portadores de carga são electrões. Para simplificar os cálculos, considera-se o caso de uma banda simples, parabólica e isótropa (o que corresponde, por exemplo, ao GaAs).

Na presença de dois campos, o magnético e o eléctrico, ambos uniformes e estacionários, a equação de Boltzmann para a função de distribuição fora do equilíbrio, f, escreve-se como:

$$-e\vec{\mathrm{E}}\frac{\partial f}{\partial \vec{p}} - \frac{e}{c}\left(\vec{v} \times \vec{B}\right)\frac{\partial f}{\partial \vec{p}} = -\frac{f - f_0}{\tau_p} \tag{3.64}$$

em que f_0 é a função de distribuição no equilíbrio. Procure-se a sua solução na seguinte forma:

$$f - f_0 + f_1; \quad f_1 \ll f_0;$$

$$f_1 = \left(\vec{v} \cdot \vec{\chi}\right)\frac{\partial f_0}{\partial E} \cdot e\tau_p \tag{3.65}$$

em que $\vec{\chi}$ é um vector desconhecido, que se pretender obter. Ao substituir (3.65) na eq. (3.64) e no termo que contém o campo eléctrico, considera-se $f \approx f_0$. No entanto, há que manter o termo $\frac{1}{c}\left(\vec{v} \times \vec{B}\right)\frac{\partial f_1}{\partial \vec{p}}$, porque $\left(\vec{v} \times \vec{B}\right) \cdot \vec{v} = 0$. Assim tem-se:

$$\frac{\partial f_1}{\partial \vec{p}} = \vec{\chi}\frac{\partial f_0}{\partial E}\frac{e\tau_p}{m^*} + \vec{v}(\vec{\chi}\cdot\vec{v})\left(e\tau_p\frac{\partial^2 f_0}{\partial E^2} + e\frac{\partial f}{\partial E}\frac{\partial \tau_p}{\partial E}\right)$$

em que o segundo termo tem a direcção do vector $\vec{v}$. Este termo desaparece ao substituir a expressão anterior na eq. (3.64). Desta substituição resulta que:

$$(\vec{v}\cdot\vec{\chi}) = (\vec{v}\cdot\vec{E}) + \frac{e\tau_p}{m^*c}(\vec{B}\times\vec{\chi})\cdot\vec{v},$$

ou seja,

$$\vec{\chi} = \vec{E} + (\omega_c\tau_p)(\vec{n}_B \times \vec{\chi}), \tag{3.66}$$

com $\vec{n}_B = \dfrac{\vec{B}}{B}$ o vector unitário segundo a direcção do campo magnético.

Se o **campo magnético** for suficientemente **fraco**, $\omega_c\tau_p \ll 1$ (como é usual), a equação (3.66) pode ser resolvida por iterações:

$$\vec{\chi}_0 = \vec{E};$$

$$\vec{\chi}_1 = \vec{E} + (\omega_c\tau_p)(\vec{n}_B \times \vec{E}). \tag{3.67}$$

Mantendo apenas os termos lineares no campo magnético, a densidade de corrente eléctrica é

$$\vec{j} = -\frac{2e^2}{(2\pi\hbar)^3}\int(\vec{v}\cdot\vec{\chi}_1)\cdot\vec{v}\frac{\partial f_0}{\partial E}\cdot\tau_p\,d\vec{p},$$

ou seja,

$$\vec{j} = \sigma_1\vec{E} - \sigma_2(\vec{n}_B \times \vec{E}) \tag{3.68}$$

na qual a condutividade σ_1 é dada pela fórmula que descreve a condutividade eléctrica sem campo magnético,

$$\sigma_1 = -\frac{8\pi}{3}\frac{e^2}{(2\pi\hbar)^3 m^{*2}}\int p^4\tau_p\frac{\partial f_0}{\partial E}dp \tag{3.69}$$

e a condutividade na direcção de Hall é:

$$\sigma_2 = -\frac{2e^2}{(2\pi\hbar)^3} \int v_y^2 \tau_p (-\omega_c \tau_p) \frac{\partial f_0}{\partial E} d\bar{p}$$

$$= -\frac{8\pi}{3} \frac{e^2}{(2\pi\hbar)^3 m^{*2}} \int p^4 \tau_p (-\omega_c \tau_p) \frac{\partial f_0}{\partial E} dp \tag{3.70}$$

O sinal - dentro do integral corresponde ao sinal negativo da carga do electrão. Comparando as eqs. (3.69) e (3.70), nota-se que σ_2 é diferente de σ_1 pela presença no integral do factor $(\omega_c \tau_p)$ e por ser negativa.

Então, as componentes do tensor da condutividade que determinam a constante de Hall são:

$$\sigma_{xx} = \sigma_1, \quad \sigma_{yx} = -\sigma_{xy} = -\sigma_2 \; .$$

Das eqs. (3.63), (3.69) e (3.70) resulta para a constante de Hall, no limite $(\omega_c \tau_p) \ll 1$, o valor:

$$R_H = \frac{1}{B} \frac{\sigma_{xy}}{\sigma_{xx}^2} = -\frac{1}{enc} \cdot r_H \tag{3.71}$$

com

$$r_H = \frac{\langle \tau_p^2 \rangle}{\langle \tau_p \rangle^2} \tag{3.72}$$

o chamado **factor de Hall**. Os valores médios de (3.72) são calculados do seguinte modo:

$$\langle \tau_p^l \rangle = -\frac{1}{3m^*} \cdot \frac{\int \tau_p^l p^4 \frac{\partial f_0}{\partial E} dp}{\int p^2 f_0 dp}$$

em que l é igual a 1 ou 2. Recorde-se que a mobilidade é dada por $\mu = e \langle \tau_p \rangle / m^*$.

A presença do factor de Hall é a única diferença entre a eq. (3.71) e a fórmula (3.57) obtida na secção anterior.

Qual é então a importância deste factor? Para um gás electrónico não degenerado a função de distribuição,

$$f_0 = \exp\left(\frac{E_F - E}{kT}\right),$$

então,

$$\left\langle \tau_p^{\,2} \right\rangle = \frac{1}{3m^*kT} \cdot \frac{\int \tau_p^{\,2} p^4 f_0 dp}{\int p^2 f_0 dp}$$

$$\left\langle \tau_p \right\rangle = \frac{1}{3m^*kT} \cdot \frac{\int \tau_p p^4 f_0 dp}{\int p^2 f_0 dp} \, .$$

O factor de Hall depende do mecanismo de difusão. Um cálculo simples, utilizando a sua definição (3.72) e as expressões apresentadas acima, conduz aos valores apresentados na Tabela 3.3., para os mecanismos de difusão mais importantes e um semicondutor não degenerado. É fácil mostrar que, para o gás electrónico fortemente degenerado, $r_H = 1$, independentemente do mecanismo de difusão.
A grandeza

$$\mu_H = \frac{e}{m^*} \cdot \frac{\left\langle \tau_p^{\,2} \right\rangle}{\left\langle \tau_p \right\rangle} \tag{3.73}$$

chama-se **mobilidade de Hall**. Também pode ser expressa de outra maneira,

$$\mu_H = c \, R_H \, \sigma_{xx}, \tag{3.74}$$

ou ainda,

$$\mu_H = r_H \, \mu \tag{3.75}$$

em que μ é a mobilidade "normal". Das relações (3.74) e (3.75) segue-se que é possível determinar a mobilidade dos portadores de carga medindo simultaneamente a constante de Hall e a condutividade, se for conhecido o factor de Hall.
Como já foi dito, o efeito Hall é muito importante para a **caracterização eléctrica** de materiais semicondutores. Para uma amostra com condutividade monopolar permite determinar:

1)   o tipo de portadores da carga maioritários, pois a condutividade de Hall, σ_2, é proporcional ao cubo da carga das partículas;
2)   a mobilidade de Hall, através da eq. (3.74);
3)   a concentração de portadores de carga maioritários,

$$n = \frac{r_H}{e \left| R_H \right| c} \quad . \tag{3.76}$$

Tabela 3.3. Variação da mobilidade com a temperatura e factores de Hall para alguns mecanismos de difusão

Mecanismo de difusão	Parâmetro γ na relação $\mu \propto T^{\gamma}$	Factor de Hall, r_H
Iões de impureza	3/2	1,93
Fonões acústicos (potencial de deformação)	-3/2	1,18
Fonões acústicos (potencial piezoeléctrico)	-1/2	1,105
Fonões ópticos (Fröhlich)[7]	-1/2	1,105
Fonões ópticos (ODP)[7]	-3/2	1,18
Impurezas neutras	0	1

O factor de Hall tem de ser calculado. Para tal, é preciso saber qual é o mecanismo de difusão dominante. Geralmente, medições em função da temperatura permitem obter esta informação.

Importa analisar brevemente as consequências da eventual **anisotropia da massa efectiva** dos electrões, ou seja, a anisotropia das superfícies de energia constante (caso do silício e do germânio). Devido à simetria cúbica do cristal, a mobilidade dos electrões μ e, consequentemente, a condutividade electrónica na ausência de campo magnético continua a ser uma grandeza escalar, pelo menos, para os campos eléctricos fracos, para os quais a velocidade de deriva é muito inferior à velocidade térmica. A massa efectiva que a determina é resultante dos valores principais do tensor da massa efectiva:

$$\frac{1}{m^*} = \frac{1}{3}\left(\frac{2}{m_\perp} + \frac{1}{m_\parallel} \right). \tag{3.77}$$

Note-se que a expressão entre parênteses é o traço do tensor do inverso da massa efectiva. Na presença do campo magnético, o movimento torna-se bastante complicado, porque este campo altera a direcção da velocidade e o campo eléctrico desloca simultaneamente o electrão entre as várias superfícies de energia constante. Em geral, a relação entre os vectores $\vec{j}_H$ (a corrente de Hall), $\vec{B}$ e $\vec{E}$ é dada por um tensor de terceira ordem. No entanto, a simetria cúbica do cristal faz com que a corrente de Hall seja sempre proporcional a $\vec{E} \times \vec{B}$. Atendendo a (3.54) e (3.55), é possível mostrar que a condutividade de Hall neste caso é dada por [3.21, 3.22]:

$$\sigma_2 = -\frac{1}{c}\frac{e^3 nB}{\left(m_c^*\right)^2}\left\langle \tau_p^{\;2} \right\rangle, \tag{3.78}$$

---

[7] Este resultado é válido apenas para temperaturas bastante elevadas, para as quais $kT \gg \hbar\omega$. Para temperaturas mais baixas, a mobilidade, quando limitada a este mecanismo, não é uma função potencial da temperatura.

em que a **massa ciclotrónica** é:

$$\frac{1}{\left(m_c^*\right)^2} = \frac{1}{3}\left(\frac{2}{m_\perp m_\parallel} + \frac{1}{\left(m_\perp\right)^2}\right). \tag{3.79}$$

Assim, a constante de Hall envolve uma combinação bastante complexa dos valores principais do tensor da massa efectiva,

$$R_H = -\frac{1}{enc}\frac{\left\langle \tau_p^2 \right\rangle}{\left\langle \tau_p \right\rangle}\left(\frac{m^*}{m_c^*}\right)^2. \tag{3.80}$$

Havendo **dois tipos de portadores de carga** em concentrações comparáveis no semicondutor, a eq. (3.66) tem que ser resolvida para os electrões e as lacunas separadamente. Dentro da aproximação de bandas simples e isotrópicas, tem-se:

$$\vec{\chi}_e = \vec{E} + (\omega_c^e \tau_p^e)(\vec{n}_B \times \vec{\chi}_e) \ ;$$

$$\vec{\chi}_h = \vec{E} - (\omega_c^h \tau_p^h)(\vec{n}_B \times \vec{\chi}_h) \ .$$

Obviamente, as contribuições dos electrões e das lacunas para a condutividade "normal" somam-se:

$$\sigma_1 = \sigma_1^e + \sigma_1^h. \tag{3.81}$$

A expressão (3.70) para a condutividade de Hall generaliza-se da seguinte maneira:

$$\sigma_2 = -\frac{8\pi}{3}\frac{e^2}{(2\pi\hbar)^3}\left\{\frac{1}{m_e^2}\int p^4 \tau_p^e(-\omega_c^e \tau_p^e)\frac{\partial f_0}{\partial E}\,dp + \frac{1}{m_h^2}\int p^4 \tau_p^h(\omega_c^h \tau_p^h)\frac{\partial f_0}{\partial E}\,dp\right\} \tag{3.82}$$

Assim, a expressão generalizada para a constante de Hall fica:

$$R_H = -\frac{1}{c}\frac{r_H^e en\mu_n^2 - r_H^h ep\mu_p^2}{\left(en\mu_n + ep\mu_p\right)^2}. \tag{3.83}$$

Admitindo que o factor de Hall é o mesmo para as lacunas e os electrões, vem:

$$R_H = -\frac{r_H}{ec}\frac{n\mu_n^2 - p\mu_p^2}{\left(n\mu_n + p\mu_p\right)^2}. \tag{3.84}$$

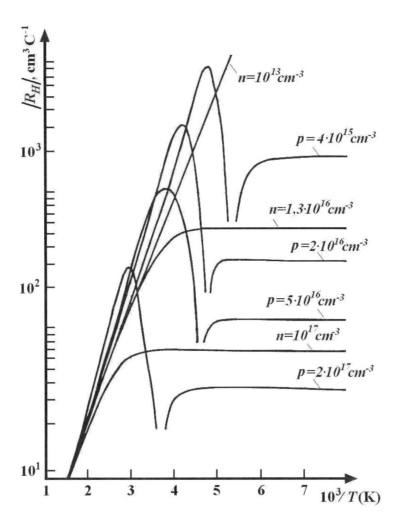

Figura 3.6 Variação do módulo da constante de Hall com a temperatura para algumas amostras de InSb dopado com impurezas dadoras e aceitadoras em diferentes concentrações (adaptado da ref. [3.23]).

Por exemplo, num **semicondutor intrínseco**, a relação (3.84) toma a seguinte forma:

$$R_H = -\frac{r_H}{ecn_i}\frac{\beta^2 - 1}{(\beta + 1)^2} \tag{3.85}$$

em que $\beta = \mu_n / \mu_p$. Como normalmente $\beta > 1$, então $R_H < 0$.

Num semicondutor do tipo p, a constante de Hall em função da temperatura pode mudar de sinal (ver figura 3.6). Como é habitual apresentar as concentrações de portadores de carga e a constante de Hall em coordenadas logarítmicas, a mudança do sinal de R_H aparece como uma singularidade, que, naturalmente, não tem nenhum significado físico. Como a mobilidade dos electrões pode ser muito superior à das lacunas, um semicondutor aparentemente electrónico atendendo ao sinal da constante de Hall pode, na realidade, ter mais lacunas do que electrões. A interpretação dos resultados e a determinação das concentrações dos portadores de carga torna-se consideravelmente mais difícil nestas condições.

3.6.3 Medição do efeito de Hall. O método de Van der Pauw
A medição do efeito Hall em amostras maciças e rectangulares parece simples de executar com a montagem esquematizada na figura 3.5. No entanto, existem problemas experimentais, um dos quais é evitar vários efeitos "parasitas" que possam contribuir para a d.d.p. entre os contactos de Hall no regime de "f.e.m. de Hall". Os contactos têm que ser posicionados na mesma superfície equipotencial (na ausência do campo magnético), caso contrário, a medição da f.e.m. de Hall vai dar um erro sistemático. No entanto, este erro pode ser eliminado bastante facilmente efectuando as medições com dois sentidos do campo magnético e fazendo a média.

A outra fonte de erro está relacionada com alguns efeitos termo-galvanomagnéticos. O mais importante é o aparecimento de um gradiente de temperatura na direcção de Hall, devido à corrente eléctrica na presença do campo magnético, de acordo com (3.56). Trata-se do chamado efeito de Ettingshausen [3.20, 3.23] que será discutido mais detalhadamente em 3.6. A diferença de temperatura entre os dois contactos de Hall faz com que haja uma termo-f.e.m., que se adiciona à f.e.m. de Hall. O efeito de Ettingshausen pode provocar uma f.e.m. que atinge 10% da de Hall em semicondutores com alta condutividade eléctrica e baixa condutividade térmica. O problema deste efeito é que o erro devido a ele não pode ser eliminado efectuando as medidas com dois sentidos do campo magnético ou da corrente, pois o gradiente de temperatura depende precisamente da própria f.e.m. de Hall. A solução consiste em ter o cuidado adicional de manter os contactos de Hall à mesma temperatura durante as medições.

A extensão do **método** de caracterização que usa o efeito Hall foi desenvolvida para filmes finos por **Van der Pauw** [3.24]. Este método é conveniente para amostras de forma irregular e sobretudo para filmes finos de semicondutor. Usam-se dois pares de contactos, chamados os contactos de corrente (3,4) e os contactos de Hall (1,2), conforme se mostra na figura 3.7. O campo magnético é perpendicular ao filme. Para diminuir o erro devido ao facto de as linhas de corrente não serem perpendiculares ao plano em que se encontram os contactos 1 e 2, isto é, normal ao plano do desenho, efectuam-se medições para dois sentidos do campo magnético.

A constante de Hall calcula-se pela fórmula:

$$R_H = \frac{V_{12}(B) - V_{12}(-B)}{2I_{34}B}d \qquad (3.86)$$

onde I_{34} é a intensidade de corrente entre os contactos 3 e 4 e d é a espessura do filme.

A fórmula (3.86), que parece demasiado simples para ser geral, pode ser provada com facilidade (ver Problema **III.15**).
A mesma montagem da fig. 3.7 permite medir a resistividade através da medição da intensidade de corrente entre pares de contactos adjacentes. Van der Pauw mostrou [3.24] que a resistividade pode ser obtida pela fórmula:

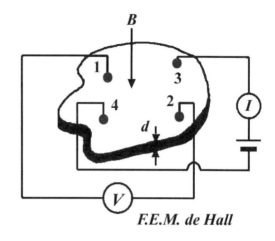

Figura 3.7 Esquema do método de Van der Pauw.

$$\rho = \frac{\pi d (R_{24,13} + R_{41,23})}{2\ln 2} \cdot f(\xi) \quad (3.87)$$

onde

$$R_{41,23} = \frac{|V_{41}|}{I_{23}}; \quad R_{24,13} = \frac{|V_{24}|}{I_{13}}; \quad \xi = \frac{R_{24,13}}{R_{41,23}}$$

e $f(\xi)$ é um factor de correcção, da ordem de 1, que se encontra tabelado em [3.24] ($f = 1$ se $R_{24,13} = R_{41,23}$, $f \approx 0.7$ para $\xi = 10$ e $f \approx 0.4$ para $\xi = 10^2$). Depois de se obter R_H e $\sigma_{xx} \approx \rho^{-1}$, calculam-se μ_H e n (ou p) exactamente da mesma maneira como para uma amostra maciça. O método também permite estudar a variação da resistividade em função do campo magnético, fenómeno chamado **magnetoresistência**.

3.6.4 Magnetoresistência

Na presença do campo magnético, a condutividade "longitudinal" σ_{xx} normalmente diminui, porque as trajectórias dos portadores de cargas de um contacto de corrente para o outro ficam mais compridas. Por isso, as partículas, em média, sofrem mais colisões do que quando $B = 0$. Este efeito já está presente na fórmula de Drude, a primeira das relações (3.61). Consideremo-lo agora utilizando o formalismo da equação cinética. Admita-se, por enquanto, que o campo magnético é fraco, $\omega_c \tau_p \ll 1$.

Na resolução da eq. (3.66) por iterações, tais como (3.67), considera-se mais uma, ou seja, inclui-se o termo quadrático em $\omega_c \tau_p$,

$$\vec{\chi}_2 = \vec{E} + (\omega_c \tau_p)(\vec{n}_B \times \vec{E}) + (\omega_c \tau_p)^2 \vec{n}_B \times (\vec{n}_B \times \vec{E}). \quad (3.88)$$

Como $\vec{n}_B \perp \vec{E}$, o último termo da eq. (3.88) é proporcional a $(-\vec{E})$ e dá a correcção à condutividade σ_1, quadrática em B. Assim vem:

$$\sigma_{xx}(B) = \frac{e^2 n}{m^*} \left\langle \tau_p \left(1 - (\omega_c \tau_p)^2\right) \right\rangle \qquad (3.89)$$

O efeito de magnetoresistência normalmente é caracterizado pelo parâmetro adimensional, $(\rho(B) - \rho(0))/\rho(0)$, em que $\rho \equiv \rho_{xx}$. Para calcular as componentes do tensor da resistividade, é necessário usar as relações

$$\rho_{ik} \sigma_{jk} = \delta_{ij} ,$$

o que dá:

$$\rho_{xx} = \frac{\sigma_{xx}}{\sigma_{xx}^2 + \sigma_{xy}^2} ; \qquad \rho_{xy} = -\frac{\sigma_{xy}}{\sigma_{xx}^2 + \sigma_{xy}^2} . \qquad (3.90)$$

Substituindo (3.89) e (3.78) na eq. (3.90) obtém-se:

$$(\rho(B) - \rho(0))/\rho(0) = \omega_c^2 \left\langle \tau_p \right\rangle^2 \left[\frac{\left\langle \tau_p^3 \right\rangle \left\langle \tau_p \right\rangle - \left\langle \tau_p^2 \right\rangle^2}{\left\langle \tau_p \right\rangle^4} \right] . \qquad (3.91)$$

Para um gás electrónico não degenerado, o factor adimensional $[\ldots]$ nesta expressão varia entre 0,38 para a difusão por fonões acústicos e 2,15 para a difusão por iões de impureza. A expressão (3.91) também explica porque razão o efeito de magnetoresistência é muito pequeno nos metais e semicondutores degenerados [3.23]. Para um gás fortemente degenerado, o tempo de relaxação é praticamente igual para todos os portadores de carga que participam nos fenómenos de transporte e o factor adimensional na eq. (3.91) é praticamente nulo.

Nos materiais com massa efectiva anisotrópica a magnetoresistência depende da direcção do campo magnético relativamente aos eixos do cristal. Neste caso também está presente o efeito de magnetoresistência longitudinal (com os campos $\vec{B}$ e $\vec{E}$ paralelos) que é nulo para os materiais isótropos.

3.6.5 O caso de campos magnéticos fortes

Considere-se agora o caso de campos magnéticos fortes, $\omega_c \tau_p \gg 1$ ou, de um modo equivalente, $\mu B / c \gg 1$. Esta situação pode ser realizada nos semicondutores com massa efectiva dos electrões suficientemente pequena (e, por isso, de mobilidade elevada), como é o caso do n-InSb e do n-Cd$_x$Hg$_{1-x}$Te [3.22]. O estudo limitar-se-á ao caso do espectro isotrópico. Tal como na situação correspondente a campos fracos, a equação (3.66) também aqui pode ser resolvida por iterações, sendo agora o parâmetro de menor valor $\left(\omega_c \tau_p\right)^{-1}$.

Multiplicando a eq. (3.66) vectorialmente por $\vec{n}_B$ obtém-se:

$$\vec{\chi}_0 = 0\ ;$$

$$\vec{\chi}_1 = (\omega_c \tau_p)^{-1} \left(\vec{n}_B \times \vec{E}\right),$$

$$\vec{\chi}_2 = (\omega_c \tau_p)^{-1} \left(\vec{n}_B \times \vec{E}\right) + (\omega_c \tau_p)^{-2} \vec{E}, \tag{3.92}$$

$$\dots$$

As componentes do tensor da condutividade são:

$$\sigma_{xx} = -\frac{8\pi}{3} \frac{c^2}{(2\pi\hbar)^3 B^2} \int p^4 (\tau_p)^{-1} \frac{\partial f_0}{\partial E} dp \tag{3.93}$$

e

$$\sigma_{xy} = -\frac{8\pi}{3} \frac{ec}{(2\pi\hbar)^3 B} \int p^4 \frac{\partial f_0}{\partial E} dp\ . \tag{3.94}$$

Este resultado é notável em dois aspectos:

1) A condutividade transversal, σ_{xy}, não depende da difusão dos portadores de carga; τ_p não está presente na eq. (3.94).

2) A condutividade "normal" é pequena quando comparada com a de Hall, $\sigma_{xx} \ll \sigma_{xy}$ (o semicondutor torna-se "isolador" no campo magnético forte).

Ambos os efeitos devem-se ao facto de o raio das órbitas do movimento ciclotrónico dos electrões ser muito pequeno, menor que o comprimento do percurso livre. Numa primeira aproximação, os portadores de carga simplesmente efectuam um movimento de deriva na direcção de Hall, com uma velocidade $c\dfrac{E}{B}$, igual para todos, como é característico de partículas no vazio, sujeitas aos campos $\vec{B}$ e $\vec{E}$, perpendiculares entre si (ver por exemplo, [3.25]).

3.6.6 Efeitos quânticos

O efeito clássico do campo magnético forte pode ser observado se a temperatura não for muito baixa (por exemplo, à temperatura ambiente). No entanto, se a temperatura baixar, surgem efeitos quânticos, porque o campo magnético impõe a quantificação da energia dos electrões e, quando esta quantificação se torna notável em comparação com a energia térmica, o comportamento do sistema deixa de ser "clássico".

Como é conhecido da Mecânica Quântica, o espectro da energia cinética de um electrão sujeito a um campo magnético, no vácuo e sem momento linear na direcção do campo, é

Capítulo III – Fenómenos de Transporte
129

discreto e constituído por **níveis de Landau** que são equidistantes, separados por intervalos de energia de valor $\hbar eB/(m_0 c)$ [3.9].

Para um electrão na banda de condução de um semicondutor, este resultado continua a ser válido, mas com a massa efectiva ciclotrónica, conforme eq. (3.79), no lugar da massa do electrão livre (veja-se eq. (1.53) do Capítulo I). O movimento do electrão é livre na direcção ao longo do campo magnético, mas confinado nas outras duas direcções. Por essa razão há que acrescentar à eq. (1.53) a energia cinética do possível movimento ao longo do $z \parallel \vec{B}$, $p_z^2/2m^*$. Consequentemente, a densidade de estados para cada nível de Landau tem um carácter unidimensional. Por exemplo, para o primeiro nível de Landau, a energia dos electrões na banda de condução é dada por:

$$E_1(k_z) = E_c + \frac{\hbar \omega_c}{2} + \frac{\hbar^2 k_z^2}{2m^*} \tag{3.95}$$

e a densidade de estados, pela fórmula geral (2.4), é:

$$g'(k_z) = \frac{1}{V} \frac{L_z \sqrt{2m^*}}{2\pi\hbar} \left[E_1(k_z)\right]^{-1/2} \tag{3.96}$$

onde L_z é a dimensão do cristal na direcção z e V é o seu volume. No entanto, cada nível de Landau é fortemente degenerado. Pode-se dizer que esta degenerescência se deve à arbitrariedade da posição do centro da órbita ciclotrónica. Como é sabido (ver Problema **I.10**), a área delimitada pela órbita no espaço $\vec{k}$ é igual a

$$S = \frac{2\pi eB}{\hbar c}.$$

Dividindo S pela área que corresponde a um estado quase-clássico, $\dfrac{(2\pi)^2}{L_x L_y}$, obtém-se o factor de degenerescência de cada nível de Landau:

$$v = \frac{L_x L_y}{2\pi} \left(\frac{eB}{\hbar c}\right). \tag{3.97}$$

Então, a expressão (3.96) tem que ser multiplicada pelo factor (3.97), o que dá:

$$g(E) = \frac{eB\sqrt{2m^*}}{(2\pi\hbar)^2} \left(E - E_c - \frac{\hbar \omega_c}{2}\right)^{-1/2}. \tag{3.98}$$

Finalmente, somando sobre todos os valores de n possíveis, a densidade de estados total é representada por várias "bandas de Landau" sobrepostas, como se mostra na figura 3.8. Como se pode ver da fig.3.8-b), a densidade de estados na presença do campo magnético pode ser apresentada como a soma da mesma sem campo magnético, $g_0(E)$, e uma função que oscila com a variação do campo magnético. Naturalmente, esta última anula-se quando $B \to 0$. É possível mostrar [3.22] que, para $E - E_c \gg \hbar\omega_c$,

$$g(E) = g_0(E)\left[1 + \left(\frac{\hbar\omega_c}{2(E - E_c)}\right)^{1/2} \sum_l \frac{(-1)^l}{\sqrt{l}} \cos\left(\frac{2\pi(E - E_c)}{\hbar\omega_c} l - \frac{\pi}{4}\right)\right]. \tag{3.99}$$

Importa referir o efeito do spin do electrão. Com efeito, o campo magnético, em princípio, levanta a degenerescência relacionada com as duas projecções do spin (efeito de Zeeman anómalo [3.25]). Este efeito corresponde ao termo adicional

$$\pm \frac{1}{2}\tilde{g}\mu_B B$$

a ter em conta na expressão (3.95) que descreve a energia. O símbolo $\tilde{g}$ representa o chamado **factor de Landé** e $\mu_B = e\hbar/(2m_0) = 5,77\,\mu\text{eV/kG}$ é o **magnetão de Bohr** [3.9]. Os valores do factor de Landé variam de um material para outro, não só em valor absoluto como também no sinal. Por exemplo, $\tilde{g} = 0,32$ para o GaAs e $\tilde{g} = $ -44 para o InSb [3.23]. Tomando os parâmetros do GaAs, o valor do desdobramento de Zeeman num campo magnético com a intensidade $B = 10\,\text{kG}$ =1Tesla é de 0,018meV, enquanto que $\hbar\omega_c = 1,73\,\text{meV}$. Então, o efeito de Zeeman nos portadores de carga livres normalmente pode ser ignorado para a maioria dos semicondutores, excepto os materiais semi-magnéticos, como, por exemplo, $Cd_xMn_{1-x}Te$ em que o factor de Landé atinge valores da ordem de 10^3. A densidade de estados (3.99) já inclui o factor de degenerescência do efeito de Zeemann normal, mas despreza o desdobramento associado ao spin.

O carácter oscilatório da função (3.99) dá origem a uma série de fenómenos em que determinadas grandezas observáveis oscilam em função do campo magnético. Num metal ou num **semicondutor degenerado**, quando os níveis de Landau atravessam o nível de Fermi, ocorrem oscilações da condutividade eléctrica, ou seja, observa-se o **efeito de Shubnikov-de Haas** [3.26].

Para observar este e outros fenómenos relacionados, é preciso que a temperatura seja suficientemente baixa, $kT \ll \hbar\omega_c$, caso contrário, o carácter singular da densidade de estados da fig.3.8-b deixa de ser notável. Para $m^* = m_0$, esta condição significa que

$$T[\text{K}] \ll \frac{B}{7,46}[\text{kG}]. \tag{3.100}$$

A relação (3.100) tem que ser necessariamente cumprida para se observar qualquer efeito quântico do campo magnético. Além disso, o material tem que ser suficientemente puro, para que seja $\omega_c\tau_p \gg 1$.

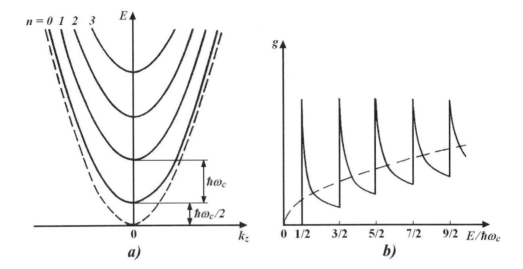

Figura 3.8 Os níveis de energia (*a*) e a densidade de estados (*b*) de um electrão sujeito a um campo magnético. As curvas a tracejado correspondem à situação sem campo magnético.

O cálculo da condutividade é demasiado sofisticado para ser reproduzido aqui e foi realizado por E.D. Adams e T.D. Holstein [3.27]. O resultado é:

$$\sigma_{xx} = \sigma_{xx}^{qc}\left\{1 + \left[\frac{5\pi}{\sqrt{2}}\left(\frac{\hbar\omega_c}{E_F - E_c}\right)\right]^{1/2}\right.$$
$$\left.\times \sum_l \frac{(-1)^l \sqrt{l}}{\sinh(l\Xi)}\exp\left(-\frac{2\pi l}{\omega_c \tau'_p}\right)\cos\left(\frac{2\pi(E_F - E_c)}{\hbar\omega_c}l - \frac{\pi}{4}\right)\right\}, \quad (3.101)$$

onde

$$\Xi = \frac{2\pi^2 kT}{\hbar\omega_c}$$

e

$$\sigma_{xx}^{qc} = \frac{e^2 n}{m^* \omega_c^2 \tau_p} \quad (3.102)$$

é a condutividade no limite quase-clássico. A expressão (3.102) decorre directamente da fórmula (3.93). Como se trata de um condutor com o gás electrónico degenerado,

$$\frac{\partial f_0}{\partial E} = -\delta(E - E_F).$$

e τ_p corresponde aos electrões no nível de Fermi. O tempo de relaxação τ'_p que figura na eq. (3.101) e determina o alargamento dos níveis de Landau devido à difusão dos electrões é, em princípio, diferente do τ_p "quase-clássico". O τ'_p pode ser relacionado com um parâmetro empírico, conhecido como a **temperatura de Dingle**, T_{Di}, que descreve a "largura natural" devida às transições entre os vários níveis de Landau [3.28],

$$\tau'_p = \frac{\hbar}{\pi k T_{Di}}.$$

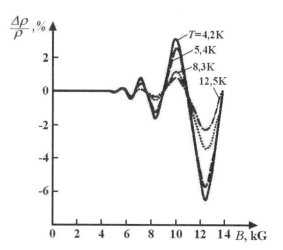

O termo quântico da condutividade, dado pela segunda parcela na eq. (3.101), representa as **oscilações em função do campo magnético** (ver fig.3.9). Estas oscilações são periódicas em relação ao inverso do campo magnético, com o período

$$\Delta\left(\frac{1}{B}\right) = \frac{e\hbar}{m^* c (E_F - E_c)}.$$

Então, através da medição deste período, é possível determinar a energia de Fermi, desde que a massa efectiva seja conhecida. Com o aumento da temperatura as oscilações diminuem e depois desaparecem, como ilustra a mesma figura.

Figura 3.9 A parte oscilatória da magneto-resistência (o efeito de Shubnikov-de Haas) num cristal de InAs fortemente dopado com dadores (adaptado da ref. [3.29]).

Aplicando o campo magnético em direcções diferentes, relativamente aos eixos de simetria do cristal, também é possível estudar a anisotropia das superfícies de energia constante. Este método, a par com os de ressonância ciclotrónica (mencionado em 1.7) e magneto-ópticos (Capítulo IV), usa-se muito na física experimental dos semicondutores e metais.

3.7 Os efeitos termoeléctricos

3.7.1 Efeitos causados por um gradiente de temperatura

Um gradiente de temperatura (∇T) num semicondutor homogéneo faz com que o movimento caótico dos portadores de carga seja mais intenso na zona mais aquecida do material. Isto provoca uma corrente (térmica) e uma força electromotriz de origem térmica, **termo-f.e.m.**, na amostra. A **condução térmica** é um fenómeno muito geral na natureza e semelhante à difusão espacial considerada na secção 3.5. Descreve-se por uma equação matematicamente idêntica à lei de Fick (3.50). A densidade de fluxo térmico ($\vec{w}$) é definida à semelhança da densidade de corrente eléctrica, ou seja, $\vec{w}$ é a energia que atravessa uma secção infinitesimal $d\vec{S}$ por unidade de tempo. Se este fluxo se deve ao movimento caótico dos electrões, a expressão para $\vec{w}$, em termos da função de distribuição, é análoga à eq (3.14),

$$\vec{w} = \frac{2}{(2\pi\hbar)^3} \int (E(\vec{p}) - E_F)\vec{v}\, f(\vec{p},\vec{r},t)d\vec{p}\,. \qquad (3.103)$$

O factor $(E(\vec{p}) - E_F)$ que está presente na expressão (3.103), em vez de simplesmente a energia $E(\vec{p})$, reflecte o facto conhecido da termodinâmica, de que o calor é a energia interna total menos a energia livre (de Helmholtz). Esta última, por partícula, é precisamente a energia de Fermi.

Admitindo que o nível de Fermi não está perturbado pela variação da temperatura, então,

$$\vec{\nabla}f = -\frac{\partial f_0}{\partial(T^{-1})}\,\vec{\nabla}\frac{1}{T}\,, \qquad (3.104)$$

e repetindo os passos da secção 3.5, não é difícil chegar à **equação de Fourier**, comparável à eq. (3.50):

$$\vec{w} = -\kappa\vec{\nabla}T\,, \qquad (3.105)$$

em que κ é a **condutividade térmica**. É usual escrever este parâmetro do material sob a forma:

$$\kappa = L\sigma T\,, \qquad (3.106)$$

em que L é o "**número de Lorenz**". Para os metais, o número de Lorenz praticamente não depende da temperatura, o que é conhecido pela **lei de Wiedemann-Franz** [3.1]. Nos semicondutores com o gás electrónico não degenerado L varia em função da temperatura. Nos dieléctricos, a lei de Fourier (3.105) também se verifica, mas o mecanismo de condução térmica é diferente (assistido por fonões) e (3.106) não se aplica. Mais detalhes sobre o fenómeno de propagação do calor na matéria sólida, bem como os métodos matemáticos que se usam para resolver a equação de Fourier em situações concretas, podem ser encontrados na referência [3.30].

O aparecimento da termo-f.e.m. nos semicondutores, chamado **efeito de Seebeck**, deve-se à separação de cargas eléctricas móveis ao longo do ∇T. Se, ao mesmo tempo, a amostra for atravessada por uma corrente eléctrica estacionária, o gradiente de temperatura (também estacionário) dá origem a uma série de fenómenos conhecidos como os **efeitos termoeléctricos**. Em seguida, consideram-se os mais importantes destes efeitos.

3.7.2 Efeito de Seebeck

O movimento caótico mais intenso na zona mais aquecida do material faz com que as partículas carregadas abandonem esta zona mais rapidamente do que as que acorrem a ela. Num semicondutor isolado (não ligado a um circuito externo), aparece uma diferença de potencial eléctrico entre as suas extremidades mantidas a temperaturas diferentes, que é proporcional a essa diferença, δT,

$$\delta\varphi = \alpha_T \delta T . \tag{3.107}$$

Utilizando a equação de Boltzmann, não é difícil obter a expressão para o **coeficiente termoeléctrico** α_T. Para isso, é conveniente introduzir o "campo electro-térmico",

$$\vec{F} = \vec{E} - \frac{T}{e}\vec{\nabla}\frac{E - E_F}{T} , \tag{3.108}$$

em que o segundo termo representa a variação da função de distribuição no espaço. Repetindo os passos da secção 3.4, é fácil calcular a corrente eléctrica criada pelo "campo" (3.108) e chegar à seguinte expressão para o coeficiente termoeléctrico, válida para um semicondutor do tipo n, não degenerado (ver Problema **III.17**):

$$\alpha_T = \frac{k}{e}\left[\frac{E_F}{kT} - \frac{Q^*}{\sigma}\right] , \tag{3.109}$$

com σ a condutividade eléctrica e

$$Q^* = \frac{e\int\tau_p p^6 f_0 dp}{6\pi^2\hbar^3 m^3 (kT)^2} .$$

O sinal do coeficiente termoeléctrico depende do tipo de portadores de carga maioritários, sendo negativo para os electrões. Se o tempo de relaxação depender do quase-momento, de acordo com

$$\tau_p \propto p^{2\gamma} ,$$

com γ a constante da tabela 3.3, então, utilizando (3.43), a eq. (3.109) pode ser reescrita na forma:

$$\alpha_T = \frac{k}{e}\left[\frac{E_F}{kT} - \left(\gamma + \frac{5}{2}\right)\right] .$$

O efeito de Seebeck também é observado nos metais e é utilizado para medições precisas de temperatura. Com efeito, é com base neste fenómeno que funcionam os chamados

termopares, dispositivos constituídos por dois fios metálicos que estão soldados entre si em ambas as extremidades, conforme se mostra na figura 3.10.
Uma das extremidades (chamada "quente", por exemplo, 1) coloca-se no meio cuja temperatura está a ser medida, enquanto que a outra extremidade ("fria", 2) do termopar é mantida à temperatura ambiente

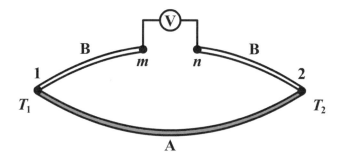

Figura 3.10 Esquema do efeito de Seebeck observado num termopar constituído por dois materiais, A e B, ligados por dois pontos de contacto (1 e 2) que se encontram a temperaturas distintas $(T_1 \neq T_2)$.

(conhecida). Em resultado do efeito de Seebeck em cada um dos dois fios, feitos de dois materiais diferentes (A e B), surge uma termo-f.e.m. entre as extremidades "frias" e "quentes", $\delta\varphi_A$ e $\delta\varphi_B$, que é proporcional à diferença das temperaturas. A diferença de potencial eléctrico medida entre os pontos m e n da fig. 3.10 é então proporcional às diferenças entre as termo-f.e.m. de cada material, ou seja, à diferença dos coeficientes termoeléctricos dos dois materiais e ainda à diferença de temperaturas entre as extremidades 1 e 2:

$$\delta\varphi = \int_{T_1}^{T_2}(\alpha_T^A - \alpha_T^B)\delta T \ .$$

Depois de calibrado, o termopar permite medir a diferença de temperaturas entre as suas extremidades.

3.7.3 Efeitos de Thomson e de Peltier
Se o semicondutor estiver ligado a um circuito externo, a termo-f.e.m. vai provocar uma corrente eléctrica neste circuito, mesmo se não existir nenhuma outra fonte de f.e.m.. Desprezando a resistência do circuito externo e atendendo à eq. (3.108), a corrente eléctrica é dada pela expressão:

$$\vec{j} = en\left\{\frac{e}{m^*}\langle\tau_p\rangle\vec{E} + \frac{T}{m^*k}\left\langle\tau_p\vec{\nabla}\frac{E-E_F}{T}\right\rangle\right\}, \qquad (3.110)$$

onde $\langle\cdots\rangle$ significa a média calculada de acordo com a definição (3.45). O segundo termo na eq. (3.110) pode ser reescrito como

$$\frac{T}{m^*k}\left\langle \tau_p \vec{\nabla}\frac{E-E_F}{T}\right\rangle = -\frac{1}{m^*kT}\left[\left\langle \tau_p E\right\rangle - \left\langle \tau_p\right\rangle E_F\right]\vec{\nabla}T - \frac{\left\langle \tau_p\right\rangle}{m^*}\vec{\nabla}E_F \ .$$

Assim, a corrente eléctrica contém três componentes, proporcionais a $\vec{E}$, $\vec{\nabla}T$ e $\vec{\nabla}E_F$, que se reconhecem como a de deriva, a termoeléctrica e a de difusão, respectivamente. Utilizando a relação de Einstein (3.51) e a eq. (3.107), pode escrever-se, para os electrões:

$$\vec{j} = \sigma\vec{E} + eD\vec{\nabla}n + \alpha_T \sigma\vec{\nabla}T \ . \tag{3.111}$$

O fluxo térmico pode ser obtido a partir desta mesma relação substituindo a carga do electrão pela energia $(E(\vec{p}) - E_F)$ tal como na eq. (3.93). No entanto, é necessário ter o cuidado de incluir a carga dentro dos parênteses $\langle \cdots \rangle$ antes de fazer a substituição. O resultado é:

$$\vec{w} = -\kappa\vec{\nabla}T + \Pi\vec{j} \ , \tag{3.112}$$

onde $\Pi = \alpha_T T$ é chamado **coeficiente de Peltier**. Como era de esperar, na ausência da corrente eléctrica a eq. (3.112) reduz-se à lei de Fourier. No entanto, em geral, há ainda um fluxo de energia transportada pelas partículas que simultaneamente conduzem carga eléctrica.

Calcule-se agora a potência produzida (ou consumida, dependendo do sinal) no meio onde circula a corrente (3.111). Por unidade de volume, esta potência é dada por:

$$Q = (\vec{j}\cdot\vec{E}) - \vec{\nabla}\left(\vec{w} - \frac{E_F}{e}\vec{j}\right) \tag{3.113}$$

O primeiro termo na relação (3.113) é a parte dissipativa, ou seja, o aquecimento irreversível de qualquer resistência eléctrica, conhecido como a lei de Joule-Lenz e o segundo corresponde ao transporte da energia. Com efeito, recorde-se que o fluxo térmico inclui apenas uma parte da energia de cada partícula, mas a eq. (3.113) expressa a conservação da energia total, por isso se acrescenta o fluxo convectivo da energia, E_F, por cada electrão.

Substituindo (3.111) e (3.112) na eq. (3.113) e admitindo que $\vec{\nabla}n = 0$, obtém-se:

$$Q = \frac{j^2}{\sigma} + \vec{\nabla}\left(\kappa\vec{\nabla}T\right) - \zeta_T\left(\vec{j}\cdot\vec{\nabla}T\right) \tag{3.114}$$

Os primeiros dois termos representam o efeito dissipativo de Joule-Lenz e a condução térmica, respectivamente. O terceiro, que se designa por Q_T, representa o **efeito de Thomson**, uma fonte de energia adicional na presença simultânea do gradiente de temperatura e da corrente eléctrica. O coeficiente

$$\zeta_T = T\frac{d\alpha_T}{dT}$$

também tem o nome de Thomson.

Se a temperatura for uniforme, $Q_T = 0$. No entanto, pode ocorrer um efeito parecido se existir um gradiente do nível de Fermi, o que acontece num semicondutor com a concentração de impurezas dadoras variável ou então numa junção *p-n*. A produção (reversível) de calor neste caso seria:

$$Q_\Pi = T\left(\vec{j}\cdot\vec{\nabla}\alpha_T\right), \tag{3.115}$$

o que corresponde ao **efeito de Peltier**. Integrando esta potência no volume de uma junção *p-n* ou uma heterojunção, conclui-se que a produção de calor é igual a $(\Pi_1 - \Pi_2)I$, onde I é a intensidade de corrente que atravessa a junção e Π_1 e Π_2 são os coeficientes de Peltier dos dois lados da junção. Como é óbvio, o efeito Peltier é tanto maior quanto maior for a variação do nível de Fermi ao longo da amostra. Mudando o sentido da corrente, o sinal do efeito também muda. Isto permite usá-lo para arrefecimento ou aquecimento local nalguns dispositivos em microelectrónica.

3.7.4 Efeitos termo-galvanomagnéticos

Se existir um gradiente de temperatura na amostra durante a medição do efeito Hall, é preciso ter em conta uma série de efeitos devido à presença simultânea de uma termo-F.E.M. intrínseca e do campo magnético. O mais óbvio destes efeitos é o **de Nernst**, em que um gradiente da temperatura entre os contactos de corrente (fig. 3.5) provoca uma d.d.p. transversal, adicional à de Hall,

$$E_y = Q_N\frac{dT}{dx}B_z,$$

onde Q_N é o **coeficiente de Nernst**. O gradiente longitudinal $\dfrac{dT}{dx}$ provoca também um gradiente transversal, $\dfrac{dT}{dy}$, ou seja, o **efeito de Righi-Leduc**. Mais importante, no entanto, é o aparecimento do gradiente da temperatura $\dfrac{dT}{dy}$ devido à corrente eléctrica j_x na presença do campo magnético, o chamado **efeito de Ettingshausen**,

$$\frac{dT}{dy} = P_E j_x B_z.$$

com P_E o respectivo coeficiente de Ettingshausen.

A diferença da temperatura entre os dois contactos de Hall faz com que haja uma termo-f.e.m. nestes contactos, que se adiciona à f.e.m. de Hall. Embora relativamente pequenos, estes efeitos podem ser importantes para a interpretação dos resultados da medição do efeito Hall. Por exemplo, o efeito de Ettingshausen pode provocar uma f.e.m. que atinge 10% da de Hall em semicondutores com alta condutividade eléctrica e baixa condutividade térmica.

3.8 Os electrões "quentes"

A proporcionalidade linear entre a corrente eléctrica e o campo eléctrico aplicado observa-se para semicondutores (e outros condutores) homogéneos quando este campo é suficientemente fraco. Contudo, com o aumento da intensidade do campo, E, verificam-se desvios à lei de Ohm, ou, por outras palavras, a condutividade do material começa a depender de E. Em alguns casos este efeito está relacionado com a variação da concentração dos portadores de carga em função de E (por exemplo, devido à ionização por impacto quando um electrão acelerado ganha uma energia cinética suficiente para criar um par electrão-lacuna ou ionizar um átomo de impureza). No entanto, o fenómeno mais significativo é a variação da mobilidade dos portadores de carga, com concentração inalterada. Na resolução da equação de Boltzmann (secção 3.4) foi considerada apenas a correcção de primeira ordem em E na função de distribuição perturbada, o que corresponde ao limite dos campos fracos. Em geral, a expansão de f em ordem a E deve prosseguir de forma a incluir termos de ordem mais elevada. Note-se que a respectiva relação entre a densidade de corrente e a intensidade do campo eléctrico só pode conter termos proporcionais às potências ímpares de E, porque ambas as grandezas são vectoriais. Consequentemente, a expansão da mobilidade, admitindo $n(E) = \text{const}$, pode conter apenas as potências pares de E,

$$\mu(E) = \mu_0 + \beta E^2 + \dots \tag{3.116}$$

em que μ_0 é a mobilidade nos campos eléctricos fracos e β é um coeficiente fenomenológico. Como mostra a figura 3.11, a mobilidade dos electrões (no GaAs) começa a depender notavelmente do campo eléctrico para $E \geq 2 \cdot 10^3 \text{ V/cm}$. Qual é a razão física para esta dependência $\mu(E)$? Quando os electrões[8] são acelerados pelo campo eléctrico, ganham momento linear na direcção do campo e também energia cinética adicional. Nos processos de difusão o momento é transmitido à rede. Também ocorre uma troca de energia entre os electrões e a rede. No entanto, esta troca é mais lenta do que a relaxação do momento linear, porque alguns processos de difusão são **elásticos** (como, por exemplo, a difusão por impurezas). Nos processos elásticos, por definição, não há transmissão de energia. Em resultado disto, os electrões adquirem uma energia cinética média acima de $3/2\,kT$[9], o que se designa pelo termo "**electrões quentes**". O sobreaquecimento do gás electrónico, naturalmente, depende da intensidade do campo

---

[8] Aqui mencionam-se os electrões embora a discussão, em geral, também se aplique às lacunas. No entanto, como a mobilidade das lacunas normalmente é bastante inferior à dos electrões, os efeitos discutidos nesta secção são usualmente observados em semicondutores do tipo n.

[9] O gás electrónico é considerado não degenerado. Esta energia corresponde ao referencial no qual o gás electrónico está em repouso.

eléctrico aplicado, o que resulta na variação da mobilidade com E. Da figura 3.11 vê-se que a mobilidade diminui com o aumento da intensidade do campo[10].

É possível introduzir um parâmetro que caracteriza a taxa de troca da energia entre os electrões aquecidos pelo campo e a rede cristalina, chamado **tempo de relaxação médio da energia** (a palavra "médio" muitas vezes é omitida). Considerando uma corrente estacionária num semicondutor homogéneo, multiplicando a equação cinética (3.41) por $E = \dfrac{p^2}{2m^*}$ e integrando sobre $\dfrac{2d\vec{p}}{(2\pi\hbar)^3}$, obtém-se:

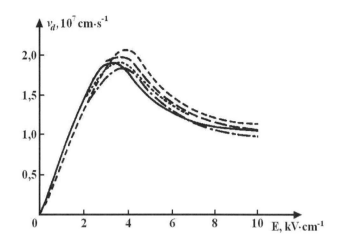

Figura 3.11 Variação da velocidade de deriva dos electrões em várias amostras de GaAs, em função do campo eléctrico aplicado (curvas a tracejado, adaptado da ref. [3.31]). A curva a cheio representa o resultado teórico [3.32].

$$\vec{j}\cdot\vec{E} = \frac{\langle E\rangle - 3/2\,kT}{\tau_e}n \qquad (3.117)$$

em que

$$\langle E\rangle = \frac{1}{n}\int E f(\vec{p})\frac{2d\vec{p}}{(2\pi\hbar)^3} \qquad (3.118)$$

e

$$\tau_e^{-1} = \frac{\int p^2 \tau_p^{-1}(f - f_0)d\vec{p}}{\int p^2 (f - f_0)d\vec{p}} \qquad (3.119)$$

A eq. (3.119) define o tempo de relaxação da energia, τ_e. O seu valor pode variar, tipicamente, entre 10^{-10} e 10^{-8} s.

---

[10] Então, o coeficiente β da eq. (3.116) é negativo neste caso.

140   *Física dos Semicondutores*

A eq. (3.117) expressa o balanço da energia no gás electrónico. A parte esquerda é a potência dissipada (por unidade de volume), correspondente à energia fornecida pela fonte do campo eléctrico por unidade de tempo. A parte direita representa a transmissão da energia dos electrões para a rede. Quanto mais curto for o tempo de relaxação da energia, mais próxima vai ser a energia média do electrão ao seu valor no equilíbrio térmico. Repare-se que esta energia média, $\langle E \rangle$, difere do valor do equilíbrio ($3/2\,kT$) devido ao facto de estar na sua definição (3.118) a função de distribuição f e não f_0.

É conveniente introduzir a **temperatura electrónica**, T_e, pela relação [3.3]:

$$\langle E \rangle = \frac{3}{2} kT_e \ . \tag{3.120}$$

A temperatura electrónica tem significado físico bem definido apenas se a troca da energia entre os electrões é suficientemente rápida, mais rápida do que τ_e, ou seja, quando o tempo típico da difusão electrão-electrão $\tau_{ee} \ll \tau_e$.

Assim, a equação do balanço da energia (3.117) pode ser reescrita sob a forma

$$\frac{k(T_e - T)}{\tau_e} = \frac{2}{3}\left(\vec{v}_d \cdot \vec{E}\right) \ . \tag{3.121}$$

Por sua vez, a velocidade de deriva pode ser expressa em termos da intensidade do campo eléctrico pela relação usual

$$\vec{v}_d = \frac{e}{m^*}\left\langle \tau_p \right\rangle' \vec{E} = \mu(E) \cdot \vec{E} \ . \tag{3.122}$$

Note-se, no entanto, que o tempo de relaxação médio na relação (3.122) deve ser calculado com a função f que depende da temperatura electrónica, conforme se assinala através do símbolo " $'$ ".

As eqs. (3.121) e (3.122), chamadas **equações de balanço**, em princípio, permitem determinar a temperatura electrónica em função da intensidade do campo eléctrico aplicado, desde que sejam conhecidos os principais mecanismos de difusão dos electrões. A função de distribuição tem que ser encontrada resolvendo a equação de Boltzmann para além da aproximação do tempo de relaxação [3.32]. No entanto, muitas vezes adopta-se uma conjectura simples [3.3, 3.23], ou seja,

$$f(E, T_e) \propto \exp\left(-\frac{E}{kT_e}\right), \tag{3.123}$$

o que permite achar com facilidade os tempos τ_e e $\left\langle \tau_p \right\rangle'$ em função da temperatura electrónica pelas fórmulas (3.119) e (3.45). Depois disto, as eqs. (3.121) e (3.122) podem então ser resolvidas em ordem a T_e. A aproximação (3.123) pode ser justificada quando

$$\tau_p \ll \tau_{ee} \ll \tau_e .$$

O tempo típico entre as colisões electrão-electrão pode ser estimado da mesma maneira como foi calculado o tempo de relaxação dos electrões devido à sua interacção com impurezas ionizadas (3.27). O resultado é:

$$\tau_{ee} \approx \frac{\varepsilon_0^2 m_r^{1/2}}{ne^4} \sqrt{kT_e} \left[\ln\left(\frac{m_r kT_e}{\hbar^2} L_D^2 \right) \right]^{-1}$$

em que $m_r = m^* / 2$ é a massa reduzida de um par electrão-electrão. Como era de esperar, este tempo diminui com o aumento da concentração dos electrões. No entanto, para os valores de n típicos para os semicondutores ($\leq 10^{17} \text{cm}^{-3}$) será sempre $\tau_{ee} \gg \tau_p$, ou seja, as colisões electrão-electrão são mais raras do que as electrão-fonão e electrão-impureza. O tempo de relaxação da energia pode ser estimado através da sua relação com o coeficiente β da eq. (3.116), o qual pode ser considerado como um parâmetro empírico. Esta relação é da forma [3.23]:

$$\tau_e = \frac{3}{2} \frac{kT_e}{e\mu_0} \frac{d\ln\mu_0}{d\ln T} \beta . \tag{3.124}$$

A derivada na eq. (3.124), excepto no caso dos fonões ópticos a temperaturas baixas, é simplesmente o factor γ da tabela 3.3. Repare-se que o parâmetro β é negativo para todos os mecanismos desta tabela menos a difusão por iões. Admitindo $T_e = 1000\text{K}$, $\mu_0 = 10^4 \text{cm}^2/(\text{Vs})$ e $\beta = 10^{-4} \text{cm}^2/\text{V}^2$, obtém-se $\tau_e \approx 10^{-9}\text{s}$, de acordo com os valores já referidos. Nas mesmas condições, $\tau_p < 10^{-12}\text{s}$. A desigualdade $\tau_{ee} \gg \tau_p$, essencial para o sobreaquecimento do gás electrónico, verifica-se para qualquer mecanismo quase elástico, como os da tabela 3.3. O único mecanismo significativamente inelástico é o de fonões ópticos quando a temperatura electrónica não é muito superior à energia destes fonões. Conclui-se então que o estado de sobreaquecimento do gás electrónico ($T_e \gg T$) pode ser atingido em qualquer semicondutor. Isto acontece com maior facilidade (ou seja, para os valores de E mais baixos) nos materiais com a mobilidade dos electrões mais alta, como, por exemplo, os GaAs e InSb.

O sobreaquecimento do gás electrónico pode atingir efeitos ainda maiores do que está apresentado na figura 3.11 e levar a alguns fenómenos novos e importantes do ponto de vista prático. Um exemplo deste tipo é o **efeito de Gunn** que já foi mencionado no Capítulo I. O aumento da temperatura electrónica faz com que os electrões comecem a povoar o vale L (ver fig. PI.1) que, apesar de estar mais alto na escala da energia do que o mínimo principal (Γ), tem uma maior densidade de estados. Como a mobilidade no vale L é muito menor, esta redistribuição dos electrões provoca uma diminuição drástica da condutividade da amostra (ver Problema **III.20**). Com efeito, a variação da densidade de corrente com a intensidade do campo eléctrico tem a forma esquematizada na fig. 3.12-a, que se chama "curva I-V do tipo N". O referido mecanismo foi originalmente proposto por Ridley e Watkins [3.33] e ocorre no n-GaAs, n-GaAs$_x$P$_{1-x}$, n-GaSb e alguns outros materiais.

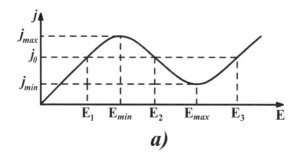

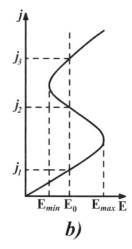

Figura 3.12 Curvas características do tipo N (a) e do tipo S (b) que ocorrem em semicondutores com electrões quentes.

Num material com a curva característica do tipo N, sujeito a um campo eléctrico

$$E_{min} < E < E_{max},\qquad(3.125)$$

ocorrem oscilações da densidade de corrente, na região dos valores

$$j_{min} < j < j_{max},$$

devido à **condutividade diferencial negativa**,

$$\sigma_d = \frac{dj}{dE} < 0,$$

característica desta região da curva I-V. Para perceber a origem destas oscilações, considere-se um circuito RLC em que a resistência é negativa. Então, as vibrações livres neste circuito devem aumentar com o tempo. Algo semelhante acontece, por exemplo, numa amostra de n-GaAs sujeita a um campo eléctrico apropriado. Uma flutuação da corrente nesta amostra vai crescendo, até que a sua amplitude atinja os limites da região com $\sigma_d < 0$. As oscilações da corrente existem à custa da fonte de alimentação que mantém a intensidade do campo eléctrico na amostra dentro dos limites (3.125). Este fenómeno é precisamente o efeito de Gunn [3.34]. Na prática, normalmente a intensidade da corrente é mantida constante (correspondente à densidade j_0 na fig. 3.12-a). Nesta situação, o estado homogéneo, com o campo eléctrico E_2, é instável. Formam-se

domínios de campo eléctrico forte (E_3), enquanto que o resto da amostra tem campo eléctrico E_1. Por consequência, a distribuição dos electrões livres na amostra também deixa de ser homogénea, de acordo com a relação $n - n_0 = \dfrac{\varepsilon_0}{4\pi e} \operatorname{div}\vec{E}$.

Os domínios atravessam a amostra com a velocidade de deriva $v_1 = v_d(E_1)$. Quando um deles atinge o ânodo e lá desaparece provocando um impulso da d.d.p., outro domínio forma-se e começa o seu movimento de deriva do cátodo para o ânodo. As oscilações da d.d.p., no regime $j = \text{const}$, ocorrem com a frequência

$$\omega = 2\pi \frac{v_1}{L}$$

onde L é o comprimento da amostra. Para o n-GaAs, é da ordem de $10^{10}\,\text{s}^{-1}$. O fenómeno discutido é utilizado em geradores de ultra-alta frequência chamados **díodos de Gunn.** Apesar do nome, estes dispositivos não têm junção p-n, mas são construídos com base num cristal homogéneo de n-GaAs.

Há outros mecanismos, além do de Ridley e Watkins, que também resultam numa curva característica do tipo N. Um deles, que é observado nos cristais de n-Ge, consiste no aumento da probabilidade de captura dos electrões quentes pelas impurezas quando a temperatura electrónica cresce [3.3]. À semelhança com o efeito de Gunn, quando na condição (3.125), formam-se domínios de campo eléctrico forte e aparecem oscilações da corrente e/ou da d.d.p. no circuito que inclui a amostra.

Também é possível que o sobreaquecimento do gás electrónico dê origem a uma curva característica do tipo S, mostrada na fig. 3.12-b, que também contém uma região de condutividade diferencial negativa. Num semicondutor com uma curva característica deste tipo, em vez dos domínios, formam-se regiões ("cordas") com uma densidade de corrente muito maior do que no resto da secção da amostra. Isto acontece, por exemplo, quando a concentração dos electrões aumenta com a sua temperatura devido à ionização por impacto sob a forma de uma avalanche.

144   *Física dos Semicondutores*

Problemas

III.1 Calcule a resistividade do: a) germânio e b) silício, intrínsecos a $T = 300K$. Admita os seguintes valores para as massas efectivas da densidade de estados, m_c^* e m_v^*, a mobilidade dos electrões, μ_n, e a mobilidade das lacunas, $\mu_p = \mu_n/b$:

   a) Ge: $m_c^* = 0,55m_0$, $m_v^* = 0,34m_0$, $\mu_n = 3,8 \cdot 10^3 \, cm^2/(V \cdot s)$, $b = 2,1$;

   b) Si: $m_c^* = 1,08m_0$, $m_v^* = 0,59m_0$, $\mu_n = 1,45 \cdot 10^3 \, cm^2/(V \cdot s)$, $b = 2,9$.

III.2 Mostre que a condutividade em função da concentração dos electrões na banda de condução, n, é mínima para um semicondutor em que $n = n_i\sqrt{\mu_p/\mu_n}$, onde μ_n e μ_p são as mobilidades dos electrões e das lacunas, respectivamente, e n_i é a concentração intrínseca de portadores de carga.

III.3 Calcule a secção diferencial de difusão de um electrão na banda de condução por um ião de impureza dadora. Admita que a energia potencial da interacção é dada pela eq. (3.25).

Resolução.
Este processo de difusão é uma transição elástica em que o electrão passa de um estado inicial, $\vec{p}$, para um outro estado $\vec{p}'$, sendo $|\vec{p}'| = |\vec{p}| = p$. Qualquer que seja o estado final, o electrão deixa o estado inicial, ou seja, o processo de difusão ocorre. Então, temos que somar sobre todos os estados finais. A projecção do spin não se altera nesta transição, por isso o somatório inclui apenas todos os vectores $\vec{p}'$. Na prática, faz-se a integração em vez da soma.
De acordo com a "regra de ouro" (3.16), a probabilidade de transição por unidade de tempo é:

$$w = \frac{2\pi}{\hbar} \int |H_{pp'}|^2 \delta\left(\frac{p^2}{2m} - \frac{p'^2}{2m}\right) \frac{d\vec{p}'}{(2\pi\hbar)^3} \cdot V. \tag{P3.1}$$

Considerando as funções de onda dos dois estados como ondas planas, o elemento de matriz do potencial (3.25) é dado por

$$H_{pp'} = \frac{e^2}{\varepsilon_0 V} \int e^{i\vec{q}\vec{r}} \frac{\exp(-r/L_D)}{r} d\vec{r} = \frac{4\pi e^2}{\varepsilon_0 V} \int \sin qr \frac{\exp(-r/L_D)}{q} dr$$

$$= \frac{4\pi e^2}{\varepsilon_0 V} \frac{L_D^2}{1 + (qL_D)^2} \tag{P3.2}$$

em que $\vec{q} = \vec{p} - \vec{p}'$. O módulo deste vector é

$$q^2 = p^2(2 - 2\cos\alpha) = 4p^2 \sin^2\frac{\alpha}{2}$$

onde α é o ângulo entre os vectores $\vec{p}$ e $\vec{p}'$. A secção diferencial é dada pela fórmula

$$\frac{d\sigma}{d\Omega} = w\frac{V}{(p/m^*)} \ .$$

Substituindo (P3.1) e (P3.2), tem-se:

$$\frac{d\sigma}{d\Omega} = \frac{1}{p}\frac{m^{*2}}{(2\pi\hbar)^3} \cdot \frac{2\pi\cdot(4\pi)^2}{\varepsilon_0^2\hbar} \cdot (L_D e)^4 \int p'\frac{dp'}{2m}\delta\left(\frac{p^2}{2m^*} - \frac{p'^2}{2m^*}\right)\frac{1}{\left[1 + \dfrac{4(pL_D)^2}{\hbar^2}\sin^2\dfrac{\alpha}{2}\right]^2} \ .$$

Calculando o integral, obtém-se o resultado:

$$\frac{d\sigma}{d\Omega} = 4\left(\frac{m^{*2}e^4}{\varepsilon_0^2\hbar^4}\right)\frac{L_D^{\ 4}}{\left[1 + \dfrac{4p^2 L_D^{\ 2}}{\hbar^2}\sin^2\dfrac{\alpha}{2}\right]^2} \ . \tag{P3.3}$$

Esta fórmula também pode ser escrita na forma apresentada no texto.

III.4 Utilizando o resultado do problema anterior calcule a secção eficaz de transporte para a difusão por um ião de impureza.

Resolução.
Partindo da definição (3.24), tem-se:

$$\sigma_t = \int(1 - \cos\alpha)\frac{d\sigma}{d\Omega}d\Omega = 4\frac{L_D^{\ 4}}{a_b^2}\int(1 - \cos\alpha)\frac{d\Omega}{\left[1 + 2B^2(1 - \cos\alpha)\right]^2}$$

em que $B = \dfrac{2pL_D}{\hbar}$ e a_b é o raio de Bohr efectivo. Fazendo mudança de variável, $z = \cos\alpha$, vem:

$$\sigma_t = 8\pi\frac{L_D^{\ 4}}{a^2}\int_{-1}^{1}\frac{dz(1 - z)}{\left[1 + 2B^2(1 - z)\right]^2} \ .$$

O cálculo do integral dá a eq. (3.27).

III.5 Considere uma cadeia unidimensional com $2N$ átomos ligados entre si por molas de constante elástica f, em que cada célula unitária, de comprimento a, contém dois átomos de massas M_1 e M_2 (ver fig. P3.1). Admita que as molas só ligam os primeiros vizinhos e que os átomos podem movimentar-se apenas ao longo da cadeia.

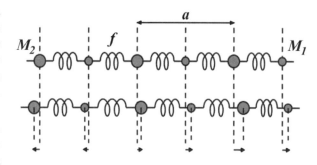

Figura P3.1 Deslocamento dos átomos na cadeia diatómica.

a) Escreva as equações de movimento para dois átomos numa célula unitária.
b) Obtenha a expressão para a matriz dinâmica deste sistema.
c) Diagonalize esta matriz e obtenha a relação de dispersão para as vibrações atómicas.
d) Calcule os deslocamentos dos dois átomos na mesma célula unitária e analise o quociente entre eles no limite dos comprimentos de onda grandes.

III.6 Utilizando as relações (3.33), expresse a carga transversal, e_T, através de parâmetros que podem ser medidos experimentalmente. Calcule esta carga (em unidades de carga elementar) para os GaAs e CdTe sabendo que a constante da rede nestes materiais com a estrutura da blenda é de 5,65Å e 6,48Å respectivamente.

III.7 Determine o tensor da condutividade para um semicondutor do tipo n, fortemente degenerado, no qual a massa efectiva dos electrões é um tensor, ou seja, a relação de dispersão na banda de condução é

$$E(\vec{p}) = \frac{1}{2} \sum_{\alpha,\varphi} \frac{p_\alpha p_\beta}{m_{\alpha\varphi}}.$$

Admita que o tempo de relaxação não depende do quase-momento dos electrões.

Resposta.
No referencial próprio do tensor da massa efectiva, o tensor da condutividade é diagonal,

$$\ddot{\sigma} = \begin{pmatrix} Sm_0/m_1 & 0 & 0 \\ 0 & Sm_0/m_2 & 0 \\ 0 & 0 & Sm_0/m_3 \end{pmatrix}$$

onde m_α (α =1, 2, 3) são os valores principais do tensor da massa efectiva,

Capítulo III – Fenómenos de Transporte   147

$$S = \frac{3\pi}{8} \frac{e^2 \tau_p}{m_0} n$$

e

$$n = \frac{(m_1 m_2 m_3)^{1/2}}{\pi^2 \hbar^3} (2E_F)^{3/2}$$

é a concentração dos electrões.

III.8 Para um cristal cúbico, na ausência de campo magnético, o tensor da condutividade eléctrica reduz-se sempre a um escalar. Será que o resultado do problema anterior, aplicado, por exemplo, ao silício cristalino, contradiz a essa afirmação geral? Justifique.

III.9 Mostre que, para a difusão dos electrões de condução pelos iões da impureza, a mobilidade dos electrões varia em função da temperatura aproximadamente como $\mu_n = AT^{3/2}$, onde A é uma constante. Obtenha a expressão para a constante A.

Sugestão.
Utilize a fórmula (3.27a) para a secção eficaz de transporte e considere o termo $\ln B$ como constante. Admita que os electrões obedecem à estatística de Boltzmann.

III.10 Obtenha a expressão para a mobilidade dos electrões num semicondutor homogéneo, sujeito a uma d.d.p. variável, $\Delta\varphi = \Delta\varphi_0 \exp(i\omega t)$, em função da frequência.

Resposta.

$$\mu = \frac{e}{m^*} \left\langle \tau_p / \left(1 + \omega^2 \tau_p^2\right) \right\rangle .$$

III.11 Calcule os coeficientes de difusão dos portadores de carga para o silício e o germânio à temperatura ambiente utilizando os dados do Problema **III.1**. Considere dois casos:
   a) gás de electrões (lacunas) não degenerado;
   b) gás de electrões fortemente degenerado ($n = 1 \cdot 10^{18} \, \text{cm}^{-3}$, $m_c^* = 0,55 m_0$ para o germânio e $m_c^* = 1,08 m_0$ para o silício).

III.12 Calcule a constante de Hall para uma amostra de InSb dopada com impurezas aceitadoras na concentração $N_a = 5 \cdot 10^{16} \, \text{cm}^{-3}$, se a razão de mobilidades dos electrões e das lacunas for $b = \mu_n / \mu_p = 80$ e o factor de Hall for $r_H = 1,18$. Considere o campo magnético fraco, os átomos da impureza totalmente ionizados, $T = 300 \, \text{K}$ e $n_i = 1,38 \cdot 10^{15} \, \text{cm}^{-3}$.

III.13 Calcule o factor de Hall para um semicondutor não degenerado se o mecanismo dominante de difusão dos portadores de carga for devido a:
a) impurezas carregadas;
b) fonões acústicos.

III.14 Obtenha a expressão para a constante de Hall num semicondutor de tipo n, num campo magnético muito forte ($\mu B/c \gg 1$).

III.15 Prove a expressão (3.86) para a constante de Hall no método de Van der Pauw.

Resolução.
No método de Van der Pauw os contactos são posicionados na superfície da amostra como mostra a fig. 3.7. Os contactos 3 e 4 servem para a passagem da corrente enquanto que os 1 e 2 estão ligados através do voltímetro. Devido à grande resistência deste, a corrente entre os contactos 1 e 2 é nula (regime de "f.e.m. de Hall").
Nesta situação, as linhas de corrente no interior da amostra continuam a ser idênticas às que existem na ausência do campo magnético. Imagine-se um ponto 2' que está na mesma linha de corrente que o segundo contacto de Hall, 2, (ver fig. P3.2) e, ao mesmo tempo, na mesma superfície equipotencial que o contacto 1 (na ausência do campo magnético). Assim tem-se:

$$V_{2'2}(B) = -\int_{2'}^{2} \vec{E} \cdot d\vec{l} = V_{2'2}(0),$$

ou seja, a d.d.p. entre os contactos 2' e 2 na presença do campo magnético é a mesma que para $B = 0$. A d.d.p. entre os pontos 1 e 2' (nula para $B = 0$) é dada simplesmente por

$$V_{12'}(B) = R_H \frac{I_{34}B}{d},$$

como se fosse numa amostra rectangular.

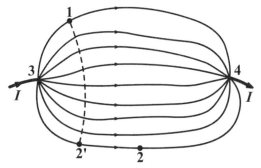

Figura P3.2 As linhas de corrente e a superfície equipotencial (a tracejado) para B=0 na montagem de Van der Pauw.

Notando que $V_{12'}(B) = -V_{12'}(-B)$ e $V_{2'2}(B) = V_{2'2}(-B)$, a eq. (3.86) fica provada.

III.16 Calcule a diferença das energias entre dois níveis de Landau consecutivos ($\hbar\omega_c$, sendo ω_c a frequência ciclotrónica) para o silício cristalino num campo magnético de intensidade $B = 1\text{kG}$.
Diga, justificando, se esta quantificação da energia é importante à temperatura ambiente.

Capítulo III – Fenómenos de Transporte 149

III.17 Uma diferença de temperatura (δT) nos dois lados duma amostra semicondutora, isolada, provoca nela uma f.e.m. Utilizando a equação de Boltzmann, obtenha a expressão para o coeficiente termoeléctrico, que é o coeficiente de proporcionalidade entre a f.e.m. e δT.

Resolução.
Admite-se que a amostra é homogénea e que a diferença de temperatura nos dois lados provoca um gradiente constante da temperatura. Em resultado disto, vai surgir um gradiente de potencial eléctrico (ou seja, um campo eléctrico $\vec{E} = -\nabla \varphi$), também homogéneo.
Na aproximação do tempo de relaxação, a equação de Boltzmann lê-se:

$$\vec{v} \cdot \vec{\nabla} f - e\vec{E} \frac{\partial f}{\partial \vec{p}} = -\frac{f - f_0}{\tau_p} \ .$$

Admitindo que o gradiente de temperatura é suficientemente pequeno, o campo eléctrico também é fraco e pode-se utilizar a aproximação:

$$\frac{\partial f}{\partial \vec{p}} \cong \frac{\partial f_0}{\partial \vec{p}} = \frac{\partial f_0}{\partial E} \frac{\partial E}{\partial \vec{p}} = \vec{v} \frac{\partial f_0}{\partial E} \ . \tag{P3.4}$$

Com a mesma justificação,

$$\vec{\nabla} f \cong \vec{\nabla} f_0 \cong T \frac{\partial f_0}{\partial E} \vec{\nabla} \frac{E - E_F}{T} \ . \tag{P3.5}$$

Substituindo (P3.4) e (P3.5), a equação cinética fica:

$$-\vec{v} \frac{\partial f_0}{\partial E} \left(e\vec{E} - \frac{T}{e} \vec{\nabla} \frac{E - E_F}{T} \right) = -\frac{f - f_0}{\tau_p} \tag{P3.6}$$

que é equivalente à eq. (3.41), com a substituição

$$\vec{E} \Rightarrow \vec{E} - \frac{T}{e} \vec{\nabla} \frac{E - E_F}{T} \ .$$

Na expressão da direita pode-se reconhecer o "campo electro-térmico" (3.108). Como a amostra é homogénea (na ausência do gradiente de temperatura), o nível de Fermi E_F é constante e o operador do gradiente na eq. (P3.6) actua apenas sobre $\frac{1}{T}$ e dá $-\frac{1}{T^2} \nabla T$.
A solução da eq. (P3.6) é:

$$f = f_0 + e\tau_p \vec{v} \left[\frac{1}{e}(E - E_F)\frac{\vec{\nabla}T}{T} + \vec{E} \right]\frac{\partial f_0}{\partial E} \quad . \tag{P3.7}$$

A densidade de corrente, dada por (3.14), é:

$$\vec{j} = -\frac{2e}{(2\pi\hbar)^3}\frac{1}{m^{*2}}\left[\int \vec{p}\,\tau_p\,\vec{p}\cdot\left[\frac{1}{T}\left(\frac{p^2}{2m^*} - E_F\right)\vec{\nabla}T + \vec{E}\right]\frac{\partial f_0}{\partial E}d^3p \right.$$

$$= \left\{ \frac{8\pi}{3}\frac{1}{(2\pi\hbar)^3 m^{*2}}\int p^4\left(\frac{p^2}{2m^*} - E_F\right)\tau_p\frac{\partial f_0}{\partial E}dp \right\}\frac{1}{T}\vec{\nabla}T + \sigma\vec{E}$$

em que σ é a condutividade eléctrica (3.43).
Como a amostra é isolada, a corrente é nula. Assim tem-se:

$$\vec{E} = -\frac{1}{\sigma}\left\{ \frac{8\pi}{3}\frac{1}{(2\pi\hbar)^3 m^{*2}}\int p^4\left(\frac{p^2}{2m^*} - E_F\right)\tau_p\frac{\partial f_0}{\partial E}dp \right\}\frac{1}{T}\vec{\nabla}T \quad ;$$

$$\vec{E} = \frac{k}{e}\left[-\frac{E_F}{kT} + \frac{Q'}{\sigma} \right]\vec{\nabla}T$$

em que $Q^* = \dfrac{e\int \tau_p p^6 f_0 dp}{6\pi^2\hbar^3 m^3 (kT)^2}$. O coeficiente termoeléctrico é achado como

$$\alpha_T = \frac{\delta\varphi}{\delta T} = \frac{\nabla\varphi}{\nabla T} = -\frac{\vec{E}}{\nabla T}$$

e dado pela eq. (3.109).

III.18 Compare os valores do coeficiente termoeléctrico, à temperatura ambiente, para um metal típico ($n = 2\cdot10^{22}\,\mathrm{cm}^{-3}$, $m_c^* \approx m_0$) e para um semicondutor do tipo n, degenerado ($n = 2\cdot10^{19}\,\mathrm{cm}^{-3}$, $m_c^* = 0{,}2m_0$). Admita que, em ambos os casos, o mecanismo dominante da difusão é o de impurezas ionizadas.

III.19 Obtenha a expressão para o número de Lorenz que entra na eq. (3.106), para um gás electrónico fortemente degenerado.
Resposta.

$$L = \frac{1}{3}\left(\frac{\pi k}{e}\right)^2 \quad .$$

III.20 Considere os electrões quentes numa amostra de n-GaAs e faça um gráfico qualitativo para a densidade de corrente eléctrica em função da intensidade do campo eléctrico aplicado. Admita que:

1) a temperatura electrónica é dada por $T_e = T + \xi E^2$ onde T é a temperatura da amostra (igual à temperatura ambiente) e ξ é uma constante ($\xi \approx 10^{-5}\ \mathrm{Kcm^2/V^2}$);

2) os electrões nos dois mínimos da banda de condução estão em equilíbrio térmico (ver fig. P2.1).

Utilize o resultado do problema II.6 para as concentrações destes electrões. A mobilidade dos electrões no mínimo L é menor do que no mínimo Γ, ou seja, $\mu_\Gamma/\mu_L = b = 10$.

Bibliografia

3.1 C. Kittel, "Introduction to Solid State Physics", Wiley, 1986

3.2 N. Ashkroft, N. Mermin, "Solid State Physics", Holt, Rinehart and Winston, 1976

3.3 V.L. Bonch-Bruevich, S.G. Kalashnikov, "Physics of Semiconductors" (em Russo), Moscow, Nauka, 1990

3.4 E.Z. Meilikhov, D.S. Lazarev, "Electrophysical Properties of Semiconductors" (em Russo), Moscow, I.V. Kurchatov Institute Publ., 1987

3.5 L.A. Bovina, V.I. Stafeev, "The Physics of II-VI Compounds" (em Russo), Moscow, Nauka, 1986

3.6 L. Pfeifer, Abstr. 27-th Int. Conf. on Physics of Semiconductors (ICPS-27), 26 - 30 July 2004, Flagstaff, AZ, USA

3.7 I.M. Lifshits, L.P. Pitaevskii, "Physical Kinetics", Pergamon, 1980

3.8 L.D. Landau, E.M. Lifshits, "Statistical Physics, Part I", Pergamon, 1980

3.9 L.D. Landau, E.M. Lifshits, "Quantum Mechanics", Pergamon, 1977

3.10 P.Y. Yu, M. Cardona, "Fundamentals of Semiconductors", Springer, 1996

3.11 L.D. Landau, E.M. Lifshits, "Mechanics", Pergamon, 1977

3.12 M. Dorn, K. Huang, "Dynamical Theory of Crystal Lattices", Claredon, 1996

3.13 E. J. S. Lage, "Física Estatística", Fundação Calouste Gulbenkian, 1995

3.14 B.D. Rajput, D.A. Browne, Phys. Rev. B **53**, 9048 (1996)

3.15 R. Ruppin, R. Englman, Rep. Prog. Phys. 33, 149 (1970)

3.16 W. Pötz, P. Vogl, Phys. Rev. B **24**, 2025 (1981)

3.17 M. Cardona, N.P. Christensen, Phys. Rev. B **35**, 6182 (1987)

3.18 Base de dados "Semiconductors" do Ioffe Physico-Technical Institute of RAS, http://www.ioffe.ru

3.19 Landolt - Börnstein Numerical Data and Functional Relationships in Science and Technology, Vol. 41, Subvolume B (1999), Subvolume A1A (2001), Springer-Verlag

3.20 K.V. Shalimova, "Physics Semiconductors", (em Russo), Moscow, Mir, 1979; Edição em Espanhol: "Fisica de los Semiconductores", Moscou, Mir, 1975

3.21 A.I. Anselm, "Introduction to Semiconductor Theory", Moscow, Mir, 1981

3.22 I.M. Tsidilkovskii, "Band Structure of Semiconductors", Pergamon, 1982

3.23 K. Seeger, "Semiconductor Physics", Springer, 1973.

3.24 L.J. Van der Pauw, Philips Techn. Rdsch. **20**, 230 (1958/59)

3.25 J.J. Brehm, W.J. Mullin, "Introduction to the Structure of Matter", Wiley, 1989

3.26 L. Shubnikov e W.J. de Haas, Leiden Commun. 207a, 207c, 207d, 210a (1930)

3.27 E.N. Adams, T.D. Holstein, J. Phys. Chem. Solids. **10**, 254 (1959)

3.28 R.B. Dingle, Proc. Roy. Soc. (London) **A211**, 517 (1952)

3.29 G. Bauer, H. Kahlert, Phys. Rev. B **5**, 566 (1972)

3.30 H.S. Carslaw, J.C. Jaeger, "Conduction of Heat in Solids", Clarendon, Oxford, 1997

3.31 J.S. Blakemore, J. Appl. Phys. **53**, R123 (1982)

3.32 J. Pozhela, A. Reklaitis, Sol. St. Electronics **23**, 927 (1980)

3.33 B.K. Ridley, T.B. Watkins, Proc. Phys. Soc. **78**, 293 (1961)

3.34 J.B. Gunn, Sol. St. Communications **1**, 88 (1963)

CAPÍTULO IV
ÓPTICA DOS SEMICONDUTORES

Neste capítulo descrevem-se as principais propriedades ópticas dos semicondutores cristalinos, maciços. De início, apresentam-se as características mais directamente observáveis, tais como a reflectância e a transmitância, as quais são relacionadas com a função dieléctrica do material. Pressupõe-se que, mesmo quando se fala de filmes semicondutores, para os quais se pode medir a transmitância, a espessura do material é sempre suficientemente elevada para que os efeitos quânticos no movimento dos portadores de carga sejam desprezáveis. Estes efeitos são discutidos no Capítulo VI. De seguida, consideram-se modelos microscópicos que permitem relacionar a função dieléctrica com os parâmetros do semicondutor, como sejam a energia do *gap*, as massas efectivas e as concentrações dos portadores de carga. Finalmente, os fenómenos que envolvem portadores de carga fora do equilíbrio, criados por iluminação, tais como a fotoluminescência e a fotocondutividade, são discutidos.

4.1 Os principais processos de interacção da luz com a matéria. As relações da electrodinâmica macroscópica

Considere-se uma amostra de um material sólido de espessura macroscópica, sobre a qual incide um feixe de luz (figura 4.1). Os principais processos de interacção do feixe com a camada incluem:
1) a **reflexão** na superfície e nas interfaces;
2) a **absorção** pelo material;
3) a **difusão** da luz, que pode ser **elástica** (causada por algumas heterogeniedades que existem no material [4.1]), ou **inelástica**, de Raman ou de Brillouin, que envolve absorção ou emissão de fonões ópticos ou acústicos, respectivamente [4.2, 4.3];

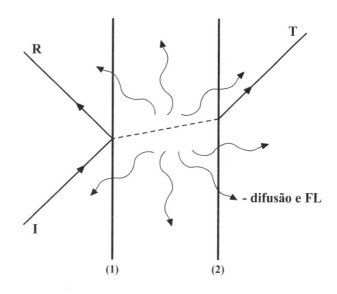

Figura 4.1 Os principais processos de interacção da luz com a matéria sólida.

4) a **reemissão** de parte da energia absorvida na forma de radiação electromagnética que, geralmente, ocorre para frequências distintas das da luz incidente. Este processo também é chamado **fotoluminescência** [4.4].

Normalmente os processos dominantes são os de reflexão e de absorção. Os processos de difusão são de segunda ordem.

Utilizando as relações conhecidas da Óptica Clássica [4.1, 4.5], é possível relacionar as características dos processos de primeira ordem (reflexão e absorção) com os parâmetros do material. Para simplificar, considere-se o caso de incidência normal à superfície (1), a qual se toma como sendo a direcção do eixo z. O campo electromagnético no interior do sólido, correspondente a uma onda monocromática de frequência ω, será:

$$\vec{E} = \vec{E}_0 e^{i(kz - \omega t)} \tag{4.1}$$

em que o vector $\vec{E}_0$ é a amplitude determinada pelas condições de fronteira na interface (1). Em princípio, existe também uma onda reflectida na interface (2); mas, se a espessura for suficientemente elevada, esta última onda (de vector de onda $-\vec{k}$) pode ser desprezada. O vector de onda no interior do sólido está relacionado com a frequência através da chamada **relação de dispersão** das ondas electromagnéticas na matéria,

$$k = \frac{\omega}{c}\hat{n} \tag{4.2}$$

em que $\hat{n}$ é o **índice de refracção complexo** do meio material,

$$\hat{n} = \hat{\varepsilon}^{1/2} = \eta + i\kappa, \tag{4.3}$$

com η o **índice de refracção** (real) e κ o **coeficiente de extinção**. Na equação (4.3) $\hat{\varepsilon}$ é a **função dieléctrica** (complexa) do material. Logo se vê que o coeficiente de extinção representa a dissipação da energia luminosa na matéria, ou seja, a absorção. A intensidade da onda que se propaga num meio com $\kappa = 0$ diminui com a distância de acordo com:

$$I \propto |E(z)|^2 \propto e^{-\alpha z}$$

em que

$$\alpha = 2\kappa\omega/c \tag{4.4}$$

é o **coeficiente de absorção**, que tem a dimensão do inverso de um comprimento. Este coeficiente também pode ser expresso em termos da função dieléctrica,

$$\hat{\varepsilon} = \hat{n}^2 = \underbrace{\eta^2 - \kappa^2}_{\text{Re}\,\hat{\varepsilon}} + \underbrace{2\eta\kappa \cdot i}_{\text{Im}\,\hat{\varepsilon}}\ . \tag{4.5}$$

Combinando (4.4) e (4.5), tem-se:

$$\alpha = \frac{\omega\,\text{Im}\,\hat{\varepsilon}}{\eta c}\ . \tag{4.4a}$$

Então, a absorção está relacionada com a parte imaginária da função dieléctrica. Recordem-se as fórmulas conhecidas [4.1, 4.5] para a transmitância e a reflectância[1] de um material absorvente de espessura d, para incidência normal:

$$R = \left|\frac{\hat{n}-1}{\hat{n}+1}\right|^2 \; ; \tag{4.6}$$

$$T = (1-R)^2 e^{-\alpha d} \; . \tag{4.7}$$

Obviamente, $R + T = 1$ apenas quando $\alpha = 0$.

Note-se que as relações (4.6) e (4.7) não levam em conta as reflexões múltiplas nas interfaces (1) e (2) (ver fig. 4.1) e, por isso, são válidas apenas quando $\alpha d > 1$. Quando tal não acontece, devem observar-se franjas de interferência na medição de R e T em função da frequência da luz incidente, ou seja, nos espectros de reflectância e de transmitância. Nestas condições as eqs. (4.6) e (4.7) têm que ser substituídas por expressões mais complexas (ver Problemas **IV.2, IV.3**).

Como se pode ver das relações acima apresentadas, as propriedades ópticas da matéria são determinadas pela sua função dieléctrica. Num dieléctrico perfeito, esta função é uma constante (real). Se a parte real depender da frequência, isto necessariamente significa que a parte imaginária é não nula, ou seja, existe alguma absorção óptica neste material, na gama de frequências considerada. Esta conclusão é óbvia, tendo em conta as relações de Kramers e Kronig entre as partes real e imaginária da função dieléctrica [4.1]:

$$\mathrm{Re}\,\hat{\varepsilon}(\omega) = \varepsilon_\infty + \frac{1}{\pi} \mathrm{V.P.} \int_{-\infty}^{\infty} \frac{\mathrm{Im}\,\hat{\varepsilon}(x)}{x-\omega} dx \; , \tag{4.8}$$

$$\mathrm{Im}\,\hat{\varepsilon}(\omega) = -\frac{1}{\pi} \mathrm{V.P.} \int_{-\infty}^{\infty} \frac{\mathrm{Re}\,\hat{\varepsilon}(x) - \varepsilon_\infty}{x-\omega} dx \; . \tag{4.9}$$

Nestas relações o símbolo V.P. significa o valor principal do integral.

É importante perceber que as relações de Kramers e Kronig expressam apenas as propriedades analíticas de uma função complexa (nomeadamente, $\hat{\varepsilon}$) e, só por si, não contêm nenhuma informação sobre as propriedades físicas do sistema considerado. As propriedades físicas determinam a forma desta função, ou melhor, da sua parte imaginária, $\mathrm{Im}\,\hat{\varepsilon}(\omega)$. Note-se que $\mathrm{Im}\,\hat{\varepsilon}(\omega) \geq 0$ sempre, enquanto que a parte real da função dieléctrica tanto pode ser positiva como negativa.

A seguir discutem-se os principais mecanismos de absorção da radiação electromagnética nos semicondutores, que determinam a forma da função $\mathrm{Im}\,\hat{\varepsilon}(\omega)$.

---

[1] A reflectância é definida como a razão entre os fluxos, incidente e reflectido, da energia electromagnética, e de um modo semelhante para a transmitância.

4.2 Absorção inter-bandas

4.2.1 Transições verticais

Um fotão pode criar um par electrão-lacuna, desde que a sua energia seja suficiente para vencer o *gap* E_g. Neste processo, as leis de conservação da energia e do quase-momento têm que ser obedecidas. Considerando então um semicondutor cujas bandas de condução e de valência são não degeneradas e parabólicas, a lei de conservação da energia exprime-se através da relação:

$$\hbar\omega = E_g + \frac{\hbar^2 k_e^2}{2m_e} + \frac{\hbar^2 k_h^2}{2m_h} \qquad (4.10)$$

onde m_e e m_h são as massas efectivas do electrão e da lacuna que são criados neste processo.

Para um fotão óptico, ou seja, de comprimento de onda muito superior à constante da rede, ($\lambda \gg a$), o quase-momento é igual ao seu momento verdadeiro, $(\hbar\omega\eta/c)$, porque esta partícula não é afectada pelo o potencial periódico da rede. Então, a conservação do quase-momento pode ser expressa na seguinte forma:

$$\frac{\hbar\omega}{c}\eta\vec{e}_q = \hbar(\vec{k}_e + \vec{k}_h) \qquad (4.11)$$

com $\vec{e}_q$ o versor da direcção de propagação do fotão.

Devido ao valor elevado da velocidade da luz, c, o primeiro membro da eq. (4.11) é praticamente nulo, o que significa que, aproximadamente,

$$\vec{k}_e = -\vec{k}_h \ .$$

Então, as transições ópticas, ou seja, as transições dos electrões da banda de valência para a banda de condução, provocadas pela absorção da luz, são verticais no espaço $\vec{k}$. A energia mínima necessária para este processo é igual a E_g para os semicondutores com estrutura de bandas directa, que é o caso da maioria dos semicondutores III-V e II-VI. Assim, um semicondutor puro é transparente a fotões com energia inferior a E_g (desprezando, é claro, a absorção por fonões considerada em 4.4.2).

Em termos de comprimento de onda, o **limiar de absorção** pode ser convenientemente calculado pela relação:

$$\lambda_l[\mu m] = 1,24/E_g[eV] \ .$$

Por exemplo, o limiar de absorção situa-se no infravermelho longínquo para o InSb, no infravermelho próximo para o GaAs, no visível para o CdS e no ultravioleta para o GaN.

4.2.2 A expressão microscópica para a função dieléctrica

A probabilidade de uma transição vertical pode ser calculada utilizando a teoria das perturbações, nomeadamente, a "regra de ouro" de Fermi descrita pela eq. (3.16). A perturbação neste caso é o campo electromagnético do fotão. Na presença do campo, o hamiltoniano do electrão obtém-se substituindo no termo correspondente à energia cinética:

$$\vec{p} \to \left(\vec{p} + \frac{e\vec{A}}{c} \right),$$

com $\vec{A}$ o potencial-vector do campo electromagnético e $\hat{\vec{p}}$ o momento (verdadeiro) do electrão. Na Mecânica Quântica ambas as grandezas são representadas pelos operadores, sendo $\hat{\vec{p}} = \frac{\hbar}{i} \vec{\nabla}$ [4.6]. Então, o operador da energia cinética fica:

$$\frac{1}{2m_0} \left(\hat{\vec{p}} + \frac{e\hat{\vec{A}}}{c} \right)^2 = \frac{\hat{p}^2}{2m_0} + \frac{e}{2m_0 c} (\hat{\vec{A}} \cdot \hat{\vec{p}} + \hat{\vec{p}} \cdot \hat{\vec{A}}) + \frac{e^2}{m_0^2 c^2} \hat{A}^2 .$$

O último termo, quadrático em ordem ao campo, normalmente pode ser desprezado. Utilizando a calibração ("*gauge*") de Coulomb,

$$(\vec{\nabla} \cdot \vec{A}) = 0 ,$$

os operadores $\hat{\vec{p}}$ e $\hat{\vec{A}}$ comutam. Assim, o termo adicional, que representa a perturbação, é:

$$\hat{H}_{eR} = \frac{e}{m_0 c} \hat{\vec{A}} \cdot \hat{\vec{p}} \qquad (4.12)$$

O potencial-vector do campo electromagnético correspondente a um fotão é dado pela seguinte expressão (veja-se, por exemplo, [4.2] ou Capítulo 7 do livro [4.7]):

$$\hat{\vec{A}} = \vec{e} \left(\frac{2\pi \hbar c^2}{V \omega \eta^2} \right)^{1/2} \left\{ \hat{a} e^{i\vec{q}\vec{r}} + \hat{a}^+ e^{-i\vec{q}\vec{r}} \right\} \qquad (4.13)$$

onde $\vec{e}$ é o vector (unitário) de polarização do fotão, η é o índice de refracção do semicondutor, V o seu volume e $\hat{a}^+$ e $\hat{a}$ são os operadores de criação e destruição de fotões de frequência ω e vector de onda $\vec{q}$,

$$\hat{a}^+ \left| N_p \right\rangle = \sqrt{N_p + 1} \left| N_p + 1 \right\rangle ,$$

$$\hat{a}\left|N_p\right\rangle = \sqrt{N_p}\left|N_p - 1\right\rangle. \qquad (4.14)$$

Aqui $\left|N_p\right\rangle$ representa o estado do campo electromagnético com N_p fotões.

A probabilidade de uma transição electrónica ($\vec{k}_c \to \vec{k}_v$) por unidade de tempo, é dada pela "regra de ouro" (3.16). Para se obter a probabilidade de absorção de um fotão através da transição de um electrão da banda de valência para a banda de condução, é preciso somar sobre $\vec{k}_c$ e $\vec{k}_v$,

$$w = \frac{2\pi}{\hbar} \sum_{\vec{k}_c, \vec{k}_v} \left\{ \left| \left\langle \vec{k}_c; N_p - 1\left|\hat{H}_{eR}\right|\vec{k}_v; N_p \right\rangle \right|^2 \delta(E_c(\vec{k}_c) - E_v(\vec{k}_v) - \hbar\omega) \right\} \qquad (4.15)$$

em que $\left|\vec{k}_v; N_p\right\rangle$ e $\left|\vec{k}_c; N_p - 1\right\rangle$ são os estados inicial e final do sistema, que incluem o número correspondente de fotões e um electrão na banda de valência (de energia $E_v(\vec{k}_v)$) ou na banda de condução (com a energia $E_c(\vec{k}_c)$). Pressupõe-se que o somatório também leva em conta as duas projecções do spin do electrão, quer na banda de valência quer na banda de condução. O elemento de matriz em (4.15) é dado por

$$\left\langle \vec{k}_c; N_p - 1\left|\hat{H}_{eR}\right|\vec{k}_v; N_p \right\rangle = \frac{e}{m_0 c}\left(\frac{2\pi\hbar c^2}{V\omega\eta^2}\right)^{1/2}\sqrt{N_p} \times$$

$$\times \frac{1}{N} \sum_{\sigma_c, \sigma_v} \int d\vec{r} \left\{ e^{i\vec{q}\vec{r}} e^{i(\vec{k}_c \cdot \vec{r} - \vec{k}_v \cdot \vec{r})} u_c^* \frac{\hbar}{i}(\vec{e}\cdot\vec{\nabla})u_v \right\} \qquad (4.16)$$

onde a soma sobre as projecções do spin, σ_c e σ_v, está escrita explicitamente. Como o operador $\vec{\nabla}$ não afecta o spin, as projecções do spin nas funções u_c^* e u_v devem coincidir.

Na eq. (4.16) N é o número de células unitárias no cristal, ou seja, $N = [V/\upsilon]$, com υ o volume da célula unitária. O factor N^{-1} tem origem nas constantes de normalização das duas funções de Bloch.

No integral (4.16) estão presentes dois tipos de funções, as de envelope (exponenciais), que variam lentamente na escala das distâncias inter-atómicas, e as amplitudes de Bloch que variam rapidamente dentro de cada célula unitária. Pode-se separar a integração em duas, uma sobre a célula unitária (em que as funções envelope podem ser consideradas constantes) e a outra (de facto, um somatório) sobre todas as células unitárias. Recorde-se que as amplitudes de Bloch são iguais em todas as células unitárias,

$$\int_V d\vec{r} = \sum_{i=1}^{N} \int_{c.u.} d\vec{r} \ .$$

O somatório sobre as células unitárias dá:

$$\lim_{N\to\infty} \sum_{i=1}^{N} e^{i(\vec{q}\vec{r}-\vec{k}_c\vec{r}+\vec{k}_v\vec{r})} = N\delta_{\vec{q}-\vec{k}_c+\vec{k}_v,0} \ . \tag{4.17}$$

Como o vector de onda do fotão é muito pequeno, o símbolo de Kronecker de facto significa que $\vec{k}_c = \vec{k}_v \, (=\vec{k})$, facto já conhecido da secção anterior. Deste modo, o resultado final para a probabilidade de absorção fica:

$$w = \frac{2\pi}{\hbar} \cdot \frac{2\pi\hbar\omega N_p}{V\eta^2} \left(\frac{e}{m_0\omega}\right)^2 \cdot 2\sum_{\vec{k}} \left\{ \left|\vec{e}\cdot\vec{P}_{cv}(\vec{k})\right|^2 \right.$$
$$\left. \times \delta(E_c(\vec{k})-E_v(\vec{k})-\hbar\omega) \right\} \tag{4.18}$$

em que

$$\vec{P}_{cv}(\vec{k}) = \frac{\hbar}{i} \int_{c.u.} d\vec{r}(u_c^*\vec{\nabla}u_v) \tag{4.19}$$

é o elemento de matriz do operador do momento linear entre os estados da banda de valência e da banda de condução com o mesmo $\vec{k}$. Considera-se que este elemento de matriz não varia significativamente em função do vector de onda, pelo menos na vizinhança dos extremos das bandas, e normalmente é substituído por $\vec{P}_{cv}(0)$. Este último é um parâmetro do material, que pode ser calculado através de modelos microscópicos ou medido experimentalmente.
Repare-se que, na eq. (4.18), se introduziu explicitamente o factor 2, porque todos os estados (na ausência de campo magnético) são degenerados devido às duas projecções possíveis do spin.
Em rigor, a eq. (4.18) é válida apenas para semicondutores intrínsecos a temperaturas baixas, quando todos os estados na banda de valência estão ocupados e os da banda de condução estão todos vazios. Em geral, é preciso prever a possibilidade de um dos estados iniciais estar vazio e também de um dos estados finais já estar ocupado. Para levar isto em conta introduz-se, no somatório da eq. (4.15), o factor

$$f(E_v(\vec{k}_v))\left[1 - f(E_c(\vec{k}_c))\right]$$

onde $f(E)$ é a função de distribuição (de Fermi-Dirac). Assim[2],

$$w = \frac{2\pi}{\hbar} \sum_{\vec{k}_c,\vec{k}_v} \left| \left\langle \vec{k}_c; N_p - 1 \left| \hat{H}_{eR} \right| \vec{k}_v; N_p \right\rangle \right|^2$$

---

[2] A soma também inclui as projecções dos spins.

$$\times f(E_v(\vec{k}_v))\left[1 - f(E_c(\vec{k}_c))\right]\delta(E_c(\vec{k}_c) - E_v(\vec{k}_v) - \hbar\omega) \ . \tag{4.15a}$$

No entanto, excluindo os casos de semicondutores que são muito fortemente dopados ou que estão sob iluminação intensa, o factor introduzido na eq. (4.15a) é muito próximo de um, o que significa a validade da fórmula (4.18).

A probabilidade w pode ser facilmente relacionada com o coeficiente de absorção, que representa a diminuição relativa do número de fotões por unidade de distância percorrida pelo feixe,

$$\alpha = \frac{w}{N_p\,(c/\eta)} \ ,$$

em que (c/η) é a velocidade da luz no semicondutor. Combinando esta relação com a eq. (4.18), obtém-se:

$$\alpha = \frac{8\pi^2 e^2}{m_0^{\,2}\omega c\eta V}\sum_{\vec{k}}\left|\vec{e}\cdot\vec{P}_{cv}\right|^2\delta(E_c(\vec{k}) - E_v(\vec{k}) - \hbar\omega) \tag{4.20}$$

Tendo em conta as espressões (4.4a) e (4.5), o coeficiente de absorção pode ser relacionado com a parte imaginária da função dieléctrica:

$$\operatorname{Im}\hat{\varepsilon}(\omega) = \frac{\alpha\,c\,\eta}{\omega}$$

$$= 2\left(\frac{2\pi e}{m_0\omega}\right)^2\frac{1}{V}\sum_{\vec{k}}\left|\vec{e}\cdot\vec{P}_{cv}\right|^2\delta(E_c(\vec{k}) - E_v(\vec{k}) - \hbar\omega) \tag{4.21}$$

A parte real da função dieléctrica pode ser obtida através da relação de Kramers e Kronig (4.8).

Como foi discutido em 1.7, na maioria dos semicondutores com rede cúbica a banda de valência é constituída por duas sub-bandas, as de lacunas leves e de lacunas pesadas (a terceira, a banda "*spin-split*", fica mais abaixo na escala de energia). Estas duas sub-bandas correspondem ao momento angular total $J = 3/2$. O elemento de matriz do operador do momento linear entre os estados desta banda de valência (4 vezes degenerada no ponto Γ) e da banda de condução, que tem o mínimo no ponto Γ, pode ser escrito na seguinte forma [4.3]:

$$\left|\vec{e}\cdot\vec{P}_{cv}\right|^2_{hh} = D^2\sin^2\theta \ ;$$

$$\left|\vec{e}\cdot\vec{P}_{cv}\right|^2_{lh} = D^2\left(\cos^2\theta + \frac{1}{3}\right) \tag{4.22}$$

em que θ é o ângulo entre o eixo z e o vector de polarização e

$$D = -i < S|\hat{p}_z|Z > .$$

Nesta última expressão $|S\rangle$ e $|Z\rangle$ são as funções características, ou seja, as amplitudes de Bloch das bandas do tipo s e p, respectivamente (veja-se a secção 1.6). O parâmetro D é conhecido como o **elemento de matriz de Kane**. Em termos práticos, é um parâmetro empírico, característico do material. Acontece que os valores de D são semelhantes para a maioria dos materiais semicondutores mais importantes [4.3], sendo

$$\frac{2D^2}{m_0} \approx 20\,\text{eV} .$$

Como a escolha do eixo z num cristal de simetria cúbica é arbitrária, é preciso obter o valor médio das expressões que dependem de θ. O resultado é:

$$< \left|\vec{e} \cdot \vec{P}_{cv}\right|^2_{lh} >=< \left|\vec{e} \cdot \vec{P}_{cv}\right|^2_{hh} >= \frac{2}{3}D^2 . \tag{4.23}$$

Assim, a parte imaginária da função dieléctrica pode ser convenientemente escrita sob a forma:

$$\text{Im}\,\hat{\varepsilon}(\omega) = \left(\frac{2\pi e}{m_0 \omega}\right)^2 \left(\frac{2}{3}D^2\right) g_{cv}(\hbar\omega) \tag{4.21a}$$

onde foi introduzida a **densidade de estados combinada**,

$$g_{cv}(\hbar\omega) = \frac{2}{V} \sum_{lh,hh} \sum_{\vec{k}} \delta(E_c(\vec{k}) - E_v(\vec{k}) - \hbar\omega)$$

$$= \frac{2}{(2\pi)^3} \sum_{lh,hh} \int d\vec{k}\, \delta(E_c(\vec{k}) - E_v(\vec{k}) - \hbar\omega) . \tag{4.24}$$

Esta grandeza representa o número de estados de electrão e de lacuna, por intervalo unitário de energia e por unidade de volume, entre os quais é possível uma transição vertical.

Admitindo que ambas as bandas envolvidas na transição são parabólicas,

$$E_c(\vec{k}) = \frac{\hbar^2 k^2}{2m_e} ; \qquad E_v(\vec{k}) = -E_g - \frac{\hbar^2 k^2}{2m_h}$$

(em que m_h significa a massa efectiva das lacunas leves ou pesadas), obtém-se:

$$g_{cv}(\hbar\omega) = \begin{cases} \dfrac{2^{1/2}(\mu^*)^{3/2}}{\pi^2 \hbar^3}\sqrt{\hbar\omega - E_g} & \text{se } \hbar\omega - E_g > 0 \\ 0 & \text{se } \hbar\omega - E_g < 0 \end{cases} \quad (4.25)$$

onde $(\mu^*)^{3/2} = (\mu^*_{e,lh})^{3/2} + (\mu^*_{e,hh})^{3/2}$, $\mu^*_{e,lh} = \dfrac{m_e m_{lh}}{m_e + m_{lh}}$ e dum modo semelhante para as lacunas pesadas.

Então, na vizinhança do limiar fundamental de absorção, E_g, a parte imaginária da função dieléctrica varia de maneira aproximadamente parabólica,

$$\operatorname{Im}\hat{\varepsilon}(\omega) \propto \frac{\sqrt{\hbar\omega - E_g}}{\omega^2}. \quad (4.26)$$

Não há expressão analítica para a parte real da função dieléctrica que, no entanto, pode ser calculada pela relação de Kramers-Kronig (4.8). Ambas as funções $\operatorname{Im}\hat{\varepsilon}(\omega)$ e $\operatorname{Re}\hat{\varepsilon}(\omega)$ são contínuas no ponto $\omega = E_g/\hbar$ mas as suas derivadas têm descontinuidades.

De acordo com a relação (4.5), o coeficiente de extinção varia de uma maneira semelhante a (4.26). A variação do índice de refracção é relativamente pequena mas também importante para aplicações em optoelectrónica. Ambas as partes do índice de refracção complexo têm descontinuidades da primeira derivada ($d\eta/d\omega$ e $d\kappa/d\omega$) no limiar de absorção (ver fig. 4.2), que são exemplos de singularidades de Van Hove.

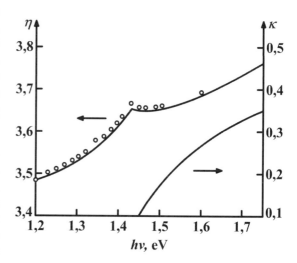

Figura 4.2 Variação do índice de refracção e do coeficiente de extinção na vizinhança do limiar de absorção para o GaAs à temperatura ambiente (adaptado das refs. [4.8, 4.9]).

Experimentalmente, a função dieléctrica pode ser medida utilizando uma técnica espectroscópica, a **elipsometria**[3]. O método utliza incidência oblíqua de luz polarizada sobre a amostra e consiste na medição da polarização (elíptica) da luz reflectida. No entanto, o coeficiente de absorção, que tem um comportamento espectral semelhante ao

---

[3] Uma discussão pormenorizada dos fundamentos teóricos e da implementação desta técnica pode ser encontrada no livro [4.10].

Capítulo IV – Óptica dos Semicondutores

da parte imaginária da função dieléctrica, pode em geral ser medido com recurso a técnicas mais simples do que a elipsometria.

Então, próximo do limiar de absorção

$$\alpha \propto \frac{\sqrt{\hbar\omega - E_g}}{\omega} . \tag{4.27}$$

A eq. (4.27) mostra que $(\alpha^2\omega)$ é uma função linear de ω. Esta variação, que é característica das transições directas, foi observada em muitas experiências (pode-se ver exemplos visitando a base de dados [4.11]).

Para energias mais elevadas estas funções tornam-se bem mais complexas. As expressões relativas às duas partes da função dieléctrica complexa podem ainda ser escritas sob a forma[4]:

$$\operatorname{Im} \hat{\varepsilon}(\omega) == 8\pi \left(\frac{e}{m_0\omega}\right)^2 \int \frac{d\vec{k}}{(2\pi)^3} \left|\vec{e} \cdot \vec{P}_{cv}\right|^2$$

$$\times \lim_{\Gamma \to 0} \operatorname{Im} \frac{1}{E_c(\vec{k}) - E_v(\vec{k}) - \hbar\omega - i\Gamma} ; \tag{4.28}$$

$$\operatorname{Re} \hat{\varepsilon}(\omega) = \varepsilon_\infty + 8\pi \left(\frac{e}{m_0\omega}\right)^2 \int \frac{d\vec{k}}{(2\pi)^3} \left|\vec{e} \cdot \vec{P}_{cv}\right|^2$$

$$\times \lim_{\Gamma \to 0} \operatorname{Re} \frac{1}{E_c(\vec{k}) - E_v(\vec{k}) - \hbar\omega - i\Gamma} , \tag{4.29}$$

que é conveniente para os cálculos numéricos, se os espectros $E_c(\vec{k})$ e $E_v(\vec{k})$ forem conhecidos. As eqs. (4.28) e (4.29) podem ser desenvolvidas analiticamente para os espectros parabólicos, o que dá a relação (4.26).

É de salientar que as expressões (4.25) a (4.27) são válidas apenas para $\hbar\omega \approx E_g$. Se $\hbar\omega \gg E_g$, o fotão provoca uma transição electrónica que envolve estados no interior das bandas onde o espectro electrónico $E(\vec{k})$ já não é parabólico. Por isso, o espectro de absorção é mais complexo do que a eq. (4.27). Em particular, existem picos característicos, também chamados **singularidades de Van Hove** (compare-se com a Secção 2.1), que correspondem a alguns pontos na zona de Brillouin em que

$$\vec{\nabla}_k \left(E_c(\vec{k}) - E_v(\vec{k})\right) = 0.$$

Além do ponto Γ, onde ambas as funções $E_c(\vec{k})$ e $E_v(\vec{k})$ têm extremos, o gradiente anula-se nos pontos da zona de Brillouin em que as superfícies $E_c(\vec{k})$ e $E_v(\vec{k})$ são

---

[4] Em geral, deve-se considerar a soma sobre todas as sub-bandas de valência que possam contribuir para as transições ópticas.

164   *Física dos Semicondutores*

localmente paralelas. Estes pontos são muito importantes para a determinação quantitativa da estrutura electrónica dos semicondutores porque podem ser facilmente detectados nos espectros experimentais.

4.2.3 Os factores que influenciam o limiar de absorção

Como o limiar de absorção devido às transições inter-bandas está relacionado com a energia do *gap* directo, a variação de E_g com a **temperatura**, aproximadamente descrita por (1.52), implica que λ_l normalmente é mais elevado para temperaturas mais altas[5]. Por exemplo, para o GaAs $\lambda_l = 822,5\,\text{nm}$ a $T = 77\,\text{K}$ e $871,7\,\text{nm}$ a 300K. Como se recorda do Capítulo I, este desvio é praticamente linear com a temperatura (para $T \geq 50\,\text{K}$) e deve-se à variação da constante da rede.

O mesmo fenómeno pode ser provocado por uma **pressão hidrostática**. Como a constante da rede diminui com a pressão, a energia do *gap* aumenta, o que corresponde a uma diminuição de λ_l. Por exemplo, para o arsenieto de gálio a energia do *gap* varia de acordo com a seguinte expressão empírica [4.11]:

$$E_g(p) = E_g(0) + 0,0126 \cdot p - 3,77 \cdot 10^{-5}\, p^2 \quad [\text{eV}]$$

(onde p é a pressão medida em quilobars), o que corresponde a $\lambda_l = 741,6\,\text{nm}$ para $p = 20\,\text{kbar}$ e $T = 300\,\text{K}$. Note-se que para $p \geq 50\,\text{kbar}$ o vale X da banda de condução torna-se o mínimo da energia mais baixa e o GaAs passa a ser um semicondutor com o *gap* indirecto [4.12] e a sua energia passa a diminuir com o aumento da pressão.

É relevante mencionar que, ao contrário do que ocorre com a pressão hidrostática, uma pressão uniaxial altera a simetria da rede cristalina, provocando, por exemplo, o desdobramento das bandas de lacunas leves e pesadas no ponto Γ. Isto resulta numa estrutura dupla do limiar de absorção, apresentada por duas funções (4.27) sobrepostas, com valores de E_g ligeiramente diferentes.

Nas soluções sólidas, tais como $Al_x Ga_{1-x} As$ e $Cd_x Hg_{1-x} Te$, a energia do *gap* varia de modo aproximadamente linear com o parâmetro $0 \leq x \leq 1$ que caracteriza a sua **composição**. Por exemplo, para $Al_x Ga_{1-x} As$ a $T = 300\,\text{K}$ [4.11]

$$E_g(x) = \begin{cases} 1,424 + 1,247x, & x < 0,45 \\ 1,9 + 0,125x, & x > 0,45 \end{cases} \quad [\text{eV}].$$

A estrutura directa das bandas passa a ser indirecta para $x > 0,45$. A adição do alumínio ao GaAs, em concentrações abaixo deste limite de 45%, permite alargar a zona de transparência da solução sólida para o visível, o que está na base de muitas aplicações deste material em optoelectrónica, como sejam lasers e detectores de luz vermelha.

---

[5] São excepções os seguintes materiais: PbS, PbSe e PbTe.

O exemplo da solução sólida $Cd_xHg_{1-x}Te$ é ainda mais impressionante, porque este material tem $E_g = 0$ para $x \leq 0{,}17$, ou seja, é um semi-metal [4.13], enquanto que o CdTe ($x=1$) é um semicondutor clássico com $E_g \approx 1{,}5\,eV$. A solução com $x \approx 0{,}2$ tem grande importância tecnológica como material para detectores e fontes de radiação electromagnética no infravermelho longínquo ($\lambda = 8-12\,\mu m$).

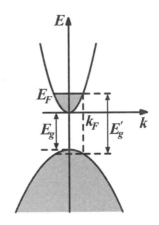

Figura 4.3 Representação esquemática do efeito de Moss-Burstein num semicondutor fortemente dopado. O *gap* óptico aparente $E'_g > E_g$, o que se deve ao princípio de exclusão de Fermi.

Nos **semicondutores fortemente dopados**, o limiar de absorção depende da concentração das impurezas e a eq. (4.27) tem uma validade muito limitada. Ocorrem dois efeitos particularmente notáveis, relacionados com a concentração elevada das impurezas.

1) Quando o gás electrónico é degenerado, os estados de energia inferior ao nível de Fermi estão na sua maioria ocupados. Então, as transições ópticas para estes estados são impossíveis. Isto resulta num desvio do limiar de absorção para energias de fotão mais elevadas (fig. 4.3), o que é conhecido como **efeito de Moss-Burstein** [4.14, 4.15]. Para $T \to 0$

$$\hbar\omega_l = E_g + \frac{\hbar^2 k_F^2}{2m_e} + \frac{\hbar^2 k_F^2}{2m_h} = E_g + (E_F - E_c)\left(1 + \frac{m_e}{m_h}\right)$$

onde $\omega_l = 2\pi c / \lambda_l$ e $\hbar k_F$ é o quase-momento de Fermi. Por exemplo, o desvio de Moss-Burstein no *n*-GaAs com $n = 6{,}5 \cdot 10^{18}\,cm^{-3}$ atinge 100meV [4.16] e mantém-se até temperaturas bastante elevadas. Este efeito é muito importante nos lasers de injecção discutidos no Capítulo V.

2) Como foi referido em 2.1.4, no limite $N_d a_b^3 \gg 1$, com N_d a concentração dos dadores e a_b o raio de Bohr efectivo, as impurezas ionizadas criam um potencial eléctrico flutuante que provoca a formação de caudas da densidade de estados no interior do *gap* (ver eq. (2.11)). Estes estados também podem participar na absorção óptica resultando numa **cauda de absorção** para as energias do fotão $\hbar\omega < E_g$. No entanto, como o gás electrónico é degenerado nestas condições, as transições ópticas só ocorrem para os estados acima do nível de Fermi. Considerando a densidade de estados das lacunas na forma (2.11), o coeficiente de absorção, para $\hbar\omega < E_g$, varia em função de ω da seguinte maneira:

$$\alpha \propto \frac{1}{\omega} \exp\left[\frac{(E_g + (E_F - E_c) - \hbar\omega)^2}{\gamma^2}\right] \approx \frac{1}{\omega} \exp\left[-2(E_g - \hbar\omega)\frac{(E_F - E_c)}{\gamma^2}\right].$$

Admitindo que $(E_g - \hbar\omega) \ll (E_F - E_c)$, tem-se:

$$\alpha \propto \frac{1}{\omega} \exp\left[-\frac{(E_g - \hbar\omega)}{E_0}\right] \qquad (4.30)$$

em que E_0 é uma constante. A diminuição exponencial do coeficiente de absorção na zona espectral $\hbar\omega < E_g$ foi observada experimentalmente [4.9, 4.17] em amostras de n-GaAs fortemente dopado e a temperaturas $T \leq 100\,\text{K}$. Para temperaturas mais elevadas, a relação (4.30) mantém-se mas o parâmetro E_0 começa a ser proporcional à temperatura, $E_0 \propto T$. Esta última situação, bem conhecida dos experimentalistas, designa-se pelo termo "cauda de Urbach" (*"Urbach tail"*). Este comportamento implica a participação de fonões acústicos nos processos de absorção, a qual é considerada em seguida.

4.2.4 Transições não verticais com a participação de fonões

Nos semicondutores Si, Ge, GaP e alguns outros a transição entre o máximo da banda de valência (no ponto Γ) e o mínimo com a menor energia da banda de condução (que ocorre num outro ponto da zona de Brillouin, $\vec{k}_0$) só é possível com a absorção (ou emissão) simultânea de um fotão e um fonão.

Este fonão fornece o quase-momento necessário ($\hbar\vec{q} = \hbar\vec{k}_0$) à conservação do momento total. Assim, as eqs. (4.10) e (4.11) ficam:

$$\hbar\omega = E_c(\vec{k}_c) - E_v(\vec{k}_v) \mp E_{ph};$$

$$\vec{k}_c - \vec{k}_v = \pm \vec{q},$$

com E_{ph} a energia do fonão.

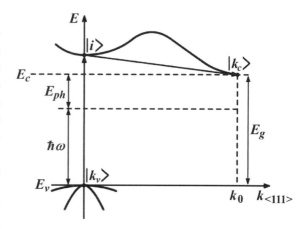

Figura 4.4 Transição electrónica inter-bandas num semicondutor com *gap* indirecto, que consiste na absorção de um fotão com energia $\hbar\omega$, e de um fonão com energia E_{ph} e quase-momento $\hbar k_0$. Note-se que a transição virtual do estado intermediario para o final, apesar da absorção do fonão, diminui a energia do electrão.

A transição de um electrão do máximo da banda de valência para o mínimo da banda de condução, que está esquematizada na fig. 4.4, é um processo de segunda ordem. A sua probabilidade, de acordo com a teoria das perturbações [4.6], é dada por:

$$w_{ind} = \frac{2\pi}{\hbar} \sum_{\vec{k}_c,\vec{k}_v} \left| \sum_i \frac{\langle \vec{k}_c; N_p - 1 | H_{e-ph} | i; N_p - 1 \rangle \langle i; N_p - 1 | H_{eR} | \vec{k}_v; N_p \rangle}{E_i - E_v(\vec{k}_v) - \hbar\omega} \right|^2$$

$$\times \delta\left(E_c(\vec{k}_c) - E_v(\vec{k}_v) - \hbar\omega \pm E_{ph} \right) \quad (4.31)$$

em que i enumera os estados electrónicos intermediários, H_{e-ph} é o hamiltoniano da interacção electrão-fonão e o sinal ± corresponde à absorção (emissão) de um fonão acústico ou óptico. O exemplo da figura 4.4 apresenta a situação quando $\hbar\omega < E_g$ e a energia adicional, necessária para a transição é fornecida pelo fonão absorvido. Como se sabe, a Mecânica Quântica exige a conservação da energia apenas entre os estados final e inicial do sistema em transição, assegurada pela função de Dirac na eq. (4.31). A transição de ou para um estado intermediário pode ocorrer sem conservação da energia[6]. No entanto, a conservação do quase-momento, "escondida" nos respectivos elementos de matriz, tem que ser obedecida sempre, incluindo as transições virtuais. Também se conserva a projecção do spin.

Além do processo mostrado na fig. 4.4, é possível uma transição quando $\hbar\omega > E_g$ e a energia em excesso é retirada pelo fonão emitido que, ao mesmo tempo, leva o quase-momento necessário ($-\hbar\vec{k}_0$). A ordem das interacções com o fotão e o fonão também pode ser inversa.

O conjunto dos processos, descrito pela eq. (4.31), determina que a parte imaginária da função dieléctrica contenha dois termos,

$$\mathrm{Im}\,\hat{\varepsilon} = \mathrm{Im}\,\hat{\varepsilon}_+ + \mathrm{Im}\,\hat{\varepsilon}_-,$$

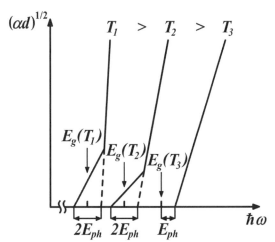

correspondentes à absorção de um fotão com a emissão (-) ou absorção (+) simultânea de um fonão. O cálculo do integral (4.31) dá o seguinte resultado (ver Problema **IV.7**):

Figura 4.5 Gráficos qualitativos de espectros de absorção de um semicondutor com *gap* indirecto, calculados pelas eqs. (4.32) e (4.33), apresentados nas coordenadas $(\alpha d)^{1/2} - \hbar\omega$, **para três temperaturas diferentes.**

---

[6] Estas transições chamam-se **virtuais**.

$$\text{Im}\,\hat{\varepsilon}_+ \propto n_{ph} \cdot \begin{cases} (\hbar\omega + E_{ph} - E_g)^2 & \text{se} \quad (\hbar\omega + E_{ph}) > E_g \\ 0 & \text{caso contrário} \end{cases} \qquad (4.32)$$

e

$$\text{Im}\,\hat{\varepsilon}_- \propto (n_{ph} + 1) \cdot \begin{cases} (\hbar\omega - E_{ph} - E_g)^2 & \text{se} \quad (\hbar\omega - E_{ph}) > E_g \\ 0 & \text{caso contrário} \end{cases} \qquad (4.33)$$

onde E_g é a energia do *gap* indirecto e n_{ph} é o número de fonões dado pela função de Bose-Einstein (3.35). Há certos tipos de fonões que, pela sua simetria e energia e pelo seu momento, dão a maior contribuição nestes processos. Por exemplo, no germânio, são os fonões LA e TO da vizinhança do ponto L na zona de Brillouin [4.3].
Repare-se que o coeficiente de absorção na vizinhança de um *gap* indirecto cresce aproximadamente segundo $(\hbar\omega - E_g)^2$ com o aumento da energia do fotão, em vez da dependência expressa pela eq. (4.27). Esta diferença permite distinguir os *gaps* directos e indirectos nos espectros de absorção. Os espectros de absorção, no caso de um *gap* indirecto, apresentam-se geralmente na forma de $\alpha^{1/2}$ (ou $(\alpha d)^{1/2}$ com d a espessura da amostra) em função de $\hbar\omega$, o que dá duas rectas sobrepostas que correspondem às eqs. (4.32) e (4.33), conforme se mostra na figura 4.5. Para temperaturas muito baixas, quando o número de fonões é muito pequeno, a parte relacionada com a absorção de um fonão praticamente desaparece (T_3 na fig. 4.5).

Note-se ainda que, quando $\hbar\omega$ é superior à energia do *gap* directo (4,2eV para o Si e 0,9eV para o Ge a 300K [4.3]), as transições verticais começam a dominar e o espectro tende para o dos semicondutores de *gap* directo.

4.3 Excitões. Absorção excitónica

A atracção Coulombiana entre o electrão e a lacuna, criados por um fotão, produz efeitos notáveis na absorção óptica. Um par electrão-lacuna, que tem um movimento correlacionado, chama-se **excitão**. Quando a interacção Coulombiana é forte, o electrão e a lacuna formam uma partícula composta, de dimensão muito reduzida (da ordem de grandeza atómica), que é conhecida como o excitão de Frenkel. No entanto, nos semicondutores, a interacção Coulombiana é atenuada devido ao valor elevado da constante dieléctrica. Um par electrão-lacuna cujo tamanho efectivo seja muito superior à constante da rede é conhecido como excitão de Wannier-Mott ou simplesmente **excitão de Wannier** [4.3, 4.4]. Embora os excitões possam formar-se também nos materiais com *gap* indirecto, eles têm maior importância nos semicondutores em que o máximo da banda de valência e o mínimo da banda de condução se situam no ponto Γ da zona de Brillouin, tal como nos GaAs e CdS. Nos materiais fortemente dopados os excitões desacoplam-se, porque os portadores de carga livres produzem o efeito de blindagem da interacção Coulombiana, responsável pela sua existência.

Na aproximação da massa efectiva e considerando apenas duas bandas não degeneradas, o espectro de energia do excitão de Wannier pode ser obtido utilizando o modelo hidrogenóide (secção 1.8),

$$E_n(\vec{K}, n_{ex}) = E_g + \frac{\hbar^2 K^2}{2M^*} - \frac{\mu_{eh}^* e^4}{2\varepsilon_0 \hbar^2} \frac{1}{n_{ex}^2} \quad (4.34)$$

onde $\mu_{eh}^* = \dfrac{m_e m_h}{m_e + m_h}$ e $M^* = m_e + m_h$ são as massas, reduzida e total, do excitão. Na eq. (4.34) $\hbar \vec{K}$ é o quase-momento do centro de massa do excitão e $n_{ex} = 1,2,3,...$

Este espectro está esquematizado na fig. 4.5. Além da parte discreta, dada pela eq. (4.34) e correspondente ao estado ligado do excitão, existe também a parte contínua do espectro, com a energia interna positiva. A energia de ligação do excitão, também designada por **Rydberg excitónico**, é:

$$R_{ex} = \frac{\mu_{eh}^* e^4}{2\varepsilon_0 \hbar^2}.$$

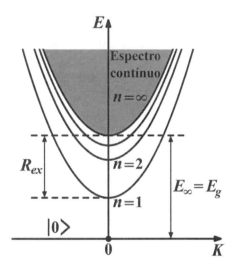

Os seus valores para alguns semicondutores estão apresentados na tabela 4.1. De acordo com estes valores, os excitões só existem a baixas temperaturas e normalmente desaparecem a 300K.

A dimensão característica do excitão é o **raio de Bohr** efectivo **do excitão**,

$$a_{ex} = \varepsilon_0 \frac{\hbar^2}{\mu_{eh}^* e^2}. \quad (4.35)$$

Os seus valores podem ser encontrados na tabela 4.1, para diversos materiais.

As considerações apresentadas na secção 4.2 ignoram o efeito excitónico. No entanto, de um modo geral, a absorção de um fotão deve ser considerada como a criação de um excitão, ou seja, uma transição

Figura 4.6 Estados de energia do excitão de Wannier em função do vector de onda do seu centro de massa. Mostram-se as primeiras três bandas do excitão acoplado. O espectro contínuo ocorre a partir da energia do *gap* e corresponde ao excitão desacoplado.

$$|0\rangle \xrightarrow{\hbar\omega} |\vec{K}, n_{ex}, l_{ex}, m_{ex}\rangle \quad (4.36)$$

onde $|0\rangle$ designa o vácuo excitónico e os outros estados são enumerados por seis números quânticos, nomeadamente, as três componentes do vector de onda para o movimento do centro de massa e os três números correspondentes ao movimento central do par que constitui o excitão. Devido ao pequeno valor do momento dos fotões, as transições excitónicas também são verticais, ou seja, apenas os excitões com $\vec{K} = 0$ podem ser criados numa transição óptica, salvo com a participação de fonões (ver fig. 4.6).

Tabela 4.1. Parâmetros dos excitões para alguns semicondutores[7]

Semicondutor		GaAs	InP	InAs	ZnTe	ZnS	CdTe	CdS
R_{ex},	exp.	4,9	5,1	3,6	13,0	29,0	11,0	29
meV	teor.	4,4	5,1	1,5	11,2	38,0	10,7	≈ 30
a_{ex}, nm		11,2	11,3	32,1	1,2	1,1	1,0	≈ 3

A probabilidade de uma transição excitónica calcula-se de maneira totalmente análoga à calculada para as transições inter-bandas, sem efeito excitónico (ver eq. (4.15)). O elemento de matriz do operador do momento linear entre os vários estados excitónicos contém o parâmetro $\vec{P}_{cv}$ e o integral de sobreposição das funções envelope,

$$\langle 0|\vec{0}, n_{ex}, l_{ex}, m_{ex}\rangle.$$

Como a função de onda do vácuo é a função de Dirac, $\delta(\vec{r}_e - \vec{r}_h)$, é óbvio que o integral de sobreposição é não nulo apenas para $l_{ex} = m_{ex} = 0$, ou seja, apenas os estados s do excitão participam nas transições ópticas.

Utilizando as funções de onda envelope do modelo hidrogenóide,

$$\Psi(\vec{r}_e, \vec{r}_h) = \frac{1}{\sqrt{\pi\, a_{ex}^3 n_{ex}^3}} \exp\left(-\frac{|\vec{r}_e - \vec{r}_h|}{a_{ex}}\right), \tag{4.37}$$

o coeficiente de absorção pode ser calculado com facilidade. O resultado é

$$\alpha = \frac{4\pi e^2}{m_0^2 \omega \eta\, c} \frac{\left\langle \left|\vec{e}\cdot\vec{P}_{cv}\right|^2\right\rangle}{a_{ex}^3} \sum_{n_{ex}=1}^{\infty} \frac{1}{n_{ex}^3} \delta\left(E_g - \frac{R_{ex}}{n_{ex}^2} - \hbar\omega\right). \tag{4.38}$$

A expressão (4.38) é valida para $\hbar\omega < E_g$.

---

[7] Os valores nesta tabela são compilados das referências [4.3] e [4.11].

Para $\hbar\omega \geq E_g$ o estado final das transições excitónicas é o contínuo da fig. 4.6. A função de onda deste estado é bastante mais complexa do que (4.37) e expressa-se em termos da função hipergeométrica [4.6], mas o procedimento para calcular o coeficiente de absorção é o mesmo. Em resultado deste cálculo (veja-se, por exemplo, a ref. [4.18]), obtém-se a seguinte expressão:

$$\alpha = \frac{2^{5/2} e^2 \mu_{eh}^{*\,3/2}}{m_0^2 c \hbar^3 \eta} \left\langle \left| \vec{e} \cdot \vec{P}_{cv} \right|^2 \right\rangle \frac{\sqrt{\hbar\omega - E_g}}{\omega} f_X \left(\frac{\hbar\omega - E_g}{R_{ex}} \right) \qquad (4.39)$$

em que a função f_X está definida por

$$f_X(x) = \frac{2\pi}{x^{1/2}\left(1 - \exp\left(-\frac{2\pi}{x^{1/2}}\right)\right)} \ .$$

O efeito excitónico, para $\hbar\omega \geq E_g$, está nesta função f_X, como se pode ver comparando as eqs. (4.39) e (4.27). Este efeito está ilustrado na fig. 4.7.

O efeito excitónico mais notável é a absorção abaixo da energia do *gap*. Nesta zona, observam-se as transições quantificadas devido aos estados do tipo *s* de excitões livres, com $n_{ex} = 1, 2$ e 3, e também, muitas vezes, as transições relacionadas com os excitões ligados a átomos de impurezas, como é o caso do pico designado por $D^0 X$ na fig. 4.7.

Para $\hbar\omega \geq E_g$, o espectro de absorção também é consideravelmente diferente do que se esperaria na ausência do efeito excitónico,

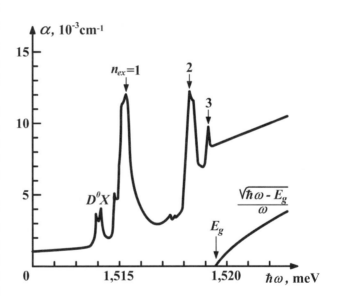

Figura 4.7 Espectro experimental de absorção do GaAs puro a T=1,2K [4.19], que apresenta o efeito dos excitões. Para comparação está apresentada a função que representa a absorção inter-bandas sem efeito excitónico.

pelo menos, quando a energia do fotão excede por pouco a energia do *gap*. Só para energias do fotão suficientemente elevadas (quando $\hbar\omega - E_g >> R_{ex}$) é que o efeito excitónico no espectro de absorção pode ser desprezado, ou seja, quando se tem $f_X \to 1$.

Como já foi mencionado acima, há vários factores que podem suprimir o efeito excitónico, tais como um aumento da temperatura ou uma concentração elevada dos portadores de carga livres ou impurezas ionizadas. Por exemplo, o aumento da temperatura faz crescer o número de fonões no semicondutor, que provocam transições entre os vários ramos (com n_{ex} diferentes) do espectro excitónico. Em resultado disto, a estrutura discreta do espectro de absorção na parte $\hbar\omega < E_g$ perde-se e aparece um único pico cuja amplitude vai diminuindo com o aumento da temperatura, devido à dissociação dos excitões. Este fenómeno foi demonstrado experimentalmente nos espectros de absorção do GaAs medidos a temperaturas diferentes [4.20]. Estes espectros também podem ser encontrados em vários livros dedicados à óptica dos semicondutores [4.3, 4.4, 4.18] e na base de dados [4.11]. Note-se que o efeito excitónico na absorção inter-bandas, para o GaAs, permanece até à temperatura ambiente (embora seja muito mais fraco). No entanto, as expressões (4.38) e (4.39) são válidas apenas para temperaturas baixas, $kT << R_{ex}$.

4.4 Outros mecanismos de absorção

4.4.1 Absorção por electrões livres. Plasmões

Além da absorção devida às transições inter-bandas, a mais típica dos semicondutores, existem outros mecanismos que determinam as propriedades ópticas dos semicondutores noutras regiões espectrais, normalmente abaixo do limiar da absorção inter-bandas. Sabe-se que a opacidade dos metais, que são afinal semicondutores degenerados com $E_g = 0$, deve-se à interacção das ondas electromagnéticas com os electrões livres e que as suas propriedades ópticas podem ser percebidas, pelo menos, qualitativamente, no âmbito do modelo de Drude (secção 3.1).

Um semicondutor dopado, por exemplo, de tipo *n*, também contém um plasma constituído pelos electrões na banda de condução e por iões positivos. Estes últimos (cuja concentração se designa por n_0) são "imóveis" (pelo menos, à temperatura ambiente), mas a concentração local dos electrões pode variar. Uma flutuação da densidade local dos electrões,

$$\delta n = (n - n_0), \tag{4.40}$$

representa uma carga eléctrica não compensada, que pode interagir com o campo eléctrico de uma onda electromagnética resultando na absorção desta onda.

Considere-se a propagação de uma onda monocromática num meio em que existem portadores de carga livres. Tendo em conta as equações de Maxwell,

$$\mathrm{rot}\vec{E} = -\frac{1}{c}\frac{\partial \vec{B}}{\partial t}; \qquad \mathrm{div}\vec{D} = 0;$$

$$\text{rot}\vec{B} = \frac{1}{c}\frac{\partial\vec{D}}{\partial t} + \frac{4\pi}{c}\vec{j} \ ; \qquad \text{div}\vec{B} = 0 \ ,$$

e ainda as "equações materiais", que descrevem a resposta do material à radiação:

$$\vec{j} = \sigma\vec{E} \ ; \qquad \vec{D} = \varepsilon\vec{E}$$

(com σ a condutividade e ε a constante dieléctrica do semicondutor, sem portadores de carga livres, para a frequência considerada), obtém-se a equação de onda:

$$\nabla^2\vec{E} = \frac{\varepsilon}{c^2}\frac{\partial^2\vec{E}}{\partial t^2} + \frac{4\pi\sigma}{c^2}\frac{\partial\vec{E}}{\partial t} \ . \tag{4.41}$$

Esta equação descreve um movimento ondulatório amortecido. Admitindo que

$$\vec{E} = \vec{E}_0 e^{-i\omega t} \ ,$$

obtém-se a equação padrão para o movimento de propagação do campo eléctrico no meio material,

$$\nabla^2\vec{E} = \hat{\varepsilon}\frac{\omega^2}{c^2}\vec{E} \tag{4.41a}$$

na qual se introduziu a função dieléctrica complexa:

$$\hat{\varepsilon}(\omega) = \varepsilon + i\frac{4\pi\sigma}{\omega} \ . \tag{4.42}$$

A condutividade que entra na expressão (4.42), em princípio, depende da frequência. Não é difícil generalizar a fórmula de Drude (3.9) para o caso em que $\omega \neq 0$ (ver Problema **III.10**). O resultado é:

$$\sigma(\omega) = \frac{e^2 n}{m^*} \cdot \left\langle \frac{\tau_p}{1 - i\omega\tau_p} \right\rangle \tag{4.43}$$

em que $\langle ... \rangle$ tem o mesmo significado do termo correspondente apresentado na sec. 3.5.2. Levando em conta a expressão (4.43), é usual escrever a eq. (4.42) na seguinte forma:

$$\hat{\varepsilon} = \varepsilon \cdot \left(1 - \frac{\omega_p^2}{\omega^2 + i\omega\bar{\tau}_p} \right) \tag{4.44}$$

em que

$$\omega_p = \sqrt{\frac{4\pi n e^2}{m^* \varepsilon}} \qquad (4.45)$$

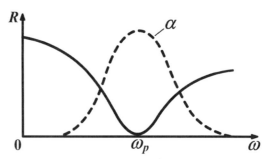

Figura 4.8 Variação, com a frequência, do coeficiente de absorção devido aos electrões livres (a tracejado) e do coeficiente de reflexão para incidência normal e uma amostra semi-infinita, de acordo com a eq. (4.6).

é a **frequência de plasmão** e $\bar{\tau}_p$ é um tempo de relaxação eficaz, que é diferente do tempo $\langle \tau_p \rangle$ que figura na expressão para a mobilidade (3.11a), mas tem a mesma ordem de grandeza. Para os semicondutores dopados $\omega_p \sim 10^{12} - 10^{13}\, \text{s}^{-1}$ e $\bar{\tau}_p \sim 10^{-12}\, \text{s}$. Tipicamente, ε na eq. (4.44) é uma constante real, igual a ε_∞ da tabela 3.2. A parte imaginária da função dieléctrica (4.44) representa uma absorção devida à interacção com os portadores de carga livres. A reflectância e o coeficiente de absorção têm um comportamento característico na vizinhança de ω_p (ver fig. 4.8). No limite $\omega \bar{\tau}_p \gg 1$ será:

$$\alpha \propto C(T) \cdot \omega^{-2} \qquad (4.46)$$

com $C(T)$ uma função da temperatura (veja-se o Problema **IV.11**).

Do ponto de vista microscópico, esta absorção de um fotão, tipicamente da zona do infravermelho longínquo, corresponde a uma **transição intra-banda** (*intraband transition*). Como se vê da fig. 4.9, uma transição deste tipo nunca é vertical e só é possível com a participação de um fotão (de energia e vector de onda E_{ph} e $\vec{q}$) e de uma outra partícula, necessária para assegurar a conservação do quase-momento. Esta terceira partícula normalmente é um fonão acústico, embora o electrão possa absorver um fotão e simultaneamente sofrer uma colisão com uma impureza. Pela mesma razão, a absorção pelos electrões livres tem lugar apenas quando existem alguns processos de difusão. Note-se que, de acordo com a eq. (4.44), a parte imaginária da função dieléctrica se anula para $\bar{\tau}_p \to \infty$, ou seja, quando não há colisões.

A teoria quântica desenvolvida para descrever transições deste tipo (ver, por exemplo, as refs. [4.18, 4.21]) dá um resultado diferente da fórmula clássica (4.44). A concordância só se obtém quando $kT \gg \hbar\omega$. No entanto, devido à sua simplicidade, a eq. (4.44) é usada muitas vezes fora das condições da sua validade, permitindo assim uma estimativa do comportamento espectral e térmico do coeficiente de absorção devido aos portadores de carga livres. A frequência ω_p, dada pela expressão (4.45), caracteriza umas excitações elementares que existem nos plasmas, chamadas **plasmões**.

O plasmão é um corpúsculo de vibrações livres (existentes mesmo na ausência de campo electromagnético externo) da densidade de partículas carregadas, acompanhadas por um campo eléctrico longitudinal. Este campo, por sua vez, actua sobre a densidade electrónica. Assim, existe um movimento oscilatório acoplado, cujo *quantum* é o plasmão. A relação de dispersão dos plasmões é dada pela equação

$$\hat{\varepsilon}(\omega, \vec{k}) = 0, \qquad (4.47)$$

de tal modo que o campo eléctrico no interior do

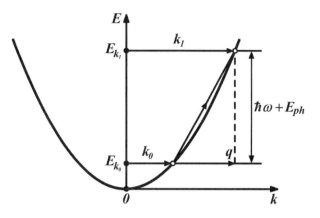

Figura 4.9 Esquema de uma transição intra-banda ($k_0 \to k_1$) com absorção simultânea de um *quantum* de radiação electromagnética (de frequência ω) e um fonão acústico.

material é não nulo mas o deslocamento eléctrico é nulo ($\vec{D} = \hat{\varepsilon}\vec{E} = 0$) porque é igual ao campo eléctrico fora da amostra e os plasmões existem mesmo sem nenhum campo externo aplicado. A situação é parecida com a dos fonões ópticos longitudinais, acompanhados pelo campo de Fröhlich (secção 3.3.4).

No limite $\vec{k} \to 0$ a função dieléctrica do plasma electrónico é dada pela relação (4.44); então, a solução da equação de dispersão é simplesmente $\omega = \omega_p$, desprezando o amortecimento, ou seja, para $\omega_p \bar{\tau}_p \gg 1$. O valor do campo eléctrico é quantificado, tal como a amplitude dos fonões ópticos. A densidade dos electrões está relacionada com aquele valor através da expressão:

$$n - n_0 = -\frac{1}{4\pi e}\mathrm{div}\vec{E} . \qquad (4.48)$$

Com efeito, o plasmão é muito semelhante ao fonão óptico longitudinal; a diferença está no tipo de partículas que efectuam o movimento oscilatório. Em certas condições, ambas estas excitações podem acoplar-se à radiação electromagnética (caso da incidência rasante). Nos semicondutores polares e dopados os plasmões e os fonões LO também podem acoplar-se entre si, se $\omega_{TO} \le \omega_p \le \omega_{LO}$ (veja-se a secção 4.4.3).

4.4.2 Transições entre sub-bandas de lacunas

O mecanismo de absorção acima considerado funciona também para as lacunas livres. No entanto, na zona espectral do infravermelho médio ($\lambda < 100 \mu m$) há um outro mecanismo que é mais eficaz. Este mecanismo envolve transições entre as várias sub-bandas dentro da banda de valência. Como foi discutido na secção 1.7, a banda de valência de todos os semicondutores com estrutura cristalina cúbica é constituída por duas sub-bandas (lacunas leves e lacunas pesadas) e ainda por uma banda "*spin-split*", que fica desviada de Δ_{SO} para menores energias. As funções de Bloch de todas estas sub-bandas têm simetria do tipo p (correspondente ao momento angular $l = 1$ do movimento intra-atómico). Por isso, na aproximação dipolar, as transições verticais entre as sub-bandas são proibidas. No entanto, as transições quadropolares são possíveis e, devido à grande densidade de estados na banda "*spin-split*", são bastante eficientes. A figura 4.10 mostra os espectros de absorção devida às transições de lacunas leves e lacunas pesadas para a banda "*spin-split*" num cristal de germânio dopado com aceitadores. Para comprimentos de onda ainda mais elevados ocorre uma zona de absorção correspondente às transições *1-2*.

Uma consideração elementar [4.18] permite concluir que o pico de absorção devido, por exemplo, às transições *1-3* corresponde a uma energia de fotão dada por

$$\hbar\omega|_{max} = \Delta_{SO} + \frac{3}{2}kT\frac{m_{hh} - m_{ss}}{m_{ss}} \qquad (4.49)$$

em que m_{hh} e m_{ss} são as massas efectivas nas respectivas sub-bandas. A teoria detalhada deste tipo de absorção pode ser encontrada na ref. [4.22]. A medição dos espectros experimentais permite determinar os valores do desdobramento devido à interacção spin-órbita (Δ_{SO}) e os quocientes das massas efectivas dos vários tipos de lacunas.

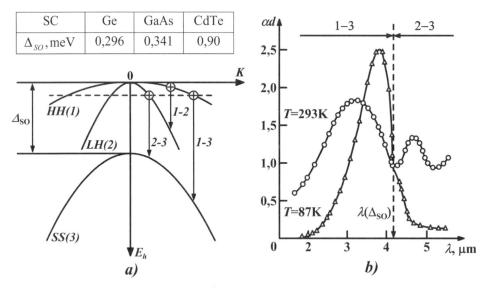

Figura 4.10 Esquema das transições entre as várias sub-bandas de valência num semicondutor com estrutura cristalina cúbica (*a*), e espectro de absorção de um cristal de *p*-Ge no infra-vermelho [4.19] (*b*), com as respectivas transições assinaladas. A tabela apresenta os valores da energia do desdobramento devido à interacção spin-órbita para alguns semicondutores.

4.4.3 Interacção da radiação electromagnética com fonões ópticos

Como se sabe da secção 3.3.4, nos materiais polares um fonão óptico é acompanhado por uma polarização da rede, com o momento dipolar local dado por:

$$\vec{P}(\vec{r},t) = \frac{e_T}{\upsilon}\, \vec{w} = \vec{P}_0 \exp\!\left[i(\vec{q}\vec{r} - \omega_\sigma(\vec{q})t)\right]$$

em que $\vec{w}$ é o vector de deslocamento relativo das duas sub-redes que constituem o material, $\omega_\sigma(\vec{q})$ a frequência do fonão e e_T é a carga iónica ("transversal"). Este momento dipolar pode acoplar-se ao campo eléctrico, $\vec{E}$, de uma onda electromagnética que se propaga no interior do material, sendo a energia da interacção dada por

$$H_{ph-R} = -(\vec{P}\cdot\vec{E}).\tag{4.50}$$

Como as ondas electromagnéticas normalmente são puramente transversais (salvo casos especiais de meios com dispersão temporal e espacial em que a função dieléctrica depende da frequência e do vector de onda [4.23]), podem acoplar-se apenas aos fonões transversais ópticos (TO). A conservação do momento e da energia exige que

$$\vec{k} = \vec{q}$$

e

$$k\eta/c = \omega_{TO}(\vec{q})\ ,$$

o que pode ser interpretado como a intersecção da curva de dispersão do fonão TO (ver fig. 3.3-a) com a recta que representa a relação de dispersão do fotão. A frequência definida por este ponto de intersecção, muito próxima de ω_{TO} no ponto Γ, (veja-se a tabela 3.2) corresponde a uma ressonância nos espectros ópticos, ou seja, a um pico de absorção.

Admita-se que os fonões TO têm um tempo de vida infinito, ou seja, que não há efeitos anarmónicos. Nesta situação, a conversão da energia da radiação electromagnética em energia vibracional da rede cristalina é completamente reversível. Assim, forma-se um estado misto de fotão e fonão, que se chama **polaritão**. A formação do polaritão ainda não significa absorção da radiação electromagnética. No entanto, devido aos processos anarmónicos, na realidade o fonão tem um tempo de vida finito. Isto corresponde a uma dissipação da energia da onda electromagnética acoplada ao fonão TO e, consequentemente, ao decaimento do polaritão.

A função dieléctrica que leva em conta o acoplamento directo de fotões e fonões pode ser obtida com todo o rigor, com base no hamiltoniano (4.50), utilizando a técnica padrão para calcular uma resposta linear (veja-se, por exemplo, a ref. [4.24]), mas também pode ser deduzida de uma forma simples, tendo em conta que a radiação electromagnética apenas se acopla aos fonões TO com $\vec{q} \to 0$. Nestas vibrações, os iões da mesma sub-rede que pertencem a células unitárias diferentes, fazem praticamente o mesmo movimento, que é o de um oscilador harmónico carregado e amortecido.

Por exemplo, a equação do movimento de um ião do tipo 1, sujeito a um campo eléctrico externo, $\vec{E} = \vec{E}_0 e^{-i\omega t}$, é:

$$M_1(\ddot{\vec{u}}_1 + \Gamma_{TO}\dot{\vec{u}}_1 + \omega_{TO}^2\vec{u}_1) = e_T\vec{E} \tag{4.51}$$

em que $\vec{u}_1$ e M_1 são o deslocamento e a massa do ião e Γ_{TO} é o parâmetro de amortecimento igual ao inverso do tempo de vida do fonão. Admite-se que a solução de (4.51) é da forma $\vec{u}_1 \propto e^{-i\omega t}$, o que dá:

$$\vec{u}_1 = \frac{e_T}{M_1} \frac{1}{\omega_{TO}^2 - \omega^2 - i\Gamma_{TO}\omega} \vec{E}_0 e^{-i\omega t} \ . \tag{4.52}$$

Como o centro de massa da célula unitária está fixo nestas vibrações da rede, $M_1\vec{u}_1 + M_2\vec{u}_2 = 0$, o deslocamento do segundo ião é

$$\vec{u}_2 = -\frac{e_T}{M_2} \frac{1}{\omega_{TO}^2 - \omega^2 - i\Gamma_{TO}\omega} \vec{E}_0 e^{-i\omega t}$$

e o deslocamento relativo das duas sub-redes é dado por

$$\vec{w} = \frac{e_T}{M} \frac{1}{\omega_{TO}^2 - \omega^2 - i\Gamma_{TO}\omega} \vec{E}_0 e^{-i\omega t} \tag{4.53}$$

com $M = M_1 M_2/(M_1 + M_2)$ a massa reduzida dos dois iões. Assim, para o momento dipolar tem-se:

$$\vec{P} = \hat{\chi}\vec{E} \tag{4.54}$$

em que a susceptibilidade (complexa) está relacionada com as vibrações iónicas de acordo com:

$$\hat{\chi} = \frac{\rho}{\omega_{TO}^2 - \omega^2 - i\Gamma_{TO}} \ , \tag{4.55}$$

onde

$$\rho = \frac{e_T^2}{M\upsilon} = \varepsilon_\infty \frac{\omega_{LO}^2 - \omega_{TO}^2}{4\pi} \tag{4.56}$$

é um parâmetro do material chamado "força do oscilador"; veja-se que em (4.56) foram utilizadas as relações (3.33).

Finalmente, a expressão procurada para a função dieléctrica é:

$$\hat{\varepsilon}(\omega) = \varepsilon_\infty + \frac{4\pi\rho}{\omega_{TO}^2 - \omega^2 - i\Gamma_{TO}\omega} \qquad (4.57)$$

Note-se que a força do oscilador pode ser escrita ainda na seguinte forma (ver Problema **IV.13**):

$$\rho = \frac{\varepsilon_0 - \varepsilon_\infty}{4\pi}\omega_{TO}^2 \qquad (4.56a)$$

onde ε_∞ e ε_0 são os valores da constante dieléctrica para $\omega \gg \omega_{TO}$ e $\omega \ll \omega_{TO}$, respectivamente.

Como se pode ver da tabela 3.2, a frequência ω_{TO} nos semicondutores III-V e II-VI é tipicamente da ordem de $10^{12} - 10^{13}\,\text{s}^{-1}$, o que corresponde às energias $\hbar\omega_{TO} \sim 20-40\,\text{meV}$. A absorção de ondas electromagnéticas pelos fonões ópticos ocorre na zona do infravermelho longínquo e é proporcional a Γ_{TO}. Este parâmetro pode ser calculado ou então extraído dos espectros experimentais.

Os espectros típicos de absorção e de reflexão na zona dos fonões ópticos mostram-se na fig. 4.11. Como foi antecipado, o pico de absorção e o máximo da reflectância ocorrem para a frequência ω_{TO}. A zona das frequências $\omega_{TO} \leq \omega \leq \omega_{LO}$, na qual a parte real da função dieléctrica é negativa, chama-se "*reststrahlen band*", isto é, "banda de raios residuais". Note-se que, no limite $\Gamma_{TO} \to 0$, a equação $\hat{\varepsilon}(\omega) = 0$, com $\hat{\varepsilon}(\omega)$ dado por (4.57), tem como solução

$$\omega = \omega_{LO},$$

a qual representa o fonão LO com o seu campo eléctrico longitudinal[8].

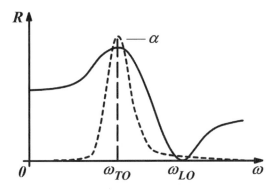

Figura 4.11 Esquema da variação, com a frequência, do coeficiente de absorção por fonões ópticos (a tracejado) e do coeficiente de reflexão, para incidência normal e uma amostra semi-infinita, conforme a eq. (4.6).

---

[8] Em rigor, esta excitação é o fonão-polaritão longitudinal. Para uma discussão detalhada sobre a interacção fonão-polaritão veja-se ref. [4.25].

A resposta óptica de um semicondutor polar que, ao mesmo tempo, contém portadores de carga livres, é determinada pela função dieléctrica que é a combinação das eqs. (4.57) e (4.44),

$$\hat{\varepsilon}(\omega) = \varepsilon_\infty - \frac{\varepsilon_\infty \omega_p^2}{\omega^2 + i\omega\bar{\tau}_p} + \frac{(\varepsilon_0 - \varepsilon_\infty)\omega_{TO}^2}{\omega_{TO}^2 - \omega^2 - i\Gamma_{TO}\omega} . \tag{4.58}$$

Os espectros destes materiais, na zona do infravermelho longínquo, podem ser bastante difíceis de interpretar quando $\omega_p \approx \omega_{TO}, \omega_{LO}$. Em particular, o mínimo da reflectância na fig. 4.11 sofre um desvio ao longo do eixo das frequências e deixa de corresponder a ω_{LO}. Esta situação reflecte um acoplamento entre os fonões LO e os plasmões através do seu campo eléctrico comum. A excitação resultante dos três campos envolvidos chama-se fonão-plasmão-polaritão.

4.4.4 Absorção com participação de níveis devidos a impurezas
Na secção 1.8 foi mostrado que os átomos de impurezas, dadores e aceitadores, criam conjuntos de níveis situados dentro do *gap*, próximo das respectivas bandas. Estes níveis, com uma boa aproximação, podem ser descritos pelo modelo hidrogenóide.

Como é conhecido da física atómica, um átomo de hidrogénio pode absorver radiação electromagnética através de transições entre níveis discretos de energia. Estas transições dão origem a alguns conjuntos de linhas espectrais de absorção, conhecidas como as séries de Lyman, Balmer, Paschen, *etc* (veja-se, por exemplo, a ref. [4.26]). Por analogia, é de esperar que um electrão ligado a um dador ou uma lacuna ligada a um aceitador, também possa ser excitado de um nível hidrogenóide para outro, com origem no átomo de impureza.

Os espectros de absorção associados a **transições entre os níveis discretos** do mesmo átomo de impureza são constituídos por picos estreitos e, de facto, em muitos casos podem ser interpretados com sucesso por analogia com o átomo do hidrogénio [4.3]. As transições electrónicas envolvidas obedecem a regras de selecção semelhantes às que se aplicam ao átomo de hidrogénio [4.26]. Estas regras de selecção, na aproximação dipolar, permitem uma transição óptica entre dois estados para os quais a diferença dos momentos angulares é $\Delta l = \pm 1$, por exemplo, entre os estados s e p. Nas transições electrónicas, conserva-se também a projecção do spin. No entanto, é preciso ter em conta que esta analogia não é total. Por exemplo, a degenerescência do estado $2p$ ($m = 0, \pm 1$) do átomo de hidrogénio é levantada para um dador hidrogenóide no silício ou no germânio devido à anisotropia da massa efectiva dos electrões. A interpretação dos espectros relacionados com impurezas aceitadoras, de um modo geral, é mais complexa porque, como foi salientado em 1.8, o modelo hidrogenóide tem aplicabilidade muito limitada nestes casos. As regras de selecção também são mais complexas pois são baseadas na conservação do momento angular total (J). No entanto, uma análise cuidadosa, suportada pelo cálculo numérico dos níveis locais devidos às impurezas aceitadoras, permite explicar os espectros experimentais dos semicondutores do tipo p [4.27]. Como se pode ver da tabela 1.4, as energias das transições "intra-impureza" são da ordem de 10meV, ou seja, trata-se da zona espectral do infravermelho longínquo. Por serem pequenas estas energias, as transições correspondentes podem ser observadas apenas a temperaturas suficientemente baixas.

A absorção da luz também ocorre quando o estado final do electrão inicialmente ligado ao seu dador pertence à banda de condução (e analogamente para as lacunas). Este processo é designado por **fotoionização**. O coeficiente de absorção pode ser calculado tal como foi feito para as transições inter-bandas em 4.2.2, usando a função de onda hidrogenóide em vez da onda de Bloch $\left| \vec{k}_v \right\rangle$ para o estado inicial. O resultado é [4.21]:

$$\alpha \propto \frac{(\hbar\omega - E_d)^{3/2}}{\omega^5} \left[1 + \beta_d^{-1} \exp\left(\frac{E_d - E_F}{kT} \right) \right]^{-1} \tag{4.59}$$

em que E_d é a energia de ionização do dador e β_d é o factor de degenerescência do estado inicial. O espectro de absorção correspondente à fotoionização é contínuo, no entanto, apresenta um máximo para uma energia próxima da de ionização do átomo de impureza (tabela 1.4). O fenómeno da fotoionização é utilizado em detectores de radiação da zona espectral do infravermelho longínquo.

Note-se que os efeitos considerados nesta secção têm lugar quando a concentração das impurezas é baixa. Com o aumento da concentração (N_i), observam-se os seguintes efeitos: primeiro, os picos discretos alargam-se, porque começa a formar-se a banda das impurezas (secção 2.1.4), e depois, quando $N_i a_b^3 \gg 1$, desaparecem totalmente dando origem a uma cauda de absorção inter-bandas, porque deixam de existir os níveis locais devidos a átomos de impureza (secção 4.2.3).

4.5 Efeitos electro-ópticos e magneto-ópticos

Como se sabe do Capítulo III, o espectro electrónico altera-se quando o semicondutor está sujeito a um campo eléctrico ou magnético estacionário. Em consequência disto, os espectros de absorção também sofrem alterações dependentes do campo externo. O efeito mais notável do **campo eléctrico** na absorção inter-bandas é a possibilidade de ocorrência de transições ópticas provocadas por fotões com $\hbar\omega < E_g$. Na presença do campo eléctrico dirigido, por exemplo, ao longo do eixo x, as energias electrónicas nas bandas permitidas alteram-se de acordo com a relação

$$E' = E - e\varphi(x)$$

em que $\varphi(x)$ é o potencial eléctrico; $\varphi(x) = -Ex$ se o campo for uniforme.

Este efeito permite a observação de transições inter-bandas que não são verticais no plano (E, x), conforme se ilustra na fig. 4.12. O electrão "atravessa" o *gap* deslocando-se de uma distância x_t no espaço real, penetrando assim na banda de energia proibida. Isto é possível devido às propriedades ondulatórias do electrão e é um exemplo do **efeito túnel**. Em princípio, é possível, embora muito pouco provável, observar uma transição horizontal no plano (E, x) (fig. 4.12).

A probabilidade do deslocamento pelo efeito túnel diminui exponencialmente com a largura da barreira [4.6], ou seja, com a distância x_t. Então, a participação do fotão que fornece a energia $\hbar\omega$, facilita a transição. Como se vê na fig. 4.12, quanto menor for $(E_g - \hbar\omega)$, menor é x_t e maior é a probabilidade de transição. Na presença do campo eléctrico, a componente p_x do quase-momento deixa de ser um "bom número quântico" e a exigência de ser vertical, na transição com absorção de um fotão, deixa de ter significado em relação a p_x. Porém, em princípio, a transição continua a ser vertical no sub-espaço (p_y, p_z). A transição mostrada na fig. 4.12 ocorre sem envolver nenhuma outra partícula, além do electrão e do fotão. Pode ser designada pelo termo "efeito túnel assistido pelo fotão".

O efeito do campo eléctrico na absorção inter-bandas é conhecido como **efeito de Franz-Keldysh**[9]. Para calcular o coeficiente de absorção usa-se o mesmo procedimento da secção 4.2.2. mas as funções de onda dos estados inicial e final já não são ondas planas de Bloch. Podem ser obtidas, na aproximação da massa efectiva,

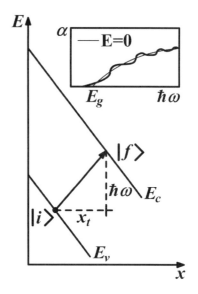

Figura 4.12 Esquema de uma transição electrónica inter-bandas na presença de um campo eléctrico estacionário, uniforme, com absorção de um fotão e passagem simultânea para um outro ponto no espaço, pelo efeito túnel. A inserção mostra qualitativamente o efeito do campo eléctrico sobre o coeficiente de absorção.

como soluções da equação de Schrödinger com o termo adicional (eEx) no hamiltoniano e expressam-se em termos das funções especiais de Airy [4.6]. Como as funções de Airy não têm expressão analítica, o cálculo torna-se consideravelmente pesado. Por exemplo, o resultado apresentado em [4.9] é:

$$\alpha \propto \frac{1}{\omega} \times \begin{cases} \dfrac{\Theta^{3/2}}{E_g - \hbar\omega} \exp\left[-\dfrac{4}{3}\left(\dfrac{E_g - \hbar\omega}{\Theta}\right)^{3/2}\right] & \text{se } \hbar\omega < E_g \\ (\hbar\omega - E_g)^{1/2}\left\{1 - \dfrac{1}{4}\dfrac{\Theta^{3/2}}{(\hbar\omega - E_g)^{3/2}}\cos\left[\dfrac{4}{3}\left(\dfrac{\hbar\omega - E_g}{\Theta}\right)^{3/2}\right]\right\} & \text{se } \hbar\omega > E_g \end{cases}$$

(4.60)

---

[9] Foi descoberto independentemente por estes dois autores [4.28, 4.29].

em que $\Theta = \left(\dfrac{\hbar^2 e^2 E^2}{2\mu_{eh}^*} \right)^{1/3}$ é a energia electro-óptica [4.3] que determina a escala

característica da cauda de absorção na região $\hbar\omega < E_g$. A segunda linha da expressão (4.60) é válida em rigor quando $\hbar\omega - E_g \gg \Theta$. Note-se que o segundo termo nesta expressão, que representa o efeito do campo eléctrico sobre a absorção inter-bandas, dada pela eq. (4.27), oscila com a energia do fotão (ver inserção na fig. 4.12). A medição dos espectros de absorção em função da intensidade do campo eléctrico aplicado permite determinar, além da energia do *gap*, a massa efectiva reduzida, μ_{eh}^*, do par electrão-lacuna.

Um **campo magnético**, em geral, quantifica a energia cinética do movimento do electrão e da lacuna, o que resulta nos espectros de energia dados pela eq. (3.95) e apresentados na fig. 3.8. Como foi discutido em 1.7, as transições entre os vários níveis de Landau da mesma banda dão origem à absorção ressonante da radiação electromagnética. O método da ressonância ciclotrónica baseia-se neste efeito e permite determinar as massas efectivas dos portadores de carga envolvidos, através da medição da frequência ciclotrónica, $\omega_c = \dfrac{eB}{m^* c}$, na condição $\omega_c \langle \tau_p \rangle \gg 1$.

Também são possíveis transições entre os níveis de Landau que pertencem a duas bandas diferentes, por exemplo, às de valência e de condução. Os espectros da absorção inter-bandas, nas condições em que os efeitos quânticos do campo magnético se revelam (ver 3.6.6.), são constituídos por picos discretos nas seguintes energias de fotão:

$$\hbar\omega = E_g + \hbar(\omega_c^e - \omega_c^h)\left(n + \frac{1}{2}\right) \pm \frac{1}{2}(\widetilde{g}_e - \widetilde{g}_h)\mu_B B \qquad (4.61)$$

em que $\widetilde{g}_e$ e $\widetilde{g}_h$ são os factores de Landé dos electrões e das lacunas. A medição experimental destas energias permite determinar os parâmetros $(\omega_c^e - \omega_c^h)$ e $(\widetilde{g}_e - \widetilde{g}_h)$.

O fenómeno magneto-óptico mais antigo é provavelmente o **efeito de Faraday** [10], descoberto e estudado por M. Faraday. Considere-se uma onda electromagnética com polarização circular que se propaga num meio que contém portadores de carga livres. Admita-se que o campo magnético $\vec{B}$ está dirigido ao longo do vector de onda $\vec{k} \parallel z$. O vector de polarização da onda é

$$\vec{e} = \frac{1}{\sqrt{2}}(1, \gamma, 0)$$

com $\gamma = \pm i$; os dois sinais aplicam-se aos casos da polarização esquerda ou direita, respectivamente. Na hipótese mais simples, equivalente ao modelo de Drude (secção

---

[10] A rotação da direcção de polarização, quando a luz linearmente polarizada atravessa uma película na presença de um campo magnético aplicado na direcção da sua propagação, foi demonstrada pela primeira vez por M. Faraday em 1845.

3.1), as equações do movimento dos portadores de carga no plano xOy, comparáveis às eqs. (3.58), são:

$$v_x(1-\omega\tau) = \frac{q\tau}{m^*}\left(E_x + \frac{1}{c}v_y B\right)$$

$$v_y(1-\omega\tau) = \frac{q\tau}{m^*}\left(\gamma E_y + \frac{1}{c}v_x B\right) \qquad (4.62)$$

pois $\vec{v}, \vec{E} \propto e^{-i\omega t}$.

Resolvendo as eqs. (4.62) em ordem a v_x e v_y e repetindo os passos da secção 3.6.1 obtém-se:

$$\sigma_{xx} = \sigma_{yy} = \sigma_0 \frac{1-(i\omega+\gamma\omega_c)}{(1-i\omega\tau)^2+(\omega_c\tau)^2} \ . \qquad (4.63)$$

onde σ_0 é a condutividade a $\omega \to 0$.

A função dieléctrica está relacionada com esta condutividade complexa através da relação (4.42). Atendendo a que é necessário calcular a média sobre a distribuição dos tempos de relaxação, τ, e separando as partes real e imaginária, o resultado final é:

$$\mathrm{Re}\,\hat{\varepsilon} = \varepsilon_\infty\left\{1 - \frac{\omega_p^2(\omega\pm\omega_c)}{\omega}\left\langle\frac{\left[1+(\omega_c^2-\omega^2)\tau^2\right]\tau^2}{\left[1+(\omega_c^2-\omega^2)\tau^2\right]^2+4\omega^2\tau^2}\right\rangle\right\} \ ; \qquad (4.64)$$

$$\mathrm{Im}\,\hat{\varepsilon} = \varepsilon_\infty\,\frac{\omega_p^2}{\omega}\left\langle\frac{\left[1+(\omega\pm\omega_c)^2\tau^2\right]\tau}{\left[1+(\omega_c^2-\omega^2)\tau^2\right]^2+4\omega^2\tau^2}\right\rangle \qquad (4.65)$$

em que os sinais $\pm$ correspondem às duas polarizações circulares possíveis e ω_p é a frequência do plasmão, dada pela eq. (4.45). Então, os índices de refracção que determinam a propagação destas duas ondas são diferentes:

$$\eta_\pm = \left[\varepsilon_\infty\left(1 - \frac{\omega_p^2}{\omega(\omega\mp\omega_c)}\right)\right]^{1/2} \qquad (4.66)$$

(para $\omega \gg \omega_c$ e $\omega\tau \gg 1$).

Como se sabe da óptica básica, uma onda com polarização linear pode ser apresentada como sobreposição de duas com polarização circular, uma direita e a outra esquerda. O facto de estas duas terem velocidades de propagação diferentes, nas condições aqui consideradas, implica que as suas fases diferem entre si e esta diferença aumenta ao longo da propagação dentro do meio:

$$\phi_{\pm} = \omega\left(\eta_{\pm}\frac{z}{c} - t\right) .$$

Uma onda polarizada segundo o eixo x na entrada do meio, depois de o atravessar, vai ter as seguintes componentes do campo eléctrico:

$$E_x = \frac{1}{2}E_0\left[\exp(i\phi_+) + \exp(i\phi_-)\right] = E_0 \exp\left(i\frac{\phi_+ + \phi_-}{2}\right)\cos\left(\frac{\phi_+ - \phi_-}{2}\right) ;$$

$$E_x = \frac{1}{2}E_0\left\{\exp\left[i\left(\phi_+ + \frac{\pi}{2}\right)\right] + \exp\left[i\left(\phi_+ - \frac{\pi}{2}\right)\right]\right\} = E_0 \exp\left(i\frac{\phi_+ + \phi_-}{2}\right)\cos\left(\frac{\pi}{2} + \frac{\phi_+ - \phi_-}{2}\right) .$$

Então, a sua polarização na saída já não coincide com o eixo x mas fica rodada de um ângulo ϑ, determinado pela relação:

$$\tan\vartheta = \frac{\operatorname{Re}E_y}{\operatorname{Re}E_x} = -\tan\left(\frac{\phi_+ - \phi_-}{2}\right).$$

Assim, o ângulo de rotação é dado por:

$$\vartheta = \frac{\omega}{c}\frac{(\eta_- - \eta_+)}{2}d \tag{4.67}$$

onde d é a espessura da amostra. Se a diferença entre η_+ e η_- for pequena, pode-se escrever aproximadamente

$$\eta_- - \eta_+ = \frac{(\eta_-^2 - \eta_+^2)}{2\eta} \tag{4.68}$$

em que η é o índice de refracção na ausência do campo magnético. Combinando as expressões (4.66) a (4.68), tem-se:

$$\vartheta = \varepsilon_\infty \frac{\omega_p^2}{2c\eta}\frac{\omega_c}{(\omega^2 - \omega_c^2)}d \approx \varepsilon_\infty \frac{\omega_p^2\omega_c}{2c\eta\omega^2}d . \tag{4.69}$$

Recorde-se que a eq. (4.69) é válida para $\omega \gg \omega_c$. A medição do efeito de Faraday, ou seja, de ϑ em função do campo magnético, permite determinar a massa efectiva dos portadores de carga, se a sua concentração for conhecida, ou *viceversa*. Tal como o efeito da ressonância ciclotrónica, pode ser usado para estudar a estrutura das superfícies de energia constante.

Na zona das frequências baixas ($\omega\tau \ll 1$ e $\omega_c\tau \ll 1$) o efeito de Faraday é análogo ao efeito de Hall e permite determinar a constante de Hall. Pode-se mostrar que o ângulo de rotação nestas condições é dado por [4.30]:

$$\vartheta = \left(\frac{\pi\omega\sigma_0^3}{2}\right)^{1/2}\frac{R_H B}{c}d \ .$$

Há que mencionar ainda um efeito parecido com o de Faraday, conhecido pelo nome de **efeito de Voigt**, que consiste na birefringência da luz quando o campo magnético é perpendicular ao vector $\vec{k}$. A análise deste efeito pode ser encontrada, por exemplo, na ref. [4.18]. O efeito de Voigt, tal como o de Faraday, foi medido em vários semicondutores e pode ser usado para a determinação dos parâmetros da estrutura das bandas electrónicas.

4.6 Portadores de carga fora do equilíbrio. O tempo de vida

4.6.1 Definições e equação de balanço

Num semicondutor que está irradiado por fotões de energia superior ao limiar de absorção, as concentrações dos electrões na banda de condução e das lacunas na banda de valência excedem os valores característicos do equilíbrio térmico para a mesma temperatura, e que nesta secção vão ser designados por n_0 e p_0. Os electrões e as lacunas em excesso chamam-se **portadores de carga fora do equilíbrio**. Os portadores de carga fora do equilíbrio também podem surgir em resultado de processos de injecção, por exemplo, através do contacto com um circuito exterior, sendo estes considerados no Capítulo V. Nesta secção a iluminação vai ser considerada como a causa do estado fora do equilíbrio.

Seja G a taxa de geração de portadores de carga pela luz, definida como o número de pares electrão-lacuna criados num centímetro cúbico por segundo. A taxa de geração é proporcional à intensidade do feixe incidente, ao coeficiente de absorção, e ao número de portadores de carga criados por um fotão, designado pelo termo **rendimento quântico** (*quantum yield*), Y,

$$G = I\alpha Y \ . \tag{4.70}$$

Os processos que diminuem a concentração dos portadores de carga criados pela luz incluem a **recombinação radiativa**, em que é emitido um fotão, e a **recombinação não radiativa**, em que a energia libertada é transferida para a rede cristalina ou para outros portadores de carga. Designa-se por R a taxa de recombinação, definida como o número de electrões (ou lacunas) fora do equilíbrio, que desaparecem num volume de 1cm^3 por segundo. Esta taxa é uma função das concentrações instantâneas dos electrões e das lacunas, $R(n, p)$. O balanço de partículas para um semicondutor homogéneo em que a iluminação produz pares electrão-lacuna, pode ser escrito na seguinte forma:

$$\dot{p} = \dot{n} = G - R(n,p) \tag{4.71}$$

Se o sistema não estiver muito longe do equilíbrio, no sentido em que a concentração dos portadores de carga maioritários está próxima do seu valor no equilíbrio, a taxa de recombinação deve ser proporcional à concentração dos portadores de carga fora do equilíbrio e pode sempre ser apresentada na forma:

$$R = A(n - n_0) \equiv \frac{\delta n}{\tau_r}. \tag{4.72}$$

Esta expressão admite que os portadores de carga maioritários são electrões, A é uma constante com a dimensão de s^{-1} e o seu inverso τ_r chama-se **tempo de vida**. Este parâmetro é o tempo típico durante o qual desaparece um excesso de portadores de carga criado por um factor externo. É uma característica do mecanismo de recombinação. Note-se que é um parâmetro totalmente diferente do tempo de relaxação τ_p pelo seu significado e pelos valores típicos (apresentados mais adiante), que são sempre superiores aos de τ_p por várias ordens de grandeza. Um portador de carga fora do equilíbrio normalmente sofre milhares de colisões antes de desaparecer num acto de recombinação. Considere-se um semicondutor que esteve sob iluminação contínua, a qual se desligou no instante $t = 0$. A solução da eq. (4.71), na aproximação (4.72), é trivial:

$$\delta n(t) = G\tau_r \exp(-t/\tau_r). \tag{4.73}$$

A eq. (4.73) ilustra o significado do parâmetro τ_r. Tipicamente, após este tempo $\delta n \approx 0$, ou seja, $n \approx n_0$. Note-se que, em geral, $\delta n \neq \delta p$ e $\tau_r^e \neq \tau_r^h$. Isto implica que alguns portadores de carga fora do equilíbrio ficam em níveis locais, não havendo necessariamente neutralidade local.

A equação de balanço (4.71) não faz distinção entre os portadores de carga que se encontram em estados quânticos distintos (com o quase-momento e a projecção de spin diferentes). Esta informação está contida na função de distribuição fora do equilíbrio, considerada no Capítulo III. Esta função de distribuição, em princípio, pode ser obtida através da resolução de uma equação cinética, semelhante à de Boltzmann (3.15), em que o integral de colisões, descrito por (3.17), deve incluir os processos de recombinação. Isto implica que a equação cinética é acoplada a uma outra, análoga, escrita para as lacunas na banda da valência. A resolução destas duas equações seria muito complicada.

Em alternativa, W. Shockley propôs aproximar a função de distribuição fora do equilíbrio à função de Fermi-Dirac (2.12), mas com um parâmetro designado por **pseudo-nível de Fermi** no lugar da energia de Fermi E_F [4.31]. Os pseudo-níveis de Fermi, F_n e F_p, são diferentes para os electrões e as lacunas e só coincidem no equilíbrio (quando são iguais a E_F). Estão relacionados com as concentrações locais das respectivas partículas através das equações estabelecidas no Capítulo II e não têm nenhum significado físico profundo, ao contrário do nível de Fermi verdadeiro.

4.6.2 Recombinação não radiativa

Nos processos de recombinação não radiativos, a energia libertada (da ordem de E_g) tem que ser transferida para outra(s) partícula(s). Como esta energia é elevada, é difícil atribuí-la aos fonões, pois este processo iria envolver um número demasiado elevado de fonões e, por isso, seria pouco provável. Se a energia libertada no processo de recombinação for inteiramente transferida para uma terceira partícula (electrão ou lacuna) que passa para um estado de maior energia, este processo é chamado recombinação pelo **mecanismo de Auger**. No entanto, na maioria dos casos, o processo não radiativo mais eficaz envolve alguns estados intermediários, ou seja, alguns níveis locais situados dentro da banda de energias proibidas. Estes níveis locais devem-se a alguns defeitos ou então estão associados à superfície do semicondutor que, por si só, é um grande defeito da estrutura cristalina, pois quebra a sua simetria de translação. A "vantagem" dos níveis locais, em termos de eficácia de recombinação, é que uma das partículas (por exemplo, o electrão) pode ser capturada para o nível criado pelo defeito e depois "aguarda" neste nível pela chegada da partícula de carga oposta. Nesta captura o excesso de energia é muito menor do que numa recombinação directa inter-bandas (por exemplo, $E_g / 2$ em vez de E_g) e, por isso, a probabilidade é muito maior.

Considere-se em primeiro lugar a recombinação não radiativa através de níveis locais, chamados **armadilhas** (*traps*). Seja N_t a concentração das armadilhas. Assim, no equilíbrio, $(N_t \cdot f_0(E_t))$ armadilhas por 1cm^3 estão ocupadas e $[N_t(1 - f_0(E_t))]$ estão vazias, em que f_0 é a função de Fermi-Dirac e admitindo que o factor de degenerescência do nível da armadilha, E_t, é 1. Fora do equilíbrio, estas concentrações são $(N_t \cdot f_n)$ e $(N_t \cdot f_p)$ em que f_n já não coincide com $f_0(E_t)$ e $f_p \neq 1 - f_0(E_t)$. As probabilidades de ocupação f_n e $f_p = 1 - f_n$ podem ser determinadas através da análise dos processos cinéticos que preenchem ou esvaziam as armadilhas.

No modelo mais simples, há quatro processos elementares que determinam a ocupação das armadilhas:

(1) captura de um electrão,
(2) reemissão do electrão para a banda de condução,
(3) captura de uma lacuna, e
(4) reemissão da lacuna para a banda de valência.

A probabilidade por unidade de tempo do processo (1) pode ser escrita como

$$W_1 = \sigma_n \cdot v_n \cdot N_t \tag{4.74}$$

em que σ_n é a secção eficaz deste processo, dependente da forma concreta do potencial criado pelo defeito, e v_n é a velocidade térmica do portador de carga. A probabilidade do processo inverso (2), W_2, pode ser obtida através do princípio do balanço detalhado, aplicável no equilíbrio:

$$W_1 \cdot n_0 \cdot [1 - f_0(E_t)] = W_2 \cdot N_t \cdot f_0(E_t) \tag{4.75}$$

Capítulo IV – Óptica dos Semicondutores 189

e, dum modo semelhante, para os processos (3) e (4). Fora do equilíbrio, já não há balanço detalhado, ou seja, a eq. (4.75) não é válida, mas a probabilidade W_2 do processo elementar de reemissão do electrão da armadilha para a banda de condução é a mesma. O balanço dos processos (1) e (2), fora do equilíbrio, dá:

$$W_1 n f_p - W_2 N_t f_n = W_1 \left[n(1 - f_n) - \frac{n_0 f_n}{N_t f_0(E_t)} \right] \neq 0 \ . \tag{4.76}$$

Esta expressão determina a taxa de diminuição da concentração dos electrões na banda de condução, ou seja, $R(n, p)$ da eq. (4.71).

No regime estacionário, mesmo fora do equilíbrio, a ocupação das armadilhas não depende do tempo. Isto significa que a taxa de diminuição da concentração das lacunas na banda de valência também é igual a $R(n, p)$. Do balanço dos processos (3) e (4) e à semelhança de (4.76), obtém-se:

$$R(n, p) = W_3 \left[p f_n - \frac{p_0(1 - f_n)}{N_t(1 - f_0(E_t))} \right] \tag{4.77}$$

em que W_3 é dada por uma equação semelhante a (4.74) mas com os parâmetros respeitantes às lacunas.

Se a concentração das armadilhas for pequena, quando comparada com as concentrações dos portadores de carga fora do equilíbrio,

$$\delta n \approx \delta p \ .$$

Tendo em conta esta hipótese e igualando as expressões (4.76) e (4.77), a incógnita f_n pode ser eliminada. Para a taxa de recombinação através das armadilhas obtém-se:

$$R = \frac{n_0 + p_0 + \delta n}{\tau_{n0}(p_0 + p_t + \delta n) + \tau_{p0}(n_0 + n_t + \delta n)} \delta n \tag{4.78}$$

onde

$$n_t = N_c \exp\left(-\frac{E_c - E_t}{kt} \right); \qquad p_t = N_v \exp\left(-\frac{E_t - E_v}{kt} \right),$$

e $\tau_{n0}^{-1} \equiv W_1$ e $\tau_{p0}^{-1} \equiv W_3 = \sigma_p v_p N_t$. Este resultado é conhecido como a **fórmula de Schokley, Reed e Hall**.

No limite da excitação fraca, quando $\delta n \ll \max\{n_0, p_0\}$, a eq. (4.78) pode-se reescrever na forma (4.72), com o tempo de vida dado por:

$$\tau = \frac{\tau_{p0}(n_0 + n_t) + \tau_{n0}(p_0 + p_t)}{n_0 + p_0}. \qquad (4.79)$$

A variação típica do tempo de vida, dado por (4.79), com a concentração dos electrões no equilíbrio, determinada pela dopagem do material, é mostrada na fig. 4.13. Vê-se que este tempo de vida é mais longo para um semicondutor intrínseco, neste caso designado por τ_0.

No limite de excitação muito intensa, $\delta n \gg n_0, p_0, n_t, p_t$, também é possível definir o tempo de vida, o qual não depende do nível da excitação. Neste limite, tem-se da eq. (4.78):

$$\tau_\infty = \tau_{n0} + \tau_{p0}. \qquad (4.80)$$

As relações (4.79) e (4.80) também permitem prever a variação do tempo de vida com a temperatura.

A importância deste mecanismo de recombinação depende do material e da sua pureza. Repare-se que as impurezas tecnológicas (dadoras e aceitadoras) não são eficientes como centros de recombinação porque os seus níveis de energia ficam muito próximos das respectivas bandas. Assim, um dos processos, (1) ou (3), torna-se pouco provável. Então, os centros de recombinação (ou seja, as armadilhas) existem devido à presença de impurezas incontroláveis e defeitos pontuais. A pureza e a perfeição da estrutura cristalina são pré-requisitos indispensáveis dos materiais para aplicações em optoelectrónica porque o funcionamento dos

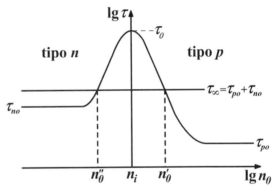

Figura 4.13 Variação do tempo de vida dos portadores de carga fora do equilíbrio, para a recombinação através de armadilhas, em função da concentração dos electrões no equilíbrio térmico.

dispositivos exige que o tempo de vida não seja limitado pelos processos de recombinação não radiativa. A concentração das impurezas incontroláveis nos materiais semicondutores produzidos para este fim hoje em dia pode ser inferior a 10^{12}cm^{-3}.

A secção eficaz das armadilhas, ou seja, σ_n na eq. (4.74), está determinada para alguns semicondutores e pode variar entre 10^{-12} e 10^{-22}cm^2 [4.9]. Para se ter uma ideia da ordem de grandeza do tempo de vida, tomando $N_t = 10^{14} \text{cm}^{-3}$, $\sigma_n = 10^{-17} \text{cm}^2$ e $v_n = 10^7 \text{cm/s}$, obtém-se $\tau_\infty \approx 10^{-4} \text{s}$.

4.6.3 Recombinação na superfície

Na superfície de qualquer amostra de um material semicondutor há sempre muitos estados locais na medida em que a sua função de onda decai de maneira exponencial, com a distância, até à superfície; são chamados **estados de superfície**. Apenas o facto de a superfície quebrar a simetria de translação do cristal leva à necessidade da existência de estados de superfície, chamados "níveis de Tamm". Além disso, na superfície estão sempre presentes átomos adsorvidos e ligações químicas não satisfeitas (*dangling bonds*), que criam níveis de energia não previstos na estrutura das bandas electrónicas de um cristal ideal e infinito.

Alguns destes estados de superfície podem situar-se no *gap* do cristal perfeito (níveis locais) e os que se sobrepõem às bandas permitidas chamam-se estados ressonantes. Os estados de superfície podem ter uma densidade bastante elevada ($\approx 10^{12} \text{cm}^{-2}$) e uma distribuição pseudo-contínua dentro do *gap* (ver fig. 4.14-a). Estes estados são capazes de atrair electrões do volume do semicondutor porque a sua ocupação pode ser favorável, em termos de energia. Por essa razão, o nível de Fermi na superfície normalmente tem uma posição diferente, relativamente às energias E_c e E_v, do correspondente nível de Fermi volúmico. Este efeito chama-se "fixação" (*pinning*) do nível do Fermi. No equilíbrio, o fundo da banda de condução e o topo da banda de valência na superfície ficam desviados relativamente às suas posições no interior do semicondutor (ver fig. 4.14-b).

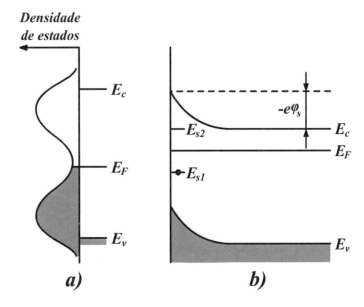

Figura 4.14 Densidade de estados superficiais no *gap* (*a*) e alteração da energia das bandas junto à superfície, devido ao preenchimento de estados de superfície por portadores de carga volúmicos (*b*). Note-se que no equilíbrio os estados de superfície inferiores ao nível de Fermi estão preenchidos (a temperaturas suficientemente baixas, quando comparadas com $(E_{s2} - E_{s1})/k$).

Então, numa região junto à superfície, cuja espessura é da ordem do comprimento de Debye, existe uma variação do potencial eléctrico, ou seja, um campo eléctrico na direcção perpendicular à superfície. Nesta zona não há neutralidade local. A superfície, relativamente ao interior do semicondutor, tem um potencial eléctrico não nulo, chamado **potencial de superfície** (φ_s).

Fora do equilíbrio, os estados de superfície podem participar na recombinação de portadores de carga em excesso. A taxa desta recombinação pode ser diferente para os electrões e as lacunas. Por exemplo, a recombinação de um electrão (que vem do interior) na superfície significa a sua captura num estado de superfície, onde ele pode ficar por muito tempo.

É usual escrever as taxas de recombinação na superfície, de dimensão [cm^{-2} s^{-1}], na seguinte forma:

$$R_p^s = S_p \delta p_s; \qquad R_n^s = S_n \delta n_s,$$

em que S_n e S_p são alguns coeficientes fenomenológicos, chamados velocidades de recombinação na superfície, medidos em $[\text{cm/s}]$. Para obter as concentrações dos portadores de carga em excesso na superfície $\left(\delta p_s \text{ e } \delta n_s, \left[\text{cm}^{-2}\right]\right)$, é necessário resolver as equações que se obtêm das relações de balanço (4.71) acrescentando os termos que descrevem a difusão espacial dos electrões e das lacunas. Cada um destes termos é a divergência da densidade de fluxo das respectivas partículas e o fluxo é dado pela lei de Fick (3.50). Por exemplo, para as lacunas tem-se[11]:

$$\dot{p} = G - R(n, p) + D_p \nabla^2 p \qquad (4.81)$$

e de um modo semelhante para os electrões. Na eq. (4.81) D_p é o coeficiente de difusão das lacunas. A condição de fronteira para (4.81) é

$$D_p \left. \frac{d(\delta p)}{dz} \right|_{\text{na superfície}} = S_p \cdot \delta p \Big|_{\text{na superfície}}.$$

A eq. (4.81) e a análoga para os electrões estão geralmente acopladas e têm de ser resolvidas simultaneamente. O problema simplifica-se se os tempos de vida volúmicos τ_r^e e τ_r^h puderem ser considerados independentes das concentrações n e p. Sempre que a taxa de recombinação volúmica puder ser apresentada na forma (4.72), a resolução da eq. (4.81), no caso estacionário, unidimensional, não é difícil (Problema **IV.16**).

A figura 4.15 mostra os perfis de concentração das lacunas fora do equilíbrio numa camada fina de semicondutor, de espessura d, em função da velocidade de recombinação na superfície. Como se vê, a recombinação na superfície influencia significativamente a concentração de portadores de carga fora do equilíbrio no interior do semicondutor, ou

---

[11] Note-se que, quando $n \approx p$, deve-se usar o **coeficiente de difusão ambipolar** (P4.13) em vez de D_p.

seja, longe da superfície. A escala característica deste efeito é o **comprimento de difusão**,

$$L = \sqrt{D_p \tau_r}. \quad (4.82)$$

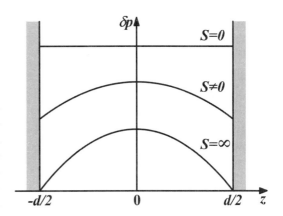

Se o tempo de vida for grande, isto é, para uma taxa de recombinação volúmica baixa, o comprimento de difusão pode ser comparável à espessura da amostra, d, e a concentração dos portadores de carga fora do equilíbrio determina-se predominantemente pela recombinação na superfície. Esta situação é típica de filmes semicondutores produzidos pelas técnicas de crescimento epitaxial, que são puros e têm espessuras da ordem de 1μm. Para diminuir a velocidade de recombinação, a superfície tem que ser "passivada", ou seja, coberta por uma camada de óxido ou de um outro material dieléctrico, compatível com o semicondutor.

Figura 4.15 Distribuição estacionária de lacunas fora do equilíbrio, criadas por iluminação uniforme num filme fino, para diferentes taxas de recombinação na superfície.

Como em geral $\tau_r^e \neq \tau_r^h$ e $S_n \neq S_p$, a distribuição estacionária dos electrões, $\delta n(z)$, é diferente da das lacunas, $\delta p(z)$, mostrada na fig. 4.15, embora seja qualitativamente semelhante. Isto significa que a neutralidade local não tem lugar nem na superfície nem no interior da amostra. O potencial de superfície, φ_s, além dos parâmetros do material, depende também da intensidade da iluminação.

4.6.4 Recombinação radiativa

A recombinação directa de um electrão e de uma lacuna com emissão de um fotão é um processo eficaz nos semicondutores com *gap* directo. Nos cristais de Si e de Ge, em que este processo exige a participação de fonões, a sua probabilidade é pequena.

A taxa de recombinação directa inter-bandas pode ser escrita sob a forma:

$$R = V \int W_e(E', E) \cdot \rho_c(E') f_n(E') \cdot \rho_v(E) f_p(E) dE dE' \quad (4.83)$$

em que $W_e(E', E)$ é a probabilidade de emissão de um fotão por unidade de tempo, integrada sobre todas as frequências do fotão emitido,

$$W_e(E', E) = V \int w_e(E', E; \omega) \rho(\hbar \omega) d(\hbar \omega) \quad (4.84)$$

com

$$\rho(\hbar\omega) = \frac{\omega^2 \eta^3}{\pi^2 c^3 \hbar}$$

a densidade de estados de fotões emitidos (contando as duas polarizações possíveis) e V o volume do cristal. Esta densidade de estados pressupõe que os fotões se propagam livremente, segundo a relação de dispersão $\omega = kc/\eta$, ou seja, a absorção é relativamente pequena.

Na eq. (4.83), o factor $\rho_c(E')f_n(E')$ representa a probabilidade de ocupação do estado E' da banda de condução (fora do equilíbrio) e o factor $\rho_v(E)f_p(E)$ representa a probabilidade de uma lacuna ocupar o estado E da banda de valência.

A probabilidade de emissão de um fotão de frequência ω, num processo em que o electrão passa do estado E' para o estado E, calcula-se de modo idêntico ao cálculo da probabilidade de absorção da sec. 4.2.2. Aliás, não é preciso repetir este cálculo porque as probabilidades destes dois processos, reversíveis do ponto de vista microscópico, estão relacionadas pelo princípio do balanço detalhado (ver Problema **IV.18**),

$$w_e(E', E; \omega) = w_a(E, E'; -\omega)\left(\frac{N_p + 1}{N_p}\right) \tag{4.85}$$

em que N_p é o número de ocupação dos fotões de frequência ω que no equilíbrio segue a função de Bose-Einstein. A probabilidade de absorção é dada pela eq. (4.18) que, na notação desta secção, se escreve como

$$w_a(E, E'; -\omega) = \left(\frac{2\pi e}{m_0 \eta}\right)^2 \frac{N_p}{\omega V}\left\langle \left|\vec{e} \cdot \vec{P}_{cv}\right|^2 \right\rangle \delta(E' - E - \hbar\omega)\ .$$

Então, a probabilidade integral de emissão, (4.84), é dada por:

$$W_e(E', E) = \left(\frac{2\pi e}{m_0 \eta}\right)^2 \int g_0(\hbar\omega)\left\langle \left|\vec{e} \cdot \vec{P}_{cv}\right|^2 \right\rangle \delta(E' - E - \hbar\omega)\frac{d(\hbar\omega)}{\omega} \tag{4.86}$$

onde

$$g_0(\hbar\omega) = \frac{\omega^2 \eta^3}{\pi^2 c^3 \hbar}\frac{1}{\exp\left(\dfrac{\hbar\omega}{kT}\right) - 1} \tag{4.87}$$

é a função de Planck. O integral desta função, $\int g_0(\hbar\omega)d(\hbar\omega)$, representa a concentração dos fotões no equilíbrio térmico. Para obter (4.86) basta substituir a distribuição de Bose-

Einstein na eq. (4.85) e ter em conta que $\hbar\omega = E' - E$, devido à presença da função de Dirac.

Admitindo que os portadores de carga fora do equilíbrio não são degenerados, as funções de distribuição podem ser escritas na seguinte forma:

$$f(E') = \exp\left(\frac{F_n - E'}{kT}\right); \quad f_p(E) = \exp\frac{E - F_p}{kT}, \tag{4.88}$$

em que F_n e F_p são os pseudo-níveis de Fermi dos electrões e das lacunas. Utilizando as fórmulas do Capítulo II, com (4.88) em vez da função de distribuição no equilíbrio (2.12a), é possível relacionar as concentrações dos electrões e das lacunas com os respectivos pseudo-níveis de Fermi. Por exemplo, tem lugar a seguinte relação:

$$n \cdot p = n_0 p_0 \exp\frac{F_n - F_p}{kT} = n_i^2 \exp\frac{F_n - F_p}{kT} \ . \tag{4.89}$$

A eq. (4.89) mostra que a diferença $(F_n - F_p)$ caracteriza o grau de desvio do sistema relativamente ao seu estado de equilíbrio.

Combinando as relações (4.83), (4.88) e (4.89), é possível escrever a taxa de recombinação radiativa sob a seguinte forma:

$$R = \gamma\, n\, p$$

com

$$\gamma = \frac{V}{N_c N_v} \cdot \int_{E_c}^{\infty} \int_{-\infty}^{E_v} W_e(E',E)\,\rho_c(E')\,\rho_v(E)\exp\left(-\frac{E' - E_c}{kT}\right)\exp\left(\frac{E_v - E}{kT}\right)dE'dE \ . \tag{4.90}$$

É preciso levar em conta que a radiação emitida nas transições inter-bandas pode ser reabsorvida. Neste processo são criados pares electrão-lacuna adicionais aos produzidos pela iluminação externa. A taxa de geração pela radiação de origem interna, no equilíbrio, é exactamente igual à taxa de recombinação radiativa, dada pela eq. (4.90):

$$G_T = \gamma\, n_0 p_0 \ . \tag{4.91}$$

A geração dos portadores de carga pela reabsorção efectivamente diminui a taxa de recombinação radiativa. Subtraindo (4.91) da expressão (4.90) obtém-se a taxa eficaz de emissão radiativa,

$$\tilde{R} = \gamma\,(n\,p - n_0 p_0) \ . \tag{4.92}$$

É esta grandeza que figura na equação de balanço (4.71) quando se considera G como a taxa da geração associada apenas à radiação externa. No limite de excitação fraca e sob a condição $\delta n = \delta p$,

$$n\,p \approx n_0 p_0 + (n_0 + p_0)\delta n \ .$$

Assim, é possível definir o tempo de vida para a recombinação radiativa,

$$\tilde{R} \approx \frac{\delta n}{\tau_{rad}}; \quad \tau_{rad} = \frac{1}{\gamma(n_0 + p_0)} \ . \tag{4.93}$$

O tempo de vida (4.93) caracteriza os pares electrão-lacuna e não cada uma das partículas. Este parâmetro, como é óbvio, não é uma característica fundamental do material semicondutor porque depende da concentração das impurezas que determinam n_0 e p_0. Atinge o seu valor máximo no material intrínseco,

$$\tau_{rad}^{max} = \frac{1}{2\gamma\, n_i} \ .$$

Na tabela 4.2 estão apresentados os valores deste parâmetro para alguns semicondutores. Para comparação, note-se que, no silício dopado ($n = 10^{17}\,\mathrm{cm}^{-3}$), o tempo de vida segundo (4.93) é de 2,5ms [4.3].

Tabela 4.2. Tempos de vida de pares electrão-lacuna para alguns semicondutores intrínsecos a 300K[12]

Semicondutor	GaAs	InSb	InAs	Si	Ge	PbSe
τ_{rad}^{max}	2,8 μs	0,6 ms	15 μs	4,6 h	0,43 s	2 μs

Sempre que vários processos de recombinação actuam em paralelo, o tempo de vida é naturalmente menor do que para qualquer um dos mecanismos isoladamente. Mesmo nos semicondutores com a estrutura das bandas directa e de elevada pureza actuam mecanismos de recombinação não radiativa que diminuem o tempo de vida dos portadores de carga fora do equilíbrio, de acordo com a relação

$$\frac{1}{\tau_r} = \frac{1}{\tau_{rad}} + \frac{1}{\tau_{nr}} \tag{4.94}$$

onde τ_{nr} representa todos os processos não radiativos.

---

[12] Os valores nesta tabela são compilados das referências [4.3] e [4.9].

4.7 Fotoluminescência

Como foi dito no início do presente capítulo, este termo designa uma família de processos em que o material é iluminado e emite luz de frequência distinta, em geral inferior à de excitação. Tal como no caso da absorção, podem-se distinguir vários tipos de emissão que ocorrem através da recombinação radiativa de pares electrão-lacuna originários de estados iniciais distintos; por exemplo, o electrão e a lacuna ocupam alguns estados independentes nas respectivas bandas, ou formam o excitão, ou ainda uma ou ambas destas partículas encontram-se em estados localizados. De acordo com estas possibilidades, existe emissão
- inter-bandas;
- excitónica;
- relacionada com as impurezas.

Os mecanismos que determinam a existência de portadores de carga fora do equilíbrio também podem ser distintos. Uma possibilidade é a injecção dos electrões e das lacunas por intermédio de uma corrente eléctrica, que atravessa uma amostra não homogénea, dando origem à **electroluminescência**. A outra pode ser o aquecimento da amostra, o que resulta em emissão de **termoluminescência**. Quando os portadores de carga fora do equilíbrio são criados por iluminação, trata-se então da **fotoluminescência**.

O fenómeno de fotoluminescência inclui três processos "elementares":
1) excitação (absorção de um fotão incidente);
2) termalização (relaxação dos portadores de carga para o estado de equilíbrio térmico);
3) recombinação radiativa.

Devido ao processo de termalização, que ocorre através de colisões do electrão e da lacuna com fonões e eventualmente com outros portadores de carga, a energia do fotão emitido ($\hbar\omega$) é normalmente inferior à energia do fotão incidente[13] ($\hbar\omega_I$).

Relativamente à **fotoluminescência inter-bandas** e utilizando os resultados já obtidos neste capítulo, a probabilidade de absorção é dada por:

$$w_a(\omega_I) = \left(\frac{2\pi e}{m_0\eta}\right)^2 \frac{N_p}{\omega_I} \left\langle \left|\vec{e}\cdot\vec{P}_{cv}\right|^2\right\rangle \tag{4.95}$$

$$\times\frac{2}{(2\pi)^3}\int d\vec{k}\,\delta\!\left(E_c(\vec{k}) - E_v(\vec{k}) - \hbar\omega_I\right) f_p\!\left(E_c(\vec{k})\right) f_n\!\left(E_v(\vec{k})\right)$$

A probabilidade de emissão é:

$$w_e(\omega) = \left(\frac{2\pi e}{m_0\eta}\right)^2 \frac{(N_p + 1)}{\omega} \left\langle \left|\vec{e}\cdot\vec{P}_{cv}\right|^2\right\rangle \tag{4.96}$$

---

[13] No entanto, já foi observada fotoluminescência com a emissão de fotões mais energéticos do que os incidentes [4.33]. A energia adicional é fornecida por uma terceira partícula, fonão ou outro fotão. Este efeito chama-se fotoluninescência por conversão ascendente (*up-converted photoluminescence, UCPL*).

$$\times \frac{2}{(2\pi)^3} \int d\vec{k}\, \delta\!\left(E_c(\vec{k}) - E_v(\vec{k}) - \hbar\omega\right) f_n\!\left(E_c(\vec{k})\right) f_p\!\left(E_v(\vec{k})\right).$$

As eqs. (4.95) e (4.96) pressupõem que a ocupação dos estados das bandas de condução e de valência num semicondutor sob iluminação, em geral, está fora do equilíbrio.

É necessário fazer um comentário sobre o factor $\left(N_p + 1\right)$ na expressão (4.96) da probabilidade de emissão. Este factor vem do elemento de matriz do operador $\hat{a}\hat{a}^+$ que corresponde à emissão, enquanto que a absorção corresponde ao operador $\hat{a}^+\hat{a}$, conforme (4.14). O facto da probabilidade de emissão ser proporcional ao número de fotões já existentes (desta mesma frequência) é um efeito quântico, conhecido como **emissão estimulada**, prevista por Einstein já em 1917. Sempre que a parcela $\propto N_p$ puder ser desprezada, tem-se apenas a **emissão espontânea**. No equilíbrio térmico, o número de fotões é muito baixo $\left(N_p \ll 1\right)$ para qualquer temperatura habitual; por essa razão a emissão, por exemplo, de lâmpadas comuns é praticamente 100% espontânea. Esta situação também é típica do fenómeno da fotoluminescência. No entanto, a emissão estimulada é predominante nos **lasers**, em particular, nos lasers de semicondutores considerados no Capítulo V.

Admita-se que a excitação óptica não é muito intensa e que o sistema não está longe do equilíbrio. Como no equilíbrio

$$f_n\!\left(E(\vec{k})\right) = f_0\!\left(E(\vec{k})\right), \quad f_p\!\left(E(\vec{k})\right) = \left[1 - f_0\!\left(E(\vec{k})\right)\right],$$

$$\frac{f_0\!\left(E_c(\vec{k})\right)\left[1 - f_0\!\left(E_v(\vec{k})\right)\right]}{f_0\!\left(E_v(\vec{k})\right)\left[1 - f_0\!\left(E_c(\vec{k})\right)\right]} = \exp\!\left\{-\frac{E_c(\vec{k}) - E_v(\vec{k})}{kT}\right\},$$

e $f_0\!\left(E_v(\vec{k})\right) \approx 1$, $f_0\!\left(E_c(\vec{k})\right) \approx 0$, tem-se:

$$f_n\!\left(E_c(\vec{k})\right) f_p\!\left(E_v(\vec{k})\right) \approx \exp\!\left\{-\frac{E_c(\vec{k}) - E_v(\vec{k})}{kT}\right\}. \tag{4.97}$$

Utilizando (4.97) e efectuando a integração indicada em (4.96), a intensidade espectral da emissão espontânea inter-bandas, $I_{PL} = \hbar\omega\, w_e(\omega)\, \rho(\hbar\omega)$, é dada por:

$$I_{PL}(\hbar\omega) \propto \omega^2 \sqrt{\hbar\omega - E_g}\, \exp\!\left(-\frac{\hbar\omega}{kT}\right) \tag{4.98}$$

para $\hbar\omega \geq E_g$. A forma do espectro prevista pela eq. (4.98) verifica-se experimentalmente, conforme se mostra na figura 4.16.

Mesmo sob iluminação pouco intensa, a termalização dos portadores de carga adicionais não é atingida se o tempo de vida dos pares electrão-lacuna (τ_{rad}) não for muito superior ao tempo de relaxação. Neste caso o factor $\exp\left(-\dfrac{\hbar\omega}{kT}\right)$, na eq. (4.98), deve ser substituído por:

$$\exp\left(\frac{F_n - F_p - \hbar\omega}{kT}\right),$$

em que estão presentes os pseudo-níveis de Fermi.

Como $(F_n - F_p)$ depende da intensidade e da frequência da excitação, isto significa que o espectro de fotoluminescência começa a variar em função dos parâmetros da excitação. Para os experimentalistas isto é um sinal de que a termalização dos portadores de carga não é completa, nas condições experimentais escolhidas, e que é preciso interpretar cuidadosamente os espectros de emissão.

A emissão que provém da recombinação dos excitões acoplados (ver secção 4.3), chamada **fotoluminescência excitónica**, pode ser medida em cristais suficientemente puros e a temperaturas suficientemente baixas. Os espectros desta luminescência contêm picos discretos que correspondem às energias

$$E_n = E_g - \frac{R_{ex}}{n^2} \qquad (4.99)$$

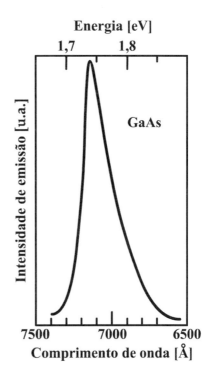

Figura 4.16 Espectro de fotoluminescência, a $T=300K$, de uma amostra de GaAs que está sob a pressão hidrostática de 29,4 kbar, para ajustar E_g (adaptado da ref. [4.32]).

onde R_{ex} é o Rydberg excitónico e $n = 1, 2, 3, \ldots$ Se a termalização dos excitões fora do equilíbrio for atingida, a intensidade espectral da emissão espontânea pode ser expressa em termos do coeficiente de absorção (4.38) através do princípio do balanço detalhado (4.85), ou seja,

$$I_{PL}(\hbar\omega) = \frac{\alpha c}{\eta}\hbar\omega\, g_0(\hbar\omega) \qquad (4.100)$$

em que g_0 é a função de Planck (4.87). Então, qualitativamente, o espectro da luminescência excitónica é semelhante ao da absorção, mostrado na fig. 4.6, na região $\hbar\omega < E_g$. Acima da energia do *gap*, onde a emissão é devida à recombinação dos excitões desacoplados, ou seja, electrões e lacunas que efectuam movimento livre, ligeiramente afectado pela interacção Coulombiana, a intensidade diminui exponencialmente com o aumento da energia $\hbar\omega$, de acordo com (4.98).

A fotoluminescência excitónica pode ser observada em materiais suficientemente puros e a temperaturas baixas. No entanto, nestes espectros muitas vezes aparecem picos atribuídos aos excitões ligados a átomos de impurezas residuais, tal como se observa nos espectros de absorção (ver fig. 4.7). É frequente a ocorrência de picos relacionados com os complexos do tipo "dador neutro + excitão acoplado", designados por $D^0 X$ [4.34]. A espectroscopia de alta resolução permite detectar satélites deste pico que se separam do pico principal ($D^0 X$) de uma energia igual a um número inteiro de $\hbar\omega_{LO}$, com ω_{LO} a frequência do fonão LO. Este facto experimental é explicado pela interacção excitão-fonão, favorecida pela localização do excitão [4.35].

Existe ainda outro tipo de emissão caracterizada por linhas espectrais muito estreitas, associada a transições radiativas entre dois estados localizados, um do tipo dador e outro aceitador, as **transições D-A**. A probabilidade da transição depende da sobreposição das funções de onda correspondentes a estes estados e da concentração dos pares D-A. No estado inicial, ambas as impurezas estão ionizadas e existe interacção Coulombiana entre elas, com a energia inversamente proporcional à distância, R. No estado final, ambas são neutras. Assim, a energia do fotão emitido numa transição D-A é:

$$\hbar\omega = E_g - E_A - E_D + e^2/(\varepsilon_0 R).$$

Para as impurezas de substituição que ocupam os nós da rede cristalina, a distância R varia de modo discreto dando origem a uma série de picos discretos no espectro da emissão, que podem ser observados a baixas temperaturas. A intensidade destes picos, comparada com a da emissão excitónica, permite tirar conclusões relativamente à pureza do material.

Em alguns casos, os dois estados podem pertencer ao mesmo átomo de impureza ou defeito da rede cristalina. Nesta situação trata-se, então, de uma transição intra-centro. Um exemplo, importante do ponto de vista prático, é o érbio no silício. Iões Er^{3+} incorporados no silício (cristalino ou amorfo) produzem uma emissão estável devido à transição entre os estados designados por $^4I_{13/2}$ e $^4I_{15/2}$ que correspondem à camada electrónica interna $4f$ [4.36]. O comprimento de onda desta emissão é aproximadamente 1,54µm, o que corresponde ao mínimo de absorção de fibras ópticas fabricadas à base de sílica. Este facto motivou, desde o início dos anos 90, um interesse considerável por este sistema, em vista das suas aplicações em sistemas de comunicação por fibras ópticas.

A **espectroscopia de fotoluminescência** é um dos métodos usuais de caracterização de materiais semicondutores. Como se pode ver do que se apresentou, esta técnica permite a determinação do espectro excitónico e, através dele, das massas efectivas dos portadores de carga, do espectro e do teor em impurezas, e ainda dos parâmetros da interacção electrão-fonão. Além disso, usa-se frequentemente a **espectroscopia de excitação da fotoluminescência** (*Photoluminescence Excitation*, PLE). O espectro PLE é medido registando a intensidade da emissão para um determinado comprimento de onda, fixado pelo experimentalista, enquanto o comprimento de onda da excitação é variado. Em determinadas condições, que são discutidas no livro [4.3] e que devem ser verificadas

Capítulo IV – Óptica dos Semicondutores   201

pelo experimentalista, o espectro PLE é aproximadamente equivalente ao de absorção. Como a medição da absorção é difícil ou até impossível em algumas situações, como por exemplo, para um filme epitaxial, crescido em cima de um substrato não transparente, a espectroscopia PLE torna-se muito útil, embora a interpretação dos resultados exija uma análise cuidada dos espectros medidos.

4.8 Fotocondutividade

Os portadores de carga criados pela iluminação contribuem naturalmente para a condutividade eléctrica, se a amostra for sujeita a uma diferença de potencial. A variação da condutividade provocada pela absorção de luz chama-se **fotocondutividade**. Se a energia dos fotões incidentes for $\hbar\omega \geq E_g$, criam-se pares de electrões e lacunas e a fotocondutividade é **bipolar**. Caso contrário, a absorção de fotões pode provocar apenas transições do tipo "nível local – banda" ou inter-níveis, ou seja, a ionização de átomos de impurezas. Em resultado destas transições aumenta a concentração de apenas um tipo de portadores de carga livres e a fotocondutividade é **monopolar**. A absorção por electrões livres praticamente não altera a sua condutividade, por isso a fotocondutividade dos metais é muito pequena.

Assim, considera-se que a fotocondutividade se deve ao aumento da concentração dos portadores de carga e a variação da sua mobilidade pode ser desprezada,

$$\delta\sigma = e(\mu_n \delta n + \mu_p \delta p)$$ (4.101)

As concentrações dos portadores de carga em excesso podem ser obtidas a partir das equações de balanço (ver Secção 4.6). Admitindo que a geração dos portadores de carga é bipolar e homogénea, das eqs. (4.71), (4.72) e (4.101) obtém-se:

$$\frac{d(\delta\sigma)}{dt} = e(\mu_n + \mu_p)G - \frac{\delta\sigma}{\tau_{fc}}$$ (4.102)

onde foi introduzido o tempo de relaxação da fotocondutividade,

$$\tau_{fc} = \frac{\mu_n \delta n + \mu_p \delta p}{\mu_n \delta n (\tau_r^e)^{-1} + \mu_p \delta p (\tau_r^h)^{-1}} \ .$$ (4.103)

Na eq. (4.102) também foram desprezados os termos que representam os fluxos dos portadores de carga no interior da amostra, $\mathrm{div}\vec{j}_e$ e $\mathrm{div}\vec{j}_h$. Os fluxos de difusão são nulos e os de deriva são iguais em qualquer ponto do espaço, porque a amostra e a geração são consideradas homogéneas. Se isto não se verificar, os respectivos termos têm que ser adicionados na eq. (4.71).

Nas condições estacionárias, o valor da fotocondutividade é

$$\delta\sigma_0 = e(\mu_n + \mu_p)G\tau_{fc} \ .$$ (4.104)

Nesta expressão e através da eq. (4.103), estão incluídos os valores estacionários de δn e δp. A relação (4.103) mostra que $\delta\sigma_0$ é tanto maior, ou seja, o material é tanto mais fotossensível, quanto maiores forem os tempos de vida dos electrões e das lacunas.

No entanto, o aumento dos tempos de vida também tem um efeito negativo do ponto de vista das aplicações em dispositivos optoelectrónicos. Com efeito, o tempo característico de resposta do material a uma variação da

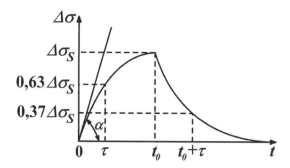

Figura 4.17 Variação com o tempo da fotocondutividade de uma amostra sujeita a iluminação modulada ($\tau_{fc} = const$).

iluminação também aumenta. Considere-se então um impulso de irradiação, de duração t_0 e de forma rectangular. Admitindo que τ_{fc} é constante (o que, em geral, não é verdade), a solução da eq. (4.102) é:

$$\delta\sigma(t) = \delta\sigma_s [1 - \exp(-t/\tau_{fc})], \quad 0 < t < t_0;$$
$$\delta\sigma(t) = \delta\sigma_s \exp(-t/\tau_{fc}), \quad t > t_0 .$$
(4.105)

em que a amplitude $\delta\sigma_s \approx \delta\sigma_0$, se $t_0 > \tau_{fc}$. Então, a cinética da fotocondutividade é determinada pelo tempo característico τ_{fc} (ver fig. 4.17). Se $\tau_r^e \approx \tau_r^h$, τ_{fc} é próximo do tempo de vida dos electrões, porque normalmente a mobilidade deles é muito superior à das lacunas. Então, o desenvolvimento de fotossensores à base de semicomdutores homogéneos (**fotorresistores**) resulta de um compromisso entre a rapidez de resposta e a sensibilidade, sendo ambas determinadas pelos tempos de vida, sobretudo por τ_r^e.

O estudo da variação da fotocondutividade com o tempo é o método experimental usual para a determinação dos tempos de vida. Utiliza-se uma fonte de luz contínua e um anteparo (*chopper*) que permite iluminar a amostra por períodos fixos e de frequência controlada.

A cinética simples, descrita pelas relações (4.105), é raramente observada na prática. No entanto, a variação da fotocondutividade com o tempo é qualitativamente semelhante à apresentada na fig. 4.17. Se o estado estacionário for atingido ($\delta\sigma_s \approx \delta\sigma_0$), as concentrações dos portadores de carga em excesso são $\delta n \cong G\tau_r^e$ e $\delta p \cong G\tau_r^h$. Assim, da eq. (4.103) resulta que:

$$\tau_{fc} = \frac{\mu_n \tau_r^e + \mu_p \tau_r^h}{\mu_n + \mu_p} .$$
(4.103a)

Como as mobilidades podem ser medidas independentemente (por exemplo, através do efeito Hall), a relação (4.103a) permite determinar o tempo de vida dos portadores de carga medindo τ_{fc} no início da parte decrescente do gráfico $\delta\sigma(t)$.

No início da parte crescente ($t \ll \tau_{fc}$), o declive do gráfico não depende dos processos de recombinação, apenas da taxa da geração,

$$\tan\alpha = e(\mu_n + \mu_p)G \ . \tag{4.106}$$

Este facto permite avaliar o número de portadores de carga criados por um fotão, ou seja, o rendimento quântico, Y, introduzido no início da secção 4.6. Enquanto que $Y \leq 1$ para os fotões de energia da ordem de E_g, este parâmetro pode ser significtivamente superior a um para os fotões mais energéticos. Por exemplo, o número médio de pares electrão-lacuna por fotão excede um para $\hbar\omega \geq 4{,}3E_g$ no germânio e $\hbar\omega \geq 3E_g$ no silício [4.9].

Isto é devido à capacidade dos portadores de carga fora do equilíbrio, que possuem uma energia cinética elevada, criarem novos pares electrão-lacuna através da ionização por impacto.

O ganho óptico é uma das características mas importantes para os detectores de radiação electromagnética de várias zonas espectrais, por exemplo, dos raios X. Como se vê das relações (4.70) e (4.106), pode ser medido através da cinética da fotocondutividade, desde que seja conhecido o coeficiente de absorção do material semicondutor.

Além da cinética, estuda-se frequentemente a resposta espectral da fotocondutividade, ou seja, a dependência de $\delta\sigma_0$ relativamente ao comprimento de onda da iluminação. Este método permite obter essencialmente o mesmo tipo de informações que a técnica PLE discutida na secção anterior. Mais detalhes sobre o fenómeno da fotocondutividade e os métodos experimentais nele baseados podem ser encontrados na literatura da especialidade [4.37].

204 *Física dos Semicondutores*

Problemas

IV.1. Uma amostra maciça tem o coeficiente de reflexão $R = 0,36$ para a radiação electromagnética de comprimento de onda $\lambda = 100\,\mu m$. Um filme do mesmo material, de espessura $d = 1mm$, tem o coeficiente de transmissão $T = 0,17$. Calcule o coeficiente de absorção para este material.

IV.2. Obtenha as expressões gerais para a reflectância e a transmitância de uma camada de um material absorvente, de espessura d e função dieléctrica ε_1, depositado sobre um meio dieléctrico, semi-infinito, de constante dieléctrica (real) ε_2. Considere que a incidência é normal e que a primeira interface é entre o filme e o vácuo.

Resposta.

$$R = \left| \frac{r_1 \exp(-2i\phi) + r_2}{r_1 r_2 + \exp(-2i\phi)} \right|^2 \; ; \tag{P4.1}$$

$$T = \left| \frac{\left(1 - r_1^2\right)\exp(-i\phi)}{r_1 r_2 + \exp(-2i\phi)} \right|^2 \tag{P4.2}$$

onde $r_1 = \dfrac{1 - \sqrt{\varepsilon_1}}{1 + \sqrt{\varepsilon_1}}$, $r_2 = \dfrac{\sqrt{\varepsilon_1} - \sqrt{\varepsilon_2}}{\sqrt{\varepsilon_1} + \sqrt{\varepsilon_2}}$ e $\phi = \sqrt{\varepsilon_1}\,\dfrac{\omega}{c}d$.

IV.3. Utilize os resultados do problema anterior para deduzir as expressões (4.6) e (4.7), considerando o limite $d \to \infty$. Preste atenção às aproximações necessárias para chegar a estas expressões, em particular, à eq. (4.7).

IV.4. Avalie o módulo do quase-momento do electrão e da lacuna criados por um fotão da energia $\hbar\omega = 0,31eV$ num semicondutor com a energia do *gap* $E_g = 0,3eV$. Admita que a estrutura das bandas é directa e os espectros dos electrões e das lacunas são parabólicos, com as massas efectivas $m_e^* = m_h^* = 0,4m_0$. Compare o valor encontrado com o momento do fotão (Nota: o índice de refracção do material semicondutor é $\eta = 4$).

IV.5. Obtenha a expressão para o coeficiente de proporcionalidade na equação (4.27) que descreve o comportamento do coeficiente de absorção devido às transições inter-bandas.

Resposta.

$$C = \frac{4e^2 \left(2\mu_{eh}^*\right)^{3/2}}{3m_0^2 \hbar^3 c\eta} D^2 . \tag{P4.3}$$

IV.6. Utilizando os dados do Problema **IV.4** calcule o valor do coeficiente de absorção devido às transições inter-bandas. Tome para o elemento de matriz de Kane o valor $D = 7,5 \cdot 10^{-8} \, \text{eV cm}$.

IV.7. Partindo da eq. (4.31) obtenha a expressão para o coeficiente de absorção devido às transições indirectas acompanhadas pela absorção de fonões.

Resolução.
Considerando o processo de absorção mostrado na fig. 4.4, a passagem do electrão do estado inicial $\left(\left|\vec{k}_c\right\rangle\right)$ para o final $\left(\left|\vec{k}_v\right\rangle\right)$ envolve um estado intermediário $\left(\left|i\right\rangle\right)$ e duas transições, uma com absorção de um fotão e a outra com absorção de um fonão. O elemento de matriz da primeira transição já foi calculado em 4.2.2. De acordo com as eqs. (4.16) e (4.17),

$$\left\langle \vec{k}_i ; N_p - 1 \left| H_{eR} \right| \vec{k}_v ; N_p \right\rangle = \sqrt{N_p} \, \frac{e}{m_0 \eta} \left(\frac{2\pi\hbar}{V\omega} \right)^{1/2} \left(\vec{e} \cdot \vec{P}_{cv}(\vec{k}_v) \right) \delta_{\vec{q} - \vec{k}_i + \vec{k}_v, 0} \, . \quad \text{(P4.4)}$$

Note-se que, devido ao valor pequeno do vector de onda do fotão, $\vec{k}_i \approx \vec{k}_v$, ou seja, esta transição é vertical.
À semelhança com a eq. (P4.4), o elemento de matriz para a segunda transição é:

$$\left\langle \vec{k}_c ; n_j - 1 \left| H_{eR} \right| \vec{k}_v ; n_j \right\rangle = \sqrt{n_j} \, \frac{f_j(\vec{q}_{ph})}{V^{1/2}} \delta_{\vec{q}_{ph} - \vec{k}_c + \vec{k}_v, 0} \quad \text{(P4.5)}$$

em que n_j é o número de fonões do ramo j com o vector de onda $\vec{q}_{ph} = \vec{k}_c - \vec{k}_v$ e $f_j(\vec{q}_{ph})$ é uma função que depende do mecanismo de interacção electrão-fonão (veja-se as secções 3.3, 3.4).
Ao substituir (P4.4) e (P4.5) na eq. (4.31) para a probabilidade total de absorção do fotão, note-se que o somatório sobre os estados intermediários é eliminado graças ao facto de ser vertical a primeira transição. No entanto, tem que ser efectuado o somatório sobre os vários vectores de onda e ramos dos fonões. Assim, tem-se:

$$w_{ind} = \frac{4\pi}{\hbar} N_p \frac{A}{V^2} \sum_{\vec{k}_c, \vec{k}_v \vec{q}_{ph}, j} n_j \frac{\left| f_j(\vec{q}_{ph}) \right|^2 \delta_{\vec{q}_{ph} - \vec{k}_c + \vec{k}_v, 0}}{\left(E_c(\vec{k}_v) - E_v(\vec{k}_v) - \hbar\omega \right)^2} \delta\left(E_c(\vec{k}_c) - E_v(\vec{k}_v) - \hbar\omega - E_{ph}^j \right)$$

$$\text{(P4.6)}$$

em que $A = \left(\frac{e}{m_0 \eta} \right)^2 \frac{2\pi\hbar}{\omega} D^2$, D é o elemento de matriz de Kane da eq. (4.23) e E_{ph}^j é a energia do fonão do ramo j.

O símbolo de Kronecker na eq. (P4.6) elimina logo o somatório sobre $\vec{q}_{ph}$. Os somatórios sobre $\vec{k}_v$ e $\vec{k}_c$ substituem-se pela integração de acordo com a regra geral,

$$\sum_{\vec{k}} \to \frac{V}{(2\pi)^3} \int d\vec{k} \ ,$$

o que dá:

$$w_{ind} = \frac{4\pi}{\hbar} N_p A \sum_j n_j \iint d\vec{k}_c d\vec{k}_v \frac{\left|f_j(\vec{k}_c - \vec{k}_v)\right|^2}{\left(E_g^{dir} + \frac{\hbar^2 k_v^2}{2\mu_{eh}} - \hbar\omega\right)^2} \delta\left(E_c(\vec{k}_c) - E_v(\vec{k}_v) - \hbar\omega - E_{ph}^j\right).$$

$$(P4.7)$$

Na eq. (P4.7) E_g^{dir} designa a energia do *gap* directo no ponto Γ e μ_{eh}^* é a massa efectiva reduzida do electrão e da lacuna na vizinhança deste ponto no espaço $\vec{k}$. Note-se que a integração se efectua sobre os vectores $\vec{k}_v$ próximos do zero (o ponto Γ) enquanto que os vectores $\vec{k}_c$ variam na vizinhança do mínimo principal da banda de condução que se encontra num ponto $\vec{k}_0$ longe do ponto Γ. Admitindo que a banda de condução na vizinhança do ponto $\vec{k}_0$ é isótropa e parabólica (e assim são as bandas de valência na proximidade do ponto Γ), a integração sobre os vectores de onda pode ser substituída pela integração sobre as energias,

$$\frac{2V}{(2\pi)^3} \int d\vec{k}_c \to \frac{2^{1/2}\left(m_e^*\right)^{3/2}}{\pi^2 \hbar^3} \int \sqrt{E - E_c(\vec{k}_0)} dE \ ;$$

$$\frac{2V}{(2\pi)^3} \int d\vec{k}_v \to \frac{2^{1/2}\left(m_h^*\right)^{3/2}}{\pi^2 \hbar^3} \int \sqrt{E_v - E'} dE'$$

onde foi utilizada a expressão (2.9) para a densidade de estados. Além disso, como o *gap* directo é muito maior do que o indirecto quer para o silício, quer para o germânio, a energia cinética $\dfrac{\hbar^2 k_v^2}{2\mu_{eh}^*}$ no denominador pode ser desprezada comparando com $\left(E_g^{dir} - \hbar\omega\right)$. (Estamos interessados na gama das energias do fotão não muito superiores à do *gap* directo). A diferença $\left(\vec{k}_c - \vec{k}_v\right)$ pode ser aproximada pelo valor constante $\vec{k}_0$. Assim, a eq. (P4.7) fica:

$$w_{ind} = \frac{4}{\pi^2 \hbar^6} \frac{N_p \left(m_e^* m_h^*\right)^{3/2} D^2}{\omega \left(E_g^{dir} - \hbar\omega\right)^2} \left(\frac{e}{m_0 \eta}\right)^2$$

(P4.8)

$$\times \sum_j n_j \left| f_j(\vec{k}_0) \right|^2 \iint \sqrt{\left(E_v - E'\right)\left(E - E_c(\vec{k}_0)\right)} \delta\left(E - E' - \hbar\omega - E_{ph}^j\right) dE \, dE' \ .$$

O integral com a função de Dirac reduz-se a

$$\int_0^{\hbar\omega + E_{ph}^j - E_g} \sqrt{E\left(E_{ph}^j + \hbar\omega - E_g - E\right)} dE = \frac{\pi}{8} \left(E_{ph}^j + \hbar\omega - E_g\right)^2$$

(P4.9)

em que $E_g = E_c(\vec{k}_0) - E_v$ é a energia do *gap* indirecto.

O coeficiente de absorção é achado através da relação $\alpha = w_{ind} \eta / (cN_p)$ substituindo as eqs. (P4.8) e (P4.9),

$$\alpha_{ind} \propto \sum_j n_j \left| f_j(\vec{k}_0) \right|^2 \frac{1}{\omega} \frac{\left[\hbar\omega - \left(E_g - E_{ph}^j\right)\right]^2}{\left(E_g^{dir} - \hbar\omega\right)^2} \ .$$

(P4.10)

Para a absorção acompanhada pela emissão de um fonão, o factor n_j é substituído por $(n_j + 1)$ e o termo $\left(E_g - E_{ph}^j\right)$ por $\left(E_g + E_{ph}^j\right)$. A eq. (P4.10) tem uma relação óbvia com as expressões (4.32) e (4.33) para a função dieléctrica.

IV.8. Calcule a energia de ligação do excitão num cristal de silício utilizando os parâmetros necessários, que podem ser encontrados nos enunciados dos Problemas **I.11** e **III.1**.

IV.9. Trace um gráfico qualitativo para o coeficiente de absorção devido aos excitões, de acordo com a eq. (4.39), e compare-o com a função (4.27).

IV.10. Utilizando a eq. (4.44) obtenha a expressão para o coeficiente de absorção devido aos electrões livres. Considere os casos limite $\omega_p \tau_p \gg 1$ e $\omega_p \tau_p \ll 1$. Verifique o resultado obtido comparando com o gráfico da fig. 4.8.

IV.11. Como varia o coeficiente de absorção devido aos electrões livres com a temperatura se o mecanismo dominante da difusão dos electrões estiver associado a
  a) impurezas ionizadas,
  b) fonões acústicos?

208   *Física dos Semicondutores*

IV.12. Considere uma camada espessa de GaAs do tipo n, com a concentração dos electrões $n = 5 \cdot 10^{16} \, \text{cm}^{-3}$ e a mobilidade $\mu_n = 2 \cdot 10^4 \, \text{cm}^2 / (\text{V} \cdot \text{s})$.

a) Sabendo que a constante dieléctrica, a alta frequência, é $\varepsilon_\infty = 10,9$, calcule a frequência e o parâmetro de amortecimento do plasmão neste material.

b) Trace gráficos qualitativos da parte real e da parte imaginária da função dieléctrica, para esta amostra.

IV.13. Utilizando as expressões (4.56) e (4.57) prove a relação de Lyddane-Sachs-Teller,

$$\varepsilon_0 = \varepsilon_\infty \frac{\omega_{LO}^2}{\omega_{TO}^2} \quad . \tag{P4.11}$$

Verifique esta relação utilizando os dados da tabela 3.2.

IV.14. Avalie o período das oscilações do coeficiente de absorção (efeito de Franz-Keldysh) em função da energia dos fotões, para $\hbar\omega > E_g$, numa amostra de GaAs sujeita a um campo eléctrico $E = 3 \, \text{kV/cm}$. Expresse o resultado em meV e compare-o com kT para a temperatura ambiente.

IV.15. Considere o limite das frequências baixas ($\omega\tau \ll 1$ e $\omega_c\tau \ll 1$) para o efeito de Faraday. Simplificando as eqs. (4.64) e (4.65) e utilizando as relações (4.67), (3.9) e (3.57) deduza a eq. (4.70). Avalie o ângulo de rotação para uma amostra de arsenieto de gálio, com os parâmetros dados no enunciado do Problema **IV.12** e $\tau = 10^{-12} \, \text{s}$, para $\omega = 10^{11} \, \text{s}^{-1}$ e $B = 0,5 \, \text{kGs}$.

IV.16. Obtenha a distribuição espacial das lacunas fora do equilíbrio num filme semicondutor, de espessura d, que está sob iluminação com luz de uma frequência acima do limiar de absorção. O filme é suficientemente fino para se considerar que a geração dos portadores de carga fora do equilíbrio é homogénea, com a taxa G_0. O coeficiente de difusão das lacunas é D_p, o tempo de vida τ_r pode ser considerado constante e a velocidade de recombinação nas superfícies é S_p.

Resposta.

$$\delta p(x) = G_0 \tau_r \left[1 - \frac{A \cosh(x/L)}{A \cosh(d/L) + \sinh(d/L)} \right] \tag{P4.12}$$

com $A = S_p L / D_p$ e L o comprimento de difusão (4.82).

Capítulo IV – Óptica dos Semicondutores　　209

IV.17. Num semicondutor aproximadamente intrínseco e sob iluminação que cria pares electrão-lacuna, as concentrações dos dois tipos de portadores de carga são da mesma ordem de grandeza. Como os electrões normalmente têm mobilidade maior, a sua difusão espacial é mais rápida. Adiantados em relação às lacunas, os electrões "puxam" as lacunas atrás de si por intermédio do campo eléctrico interno que surge em resultado da sua separação. Em resultado disto, os electrões e as lacunas efectuam um movimento estocástico acoplado, com um coeficiente de difusão $D_p < D < D_n$. Este fenómeno é conhecido como **difusão ambipolar**.

Considerando as equações acopladas de difusão dos dois tipos de portadores de carga obtenha a expressão para o coeficiente de difusão ambipolar, D.

Resposta.

$$D = \frac{D_n \sigma_n + D_p \sigma_p}{\sigma_n + \sigma_p} = \frac{n_0 + p_0}{\left(n_0/D_p\right) + \left(p_0/D_n\right)} \; . \tag{P4.13}$$

IV.18. Considere a seguinte experiência realizada com um semicondutor homogéneo do tipo n. Um feixe de luz focado através de uma fenda estreita ilumina a sua superfície de tal maneira que os pontos irradiados constituem uma recta que se designa por $x=0$. Os fotões criam pares electrão-lacuna no semicondutor e provocam a fotoluminescência. Efectuam-se medidas desta emissão resolvidas no espaço. Verifica-se que a intensidade da fotoluminescência medida no ponto $x_1 = 2\,\text{mm}$ é $\xi = 10$ vezes maior do que no ponto $x_1 = 4,3\,\text{mm}$. Também se verifica que a condutividade da amostra sob iluminação praticamente não se altera (a fotocondutividade é desprezável).

A partir destes resultados determine o comprimento de difusão das lacunas fora do equilíbrio.

Resolução.

Pelo facto de a condutividade da amostra praticamente não aumentar sob iluminação pode-se concluir que as concentrações dos portadores de carga fora do equilíbrio são pequenas quando comparadas com a dos electrões no equilíbrio. Assim, a taxa de recombinação radiativa $R(x) = const \cdot \delta p(x)$ e a variação da intensidade da emissão em função da coordenada x ao longo da superfície é determinada pela distribuição espacial das lacunas. Esta distribuição pode ser encontrada resolvendo a equação de difusão (4.81). Atendendo à geometria da experiência, o problema pode ser considerado como unidimensional:

$$\dot{\delta p} = G - \frac{\delta p}{\tau_r} + D_p \delta p'' \; . \tag{P4.14}$$

Como a mancha luminosa é muito estreita, a taxa de geração dos portadores de carga fora do equilíbrio aproxima-se pela função de Dirac, $G = \overline{G}\delta(x)$, com $\overline{G} = const$. A iluminação é estacionária, então, $\delta \dot{p} = 0$. Assim, a resolução da eq. (P4.14) (com as condições de fronteira), dá:

$$\delta p(x) = \overline{G} \sqrt{\frac{\tau_r}{D_p}} \exp\left(-\frac{|x|}{L}\right).$$

(P4.15)

Considerando a intensidade da fotoluminescência $I \propto \delta p$, da eq. (P4.15) tem-se:

$$\xi = \frac{I_1}{I_2} = \frac{\delta p(x_1)}{\delta p(x_2)} = \exp\left(\frac{x_2 - x_1}{L}\right)$$

e $L = \dfrac{x_2 - x_1}{\ln \xi} \approx 1\,\mathrm{mm}$.

IV.19. Mostre que, no equilíbrio,

$$\left(\frac{N_p(\omega)}{N_p(\omega)+1}\right) = \frac{f_0(E')[1 - f_0(E)]}{f_0(E)[1 - f_0(E')]}$$

(P4.16)

com $E' = E + \hbar\omega$, N_p a função de Bose-Einstein e $f_0(E)$ a função de Fermi-Dirac.

IV.20. Considere o efeito Dember num filme semicondutor iluminado. A luz é absorvida numa camada muito fina junto à sua superfície criando pares electrão-lacuna. Estes portadores de carga fora do equilíbrio têm mobilidades diferentes, o que faz com que as suas correntes de difusão também sejam diferentes. Em resultado disto surge uma d.d.p. entre as duas superfícies do filme, a iluminada e a oposta, que é conhecida como **f.e.m. de Dember**. Admitindo que o semicondutor é do tipo n, obtenha a expressão para a f.e.m. de Dember.

Resposta.

$$U = -\frac{e}{\sigma}(D_n - D_p)\frac{d(\Delta p)}{dx} = \frac{e}{\sigma}(D_n - D_p)\frac{\Delta p_s}{L_p}$$

(P4.17)

em que $\sigma = en\mu_n + ep\mu_p$ é a condutividade e Δp_s e L_p são o comprimento de difusão e a concentração superficial das lacunas.

Bibliografia

4.1 L.D. Landau, E.M. Lifshits, "Electrodynamics of Continuous Media", Pergamon, 1978

4.2 W. Hayes, R. Loudon, "Scattering of Light by Crystals", J. Wiley & Sons, 1978

4.3 P.Yu. Yu, M. Cardona, "Fundamentals of Semiconductors", Springer, 1996

4.4 C.F. Klingshirn, "Semiconductor Optics", Springer, 1995

4.5 M. Born, E. Wolf, "Principles of Optics", Pergamon, 1959

4.6 L.D. Landau e E.M. Lifshits, "Quantum Mechanics", Pergamon, 1977

4.7 E. J. S. Lage, "Física Estatística", Fundação Calouste Gulbenkian, 1995

4.8 J.S. Blakemore, J. Appl. Phys. **53**, R123 (1982)

4.9 V.L. Bonch-Bruevich, S.G. Kalashnikov, "Physics of Semiconductors" (em Russo), Moscow, Nauka, 1990

4.10 R.M.A. Azzam, N.M. Bashara, "Ellipsometry and Polarized Light", Elsevier Publ., 1987

4.11 Base de dados "Semiconductors" do Ioffe Physico-Technical Institute of RAS, http://www.ioffe.ru

4.12 E.J. Johnson, In: "Semiconductors and Semimetals" (R.K. Willardson and A.C. Beer, eds.), Vol.3, Academic Press, NY, 1967

4.13 L.A. Bovina, V.I. Stafeev, "The Physics of II-VI Compounds" (em Russo), Moscow, Nauka, 1986

4.14 T.S. Moss, Proc. Phys. Soc. (London) B **67**, 775 (1954)

4.15 E. Burstein, Phys. Rev. **93**, 632 (1954)

4.16 C.J. Hwang, J. Appl. Phys. **40**, 3731 (1969)

4.17 B.I. Shklovskii, A.L. Efros, "Electronic Properties of Doped Semiconductors" Springer, 1984

4.18 P.K. Basu, "Theory of Optical Processes in Semiconductors. Bulk and Microstructures", Clarendon, Oxford, 1997

4.19 L.E. Vorobiev, D.A. Firsov, V.A. Shalygin, "Optical Properties of Semiconductors" (em Russo), St-Petersburg Technical University Press, 1989

4.20 M.D. Sturge, Phys. Rev. **127**, 768 (1962)

4.21 B.K. Ridley, "Quantum Processes in Semiconductors", Oxford University Press, 1982

4.22 G. Irmer, J. Monecke, M. Wenzel, J. Phys.: Condensed Matter **9**, 5371 (1997)

4.23 I.M. Lifshits, L.P. Pitaevskii, "Physical Kinetics", Pergamon, 1980

4.24 M.F. Thorpe, S.W. de Leeuw, Phys. Rev. B **33**, 8490 (1986)

4.25 E.A. Vinogradov, Physics – Uspekhi **45**, 1213 (2002)

4.26 J.J. Brehm, W.J. Mullin, "Introduction to the Structure of Matter", Wiley, 1989

4.27 E.E. Haller, W.L. Hansen, Solid State Communications **15**, 687 (1974)

4.28 W. Franz, Z. Naturforsch. **13a**, 484 (1958) (em Alemão)

4.29 L.V. Keldysh, Sov. Phys. - JETP **34**, 788 (1958)

4.30 M. Stephen, A Lidiard, J. Phys. Chem. Solids **9**, 43 (1958)

4.31 W. Shockley, Bell Syst. Tech. J. **33**, 799 (1954)

4.32 P.Y. Yu, B. Welber, Solid State Communications **25**, 209 (1978)

4.33 V.Y. Ivanov, Y.G. Semenov, M. Surma, M. Godlewski, Phys. Rev. B **54**, 4696 (1996)

4.34 D.G. Thomas, J.J. Hopfield, Phys. Rev. **128**, 2135 (1962)

4.35 V. Savona, F. Bassani, S. Rodriguez, Phys. Rev. B **49**, 2408 (1994)

4.36 S. Goffa, F. Priolo, G. Franzo, V. Bellini, A. Carnera, C. Spinella, Phys. Rev. B **48**, 11782 (1993)

4.37 S.M. Ryvkin, "Photoelectric Effects in Semiconductors", Consultants Bureau Publishing, New York, 1969

CAPÍTULO V
FENÓMENOS DE CONTACTO

Neste capítulo são considerados os contactos de dois semicondutores com diferentes tipos de condutividade (junção *p-n*) e de um semicondutor com um outro material, semicondutor ou metal (heterojunção). O termo "contacto" não deve ser entendido literalmente pois, na maioria dos casos, os dois materiais não podem ser separados fisicamente. As junções *p-n* normalmente são fabricadas no interior de um único cristal semicondutor. No caso das heterojunções de semicondutores, hoje em dia a interface é controlada a nível atómico, na medida em que a rede cristalina de um material é uma continuação praticamente perfeita da do outro, na técnica de crescimento epitaxial. Mesmo no caso dos "contactos" metal-semicondutor, em que o metal normalmente não é monocristalino, a qualidade da interface é bem controlada, a aderência é muito forte e não há nenhum hiato que impeça a passagem dos portadores de carga livres de um material para outro. O termo "fenómenos de contacto" é usado para designar os efeitos em que a existência da interface é essencial. A palavra "contacto" usa-se como sinónimo de "interface".

O fenómeno mais importante, comum para as junções *p-n* e heterojunções, é a formação de uma barreira de potencial eléctrico e a variação acentuada das concentrações dos portadores de carga junto ao contacto. Isto provoca a anisotropia da sua condutividade eléctrica, a injecção dos portadores carga fora do equilíbrio de uma região para outra, e outros efeitos que permitem inúmeras aplicações. Neste capítulo descrevem-se as distribuições dos portadores de carga na vizinhança do contacto, no equilíbrio e sob uma tensão externa, e ainda as propriedades de transporte por elas determinadas. De seguida discutem-se brevemente as aplicações mais importantes, como os díodos rectificadores de correntes alternadas, os transístores, os fotodíodos e os lasers de semicondutores. Uma descrição mais detalhada dos dispositivos à base de junções *p-n* e de heterojunções pode-se encontrar nos livros [5.1 a 5.3].

5.1 O perfil do potencial eléctrico para uma junção *p-n*

Considere-se um contacto de dois semicondutores, um do tipo *p* e o outro do tipo *n*, ambos com a mesma estrutura de bandas, ou melhor, duas regiões do mesmo cristal semicondutor, uma dopada com aceitadores e a outra com dadores. Imagine-se que este contacto é perfeito, ou seja, abrupto e limpo (no final deste capítulo será discutido como é possível fabricar tal contacto na prática). Esta situação está representada na fig. 5.1., onde é admitido que $N_a > N_d$, ou seja, que a concentração dos aceitadores é superior à dos dadores. Admita-se também que as impurezas (dadores e aceitadores) estão totalmente ionizadas.

Considere-se que as regiões do tipo *p* e do tipo *n* ocupam os semi-espaços $x < 0$ e $x > 0$, respectivamente, e inicialmente estão separadas por um "separador" (ver fig. 5.1). Por hipótese, o separador é removido no instante $t = 0$. Assim, para $t > 0$ existem gradientes de concentração de lacunas e de electrões (muito elevados nos primeiros instantes), que, de acordo com a lei de Fick, provocam a difusão das partículas no espaço. Daqui resulta uma corrente eléctrica, designada por **corrente de difusão**. As densidades das correntes eléctricas devidas à difusão dos electrões e das lacunas são:

$$j_e^D = \left(-e\right)\left(-D_n \frac{dn}{dx}\right) = eD_n \frac{dn}{dx} \; ; \qquad (5.1a)$$

$$j_p^D = -eD_p \frac{dp}{dx}. \qquad (5.1b)$$

À medida que os portadores de carga passam para a outra região (os electrões para a zona *p* e as lacunas para a zona *n*) e lá se recombinam, forma-se, na vizinhança do contacto, uma região de concentração reduzida de electrões e lacunas, que se chama **zona de depleção**. Nesta região há carga espacial, constituída pelos iões que estão presos nos seus sítios e não podem deslocar-se no espaço, apesar de existir um gradiente da sua concentração, pelo menos, à temperatura ambiente. Então, cria-se uma dupla camada de carga espacial, idêntica a um condensador de placas paralelas. Naturalmente, surge um campo eléctrico neste condensador, que passa a impedir a penetração de lacunas na zona *n* e de electrões na zona *p*. Por outras palavras, além das correntes de difusão (5.1), existem também as **correntes de deriva**, com as densidades dadas por:

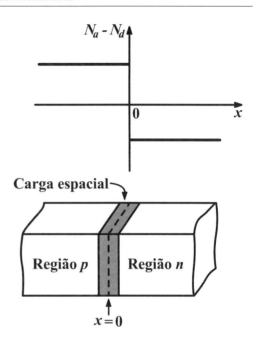

Figura 5.1 Representação da junção *p-n* num semicondutor, com indicação da zona de carga espacial.

$$j_e^E = en\mu_n \frac{d\varphi}{dx}; \qquad (5.2a)$$

$$j_h^E = -ep\mu_p \frac{d\varphi}{dx} \qquad (5.2b)$$

onde φ é o potencial eléctrico e μ_n e μ_p são as mobilidades dos electrões e das lacunas. Em equilíbrio, as correntes totais dos electrões e das lacunas são nulas:

$$j_e^E + j_e^D = 0; \qquad (5.3a)$$

$$j_h^E + j_h^D = 0. \qquad (5.3b)$$

Integrando as equações (5.3) e utilizando a relação de Einstein (3.41b), verifica-se que as concentrações locais dos portadores de carga são dadas pela distribuição de Boltzmann:

$$n = c_1 \exp\left(\frac{e\varphi(x)}{kT}\right); \qquad (5.4a)$$

$$p = c_2 \exp\left(-\frac{e\varphi(x)}{kT}\right) \qquad (5.4b)$$

onde c_1 e c_2 são constantes de integração.

Note-se que o campo eléctrico só existe na zona de depleção. No interior das zonas n e p, o potencial $\varphi(x)$ é constante. Pode-se escolher $\varphi(-\infty) = 0$ no interior da zona p. Assim tem-se:

$$c_1 = n_p \, , \qquad c_2 = p_p \qquad (5.5)$$

onde n_p designa a concentração dos electrões no interior da zona p (em que eles são os portadores minoritários) e p_p é a concentração das lacunas, também na zona p, longe do contacto.

As relações (5.4) e (5.5) já permitem concluir que existe uma barreira de potencial eléctrico entre as zonas n e p. Como no interior da zona n as concentrações dos portadores de carga são determinadas apenas pela dopagem desta região (o campo eléctrico não existe longe do contacto), pode-se escrever:

$$p(x \to \infty) = p_n \, .$$

Da eq. (5.4b) vem:

$$p_n = p_p \exp\left(-\frac{e\varphi(\infty)}{kT}\right) \, ,$$

ou

$$\varphi(\infty) \equiv \varphi_c = \frac{kT}{e} \ln \frac{p_p}{p_n} \, . \qquad (5.6)$$

Lembrando que, para um semicondutor não degenerado, $p_n = n_i^2 / n_n$ e admitindo que $p_p \approx N_a$, $n_n \approx N_d$, obtém-se, para o valor da altura da barreira de potencial eléctrico entre as regiões n e p (ver fig. 5.2), o resultado:

$$\varphi_c = \frac{kT}{e} \ln \frac{N_d N_a}{n_i^2} \qquad (5.7)$$

Então, a barreira é tanto maior quando maiores forem N_a e N_d.

Para determinar a função potencial na zona de depleção, há que resolver a **equação de Poisson,**

$$\frac{d^2\varphi}{dx^2} = -\frac{4\pi e}{\varepsilon_0} \cdot \begin{cases} (N_d - n + p) & \text{se} \quad x > 0 \\ (-N_a - n + p) & \text{se} \quad x < 0 \end{cases} \, , \qquad (5.8)$$

Como as concentrações locais dos electrões e das lacunas dependem do potencial de uma maneira não linear, conforme mostram as eqs. (5.4), a eq. (5.8) não pode ser resolvida analiticamente. Para se obter expressões analíticas, faz-se uma aproximação bastante grosseira que consiste em admitir que, na zona de depleção, a concentração dos portadores de carga livres é nula, $n \approx p \approx 0$; assim a densidade de carga ρ é constante nas zonas $x<0$ e $x>0$ desta região, conforme se mostra na fig. 5.2. A largura desta zona determina-se de uma maneira auto-consistente para obedecer à continuidade do potencial.

Assim, a eq. (5.8), na zona de depleção, integra-se facilmente e dá:

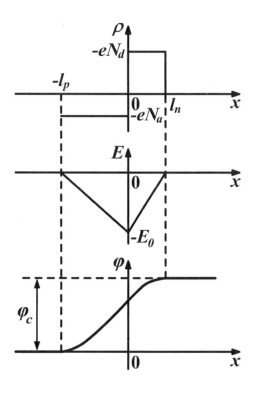

$$\varphi(x) = \frac{2\pi e N_a}{\varepsilon_0}(x+l_p)^2 \quad (5.9)$$

para $-l_p < x < 0$ e

$$\varphi(x) = -\frac{2\pi e N_d}{\varepsilon_0}(x-l_n)^2 + \varphi_c$$

Figura 5.2 A junção *p-n*: perfil da carga não compensada na zona de depleção, perfil do campo eléctrico e variação do potencial electrostático.

(5.10)

para $0 < x < l_n$.

Em (5.9) e (5.10), l_n e l_p são constantes de integração que têm a dimensão de comprimento. São introduzidas para obedecer às condições de continuidade na fronteira (imaginária) entre as regiões *p* e *n*:

$$\varphi\big|_{x=l_p} = \varphi'\big|_{x=l_p} = \varphi\big|_{x=l_n} - \varphi_c = \varphi'\big|_{x=l_p} = 0 \ .$$

Além disso, há que impor a continuidade de φ e φ' em $x=0$.
Assim tem-se:

$$N_d l_n = N_a l_p \quad (5.11)$$

e

$$\varphi_c = \frac{2\pi e}{\varepsilon_0}(N_a l_p^{\ 2} + N_d l_n^{\ 2}) \ . \quad (5.12)$$

O significado da eq. (5.12) é simples: expressa a neutralidade global da junção. Das eqs. (5.11) e (5.12) é fácil obter as expressões para os comprimentos l_n e l_p:

$$l_n = \sqrt{\frac{\varepsilon_0 \varphi_c}{2\pi e} \frac{N_a}{N_d} \frac{1}{N_a + N_d}} \quad ; \quad (5.13a)$$

$$l_p = \sqrt{\frac{\varepsilon_0 \varphi_c}{2\pi e} \frac{N_d}{N_a} \frac{1}{N_a + N_d}} \quad . \quad (5.13b)$$

A largura total da zona de depleção é:

$$W_0 = l_n + l_p = \sqrt{\frac{\varepsilon_0 \varphi_c}{2\pi e} \frac{N_a + N_d}{N_a N_d}} \quad .$$
(5.14)

Estende-se mais para a zona menos dopada, neste caso, para a zona n.
Conhecendo o perfil da energia potencial, $(-e\varphi(x))$, ao longo da junção e admitindo que a variação desta energia é suficientemente lenta para ser válida a aproximação quase-clássica, pode-se desenhar o diagrama de bandas de energia que se mostra na fig. 5.3. Note-se que, no equilíbrio, o nível de Fermi é

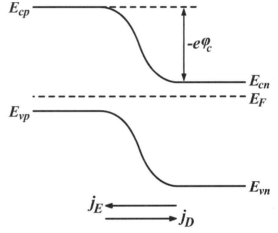

Figura 5.3 Diagrama das bandas de energia da junção $p - n$.

igual para qualquer parte do sistema. O diagrama da fig. 5.3 facilita a percepção da existência de quatro componentes de corrente numa junção p-n e que se cancelam no equilíbrio: duas de difusão e duas de deriva. As correntes de difusão são constituídas por aquelas partículas que têm energia cinética suficiente para vencer a barreira. As correntes de deriva são constituídas pelos portadores de carga minoritários, para os quais o campo interno na zona de depleção é acelerador.

5.2 Junção *p-n* fora de equilíbrio. As características estáticas *I-V*

Considere-se agora a situação em que se aplica uma diferença de potencial (d.d.p.) externa à junção *p-n*. Isto provoca uma desigualdade das correntes de difusão e de deriva, ou seja, deixa de existir o equilíbrio entre as concentrações dos electrões e das lacunas. Na vizinhança do contacto, estas concentrações já não podem ser determinadas pelas equações da estatística, apresentadas no Capítulo II. Também não se pode falar do nível de Fermi na zona de depleção, embora seja possível introduzir os pseudo-níveis de Fermi, diferentes para os electrões e as lacunas, trata-se apenas de uma metodologia conveniente (veja-se a sec. 4.6.1).
No entanto, longe do contacto *p-n* o equilíbrio continua a existir porque o campo eléctrico continua a ser muito pequeno nestas regiões. Com efeito, a queda do potencial ocorre principalmente na zona de depleção cuja resistência é muito maior do que a das

zonas n e p. Os níveis de Fermi deixam de ser iguais para as zonas n e p. Como se sabe da Física Estatística [5.4], o potencial electroquímico de um sistema em equilíbrio condicional, ou seja, na presença de um campo eléctrico externo com potencial eléctrico φ que varia lentamente no espaço, altera-se de acordo com a regra:

$$E_F \rightarrow E_F - e\varphi .$$

Pode-se fazer a analogia com o equilíbrio de um gás sujeito ao campo gravítico, na vizinhança da superfície terrestre. Assim, pode dizer-se que, por exemplo, a parte esquerda do digrama da Fig. 5.3 vai deslocar-se para baixo, relativamente à parte direita, se se aplicar um potencial (+) na zona p e (-) na zona n. A altura da barreira vai alterar-se do valor da diferença de potencial (d.d.p.) aplicada, V :

$$\varphi_c \rightarrow \varphi_c - V .$$ (5.15)

Então, a altura da barreira diminui. Esta **ligação** chama-se **de polaridade directa**. Não é difícil perceber que esta diminuição vai afectar principalmente as correntes de difusão (das lacunas e dos electrões). As correntes de deriva praticamente não se alteram. Independentemente da altura da "montanha", os electrões minoritários que se movem da esquerda para a direita vão descê-la sempre (como se fosse "de trenó"), e chegarão à região n (ignorando agora a possibilidade de recombinação). As lacunas, minoritárias na região n, também não terão dificuldade em penetrar na região p (para se aplicar a mesma analogia basta virar a figura ao contrário).
Pelo contrário, a corrente de difusão depende fortemente da altura da barreira porque o número dos electrões energéticos, capazes de subir a barreira, varia de modo exponencial em função da energia. Então pode-se escrever:

$$j_{e,h}^D \propto (\pm e)\exp\left(e\frac{(\varphi_c - V)}{kT} \right),$$

ou seja,

$$j_{e,h}^D = -j_{e,h}^E \exp\frac{(eV)}{kT}$$ (5.16)

em que as correntes $j_{e,h}^E = -j_{e,h}^D (V = 0)$ não dependem da tensão aplicada. A relação (5.16) deve-se ao facto de que, para $V = 0$, as componentes da corrente devidas aos electrões e às lacunas, são ambas nulas, $j_e = j_h = 0$. No entanto, para $V > 0$ a corrente de difusão é superior à de deriva. Assim, a densidade da corrente eléctrica total é:

$$J = j_e + j_h = J_0\left(\exp\left(\frac{eV}{kT}\right) - 1 \right)$$ (5.17)

A relação (5.17) também se aplica à situação de **polaridade inversa**, com (-) aplicado na zona p e (+) na zona n ($V < 0$), quando a altura da barreira aumenta. Nesta situação a corrente de difusão é inferior à de deriva, que também não se altera, dentro de certos limites da tensão inversa. Para $|V| \gg \dfrac{kT}{e}$, a corrente inversa tende para o valor limite,

$$J_0 = \left| j_h^E + j_e^E \right|, \qquad (5.18)$$

chamado de **corrente de saturação**.

A equação (5.17) determina as características "corrente-tensão" para uma junção *p-n* ideal (figura 5.4). Estas características são assimétricas em relação ao ponto $V = 0$, o que corresponde à **propriedade rectificadora** da junção *p-n*. Esta propriedade permite o seu uso como díodo em circuitos electrónicos.

Como se pode concluir da eq. (5.18), a corrente de saturação (e também a escala da corrente para qualquer V) é determinada pelos portadores de carga minoritários. A aproximação usada na secção anterior é demasiado grosseira para a determinação da corrente de deriva devida a estes portadores. De facto, admitiu-se que a sua concentração era nula, isto é, a região do campo eléctrico foi considerada livre de lacunas e de electrões. Por essa razão, a utilização das eqs. (5.2) não é adequada e há que encontrar J_0 de outra maneira; com efeito, é mais fácil calcular as correntes de difusão, que são iguais às de deriva a $V = 0$.

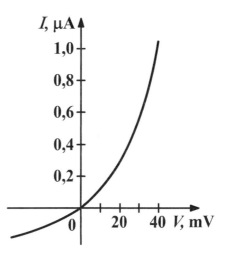

Figura 5.4 Curva *I–V* característica de uma junção *p-n*.

Considere-se, por exemplo, as lacunas injectadas da região *p* para a região *n*. Nesta última, elas são portadores de carga minoritários. Como a sua concentração de equilíbrio na região *n* é muito pequena, $p_n \ll p_p$, a probabilidade de recombinação das lacunas injectadas com os electrões é muito elevada. A sua distribuição no semi-espaço $x > 0$ pode ser encontrada a partir da equação estacionária de difusão na presença de recombinação, eq. (4.81), que toma a seguinte forma:

$$D_p \dfrac{d^2 p_n}{dx^2} - \dfrac{p_n - p_{n0}}{\tau_r^h} = 0 \qquad (5.19)$$

onde p_{n0} é a concentração das lacunas no interior da região *n* e τ_r^h é o seu tempo de vida. Na eq. (5.19) despreza-se o efeito do campo eléctrico, admitindo que a zona de depleção (onde $n \approx p$) é estreita quando comparada com a escala característica do perfil das concentrações de portadores de carga (ver fig. 5.5). A solução da eq. (5.19) é:

$$p_n(x) = (p_1 - p_{n0}) \exp\left(-\dfrac{x - l_n}{L_p}\right) + p_{n0} \qquad (5.20)$$

com $p_1 = p_n(l_n) \approx p_n(0)$ e

$$L_p = \sqrt{D_p \tau_r^h} \qquad (5.21)$$

o comprimento de difusão das lacunas, que já foi introduzido no Capítulo IV, através da eq. (4.82). Usando a eq. (5.20), obtém-se a corrente de deriva das lacunas:

$$j_h^E = -j_h^D(V=0) = eD_p \left.\frac{dp_n}{dx}\right|_{x=l_n} = e\frac{D_p(p_1 - p_{n0})}{L_p}. \qquad (5.22)$$

A coordenada $x = l_n$ corresponde ao ponto em que, de acordo com o modelo da fig. 5.5, a concentração dos electrões sofre uma descontinuidade,

$$n(x) = N_d \theta(x - l_n),$$

em que θ é a função degrau, também chamada de função de Heaviside (0 para $x < l_n$ e 1 caso contrário). Então, pode considerar-se

$$n(l_n) = \frac{1}{2} N_d$$

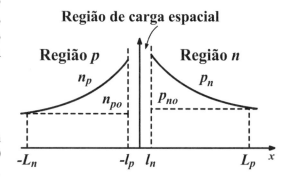

Figura 5.5 Perfis das densidades dos portadores de carga minoritários no regime de injecção.

e

$$p_1 = \frac{n_i^2}{(N_d/2)} = 2 p_{n0}.$$

De acordo com a relação (5.22), obtém-se $j_h^E = eD_p p_{n0}/L_p$. Repetindo o mesmo raciocínio para os electrões na região p, obtém-se finalmente para a corrente de saturação:

$$J_0 = \frac{eD_p p_{n0}}{L_p} + \frac{eD_n n_{p0}}{L_n}. \qquad (5.23)$$

Na eq. (5.23) n_{p0} é a concentração dos electrões minoritários na região p, no equilíbrio, e L_n é o seu comprimento de difusão.

As eqs. (5.17) e (5.23) são válidas quando $L_n, L_p \gg W_0$. Se a recombinação na região de depleção for importante, ambas as relações tornam-se mais complexas. A corrente de saturação inversa depende do campo eléctrico intrínseco. A curva corrente-tensão pode ser aproximada por uma relação semelhante a (5.17),

$$J = J_0 \left(\exp\left(\frac{eV}{\nu\, kT} \right) - 1 \right) \tag{5.24}$$

em que $\nu \approx (1-2)$ é um coeficiente empírico.

É também preciso ter em conta que a eq. (5.17), ou a (5.23), são válidas apenas para uma gama de tensões limitada. Para $V > 0$, o crescimento exponencial da corrente acontece até a barreira desaparecer, tipicamente para valores inferiores a 1 Volt. Para $V < 0$, existe um fenómeno importante chamado **ruptura da junção**, que acontece para valores elevados da tensão inversa. Ao atingir uma tensão crítica, a corrente começa a crescer abruptamente, praticamente sem aumento da d.d.p., o que se deve ou a sobreaquecimento do díodo, ou ao efeito túnel, ou então à ionização por choques. Os últimos dois efeitos são reversíveis enquanto que o primeiro pode destruir o dispositivo.

5.3 A capacidade eléctrica da junção *p-n*

Como se viu na secção 5.1, a região de depleção está praticamente livre de electrões e de lacunas. Deste modo, ela é usualmente representada como equivalente a uma bi-camada, tal como um condensador de placas, sendo-lhe associada uma capacidade por unidade de área, designada como a **capacidade da barreira**, dada por:

$$C = \frac{\varepsilon_0}{4\pi W} \;. \tag{5.25}$$

A largura da zona de depleção, igual a W_0 no equilíbrio, varia com a d.d.p. aplicada à junção,

$$W(V) = \sqrt{\frac{\varepsilon_0 (\varphi_c - V)}{2\pi e} \frac{(N_a + N_d)}{N_a N_d}} \;, \tag{5.26}$$

ou seja, aumenta com o aumento da tensão inversa. Para a polaridade directa, mais importante é outro efeito que também pode ser interpretado como a existência de uma capacidade eficaz da junção. A injecção de portadores de carga minoritários através da junção leva à permanência de uma carga positiva na região n (devida às lacunas) e de igual carga negativa na região p (devida aos electrões), relativamente ao estado de equilíbrio. Qualquer variação da tensão implica alteração desta carga, o que significa a existência da **capacidade de difusão**,

$$C_D = \frac{e}{\sqrt{2kT}} \left(j_h^E \tau_r^h + j_e^E \tau_r^e \right) \tag{5.27}$$

por unidade de área. O comportamento da junção *p-n* é então equivalente a um circuito que inclui as capacidades C e C_D, ligadas em paralelo à resistência diferencial $R_d = \left(\dfrac{dI}{dV} \right)^{-1}$, com a vantagem de ser possível, com esta junção, fazer variar a capacidade deste tipo de díodo, designado geralmente por "varicap" ou "díodo varactor". Com efeito, um díodo deste tipo com uma corrente de saturação muito pequena, quando submetido a uma tensão bastante alta, de polaridade inversa, comporta-se como um condensador cuja capacidade é variável com a tensão, $C \propto V^{-1/2}$. Existe, no entanto uma frequência máxima que não pode ser ultrapassada. Assim, quando $R_d < (\omega C)^{-1}$ o díodo perde a sua propriedade rectificadora. A capacidade de difusão limita o tempo de resposta do díodo (no regime "aberto", ou seja, na parte positiva da curva *I-V*) a sinais de alta frequência, o qual não pode ser inferior a $R_d C_D$. Por isso, é preciso diminuir a capacidade eléctrica da junção *p-n*, para aplicações em electrónica de altas frequências.

Os "varactores" ou "varicaps" são utilizados no lugar dos condensadores variáveis manualmente em circuitos *LC*, por exemplo, para ajustar a frequência de sintonia do circuito.

5.4 Aplicações de junções *p-n*

5.4.1 Díodos e transístores

Os díodos com junção *p-n* têm imensas aplicações em circuitos electrónicos. A mais óbvia e a mais tradicional é a rectificação de tensão alternada. Os díodos de semicondutor substituíram praticamente na totalidade as válvulas com o mesmo nome. São usados em circuitos de altas frequências; por exemplo, os circuitos integrados contêm milhares de díodos de tamanho inferior a 1μm que funcionam perfeitamente até frequências da ordem de THz; além disso, em transformadores e rectificadores de alta potência são usados díodos maciços, com a área da junção da ordem de 1cm^2.

No fenómeno de ruptura devido ao mecanismo de avalanche ocorre o seguinte: um portador de carga minoritário, fortemente acelerado na zona de depleção, cria, por choque, um par electrão-lacuna, estes, por sua vez, são acelerados em sentidos opostos e também podem criar portadores de carga antes de saírem da zona do campo eléctrico, e assim sucessivamente; este efeito é aproveitado em **díodos de Zener**. A tensão (inversa) crítica de formação da avalanche é perfeitamente reprodutível, dependendo dos níveis de dopagem das regiões *n* e *p*, da largura do *gap* e dos parâmetros geométricos do

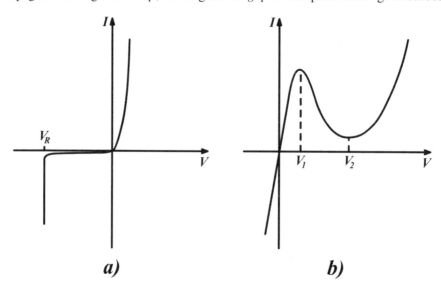

Figura 5.6 Curvas *I-V* de um díodo de junção *p-n* nas seguintes aplicações: *a*) díodo de Zener; *b*) díodo de efeito túnel.

díodo. Os díodos de Zener são usados como estabilizadores de tensão porque o valor da tensão V_R praticamente não varia em função da intensidade de corrente (ver fig. 5.6-a). Se a concentração de impurezas nas regiões n e p for muito elevada, surgem alguns efeitos novos, não contemplados nas secções 5.1 e 5.2. Nomeadamente, para certa faixa de tensões de polaridade directa a corrente é dominada pelo mecanismo de efeito túnel dos portadores de carga através da barreira de potencial na região de depleção que, neste caso, é bastante estreita. O **díodo de efeito túnel** tem uma característica *I-V* marcada pela presença de uma região onde a intensidade da corrente diminui com o aumento da d.d.p (ver fig. 5.6-b e Problema **V.3**). Nesta região, a sua resistência diferencial é negativa,

$$R_d = \left(\frac{dI}{dV}\right)^{-1} < 0,$$

para $V_1 < V < V_2$. Diz-se que a curva *I-V* é do tipo *N* por ser parecida com esta letra. O valor de R_d pode ser controlado pela tensão contínua aplicada ao díodo. Se, além desta tensão contínua (V_0), o díodo for sujeito a uma d.d.p. alternada, de amplitude muito inferior a V_0, vai comportar-se como uma resistência negativa, em relação a este sinal alternado. Isto implica que o díodo de efeito túnel pode ampliar a amplitude do sinal a.c. Esta ampliação ocorre à custa da fonte de tensão contínua que mantém o díodo no regime correspondente à parte decrescente da sua característica *I-V*.

Um dos mais importantes dispositivos semicondutores é com certeza o **transístor** (cujo nome provém das palavras inglesas *transfer* e *resistor*), um dispositivo que veio substituir as válvulas chamadas tríodos. Estes dispositivos (quer as válvulas, quer os transístores) têm dois eléctrodos entre os quais circula uma corrente e um terceiro eléctrodo (no tríodo de vácuo era chamado grelha), que permite alterar fortemente a intensidade da corrente aplicando uma d.d.p. relativamente pequena. Os tríodos constituem a parte principal dos amplificadores e vários tipos de geradores de sinais alternados. Como já foi mencionado na Introdução, a invenção do transístor por Bardeen, Brattain e Shockley em 1948 revolucionou a Física dos Semicondutores, tornando-a uma das áreas da Ciência com maior impacto na Tecnologia.

O dispositivo proposto por Bardeen, Brattain e Shockley era o transístor bipolar, constituído por duas junções *p-n*, separadas

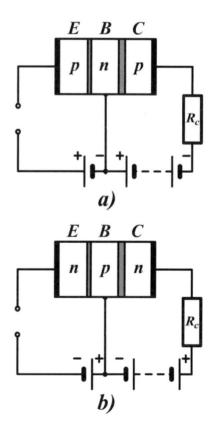

Figura 5.7 Configuração básica e respectivo circuito dos transístores bipolares: *a*) tipo *p-n-p*; *b*) tipo *n-p-n*.

de uma região relativamente estreita, chamada base. Utilizam-se estruturas *p-n-p* e *n-p-n* (ver fig. 5.7) fabricadas num único cristal semicondutor através da realização de uma distribuição apropriada das impurezas. A seguir descreve-se sucintamente o princípio de funcionamento de um **transístor bipolar** *p-n-p*.

A junção *p-n* esquerda está sujeita a uma d.d.p. directa (+) na região *p* (chamada emissor, E) contínua, relativamente pequena ($V \leq 1V$). As lacunas do emissor são injectadas para a base, B, onde elas recombinam com os electrões e também difundem em direcção à segunda junção *p-n*. Se a largura da base (W) for suficientemente pequena, $W < L_p$, a maior parte destas lacunas vai alcançar a zona de depleção correspondente à segunda junção. Repare-se que as lacunas são portadores de carga minoritários na base. Como a junção *p-n* direita está submetida a uma d.d.p. inversa, a região *p* mais à direita, chamada colector, C, tem um potencial eléctrico negativo relativamente à base, que é da ordem de vários Volts. O campo eléctrico desta junção captura as lacunas e transfere-as para a zona do colector. Então, praticamente todas as lacunas que atravessam a base, participam na formação da corrente I_C que circula na resistência ligada ao colector. Isto permite regular I_C variando a d.d.p. entre a base e o emissor (V_{BE}), porque a quantidade das lacunas injectadas depende exponencialmente de V_{BE}. Pelo contrário, I_C praticamente não depende da tensão entre o colector e a base, ou seja, do valor da resistência ligada ao colector. Note-se que a eficiência deste transístor depende da fracção das lacunas na corrente que atravessa a junção *p-n* emissora, porque os electrões que se movem da base para o emissor não participam na formação da corrente do colector.

Mais tarde, foi proposto o **transístor unipolar**, com apenas uma junção *p-n*. Este tipo de transístor é constituído por uma camada bastante fina (um filme), dopada uniformemente, por exemplo, com dadores. Esta camada condutora é chamada canal. Entre os dois contactos óhmicos entre os quais circula uma corrente, é posicionada uma junção *p-n*. O terceiro eléctrodo (chamado "porta"), ligado à região *p*, tem um potencial negativo relativamente a toda a região *n*. Isto faz com que a zona de depleção da junção se expanda para o canal, modulando assim a sua largura, de acordo com a eq. (5.26), e, por isso, a sua resistência. O funcionamento deste transístor é parecido com o do transístor de porta isolada, que tem uma junção metal-semicondutor em vez da *p-n*. Este último, também conhecido como MOSFET (*Metal-Oxide Field Effect Transístor*), vai ser considerado na próxima secção.

Em seguida discutem-se os princípios básicos das duas aplicações mais importantes da junção *p-n* em optoelectrónica[1].

5.4.2 Fotodíodos

Quando uma junção *p-n* é iluminada por um feixe de fotões suficientemente energéticos, com um comprimento de onda

$$\lambda \leq \frac{hc}{E_g}, \tag{5.28}$$

ocorre o efeito fotoeléctrico interno, ou seja, a geração de pares electrão-lacuna. O campo eléctrico que existe na zona de depleção da junção separa os electrões e as lacunas, prevenindo a sua recombinação. Se as regiões *n* e *p* não estiverem ligadas entre

---

[1] Este tema encontra-se tratado de um modo sucinto mas rigoroso na referência [5.5].

si por um circuito externo, as cargas criadas pela iluminação vão-se acumulando, as (-) na *n* e as (+) na *p*, diminuindo assim a altura da barreira de potencial. Quando esta desaparecer, a separação dos foto-portadores de carga deixa de se dar e a d.d.p. entre as regiões *n* e *p* atinge um valor estacionário, chamado foto-f.e.m. (V_0). Note-se que V_0 nunca pode ser superior a φ_c. Se, pelo contrário, as regiões *n* e *p* ficarem em regime de curto-circuito, vai existir, neste circuito, uma corrente estacionária, proporcional à intensidade da iluminação, chamada foto-corrente.

Na realidade, não é possível iluminar apenas a região de depleção. A luz incide numa superfície do cristal semicondutor, junto à qual se encontra, por exemplo, a região *n*. É nesta região que os fotões são absorvidos com maior probabilidade. Admita-se que foram criados portadores de carga fora do equilíbrio na região *n* e que não há ligação exterior entre as regiões *n* e *p* (ver fig. 5.8). Os foto-electrões e as foto-lacunas difundem na direcção da junção *p-n* e recombinam parcialmente. Na zona de depleção, há barreira para os electrões (maioritários na região *n*), e por isso eles não penetram na região *p*. Ao contrário, as foto-lacunas que alcançam a zona de depleção são capturadas pelo campo acelerador e passam para a região *p* formando uma foto-corrente,

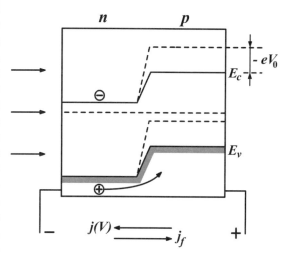

Figura 5.8 A origem da foto-f.e.m. na junção *p-n*. As linhas a tracejado mostram as bandas electrónicas no escuro. A iluminação provoca a diminuição da altura da barreira. As setas indicam a fotocorrente (j_f) e a corrente devida à diminuição da barreira (j).

$$j_f = e\overline{G}\beta, \quad (5.29)$$

onde $\overline{G}$ é a taxa de geração de pares electrão-lacuna junto à superfície por unidade de área e β a fracção das lacunas que alcançam a zona de depleção. Ao mesmo tempo, como a região *p* ganha carga positiva devido às lacunas que lá chegam, a junção fica sujeita à d.d.p. V e produz uma corrente no sentido contrário, de acordo com a eq. (5.17). No estado estacionário, estas duas correntes anulam-se, $j_f - J = 0$, o que estabelece o valor estacionário da foto-f.e.m.,

$$V_0 = \frac{kT}{e}\ln\left(1+\frac{j_f}{J_0}\right). \quad (5.30)$$

Então, a foto-f.e.m. aumenta com o aumento da intensidade de iluminação, através de $\overline{G}$, mas apenas em proporção logarítmica. A eq. (5.30) é valida até V_0 se aproximar do valor da barreira de potencial no escuro (φ_c). O coeficiente β é determinado pela concorrência dos processos de difusão e de recombinação das lacunas. Por exemplo, admitindo que a recombinação dos portadores de carga fora do equilíbrio ocorre predominantemente na superfície do cristal, este coeficiente é dado pela seguinte expressão:

$$\beta = \left(1 + \frac{S_p d}{D_p}\right)^{-1}$$
(5.31)

onde S_p é a velocidade de recombinação das lacunas na superfície e d a distância da superfície até à zona de depleção. Como é fácil de ver a partir das eqs. (5.29) a (5.31), um bom fotodíodo tem que ter a corrente de saturação inversa e as taxas de recombinação, na superfície e no interior do cristal, baixas.

O efeito de geração da foto-f.e.m. numa junção p-n é utilizado em **células fotovoltaicas**, que permitem a transformação directa da radiação solar em energia eléctrica. A percentagem da energia eléctrica produzida desta maneira tem aumentado em todo o mundo, nas duas últimas décadas. Nas naves espaciais, as células fotovoltaicas são a fonte principal de energia. A taxa de rendimento (ou seja, a eficiência de conversão) atinge 35% para os melhores dispositivos fabricados à base de materiais III-V (heterojunções (InGa)P/GaAs). Estes dispositivos são caros e destinam-se ao uso no espaço. Hoje em dia, por razões de custos, a maior parte (cerca de 90%) das células solares para o uso terrestre são feitas à base de silício cristalino e policristalino, cuja eficiência de conversão é inferior a 15% [5.6]. A maior fonte de perdas está relacionada com a absorção de fotões de energia muito superior a E_g. Os foto-portadores de carga são criados com uma energia cinética grande, que depois é dissipada em várias colisões e transforma-se em calor. O valor máximo da distribuição espectral da irradiância solar (recorde-se que o Sol pode ser aproximado por um corpo negro com uma temperatura efectiva da ordem de 6000K) corresponde a uma energia de fotão da ordem de 1,1eV, o que corresponde à energia de *gap* do silício cristalino. No entanto, ocorrem perdas, relacionadas sobretudo com o tempo de vida dos portadores de carga fora do equilíbrio. Utilizando materiais de melhor qualidade (mais puros e com a rede cristalina mais perfeita) é possível uma aproximação ao limite teórico no qual todas as lacunas criadas pela luz participam na corrente j_f, mas o aumento dos custos não se justifica. Por exemplo, actualmente o rendimento máximo para células solares à base de silício cristalino é de 25% [5.7], enquanto que o valor típico dos dispositivos vulgares que têm preços muito mais baixos é aproximadamente 10%.

Também é de notar que a região activa de uma célula fotovoltaica é apenas uma camada fina junto à superfície, por isso é desperdício usar materiais na forma volúmica para estes dispositivos. Nestas circunstâncias os produtores optam por materiais mais baratos e na forma de filmes finos, como o silício amorfo, à custa da diminuição do rendimento. Entre os semicondutores (poli-) cristalinos citam-se o CdTe e sobretudo o Cu(In,Ga)Se$_2$, como os materiais mais prometedores para as células fotovoltaicas da próxima geração [5.6]. Por exemplo, o Cu(In,Ga)Se$_2$ tem a energia do *gap* da ordem de 1eV, que cresce com o aumento do conteúdo em índio e que corresponde ao valor mais indicado para células solares. É robusto a condições atmosféricas variadas e pode ser depositado sobre uma gama de substratos diferentes. Uma outra área de investigação intensa é o desenvolvimento de materiais alternativos aos tradicionais, como, por exemplo, os polímeros conjugados, semicondutores orgânicos que apresentam vantagens, como sejam flexibilidade mecânica e processamento tecnológico mais fácil [5.8].

Os fotodíodos de junção *p-n* junção também se usam como **fotodetectores**, ou seja, como dispositivos sensíveis à radiação de uma determinada gama espectral. Nos fotodetectores, é usado o regime de curto-circuito para detectar as variações na intensidade de iluminação.

5.4.3 Díodos emissores de luz (LEDs) e lasers de injecção

Como se viu, a absorção de fotões de comprimento de onda adequado numa junção *p-n* provoca a injecção de portadores de carga adicionais nas regiões *p* e *n*. É possível imaginar o fenómeno inverso, quando os portadores de carga, fora do equilíbrio, são injectados para a zona de depleção de uma junção *p-n* sujeita a uma d.d.p. directa e, recombinando-se aí, emitem fotões. Este fenómeno está na base de funcionamento dos **díodos emissores de luz** (*light-emitting diods*, **LEDs**). Para isto é necessário que o mecanismo de recombinação dominante seja o radiativo, o que pode ser realizado em materiais de *gap* directo, como é o caso dos semicondutores do tipo III-V ou II-VI, suficientemente puros, isto é, com baixa concentração de impurezas e defeitos que funcionam como armadilhas dos portadores de carga.

Hoje em dia os LEDs são usados em inúmeras aplicações, desde os ecrãs dos monitores para os computadores até aos sinais de trânsito nas ruas. O melhor material para os LEDs que emitem no vermelho é o GaAs. As outras cores (azul e verde), até meados dos anos 90, eram mais problemáticas. Vários materiais II-VI, incluindo algumas soluções sólidas, foram tentados mas os problemas tecnológicos não foram totalmente ultrapassados. Estes problemas incluem o valor do tempo de vida, condicionado pela recombinação não radiativa, que limita o rendimentos dos LEDs, e a degradação demasiado rápida dos LEDs baseados nos materiais II-VI.

No entanto, o desenvolvimento rápido do GaN e das suas soluções sólidas com o índio e o alumínio na última década parece ter resolvido o problema dos LEDs que emitem na gama espectral desde o verde até ao violeta [5.9].

Actualmente estão em desenvolvimento projectos com vista à utilização de LEDs para iluminação, em países como o Japão e os EUA, nos quais esta tecnologia é considerada como estratégica. As vantagens dos LEDs, quando comparados com as lâmpadas incandescentes, incluem altos valores da eficiência e do brilho, baixo consumo de energia e melhor gama espectral da radiação emitida. O primeiro LED "branco", proposto em 1996, era baseado na combinação de um LED azul com um corante amarelo.

Hoje muitos fabricantes oferecem fontes de luz aparentemente branca, constituídas por um LED que emite na região de 460-470nm (à base de GaN ou SiC) e um material fosforescente bombeado por ele, normalmente à base do granate chamado YAG (*yttrium aluminium garnet*) cuja emissão é na vizinhança dos 600nm [5.10]. Na visão humana, estas duas cores combinam-se para dar a sensação da luz branca. É costume caracterizar a luz branca pela temperatura equivalente do corpo negro cuja emissão tem parâmetros espectrais semelhantes à fonte em causa. Esta temperatura equivalente para os LEDs "brancos" é entre 6500 e 7000K, comparável aos 6000K do Sol e 2000K das típicas lâmpadas incandescentes. A potência dos LEDs produzidos para iluminação está a subir rapidamente e parece que o único factor a limitar a sua vasta exploração é o preço elevado, devido à produção dos LEDs de GaN pela técnica de epitaxia.

A junção *p-n*, aproveitando o mesmo fenómeno de injecção, também pode ser usada como o meio activo para a **emissão estimulada de luz** que está na base do funcionamento dos lasers. A existência da emissão estimulada foi proposta por A. Einstein em 1917. A probabilidade deste processo é igual à da absorção que envolve o mesmo par de estados.

Quando foram considerados os processos de absorção inter-bandas na sec. 4.2.2, admitiu-se que os estados (iniciais) na banda de valência estavam praticamente todos ocupados e os estados (finais) na banda de condução estavam praticamente todos vazios; por esta razão, desprezaram-se as restrições relacionadas com o princípio de exclusão nas eqs. (4.18) e (4.20). Na situação de injecção intensa, que interessa aqui, estas restrições são importantes e há que usar a eq. (4.15a) para a probabilidade de transição. Levando isto em conta, a expressão para o coeficiente de absorção fica:

$$\alpha = \frac{8\pi^2 e^2}{m_0^2 \omega c \eta V} \sum_k \left| \vec{e} \cdot \vec{P}_{cv} \right|^2 \left[f(E_v(\vec{k})) - f(E_c(\vec{k})) \right] \delta(E_c(\vec{k}) - E_v(\vec{k}) - \hbar\omega) \quad (5.32)$$

onde $f(E_c(\vec{k}))$ e $f(E_v(\vec{k}))$ são as funções de distribuição (fora do equilíbrio) para as respectivas bandas. Da eq. (5.32) pode-se ver que, se por alguma razão

$$f(E_v(\vec{k})) - f(E_c(\vec{k})) < 0, \quad (5.33)$$

o coeficiente de absorção torna-se negativo ($\alpha < 0$), ou seja, uma onda que se propaga no meio é amplificada em vez de ser amortecida. A desigualdade (5.33) expressa a condição de **inversão da população**, que é um dos pré-requisitos da emissão estimulada. Os meios em que a condição (5.33) se verifica são os meios activos.

A inversão de população pode ter lugar quando a injecção através da junção *p-n* é suficientemente intensa. Como o tempo de vida dos portadores de carga injectados, apesar de ser bastante curto, é muito maior do que o tempo de relaxação, é possível admitir que as lacunas chegam a um equilíbrio entre si e os electrões também, sem no entanto o equilíbrio entre os dois tipos de portadores de carga ser atingido. Nesta situação, as funções de distribuição para as bandas de condução e de valência podem ser consideradas como as de Fermi-Dirac mas com os pseudo-níveis de Fermi diferentes (F_n e F_p),

$$f(E_c(\vec{k})) = \left[1 + \exp\left(\frac{E_c(\vec{k}) - F_n}{kT} \right) \right]^{-1},$$

$$f(E_v(\vec{k})) = \left[1 + \exp\left(\frac{E_v(\vec{k}) - F_p}{kT} \right) \right]^{-1}.$$

Então, a condição de inversão da população, (5.33), exige que

$$F_n - F_p > E_c(\vec{k}) - E_v(\vec{k}).$$

Como o valor mínimo possível de $(E_c(\vec{k}) - E_v(\vec{k}))$ é igual ao valor do *gap* directo, E_g, a condição necessária para obter a população inversa é:

$$F_n - F_p > E_g. \quad (5.34)$$

Isto significa que o bombeamento tem que ser suficientemente forte de modo a que os pseudo-níveis de Fermi estejam dentro das respectivas bandas de energia permitida. Nesta situação, os gases das lacunas e dos electrões são degenerados. Praticamente todos os estados na banda de condução entre o seu fundo e o pseudo-nível de Fermi electrónico estão ocupados. Os estados entre F_p e $E_v(0)$ estão praticamente todos vazios. Isto implica que os fotões com a energia $\hbar\omega$ dentro do intervalo,

$$F_n - F_p > \hbar\omega > E_g,\tag{5.35}$$

não podem ser absorvidos na prática, mas são emitidos à custa da fonte que mantém a população invertida. A relação (5.35) indica a região espectral em que a junção p-n funciona como o meio opticamente activo.

Admitindo que as bandas de valência e de condução são isótropas e parabólicas e o *gap* é directo, não é difícil obter a expressão explícita para o coeficiente de absorção na situação de injecção intensa. Colocando a origem do eixo das energias no fundo da banda de condução, tem-se:

$$E \equiv E_c(\vec{k}) = \frac{\hbar^2 k^2}{2m_e^*};$$

$$E_v(\vec{k}) = -E_g - \frac{\hbar^2 k^2}{2m_h^*} = -E_g - E\frac{m_e^*}{m_h^*}\ .$$

Substituindo o somatório sobre $\vec{k}$ na eq. (5.32) pela integração em ordem a E, de acordo com a regra do Capítulo II que envolve a função densidade de estados (2.9),

$$2\sum_{\vec{k}} \ \rightarrow \ \frac{2^{1/2}\left(m_e^*\right)^{3/2}\mathrm{V}}{\pi^2\hbar^3}\int dE\sqrt{E}\ ,$$

e introduzindo também as expressões explícitas para as funções de Fermi e ainda tirando a média sobre as polarizações do fotão [ver eq. (4.32)], obtém-se:

$$\alpha = \frac{e^2\left(2m_e^*\right)^{3/2}D^2}{3m_0^{\ 2}\omega c\eta\hbar^3}\int dE\sqrt{E}\left\{\left\{\exp\left[-\frac{E\left(m_e^*/m_h^*\right)+F_p+E_g}{kT}\right]+1\right\}^{-1}\right.$$

$$\left.-\left\{\exp\left[\frac{E-F_n}{kT}\right]+1\right\}^{-1}\right\}\delta\left[\left(\frac{m_e^*+m_h^*}{m_h^*}\right)E+E_g-\hbar\omega\right]\ .\tag{5.36}$$

Para $\hbar\omega > E_g$ a integração com a função de Dirac na eq. (5.36) é equivalente à substituição da variável E pelo valor $\left(\dfrac{m_h^*}{m_e^*+m_h^*}\right)\left(\hbar\omega - E_g\right)$.

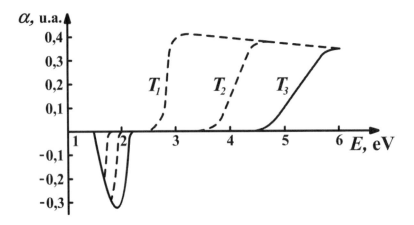

Figura 5.9 O coeficiente de absorção em função da energia dos fotões, calculado para um díodo à base de GaAs no regime de injecção com $n=p=2{,}5\ 10^{19}\text{cm}^{-3}$, para três temperaturas diferentes, $T_3>T_2>T_1$. A região em que $\alpha<0$ corresponde à população inversa.

Assim, tem-se finalmente:

$$\alpha = \frac{e^2(2\mu_{eh})^{3/2}D^2}{3m_0^2\omega c\eta\hbar^3}\sqrt{\hbar\omega-E_g}\left\{\left\{\exp\left[-\frac{(\hbar\omega-E_g)[m_e^*/(m_e^*+m_h^*)]+F_p+E_g}{kT}\right]+1\right\}^{-1}\right.$$

$$\left.-\left\{\exp\left[\frac{(\hbar\omega-E_g)[m_h^*/(m_e^*+m_h^*)]-F_n}{kT}\right]+1\right\}^{-1}\right\}. \qquad (5.37)$$

A variação espectral do coeficiente de absorção dada pela eq. (5.37) é exemplificada na fig. 5.9. Os pseudo-níveis de Fermi foram calculados utilizando a expressão (P2.3). Observe-se que a amplificação óptica ($\alpha<0$) atinge-se numa faixa espectral acima de E_g e que a largura desta faixa aumenta com o aumento da temperatura.

A fig. 5.10 mostra o princípio de funcionamento de um **laser de injecção**[2]. As regiões p e n são fortemente dopadas para que o nível de Fermi, no equilíbrio, esteja no interior das respectivas bandas de energia permitida (como no díodo de efeito túnel). Assim, é mais fácil cumprir a condição (5.34) fora do equilíbrio, quando a junção p-n é submetida a uma d.d.p. directa (ver fig. 5.10-b). As concentrações das lacunas (na região n) e dos electrões (na região p) diminuem exponencialmente com a distância até à junção, de acordo com a eq. (5.20), com uma escala característica da ordem dos respectivos comprimentos de difusão. Então, a condição (5.43) fica satisfeita no interior de uma camada de espessura

$$L \approx L_n + L_p$$

---

[2] Explica-se somente o princípio de funcionamento do laser. Uma discussão detalhada pode ser encontrada, por exemplo, no livro [5.11].

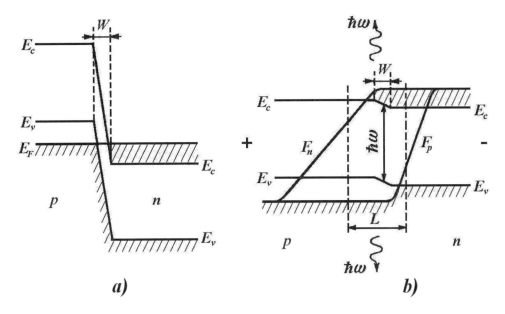

Figura 5.10 Estrutura das bandas de um díodo desenhado para aplicação como laser de injecção: *a*) **em equilíbrio;** *b*) **sob injecção intensa.**

entre as regiões *p* e *n*, que normalmente é muito maior do que a largura da zona de depleção, W.

Além da actividade óptica, a emissão estimulada de luz coerente necessita do *feedback* positivo por meio de uma cavidade ressonante. A cavidade, ou seja, o elemento óptico ressonante é constituído por dois espelhos e faz com que a radiação emitida seja (parcialmente) reflectida e devolvida para a região activa mantendo a população invertida. O *feedback* positivo é necessário para compensar as perdas inevitáveis da energia no interior do dispositivo. O regime de funcionamento do laser é caracterizado pela existência de um modo colectivo, formado pela radiação e pelas excitações electrónicas (a população invertida dos electrões). É isso que distingue o laser de díodo de um LED e que faz com que a radiação emitida por ele seja coerente. A cavidade ressonante também selecciona um determinado comprimento de onda, dentro da gama permitida pela condição (5.35), e por isso a emissão do laser é monocromática. Na prática, os espelhos são as faces polidas do próprio cristal semicondutor. A radiação sai pelas faces laterais da camada activa, ou seja, a estrutura do laser de semicondutor é parecida com um guia de onda. O desenvolvimento da tecnologia de crescimento epitaxial oferece novas possibilidades em termos de lasers de semicondutores, nomeadamente, as heteroestruturas em que a região activa e os emissores (as regiões *n* e *p*) são feitos de materiais diferentes. Os emissores são camadas de um material de *gap* maior do que a região activa, o que facilita a inversão da população (as correntes necessárias para o efeito laser são mais baixas). Ao mesmo tempo, estas camadas, mediante uma escolha apropriada do seu índice de refracção, podem servir de espelhos ficando a cavidade ressonante integrada no interior do dispositivo.

O comprimento de onda da emissão dos lasers de semicondutores é determinado pela largura do *gap*. Os estados envolvidos no processo de emissão coerente (*lasing*) são os da vizinhança mais próxima do fundo da banda de condução e da banda de valência de acordo com (5.35). Os lasers fabricados com vários materiais semicondutores cobrem a gama espectral compreendida entre $\lambda \approx 0{,}3\mu m$ (no ultravioleta) e $\lambda \approx 45\mu m$ (no infravermelho longínquo). O coeficiente de amplificação óptica ($|\alpha|$) pode atingir valores muito elevados (da ordem de $10^{-4} cm^{-1}$), fazendo com que o tamanho da região activa possa ser de dimensões muito reduzidas. Por isso, os lasers à base de semicondutores têm a vantagem de serem muito compactos, por comparação com os convencionais. Alguns dos melhores lasers de injecção são fabricados com base no arsenieto de gálio. Tipicamente, a superfície de emissão destes lasers é da ordem de $10^{-4} cm^{-2}$, permitindo, no entanto, atingir potências até 10W. O comprimento de onda da emissão é $0{,}8-0{,}9\mu m$, dependendo da temperatura de funcionamento, sendo que alguns lasers funcionam com arrefecimento. A densidade de corrente mínima necessária para a emissão estimulada é da ordem de $100 A \cdot cm^{-2}$ (a $T \approx 77 K$). O rendimento destes lasers pode atingir 70-80% [5.5]. Como já foi comentado a propósito dos LEDs, os problemas tecnológicos que existiram com as fontes de radiação na zona azul foram resolvidos utilizando o nitreto de gálio e as suas soluções sólidas com alumínio e índio [5.7]. Existe também a alternativa de usar o carboneto de silício [5.12]. O efeito do confinamento quântico abre novas possibilidades no campo da engenharia de materiais apropriados para a construção de lasers que funcionem com um comprimento de onda desejável.

Um problema inerente dos lasers à base de junções *p-n* é a diminuição do seu rendimento e o respectivo aumento da corrente limiar com a temperatura por causa da diminuição da taxa de injecção. Com efeito, estes lasers não funcionam em modo contínuo à temperatura ambiente [5.13] e, por isso, precisam de arrefecimento[3]. Este problema elimina-se, em grande parte, quando em vez das homojunções *p-n* se utilizam heterojunções de semicondutores apropriados (secção 5.5.1) e, ainda mais, estruturas com poços e pontos quânticos (Capítulo VI).

5.4.4 A fabricação das junções *p-n*

No início da sua produção industrial as junções *p-n* eram fabricadas por fusão de dois cristais dopados com impurezas diferentes. Os métodos empregados actualmente no fabrico de 90% dos dispositivos semicondutores utilizam silício monocristalino. Muitos destes dispositivos fazem parte de circuitos integrados em que milhares de transístores, díodos, condensadores e outros elementos são fabricados com base num único monocristal.

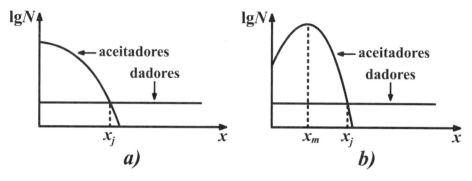

Figura 5.11 Perfil de concentrações no fabrico de díodos por difusão controlada (*a*) ou implantação iónica (*b*) de impurezas tecnológicas.

---

[3] Tipicamente, usa-se azoto líquido.

Capítulo V – Fenómenos de Contacto

233

A **tecnologia bidimensional** (*planar technology*) é utilizada para fabricar um simples díodo, ou um transístor com várias junções, ou um circuito integrado [5.14]. Para produzir uma junção *p-n* segundo este método, um cristal crescido já com um certo tipo de impurezas, por exemplo, um monocristal de Si dopado com fósforo à concentração desejável (crescido pelo método de Czochralski [5.15]) é cortado em fatias. Uma das fatias é sujeita à difusão de uma impureza do tipo oposto (por exemplo, o boro). Esta operação é realizada aplicando à superfície da fatia, previamente polida, uma fonte de átomos de boro (ou melhor, uma substância pouco estável que contém o boro) e submetendo a amostra a uma temperatura elevada, da ordem de $1000^0 C$.

Para temperaturas suficientemente elevadas, ocorre a difusão do boro para o interior do silício, formando-se um perfil de concentração de aceitadores (N_a), esquematicamente mostrado na fig. 5.11-a. A camada superficial da fatia onde $N_a > N_d$ é a região *p* e o resto ($x > x_j$) é a região *n*.

Naturalmente, as fórmulas e as equações apresentadas neste capítulo têm que ser corrigidas para levar em conta a distribuição não homogénea dos aceitadores e a compensação parcial dos dadores na região *n* mas, qualitativamente, elas continuam a ser adequadas para a junção produzida por difusão. Também se usa a implantação de iões da impureza desejada, produzidos num acelerador de partículas ou num canhão iónico. Os iões implantados no semicondutor distribuem-se conforme o perfil de concentração mostrado qualitativamente na fig. 5.11-b. A posição do máximo (x_m) pode ser controlada pela energia dos iões acelerados. Normalmente após a implantação torna-se necessário um recozimento (*annealing*) para reconstruir a rede cristalina, danificada pela implantação. A vantagem deste método é a rapidez e o uso (durante o recozimento) de temperaturas mais baixas do que as necessárias para a difusão. No entanto, a difusão a alta temperatura cria menos defeitos na rede cristalina.

 Para fabricar uma segunda junção mais próxima da superfície, basta realizar a difusão (ou a implantação) de uma terceira impureza, do tipo *n*, com a concentração na superfície (determinada pela fonte) superior à do boro. Estas duas operações tecnológicas consecutivas permitem assim fabricar uma estrutura de transístor bipolar *n-p-n*.

As operações tecnológicas de dopagem (por difusão ou por implantação iónica) podem ser efectuadas localmente, numa área muito pequena do cristal. Para isto utiliza-se a formação de uma camada fina (menos de 1µm de espessura) de óxido, SiO_2, na superfície do cristal exposto a uma atmosfera de oxigénio.

A etapa seguinte é a **fotolitografia**, que é usada para remover selectivamente o óxido de algumas regiões da superfície nas quais se deseja fazer a difusão. Esta técnica envolve as seguintes operações:

1) deposição sobre a superfície do semicondutor de uma camada de resina, solúvel em certos solventes orgânicos;

2) deposição de uma máscara sobre a camada de resina, que define as zonas que ficarão sujeitas à radiação que vai provocar a fotopolimerização da resina;

3) irradiação da resina e sua fotopolimerização;

4) remoção da resina não polimérica;

5) remoção, por meio de ácido, da camada de óxido do semicondutor, nas zonas não protegidas pela resina;

6) difusão ou implantação iónica nas zona libertas de óxido.

Finalmente, a estrutura é completada pela deposição dos contactos metálicos externos, através das mesmas janelas. Deste modo, a tecnologia bidimensional permite fabricar os mais complexos circuitos integrados. O padrão do circuito a ser produzido é previamente elaborado em escala grande (utilizando o computador) e depois é reduzido fotograficamente para a escala real da máscara, de dimensões inferiores a 1μm. Para circuitos de elevada integração, as máscaras são desenhadas por feixes de electrões em vez de luz ultravioleta (a litografia electrónica).

Nas tecnologias modernas, é cada vez mais usado o crescimento de cristais pela técnica de **epitaxia**[4]. Neste caso um filme cristalino é depositado sobre um substrato (também cristalino) com uma taxa de crescimento bastante baixa (e, por isso, com um grau de controlo elevado). A camada crescida pela epitaxia pode ser simultaneamente dopada com as impurezas desejadas. O crescimento epitaxial ocorre a temperaturas muito mais baixas do que o crescimento dos monocristais (para o silício, a $500\text{-}700^0C$). Isto é vantajoso, porque não há perigo de difusão quando se deposita uma camada dopada em cima de um substrato não dopado ou dopado com outro tipo de impurezas. Assim, é possível obter estruturas com uma distribuição das impurezas muito abrupta, parecida com a apresentada na fig. 5.1. Também é possível fabricar estruturas com várias camadas. Para os materiais como o AlGaAs, o GaN e os seus derivados, a epitaxia é a única tecnologia adoptada (por exemplo, o AlGaAs nem sequer existe na forma de cristais maciços). É possível crescer camadas epitaxiais (*epilayers*) de um material sobre outro (com algumas limitações sobre os pares de materiais compatíveis), o que é essencial para o fabrico de heteroestruturas de semicondutores e de estruturas com confinamento quântico (Capítulo VI).

5.5 Heterojunções

5.5.1. Heterojunções de semicondutores

Uma junção formada por dois materiais intrinsecamente diferentes é chamada **heterojunção**, em contraste com a (homo-) junção *p-n*. As heterojunções de semicondutores obtêm-se através do crescimento de uma camada monocristalina de um material sobre um substrato de outro utilizando as técnicas da epitaxia. Naturalmente, o crescimento epitaxial, com a preservação da estrutura cristalina dos dois lados e a interface quase perfeita, é possível para determinados pares de materiais. Uma das exigências para esta compatibilidade é a semelhança das estruturas cristalinas e a proximidade das constantes da rede. A lista dos heteropares com a melhor compatibilidade inclui os GaAs-AlAs, CdTe-HgTe, GaAs-Ge, GaN-AlN, GaAs-$GaAs_xP_{1-x}$, ZnTe-CdSe e alguns outros. A diferença nas constantes da rede provoca tensões elásticas junto à interface que alteram as propriedades do material. Com o aumento da espessura do filme, as tensões relaxam-se através da formação de defeitos, sobretudo deslocamentos, junto à interface. Assim, a qualidade desta nunca é comparável à dos hetero-pares ideais, como o GaAs-$Ga_xAl_{1-x}As$ que tem uma grande aplicação tecnológica.

Apesar da continuidade do potencial eléctrico, o diagrama de energia de uma heterojunção é descontínuo na interface entre os dois materiais, ao contrário do comportamento contínuo apresentado na fig. 5.3. A razão mais óbvia para isto é a diferença nas posições das bandas de energia nos dois materiais, relativamente ao nível do vácuo (E_0). Além disso, o comportamento de um material numa heterojunção

---

[4] Este termo designa uma família de técnicas de crescimento, como a epitaxia de feixe molecular (*Molecular Beam Epitaxy*, MBE), a deposição a partir do vapor de misturas metalo-orgânico (*Metal-Organic Chemical Vapor Deposition*, MOCVD) e a epitaxia a partir da fase líquida (*Liquid-Phase Epitaxy*, LPE). Os princípios dos métodos MBE e MOCVD são explicados na secção 6.3.2.3. Uma discussão detalhada das técnicas de epitaxia pode ser encontrada nos livros [5.15 e 5.16].

Capítulo V – Fenómenos de Contacto

depende fortemente da posição do seu nível de Fermi que é determinada, como se sabe, pela dopagem e pela temperatura. São possíveis e utilizadas heterojunções de dois semicondutores do mesmo tipo (por exemplo, *n-n*) ou de tipos diferentes.

Considere-se o contacto ideal de dois semicondutores cujos diagramas de bandas de energia estão mostrados na fig. 5.12-a. A distância entre o nível do vácuo e o nível de Fermi, $\Phi = E_0 - E_F$, é chamada **trabalho de extracção**. Nos metais Φ representa a energia necessária para "arrancar" um electrão do interior do material e levá-lo para o vácuo, longe da sua superfície, ou seja, determina o efeito fotoeléctrico explicado por A. Einstein em 1905. Nos semicondutores normalmente não existem electrões no nível de Fermi porque ele se situa no *gap*. Assim, Φ não é a energia mínima necessária para extrair um electrão do semicondutor. Como os electrões de mais alta energia estão na banda de condução, a energia mínima necessária para removê-los do material é da ordem de $\chi, = E_0 - E_c$. A grandeza χ é chamada **afinidade electrónica**.

Admitindo que a interface é ideal, ou seja, livre de quaisquer defeitos que possam criar estados locais no *gap*, não há efeito de *pinning* dos níveis de Fermi aí. O campo eléctrico interno junto à interface só vai surgir em resultado da difusão dos portadores se as suas concentrações nos dois lados forem diferentes, ou seja, por um mecanismo idêntico ao de uma homojunção *p-n*. Com algumas pequenas alterações que são óbvias, as considerações da secção 5.1 aplicam-se aqui. A equação de Poisson tem a seguinte forma:

$$\varphi'' = -\frac{4\pi e}{\varepsilon_1}\left(-\left(n(x) - n_1\right) + \left(p(x) - p_1\right)\right) \tag{5.38}$$

do lado esquerdo, e

$$\varphi'' = -\frac{4\pi e}{\varepsilon_2}\left(-\left(n(x) - n_2\right) + \left(p(x) - p_2\right)\right) \tag{5.39}$$

em que $n(x) = n_{1,2}\exp\left(\dfrac{e\varphi(x)}{kT}\right)$, $p(x) = p_{1,2}\exp\left(-\dfrac{e\varphi(x)}{kT}\right)$; n_1, p_1 e n_2, p_2 são as concentrações dos electrões e das lacunas nos dois semicondutores longe da interface, e ε_1 e ε_2 são as respectivas constantes dieléctricas (estáticas). As condições de fronteira incluem a continuidade do potencial e da componente normal do deslocamento eléctrico,

$$\varepsilon_1 \frac{d\varphi}{dx}\bigg|_{x=-0} = \varepsilon_2 \frac{d\varphi}{dx}\bigg|_{x=+0}. \tag{5.40}$$

Os perfis do potencial, da intensidade do campo eléctrico e da densidade de carga são qualitativamente parecidos com os apresentados na fig. 5.2, excepto o facto de o campo eléctrico ter agora uma descontinuidade no ponto $x = 0$, devido à diferença entre ε_1 e ε_2.

A altura da barreira de potencial é dada pela diferença dos níveis de Fermi no interior dos dois semicondutores, ou, igualmente, pela diferença dos trabalhos de extracção,

$$\varphi_c = \frac{1}{e}(\Phi_1 - \Phi_2). \quad (5.41)$$

Por exemplo, para uma heterojunção *p-n* é válida a fórmula (5.7), enquanto que no caso de uma heterojunção *n-n*

$$\varphi_c = \frac{kT}{e}\ln\frac{n_2}{n_1}. \quad (5.42)$$

A espessura da região da carga espacial é dada por fórmulas semelhantes às equações (5.13) e (5.14) (ver Problema **V.9**). Note-se que o nível do vácuo, após o contacto, é diferente dos dois lados do valor $e\varphi_c$ (ver fig. 5.12-b).

O diagrama das bandas pode ser construído achando as posições do fundo da banda de condução ($E_c(x) = E_0 - e\varphi(x) - \chi$) e do topo da banda de valência ($E_v(x) = E_0 - e\varphi(x) - \chi - E_g$). Como a afinidade electrónica é diferente para os dois semicondutores, o fundo da banda de condução tem um salto no ponto $x = 0$,

$$\Delta E_c = E_c(x-0) - E_c(x+0) = \chi_2 - \chi_1. \quad (5.43)$$

Dum modo semelhante, para a descontinuidade da banda de valência tem-se:

$$\Delta E_v = E_v(x-0) - E_v(x+0)$$
$$= \chi_2 - \chi_1 + E_{g2} - E_{g1}. \quad (5.44)$$

O sinal de ΔE_c pode ser diferente do de ΔE_v, como é o caso do exemplo apresentado na fig. 5.12.

Os diagramas da fig. 5.12 são ideais porque não levam em consideração os níveis locais na interface, que podem ter uma densidade considerável. Como se sabe da Secção 4.6.3, neste caso as bandas de energia ficam encurvadas ainda na situação da fig. 5.12-a, devido à presença de alguma carga nos níveis locais junto à interface (compare-se com a fig. 4.13). Assim, as descontinuidades das bandas, ΔE_c e ΔE_v, já não são determinadas exclusivamente pelas afinidades electrónicas dos dois materiais e as relações simples (5.43) e (5.44) não são válidas. O diagrama das bandas junto à

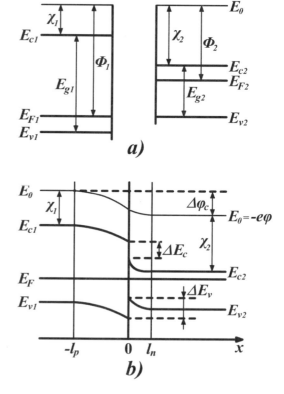

Figura 5.12 Estrutura das bandas de uma heterojunção do tipo *p-n* antes (*a*) e após (*b*) as duas partes entrarem em contacto.

Capítulo V – Fenómenos de Contacto   237

interface pode sofrer algumas alterações importantes.

A diferença entre os *gaps* de energia dos semicondutores numa heterojunção possibilita a realização de uma enorme variedade de formas de potenciais para os electrões na banda de condução e para as lacunas na banda de valência. Algumas delas são vantajosas em termos de aplicações em vários dispositivos. Por exemplo, a estrutura apresentada na fig. 5.12 permite a injecção monopolar. Quando está sujeita a uma d.d.p. de polaridade directa, a corrente é conduzida principalmente pelas lacunas porque a barreira para os electrões é muito alta (igual a $\Delta E_c + e(\varphi_c - V)$). Este efeito é util em transístores bipolares e lasers de injecção pois a taxa de injecção é maior para a mesma tensão aplicada. Além disso, a interface pode ser aproveitada para servir de espelho que delimita a cavidade óptica necessária para o funcionamento do laser.

As heterojunções também servem de base para a investigação de propriedades quânticas de partículas e para a construção de dispositivos que utilizam estas propriedades (ver Capítulo VI).

5.5.2 Junções metal-semicondutor

Contactos eléctricos entre metais e semicondutores também são heterojunções e têm utilidade para a fabricação de dispositivos. Em primeiro lugar, são necessários para ligar, por exemplo, um díodo de junção a um circuito externo. Deste tipo de contactos são exigidas baixa resistência eléctrica e insensibilidade relativamente ao sentido da corrente que o atravessa. Se isto se verifica, o **contacto** chama-se **óhmico**. No entanto, a junção do mesmo semicondutor com um outro metal pode exibir propriedades rectificadoras e neste caso designa-se pelo termo "**contacto de Schottky**"[5]. Junções deste tipo têm algumas propriedades e aplicações semelhantes às das junções *p-n*, mas também possuem características e vantagens específicas.

Quando um metal é colocado em contacto directo com um semicondutor, ocorre uma transferência de cargas de um lado para o outro de modo a igualar os dois níveis de Fermi, à semelhança do que acontece numa junção *p-n*. O sentido do movimento das cargas depende dos valores do trabalho de extracção. Essa transferência cria camadas de carga nos dois lados da junção resultando numa barreira de potencial, chamada **barreira de Schottky**. A altura da barreira é determinada pela eq. (5.41) e pode ser positiva ou negativa, considerando que o potencial eléctrico no metal é nulo. Como a posição do nível de Fermi no semicondutor depende do tipo de impurezas e da temperatura, enquanto que no metal é praticamente independente das condições ambientais, o valor e até o sinal de φ_c também variam em função destes parâmetros. Se $\varphi_c < 0$, o semicondutor adquire uma carga positiva e as bandas de condução e de valência junto à interface ficam encurvadas para cima (ver fig. 5.13-a). Caso contrário ($\varphi_c > 0$), desviam-se para baixo, relativamente à sua posição no interior do semicondutor, e a camada superficial fica com uma carga negativa (fig. 5.13-b). Em qualquer caso, a queda do potencial ocorre inteiramente no semicondutor. Devido à alta concentração de electrões livres ($n \approx 10^{22}\,\text{cm}^3$), a espessura da camada carregada[6] no metal é da ordem de 10^{-7} - $10^{-8}\,\text{cm}$, enquanto que os correspondentes valores típicos nos semicondutores são da ordem de $10^{-4}\,\text{cm}$.

---

[5] W. Schottky estudou contactos metal-semicondutor na década de 30 do século XX e desenvolveu a teoria que permitiu explicar a sua propriedade rectificadora, antes de quaisquer estudos das junções *p-n*.
[6] O tamanho típico da região da carga espacial no metal é o comprimento de Debye, conforme eq. (P2.18).

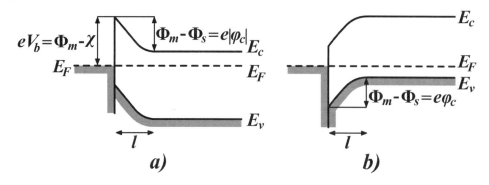

Figura 5.13 Diagramas de energia de dois contactos de Schottky no equilíbrio: *a)* **para um semicondutor do tipo *n* e com** $\Phi_s<\Phi_m$; *b)* **para um semicondutor do tipo *p* e com** $\Phi_s>\Phi_m$.

À semelhança dos casos já considerados neste capítulo, o perfil do potencial eléctrico no semicondutor pode ser obtido resolvendo a equação de Poisson com a densidade volúmica de carga

$$\rho = en_0\left(1-\exp\left(\frac{e\varphi}{kT}\right)\right) \qquad (5.45a)$$

para o material do tipo *n* e

$$\rho = ep_0\left(1-\exp\left(-\frac{e\varphi}{kT}\right)\right) \qquad (5.45b)$$

para o material do tipo *p*, em que n_0 (ou p_0) é a concentração dos portadores de carga maioritários no interior do semicondutor.

As condições de fronteira são $\varphi=0$ na interface e $\varphi=\varphi_c$ no infinito. Fazendo a mesma aproximação que foi utilizada na secção 5.1, conclui-se que o potencial varia parabolicamente, com a escala de comprimento característica igual a

$$l = \sqrt{\frac{\varepsilon_s|\varphi_c|}{2\pi\, en_0}} \qquad (5.46)$$

com ε_s a constante dieléctrica do semicondutor. Note-se que para o semicondutor do tipo *p*, n_0 substitui-se por p_0 nesta expressão.

As formas da barreira Schottky para dois casos típicos estão mostradas na fig. 5.13. Nesta junção de um metal com um semicondutor do tipo *n* e com o trabalho de extracção menor ($\Phi_s<\Phi_m$, fig. 5.13-a), a camada superficial do semicondutor está praticamente sem electrões livres, ou seja, em regime de depleção. Se $e|\varphi_c|\gg kT$, vê-se da eq. (5.45a) que $\rho\approx en_0$, a densidade da carga positiva devida aos dadores ionizados. Os electrões têm que vencer a barreira

Capítulo V – Fenómenos de Contacto 239

$$eV_B = \Phi_m - \chi. \tag{5.47}$$

para passar do metal para o semicondutor (χ é a afinidade electrónica). No sentido contrário, os electrões também encontram uma barreira de potencial, igual a $e|\varphi_c|$. Então, este contacto (de Schottky) deve ter uma resistência elevada. Mais adiante mostra-se que a sua curva característica *I-V* é anisótropa.

Analisando o caso do contacto de um metal com um semicondutor do tipo *p* e com o trabalho de extracção maior do que o do metal ($\Phi_s > \Phi_m$, fig. 5.13-b), nota-se que esta situação é totalmente análoga à anterior, com a única diferença de que agora as lacunas desempenham o papel dos electrões (no metal, as lacunas representam todos os estados electrónicos acima do nível de Fermi). As propriedades destes contactos são muito semelhantes.

O que é necessário para fazer um contacto óhmico? Em vez da depleção, a camada superficial do semicondutor, no equilíbrio, deve estar no regime de acumulação, ou seja, deve ser enriquecida com os portadores de carga maioritários. Isto vai aconter, por exemplo, num contacto de um metal com um semicondutor do tipo *n* quando $\Phi_s > \Phi_m$. Para obter o diagrama de energia deste contacto óhmico é suficiente, na fig. 5.13-b, traçar o nível de Fermi mais acima, próximo de E_C no interior do semicondutor. Assim, o gás electrónico torna-se mais denso e degenerado na camada superfícial do semicondutor do que no interior e as barreiras vão desaparecer em ambos os sentidos. Um contacto deste tipo tem resistência baixa e independente do sentido da corrente.

Voltando para o caso dos contactos não óhmicos, não é difícil perceber que a barreira de Schottky, que impede a passagem de electrões do semicondutor para o metal, pode ser reduzida ou aumentada pela aplicação de uma tensão externa com polarização directa ou inversa, respectivamente. No entanto, a barreira encontrada pelos electrões que seguem no sentido contrário (do metal para o semicondutor) praticamente não se altera e sempre tem o valor eV_B, conforme (5.47). O balanço das correntes do semicondutor para o metal e *vice versa* é semelhante ao das correntes de deriva e de difusão numa junção *p-n*. Por esta razão o contacto de Schottky tem a característica *I-V* semelhante à de uma junção *p-n*, e também pode ser descrita pela eq. (5.17). Para o caso da fig. 5.13-a a polarização directa corresponde ao (-) no semicondutor; o caso da fig. 5.13-b é o contrário. A densidade da corrente de saturação normalmente é determinada pela emissão termoelectrónica do metal e pode ser expressa como

$$J_0 = AT^2 \exp\left(-\frac{eV_B}{kT}\right) \tag{5.48}$$

em que A é uma constante (ver Problema **VI.12**). No entanto, os processos de passagem dos electrões através da barreira pelo efeito túnel também podem contribuir, o que altera a variação da corrente de saturação com a temperatura. Uma discussão detalhada deste e de outros efeitos característicos dos contactos de Schottky fora do equilíbrio pode ser encontrada no livro [5.1].

Então, o contacto de Schottky tem a propriedade rectificadora, ou seja, é um díodo. Historicamente, o primeiro dispositivo semicondutor que foi comercializado era o díodo de barreira de Schottky. Apesar de ter a característica *I-V* semelhante ao díodo de junção *p-n*, há diferenças importantes entre estes dois tipos de díodos. Contrariamente à junção *p-n*, a corrente que atravessa uma barreira de Schottky é sempre conduzida pelos portadores de carga que são maioritários no semicondutor. Num díodo de junção p-n, sujeito a uma tensão da polarização directa, ocorre a injecção dos portadores de carga para a região oposta onde eles são minoritários. Se a tensão mudar a polaridade rapidamente, a resposta do díodo não vai ser imediata porque, antes de começar a injecção no sentido oposto, tem que desaparecer (por recombinação) o excesso dos portadores de carga minoritários. Por outras palavras, é preciso recarregar o condensador equivalente com a capacidade de difusão determinada pela eq. (5.27). O díodo de barreira de Schottky, sendo um dispositivo de condutividade monopolar, não tem esta limitação[7]. Por esta razão eles têm muitas aplicações em circuitos de alta frequência, como detectores e chaves electrónicas. Praticamente não se usam como díodos rectificadores porque não suportam tensões elevadas [5.2]. Também pelo facto de usarem principalmente um tipo de portadores de carga, os díodos de barreira de Schottky não são apropriados para aplicações em optoelectrónica, embora tenha havido propostas de LEDs com junção metal-semicondutor [5.17].

Como foi mencionado acima, um contacto de Schottky possui algumas propriedades de condensador, com as placas (o metal e o semicondutor) separadas por uma zona de depleção cuja dimensão depende da tensão (inversa) aplicada. No entanto, se a tensão for elevada, a barreira começa a ser transparente para o efeito túnel, o que provoca a ruptura do condensador. A introdução de uma camada de dieléctrico (normalmente um óxido) entre o metal e o semicondutor permite aplicar tensões bem mais elevadas. A heterojunção de metal, óxido e semicondutor (MOS) constitui um **condensador MOS** com uma capacidade por unidade de área

$$C = \frac{\varepsilon_i \varepsilon_s}{4\pi \left(\varepsilon_i l + \varepsilon_s d\right)} \tag{5.49}$$

em que ε_i é a constante dieléctrica do isolador, d é a espessura do óxido e l a largura da zona de depleção (5.46). Quando a tensão aplicada ($V < 0$) varia, a capacidade também se altera através da variação desta largura,

$$l = \sqrt{\frac{\varepsilon_s \left(|\varphi_c| - V\right)}{2\pi e n_0}} \ . \tag{5.46a}$$

Os condensadores MOS são muito usados na microelectrónica porque permitem a realização do **transístor de efeito de campo**[8] (MOSFET). A aplicação de uma tensão com a polaridade inversa ao condensador MOS faz com que o tipo do semicondutor na região junto à interface seja invertido. Por exemplo, no diagrama da fig. 5.14 a camada superficial tem muito mais electrões do que lacunas. Esta camada é separada do resto do semicondutor pela camada de depleção e, então, constitui um canal condutor cuja largura (e, por isso, a condutância) pode ser controlada pela tensão aplicada no condensador. Uma pequena variação desta tensão reulta numa grande alteração da resistência do canal. Este é o princípio do funcionamento do transístor MOSFET proposto em 1963 por Hofstein e Heiman [5.18].

O transístor MOSFET tem uma importância enorme em microelectrónica, muito maior do que o transístor bipolar devido à facilidade da sua integração na tecnologia

---

[7] A resposta do díodo de barreira de Schottky a um sinal de alta frequência é limitada pela capacidade da barreira (5.25) mas esta limitação é menos rígida do que a outra.

[8] Também é chamado transístor de porta isolada.

bidimensional à base de silício. O dióxido de silício (SiO$_2$) é um bom dieléctrico e o seu crescimento sobre um cristal de silício é fácil. No caso mais comum o metal é o alumínio e o silício é do tipo p.

O valor crítico da tensão necessária para atingir a inversão pode ser estimado pela equação [5.2]:

$$V_c = \frac{Q}{C} + \frac{2kT}{e} \ln \frac{N_a}{n_i} \qquad (5.50)$$

em que C é a capacidade do condensador MOS dada pelas eqs. (5.46a) e (5.49), N_a a concentração das impurezas aceitadoras e n_i a concentração intrínseca do semicondutor. Q na eq. (5.50) designa a carga por unidade de área, contida na região de depleção. Ela pode ser calculada pela eq. (P5.8) (ver Problema **V.6**) ou então estimada pela relação simples

$$Q = elN_a .$$

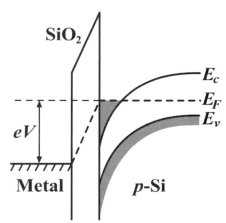

Figura 5.14 Diagrama de energia de uma heterojunção MOS fora do equilíbrio. A camada superficial do semicondutor está no regime de inversão.

A maior parte dos transístores que fazem parte dos circuitos integrados são do tipo MOSFET. O desenvolvimento das técnicas de crescimento epitaxial levou à realização tecnológica de outras modalidades do transístor de efeito de campo. Por exemplo, a dopagem modulada permite colocar fora do canal as impurezas que fornecem os portadores de carga. Em resultado disto a mobilidade dos portadores de carga, no canal de um transístor à base de GaAs, atinge valores superiores a 10^6 cm^2/(V s), o que reduz drasticamente o tempo de resposta. O uso destes transístores designados pela abreviatura HEMT (*High Electron Mobility Transístor*) facilita, por exemplo, a construção dos computadores super-rápidos. O movimento dos electrões no canal de um transístor HEMT é praticamente balístico, ou seja, sem colisões. Se o canal for suficientemente curto, as propriedades ondulatórias do electrão começam a revelar-se e o movimento é governado pelas leis da Mecânica Quântica. Estes efeitos são considerados no próximo capítulo.

Problemas

V.1. Calcule a altura da barreira de potencial eléctrico numa junção *p-n* de germânio à temperatura ambiente. Na zona *n* a concentração de dadores é $N_d = 1 \cdot 10^{16}\,\text{cm}^{-3}$, na zona *p* a concentração de aceitadores é $N_a = 1 \cdot 10^{15}\,\text{cm}^{-3}$. Utilize os parâmetros (necessários) do germânio que conhece. Avalie também a intensidade máxima do campo eléctrico interno na junção.

V.2. Para a junção *p-n* considerada no problema anterior avalie a largura da camada de depleção junto ao contacto e a capacidade da barreira, por unidade de área.

V.3. Calcule a densidade da corrente de saturação para a junção *p-n* do Problema **V.1** à temperatura ambiente. Utilize dados do Problema **III.1** para o germânio. Para os tempos de vida tome $\tau_r^h = \tau_r^h = 10^{-4}\,\text{s}$.

V.4. Considere uma junção *p-n* em que ambas as regiões são fortemente dopadas. A estrutura das bandas, no equilíbrio, está mostrada na fig. P5.1. Aplicando uma pequena diferença de potencial com a polaridade directa, a corrente vai passar devido ao efeito túnel. Admitindo que a barreira para os electrões tem forma triangular (como mostra a parte ampliada da figura) e que a sua altura varia em função da d.d.p. aplicada, obtenha a expressão para a densidade de corrente em função da d.d.p.
O que vai acontecer se a d.d.p. continuar a aumentar? Verifique a resposta comparando com o gráfico na fig. 5.6-b.

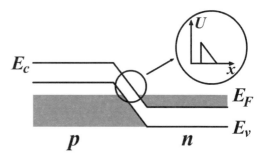

Figura P5.1 A estrutura das bandas para um díodo de efeito túnel no equilíbrio, com os estados preenchidos assinalados pela sombra. A inserção mostra a barreira da energia potencial para um electrão que passa da direita para a esquerda.

Resolução.
Quando se aplica a d.d.p. V com a polaridade directa (+ na região *p*), a parte esquerda do diagrama da fig. P5.1 desloca-se para baixo, relativamente à parte esquerda, do valor eV. Assim, os electrões da faixa das energias $E_F - eV < E < E_F$ podem eventualmente passar da direita para a esquerda porque há estados permitidos, vazios, nesta faixa do lado esquerdo da junção. A passagem é possível pelo efeito túnel através da barreira triangular cuja largura depende da energia do electrão.
É mais conveniente escolher o eixo x' com o sentido oposto ao do x na fig. P5.1, com a origem no ponto da interface entre a zona de depleção e a região *n*. O electrão entra na barreira num ponto x'_i em que $U(x'_i) = E$ (E é a energia do electrão) e sai no ponto $x' = W$ onde W é a largura da zona de depleção dada pela eq. (5.26). A probabilidade do efeito túnel pode ser calculada utilizando a fórmula da aproximação quase-clássica [5.19],

Capítulo V – Fenómenos de Contacto

$$T(E_x) = \exp\left[-\frac{2}{\hbar}\int_{x_i}^{W}|p_x(x')|dx'\right] \tag{P5.1}$$

onde $|p_x(x')| = \sqrt{2m^*(U(x') - E_x)}$ é o módulo da componente x do quase-momento (imaginária no interior da barreira) e

$$E_x = p_x^2/(2m^*)$$

é a energia cinética do movimento livre do electrão ao longo da direcção x na região n. A origem da escala da energia é escolhida no fundo da banda de condução nesta região. A energia potencial é dada pela expressão

$$U(x') = \frac{e(\varphi_c - V)x'}{W} \tag{P5.2}$$

em que $(\varphi_c - V)$ representa a altura da barreira. Substituindo (P5.2) na eq. (P5.1) e integrando, obtém-se:

$$T(E_x) = \exp\left[-\frac{4}{3\hbar}\sqrt{2m^* e}\frac{(\varphi_c - V - E_x)^{3/2}}{(\varphi_c - V)}W\right]. \tag{P5.3}$$

A densidade de corrente calcula-se pela eq. (3.14) na qual a função integranda tem que ser multiplicada pela probabilidade do efeito túnel (P5.3). Atendendo ao facto do gás electrónico ser fortemente degenerado,

$$j = \frac{2e}{(2\pi\hbar)^3}\int_{E_F - eV}^{E_F}T(E_x)\left(\frac{p_x}{m^*}\right)\delta\left(\frac{p_x^2 + p_\perp^2}{2m^*} - E\right)d\vec{p}dE \tag{P5.4}$$

em que $p_\perp$ é a componente do quase-momento no plano perpendicular ao x e $d\vec{p} = p_\perp dp_\perp dp_x d\phi$. Calculando o integral de (P5.4) obtém-se:

$$j = \frac{em^*}{\pi^2\hbar^3}\int_{E_F - eV}^{E_F}\left[\int_0^E T(E_x)dE_x\right]dE \tag{P5.5}$$

onde $T(E_x)$ substitui-se conforme a eq. (P5.3).

Para $V \ll \varphi_c$ a energia do electrão é pequena quando comparada com a altura da barreira e pode-se pôr $E_x \approx 0$ na eq. (P5.3). Substituindo (P5.3) e (5.26), obtém-se finalmente:

$$j = \frac{em^*}{2\pi^2\hbar^3}\left[E_F^2 - (E_F - eV)^2\right]\exp\left[-\frac{4W}{3\hbar}\sqrt{2m^* e(\varphi_c - V)}\right]$$

$$\approx V \frac{e^2 m^*}{\pi^2 \hbar^3} \exp\left[-\frac{4}{3\sqrt{\pi}\hbar}\sqrt{\varepsilon m^* \frac{(N_a + N_d)}{N_a N_d}}(\varphi_c - V)\right]. \quad \text{(P5.6)}$$

Quando a d.d.p. aplicada atinge o valor (E_F/e), a densidade de corrente praticamente deixa de aumentar com o aumento de V e começa a diminuir quando o nível de Fermi na região n se alinha com E_v na região p. Finalmente, a barreira torna-se suficientemente baixa para que haja corrente "normal", conduzida pelos portadores de carga que têm energia suficiente para passar por cima dela.

V.5. Considere uma junção p-n de silício em que a concentração de dadores na região n e a concentração de aceitadores na zona p são iguais, $N_a = N_d = 10^{18}\,\text{cm}^{-3}$. A junção tem secção circular de diâmetro $d = 300\,\mu\text{m}$. Admita que os tempos de vida para os electrões e as lacunas são idênticos, iguais a $\tau_r = 1\,\mu\text{s}$.

    a) Calcule os valores da corrente através desta junção para $V_1 = 0{,}25\text{V}$ e $V_2 = -1\text{V}$. $T = 300\text{K}$.

    b) O campo eléctrico de ruptura desta junção é $E_r = 10^6\,\text{V/cm}$. Calcule a tensão de ruptura da junção.

V.6. Devido ao efeito de *pinning* do nível de Fermi na superfície do semicondutor (veja 4.6.3), ela está sob um potencial eléctrico (φ_s) relativamente à parte interior do cristal. Assim, a camada junto à superfície está sujeita a um campo eléctrico intrínseco e tem uma concentração elevada de electrões, como mostra a fig. P5.2. O desvio das extremidades das bandas (E_c e E_v) relativamente às suas posições no interior do semicondutor pode ser controlado aplicando um campo eléctrico externo.

Considere que está aplicada ao semicondutor uma d.d.p. (V) entre a superfície $x = 0$ e a sua parte interior ($x \to \infty$). O semicondutor é homogéneo e não degenerado, possui no interior n_0 electrões por centímetro cúbico e encontra-se a $T = 300K$.

    a) Determine o potencial eléctrico e a forma das bandas (E_c e E_v) em função da coordenada x

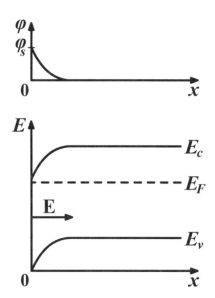

Figura P5.2 O potencial eléctrico e a estrutura das bandas na vizinhança da superfície do semicondutor no equilíbrio.

Sugestão.
Resolva a equação de Poisson,

$$\varphi'' = -4\pi e[-(n(x) - n_0) + (p(x) - p_0)]/\varepsilon_0 \quad \text{(P5.7)}$$

em que $n(x) = n_0 \exp\left(\dfrac{e\varphi(x)}{kT}\right)$, $p(x) = p_0 \exp\left(-\dfrac{e\varphi(x)}{kT}\right)$ e $p_0 = n_i^2 / n_0$ é a concentração das lacunas no interior do cristal. As condições de fronteira são $\varphi(0) = \varphi_s + V$ e $\varphi(\infty) = 0$.

b) Obtenha a expressão para a carga por unidade de área, acumulada na camada junto à superfície.

Resposta.

$$Q = 2en_i L_D \left[\lambda\left(e^Y - 1\right) - \lambda^{-1}\left(e^{-Y} - 1\right)\right]^{1/2} \tag{P5.8}$$

onde $L_D = \sqrt{\dfrac{\varepsilon_0 kT}{8\pi \, e^2 n_i}}$ é o comprimento de Debye para o semicondutor intrínseco,

$\lambda = n_0 / n_i$ e $Y = \dfrac{e(\varphi_s + V)}{kT}$. Note-se que a carga é nula quando $Y = 0$, ou seja, para $V = -\varphi_s$ ("tensão das bandas planas").

c) Utilizando o resultado da alínea anterior, calcule a capacidade superficial do semicondutor por unidade de área, $C = \dfrac{dQ}{dV}$, e trace um gráfico qualitativo desta grandeza em função da tensão aplicada.

V.7. Considere uma célula fotovoltaica de germânio à temperatura ambiente. A célula está iluminada pela radiação solar, não focada, na superfície da Terra, o que resulta numa taxa de geração de pares electrão-lacuna $\overline{G} \approx 10^{17}\,\mathrm{cm^{-2}s^{-1}}$. Avalie a foto-f.e.m. produzida (V_0) nas seguintes condições: a junção p-n dista $d = 1\mu\mathrm{m}$ da superfície, o comprimento de difusão dos portadores de carga minoritários é $L = 5 \cdot 10^{-4}\,\mathrm{cm}$ e $J_0 = 10\,\mathrm{mA/cm^2}$.

V.8. Considere um laser de injecção à base da junção p-n de InGaAsP ($E_g = 0,8\,\mathrm{eV}$). A taxa da injecção pode ser considerada igual para os electrões e as lacunas. As massas efectivas são $m_e^* = 0,04m_0$ e $m_h^* = 0,35m_0$. Avalie a concentração dos electrões (igual à das lacunas) necessária para atingir o coeficiente de amplificação óptica $|\alpha| = 30\mathrm{cm^{-1}}$ para $\hbar\omega = E_g + kT$.

Sugestão.
Utilize a eq. (5.37) para o coeficiente de amplificação óptica. As funções de Fermi podem ser aproximadas pelas expressões

$$f(E_c(\vec{k})) = \frac{1}{2} - \frac{E - F_n}{4kT}, \qquad f(E_v(\vec{k})) = \frac{1}{2} + \frac{E\left(m_e^*/m_h^*\right) + F_p + E_g}{4kT} .$$

246 *Física dos Semicondutores*

Os pseudo-níveis de Fermi para os electrões e as lacunas podem ser calculados pela eq.
(P2.3). Pode-se utilizar o valor $D^2 \approx \dfrac{m_0}{2} \cdot 20\,\mathrm{eV}$ para o elemento de matriz de Kane.

V.9. Obtenha a expressão para a largura de uma heterojunção de dois semicondutores, um do tipo p e outro do tipo n, no equilíbrio.

Sugestão.
Resolva as equações de Poisson (5.36) e (5.37) levando em conta a condição de fronteira (5.38), na aproximação utilizada em 5.1.

Resposta.

$$W_0 = l_n + l_p\,;$$

$$l_n = \sqrt{\frac{\varepsilon_1\varepsilon_2\varphi_c}{2\pi e}\,\frac{n_1}{p_2(\varepsilon_2 n_1 + \varepsilon_1 p_2)}}\;;\qquad l_p = \sqrt{\frac{\varepsilon_1\varepsilon_2\varphi_c}{2\pi e}\,\frac{p_2}{n_1(\varepsilon_2 n_1 + \varepsilon_1 p_2)}}\,. \qquad (P5.9)$$

V.10. Considere uma heterojunção do tipo n-n, no equilíbrio, e prove a validade da eq. (5.40). Desenhe o diagrama das bandas desta junção admitindo que $E_{g2} > E_{g1}$, $\chi_2 > \chi_1$ e $n_2 > n_1$.

V.11. A afinidade electrónica do arsenieto de gálio é $\chi = 4{,}07\,\mathrm{eV}$ e a energia do *gap* $E_g = 1{,}42\,\mathrm{eV}$ ($T = 300K$). Os trabalhos de extracção para alguns metais são: Mg (3,35eV), Al (4,1eV), Ag (5,1eV), Au (5,0eV), Ni (4,55eV) e Cu (4,7eV) [5.1]. Quais destes metais servem para fabricar contactos óhmicos ao GaAs
    a) do tipo p;
    b) do tipo n;
    c) intrínseco?

V.12. Obtenha a expressão para a densidade da corrente de saturação determinada pela emissão termoelectrónica do metal para o semicondutor. Admita que o espectro electrónico do metal é parabólico, com a massa efectiva igual à do electrão livre.

Resposta.

$$J_0 = \frac{em_0(kT)^2}{2\pi^2\hbar^3}\exp\!\left(-\frac{eV_B}{kT}\right)\,. \qquad (P5.10)$$

V.13. Avalie a tensão crítica de inversão para um transístor MOSFET à base do p-Si tomando $\varphi_s = -1\mathrm{V}$, $N_a = 10^{16}\,\mathrm{cm}^{-3}$ e $T = 300\mathrm{K}$. Para o óxido considere $\varepsilon_i = 3{,}9$ e $d = 0{,}1\,\mu\mathrm{m}$.

Bibliografia

5.1 S.M. Sze, "Physics of Semiconductor Devices", J. Wiley & Sons, 1981

5.2 S.M. Resende, "A Física de Materiais e Dispositivos Eletrônicos", Editora da Universidade Federal de Pernambuco, Recife, 1996

5.3 D.A. Fraser, "The Physics of Semiconductor Devices", Clarendon, Oxford, 1983

5.4 L.D. Landau, E.M. Lifshits, "Statistical Physics, Part I", Pergamon, 1980

5.5 V.L. Bonch-Bruevich, S.G. Kalashnikov, "Physics of Semiconductors" (em Russo), Moscow, Nauka, 1990

5.6 "Handbook of Photovoltaic Science and Engineering", A. Luque, S. Hedebus (eds.), J. Wiley & Sons, 2003

5.7 G. Purvis, III-Vs Review, **17**, №9, p. 36 (2004)

5.8 C.J. Brabec, N.S. Sariciftci, J.C. Hummelen, "Plastic Solar Cells", Adv. Func. Mater. №1, 2001.

5.9 S. Nakamura, "Introduction to Nitride Semiconductor Blue Lasers and Light Emitting Diodes", Taylor & Francis, New York, 1999

5.10 B. Kennedy, Compound Semiconductor **9**, №11, p. 27 (2003)

5.11 W.W. Chow, S.W. Koch, M. Sargent III, "Semiconductor Laser Physics", Springer, 1994

5.12 "Silicon Carbide. Recent Major Advances", W.J. Choyke, H. Matsunami, G. Pensl (eds.), Springer, 2004

5.13 Zh.I. Alferov, "The History of Heterostructure Lasers", In: "Nano-Optoelectronics. Concepts, Physics and Devices", M. Grundmann (ed.), Springer, 2002, pp. 3-22

5.14 D. Widmann, H. Mader, H. Friedrich, "Technology of Integrated Circuits", Springer, 2000

5.15 A.A. Chernov, "Modern Crystallography III – Crystal Growth", Springer, 1984

5.16 M.A. Herman, H. Sitter, "Molecular Beam Epitaxy", Springer, 1996

5.17 A. Babinski, P. Witczak, A. Twardowski, J.M. Baranowski, Appl. Phys. Lett. **78**, 3992 (2001)

5.18 S.R. Hofstein, F.P. Heiman, Proc. IEEE **51**, 1190 (1963)

5.19 L.D. Landau, E.M. Lifshits, "Quantum Mechanics", Pergamon, 1977

CAPÍTULO VI
ESTRUTURAS DE SEMICONDUTORES COM CONFINAMENTO QUÂNTICO

A necessidade de produzir dispositivos electrónicos cada vez mais pequenos, mais eficientes e mais baratos, juntamente com o avanço tecnológico das técnicas de crescimento e de dopagem de materiais semicondutores, conduziu ao aparecimento de estruturas de reduzida dimensionalidade. Nestas estruturas, estudadas pela primeira vez nos anos 70 e aplicadas industrialmente nos anos 90 do século XX, os portadores de carga estão confinados em uma ou mais direcções do espaço, o que se traduz no aparecimento de algumas propriedades qualitativamente novas, governadas pela mecânica quântica. O **confinamento quântico,** característico dos sistemas de reduzida dimensionalidade, tem consequências directas nos espectros de energia electrónica destas estruturas, ou seja, nas suas densidades de estados. A figura 6.1 representa esquematicamente a evolução da densidade de estados quando o movimento dos electrões na banda de condução se restringe em uma, duas ou três dimensões. Nos sistemas com confinamento quântico completo (tridimensional), chamados **pontos quânticos**, a densidade de estados é um conjunto de funções de Dirac, ou seja, o seu espectro electrónico é verdadeiramente discreto, pelo que eles podem ser chamados átomos artificiais. No entanto, estas estruturas têm uma dimensão muito superior às atómicas (por exemplo, os pontos quânticos à base de pequenos cristais semicondutores contêm tipicamente 10^3 átomos). A área da Física que estuda os fenómenos que ocorrem nesta escala intermédia é chamada **mesoscópica**. Há muitos efeitos interessantes e, à primeira vista, surpreendentes nesta área. Por exemplo, a resistência equivalente de dois condutores mesoscópicos ("**fios quânticos**") ligados em série não é igual à soma das

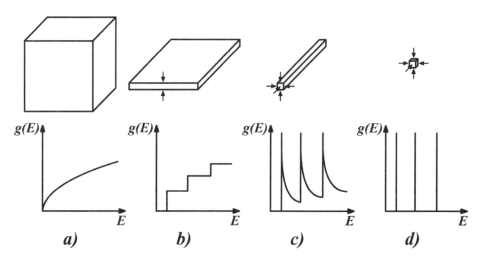

Figura 6.1 Representação esquemática de um cristal maciço (*a*) e de estruturas com confinamento quântico em uma (poço quântico, *b*), duas (fio quântico, *c*) e três dimensões (ponto quântico, *d*), juntamente com as respectivas densidades de estados electrónicos.

respectivas resistências. A condutividade de Hall de estruturas bidimensionais é quantificada, com valores que não dependem de nenhum parâmetro do sistema (**efeito de Hall quântico**).

Em muitos casos as estruturas com confinamento quântico também oferecem vantagens práticas em relação aos semicondutores maciços. Por exemplo, o seu espectro de absorção pode ser controlado ajustando a dimensão da estrutura na direcção de confinamento. O espectro de emissão é mais estreito e menos sensível à temperatura. Por causa da maior sobreposição das funções de onda dos electrões e das lacunas confinados, a probabilidade de recombinação radiativa é maior. Em lasers semicondutores isto conduz a uma diminuição da corrente limiar do seu funcionamento e, consequentemente, a uma redução da potência consumida.

Os dispositivos com base em estruturas com confinamento quântico já têm muitas aplicações inclusive na nossa vida quotidiana, como, por exemplo, os leitores de CDs e DVDs equipados com **lasers de poços quânticos**.

Neste capítulo são apresentados os principais tipos de estruturas com confinamento quântico e as suas características provenientes dos respectivos espectros electrónicos, que são analisados com base na aproximação da massa efectiva. Discutem-se os fenómenos de transporte mais interessantes, do ponto de vista dos autores, como sejam o efeito Hall quântico, o efeito túnel ressonante em heteroestruturas com dupla barreira e a quantificação da condutância em sistemas unidimensionais. Faz-se uma revisão breve das propriedades ópticas de super-redes, poços, pontos e fios quânticos. Dado o facto de se tratar de uma área em desenvolvimento intenso, o objectivo do presente capítulo é o de preparar o leitor interessado para o estudo de livros mais avançados, dedicados inteiramente às estruturas com confinamento quântico. Assim recomendam-se as referências [6.1 a 6.7]. Por esta razão e pelas limitações impostas pela extensão adequada a este capítulo, em geral não são considerados os detalhes do material que serve de base para a estrutura quântica, como por exemplo a anisotropia da massa efectiva e a multiplicidade dos mínimos equivalentes na banda de condução do silício. Alguns efeitos importantes não são considerados de todo, tais como a quantificação do fluxo magnético (efeito de Aaronov-Bohm) ou o bloqueio do efeito túnel pela interacção Coulombiana entre os electrões (*Coulomb blockade*) em estruturas mesoscópicas[1]. Esta escolha deve-se, em parte, aos interesses e à experiência de investigação dos autores do presente livro.

6.1. Heteroestruturas com gás electrónico bidimensional

6.1.1 A realização de um gás electrónico bidimensional e o seu espectro de energia

Para a realização de um gás electrónico bidimensional é necessário que o movimento dos electrões numa das direcções seja restringido numa escala da ordem do seu comprimento de onda de de Broglie (fig. 6.1-b). Historicamente, a quantificação da energia electrónica devido ao confinamento foi observada em filmes finos de Bi no ano 1966 [6.8]. No entanto, os resultados mais importantes foram obtidos em outros tipos de sistemas. Um deles é o transístor de efeito de campo (MOSFET) à base de p-Si considerado no Capítulo V (ver fig. 5.14). A largura do **canal de inversão junto à interface Si/SiO$_2$** depende da posição do nível de Fermi e da d.d.p. aplicada (com "+" no metal). A d.d.p.

---

[1] Estes efeitos são considerados, por exemplo, nos livros [6.1] e [6.4].

também determina a profundidade do poço de energia potencial, cuja forma é aproximadamente triangular. Se o nível de Fermi estiver acima da energia mínima possível para os electrões da banda de condução no canal, o gás electrónico nesta camada junto à interface vai ser degenerado e bidimensional, devido à quantificação do movimento na direcção perpendicular à interface, tradicionalmente designada por z. A barreira de potencial que confina os electrões segundo a direcção z é criada pelos aceitadores ionizados. O canal contituído pela camada do tipo n está isolado do resto do semicondutor (tipo p) por uma região de depleção. A concentração dos electrões no canal pode ser ajustada através da variação da d.d.p. no metal. É usual caracterizar os sistemas bidimensionais pelo número de electrões por unidade da área (e não de volume), ou seja, a concentração dos electrões confinados no canal, n_s, mede-se em cm^{-2}. Nos MOSFETs de Si n_s pode variar entre 10^{11} e 10^{12} cm^{-2}. As limitações devem-se, por um lado, à existência dos estados (localizados) na interface que capturam os electrões e, por outro lado, à ruptura do dieléctrico se o campo eléctrico aplicado for demasiado forte. A temperatura tem de ser bastante baixa, ou seja, da ordem da de liquefacção do hélio (4,2K), para que a quantificação da energia do movimento segundo z seja determinante. As propriedades de transporte do gás electrónico no canal podem ser estudadas utilizando dois contactos de corrente, a fonte e o dreno. Estes contactos são colocados na superfície do semicondutor retirando (localmente) o óxido. Também é possível estudar as propriedades ópticas do canal utilizando um contacto metálico, a porta, de espessura suficientemente pequena para ser transparente à radiação.

Uma outra classe de sistemas em que se realiza um gás electrónico bidimensional é constuída pelas **heterojunções de semicondutores** consideradas em 5.5.1. A diferença entre os *gaps* de energia dos semicondutores numa heterojunção faz com que haja uma "parede" de energia potencial para os electrões na banda de condução e/ou para as lacunas na banda de valência. O campo eléctrico interno que existe na zona da depleção junto à interface, que é determinado pela dopagem do respectivo semicondutor, é responsável pela formação de um poço da energia potencial, semelhante ao caso dos MOSFETs. Uma heterojunção clássica para a realização de um gás electrónico 2D está mostrada na fig. 6.2. Ela é formada por dois semicondutores do tipo n, $n-$GaAs e $n-$Al$_x$Ga$_{1-x}$As

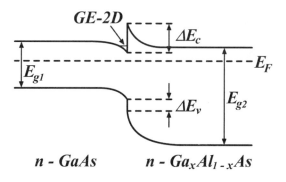

Figura 6.2 Uma heteroestrutura típica de GaAs/Al$_x$Ga$_{1-x}$As. O gás electrónico bidimensional acumula-se na camada de GaAs junto à interface.

com $x \approx 0,3$. As descontinuidades nas bandas de condução e de valência são $\Delta E_c \approx 0,85 \Delta E_g$ e $\Delta E_v \approx -0,15 \Delta E_g$, sendo $\Delta E_g = E_{g2} - E_{g1} \approx 0,4$ eV. A concentração de dadores (Si) é muito maior no Al$_x$Ga$_{1-x}$As. Os electrões passam para o GaAs pelo efeito túnel fazendo com que o nível de Fermi, no equilíbrio, seja igual dos dois lados da heterojunção. O campo eléctrico na interface atinge valores muito elevados, da ordem de 10^6 V/cm, dobrando as bandas de tal maneira que o poço triangular de energia potencial confina inteiramente os electrões, quando a temperaturas suficientemente baixas, sem aplicação de qualquer d.d.p. na direcção z. A vantagem deste tipo de estruturas com gás electrónico bidimensional é que a mobilidade dos electrões é muito maior do que nos MOSFETs, tipicamente $\mu_n \approx (10^6 \text{-} 10^7)\,\mathrm{cm}^2/(\mathrm{V\,s})$. Também é possível realizar um gás bidimensional de lacunas à base de $\mathrm{GaAs}/p - \mathrm{Al}_x\mathrm{Ga}_{1-x}\mathrm{As}$, com mobilidades $\mu_p \geq 2,5 \cdot 10^5\,\mathrm{cm}^2/(\mathrm{V\,s})$ [6.9].

O crescimento epitaxial por MBE permite obter uma interface de qualidade muito elevada, sem qualquer rugosidade que possa provocar a difusão dos portadores de carga que se movem no plano xy. As constantes da rede dos cristais de GaAs e de $\mathrm{Al}_x\mathrm{Ga}_{1-x}\mathrm{As}$ são praticamente iguais, por isso não há tensões elásticas junto à interface entre eles nem defeitos do tipo deslocações.

Os dadores que fornecem os electrões podem ser afastados da camada contendo o GE-2D. A técnica de **dopagem modulada** [6.10] durante o crescimento por MBE é usada para criar perfis desejados da concentração das impurezas no $n - \mathrm{Al}_x\mathrm{Ga}_{1-x}\mathrm{As}$. Para diminuir a interacção Coulombiana, que provoca a difusão dos electrões com os dadores do outro lado da heterojunção, fabrica-se uma camada não dopada, junto à interface, o separador (*spacer*), de espessura da ordem de 10-30 nm. O próprio GaAs é praticamente intrínseco, pelo que todos os mecanismos possíveis de difusão ficam praticamente eliminados a temperaturas baixas. A alta mobilidade dos electrões bidimensionais é importante para a observação de efeitos de transporte específicos para este sistema, como o efeito de Hall quântico. Também é aproveitada em dispositivos que não utilizam efeitos quânticos, como, por exmplo, transístores para circuitos de alta frequência, do tipo HEMT (*High Electron Mobility Transistor*).

Ao contrário dos MOSFETs, as possibilidades de ajuste da densidade do gás bidimensional nas heterojunções são bastante limitadas. Utilizando iluminação ou aplicando uma d.d.p., n_s pode ser variada apenas por um factor da ordem de 2-3. Como a camada de GaAs é praticamente não dopada, a sua resistência é grande e a queda da d.d.p. aplicada à heteroestrutura ocorre predominantemente nesta camada. Assim, a profundidade do poço com o gás bidimensional altera-se pouco em função da d.d.p.

Existem outros heteropares de semicondutores para os quais a qualidade da interface atingida pelas técnicas de crescimento modernas é suficiente para realizar um gás de electrões ou de lacunas com características essencialmente bidimensionais. A figura 6.3 mostra os tipos de heterojunções, de acordo com o sinal das descontinuidades de E_c e E_v (admite-se que $E_{g2} > E_{g1}$). A maioria das heterojunções são do tipo I, como, por exemplo, as $\mathrm{GaAs}/\mathrm{Al}_x\mathrm{Ga}_{1-x}\mathrm{As}$, $\mathrm{In}_x\mathrm{Ga}_{1-x}\mathrm{As}/\mathrm{GaAs}$, $\mathrm{InP}/\mathrm{In}_x\mathrm{Ga}_{1-x}\mathrm{As}$, $\mathrm{GaSb}/\mathrm{AlSb}$, $\mathrm{ZnSe}/\mathrm{ZnS}$. As heterojunções $\mathrm{Ge}_x\mathrm{Si}_{1-x}/\mathrm{Si}$ (com $x \leq 0,4$) são do tipo II, bem como as $\mathrm{GaAs}/\mathrm{GaP}$. As heteroestruturas de silício e germânio, que muito atraíram a atenção dos investigadores nos últimos tempos, têm limitações intrínsecas relacionadas com o facto de que as constantes da rede para o Si e o Ge differiem em 4%. Isto faz com que nestas heteroestruturas haja tensões elásticas e existam defeitos, sobretudo deslocações. Um caso particular, é a heterojunção InAs/GaSb em que $E_{v1} - E_{v2} > E_{g1}$, ou seja, a banda de valência do GaSb sobrepõe-se parcialmente com a banda de condução do InAs. Por vezes esta heteroestrutura é considerada de tipo III.

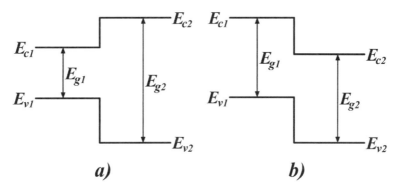

Figura 6.3 Representação esquemática da estrutura das bandas em heterojunções do tipo I (*a*) e do tipo II (*b*).

Se a heterojunção apresentada na fig. 6.3-a for coberta com uma camada de material tipo II (com $E_{g2} > E_{g1}$), vai formar-se uma **heteroestrutura com poço quântico** (*quantum well*) de forma aproximadamente rectangular, quer para os electrões quer para as lacunas. Pelo contrário, combinando duas heterojunções do tipo II (fig. 6.3-b) obtém-se um poço quântico apenas para um tipo de portadores de carga enquanto que para o outro tipo de portadores a camada do meio constitui uma barreira. Se o poço (em qualquer um dos casos) for suficientemente estreito, isto é, com uma largura inferior ao comprimento de onda de De Broglie de um portador de carga típico, a quantificação do movimento segundo a direcção *z* torna-se importante e os portadores nesta camada também constituem um gás bidimensional. Como a colocação de contactos eléctricos no plano xy é mais complexa nesta situação do GE-2D, relativamente às outras consideradas acima, ela é usada sobretudo para estudar as propriedades ópticas de sistemas bidimensionais e serve de base para dispositivos optoelectrónicos.

Os **espectros de energia de electrões e lacunas em sistemas com confinamento quântico** podem ser calculados na aproximação da massa efectiva utilizada em 1.8 para a descrição dos níveis locais devidos a impurezas. Nesta aproximação, um electrão na banda de condução tem propriedades de uma partícula livre, com massa efectiva m^*. A equação de Schrödinger na sua forma usual determina a função envelope que tem que ser multiplicada pela amplitude de Bloch para dar a função de onda do electrão.

No canal de inversão dum transístor MOSFET, devido ao campo eléctrico existente na direcção *z*, a energia potencial forma um poço de perfil aproximadamente triangular (veja-se a fig. P6.1 no final deste capítulo). A equação de Schrödinger com esta energia potencial tem soluções que podem ser expressas em termos das funções de Airy [6.11]. Estas funções não têm expressão analítica e estão apresentadas, de uma maneira qualitativa, na figura P6.1. Os níveis de energia do movimento quantificado segundo *z* podem ser encontrados, na forma analítica, utilizando a regra quase-clássica de Bohr-

Sommerfield (ver Problema **VI.2**). O resultado é dado pela eq. (P6.1). A aproximação pode ser melhorada utilizando nesta fórmula $(n-1/4)$ em vez de n [6.12]. Para obter a energia total dos electrões bidimensionais confinados no poço triangular há que acrescentar a energia do movimento livre,

$$E_n(p_x, p_y) = E_c^s + \left[\frac{\pi \hbar e \mathrm{E}}{\sqrt{m^*}} \left(n - \frac{1}{4} \right) \right]^{2/3} + \frac{1}{2m^*} \left[p_x^2 + p_y^2 \right] . \qquad (6.1)$$

Numa heterojunção as descontinuidades de E_c e E_v aparecem como barreiras de energia potencial dos electrões e das lacunas, respectivamente. Por exemplo, num poço quântico rectangular, de largura d,

$$U(z) = \begin{cases} 0 & \text{para} \quad |z| < d/2 \\ U_0 & \text{para} \quad |z| \ge d/2 \end{cases} \qquad (6.2)$$

em que U_0 é a altura da barreira e a origem do eixo z foi escolhida no ponto do meio do poço. Se U_0 for grande quando comparada com a energia cinética do electrão no poço, a penetração da sua função de onda nas barreiras pode ser desprezada e os valores da energia do movimento confinado segundo z obtêm-se com facilidade (Problema **VI.1**). No entanto, se a função envelope, $F(\vec{r})$, não pode ser considerada nula na interface, surge a questão das condições de fronteira adequadas. Visto de outra maneira, é preciso encontrar um hamiltoniano efectivo, válido em toda a parte da heteroestrutura, que assegure a continuidade do fluxo da probabilidade nas interfaces. É possível mostrar [6.2] que, no caso em que os mínimos das bandas de condução dos dois semicondutores se situam no mesmo ponto da zona de Brillouin, o hamiltoniano efectivo tem a seguinte forma:

$$\hat{H} = \hat{\vec{p}} \frac{1}{2m^*(\vec{r})} \hat{\vec{p}} + E_c(\vec{r}) , \qquad (6.3)$$

Integrando a equação de Schrödinger com o hamiltoniano (6.3) na vizinhança de uma das interfaces verifica-se que as condições de fronteira, para além da continuidade da função envelope na interface,

$$F_1(x, y, z = \pm \frac{d}{2}) = F_2(x, y, z = \pm \frac{d}{2}) , \qquad (6.4a)$$

exigem que

$$\frac{1}{m_1^*} \frac{\partial F_1(x, y, z)}{\partial z} \bigg|_{z = \pm \frac{d}{2}} = \frac{1}{m_2^*} \frac{\partial F_2(x, y, z)}{\partial z} \bigg|_{z = \pm \frac{d}{2}} \qquad (6.4b)$$

onde os índices 1 e 2 se referem a cada um dos materiais. Note-se que a condição (6.3b) é diferente da continuidade usual da derivada da função de onda. A amplitude de Bloch, $u_{\vec{k}}(\vec{r})$, considera-se igual nos dois materiais.

No caso mais simples de $U_0 \to \infty$ os valores permitidos para a energia electrónica no poço quântico rectangular são dados por

$$E_n(p_x, p_y) = E_{c1} + \frac{1}{2m_1^*}\left[\left(\frac{n\pi\hbar}{d}\right)^2 + p_x^2 + p_y^2\right]. \tag{6.5}$$

Para $p_x = p_y = 0$ a separação entre os níveis quantificados diminui como d^{-2}, com o aumento da largura do poço. A respectiva função envelope no poço é dada por

$$F(x,y,z) = \sqrt{\frac{2}{V}} \sin\left(\frac{n\pi z}{d}\right) \exp\left(i\frac{p_x x + p_y y}{\hbar}\right), \tag{6.6}$$

em que V é o volume do poço. Fora do poço a função de onda é nula.

Um cálculo mais detalhado, que leva em conta a altura finita das barreiras e ainda a variação da massa efectiva com a energia, conduz aos resultados apresentados na figura 6.4 que, qualitativamente, não são muito diferentes do caso mais simples. As diferenças começam a ser notáveis para energias maiores que 0,1eV e devem-se principalmente ao facto de os espectros dos portadores de carga no respectivo cristal maciço deixarem de ser parabólicos com o afastamento do ponto Γ. A deformação elástica também é importante para as heteroestruturas GaAs/In$_{0,2}$Ga$_{0,8}$As/GaAs, devido à diferença entre as constantes da rede dos materiais que a constituem e que pode atingir 10%. Ela provoca um desvio uniforme do espectro electrónico que, para uma banda simples com o mínimo no ponto Γ, é proporcional ao traço do tensor de deformação (ε_{ij}):

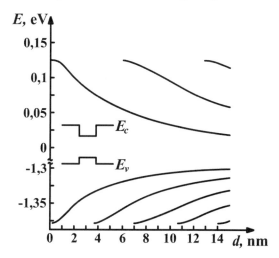

$$\Delta E_c = a_c (\varepsilon_{xx} + \varepsilon_{yy} + \varepsilon_{zz}) \tag{6.7}$$

onde a_c é o potencial de deformação, já indicado em 3.3.4. Como exemplo, indica-se o valor $a_c = -8,6\text{eV}$ para o GaAs [6.10].

Figura 6.4 Níveis de energia para os electrões e as lacunas pesadas num poço quântico de GaAs/In$_{0,2}$Ga$_{0,8}$As/GaAs, esquematizado na inserção, com o quase-momento nulo, em função da largura do poço conforme [6.4]. As descontinuidades das bandas neste sistema são ΔE_c=0,126eV e ΔE_v=−0,078eV.

Por exemplo, uma deformação de tracção ($\varepsilon_{ii} > 0$) faz com que o poço para os electrões seja mais profundo.

A situação é bem mais complexa para as lacunas. Como se sabe do Capítulo I, há, tipicamente, três sub-bandas na banda de valência de um semicondutor com a estrutura cristalina cúbica, embora a banda *spin-split* ($J = 1/2$) para alguns materiais possa ser desprezada. Isto faz com que a função envelope tenha várias componentes, uma para cada sub-banda [ver eq. (1.55)]. Ela obedece à equação de Schrödinger que tem a forma matricial:

$$\sum_{n'} \hat{H}_{nn'} F_{n'} = (E - E_v) F_n \qquad (6.8)$$

em que n enumera as várias sub-bandas, E é a energia das lacunas e

$$\hat{H}_{nn'} = \frac{1}{2m_0} \hat{\vec{p}}^2 + \frac{1}{m_0} \vec{P}_{nn'} \hat{\vec{p}} + U_{nn'} , \qquad (6.9)$$

com

$$\vec{P}_{nn'} = -i\hbar \langle u_n | \vec{\nabla} | u_{n'} \rangle \; ;$$

$$U_{nn'} = \langle u_n | U(z) | u_{n'} \rangle .$$

O hamiltoniano (6.9) é o análogo ao hamiltoniano "$\vec{k} \cdot \vec{p}$" usado para descrever semicondutores maciços (ver 1.2.6.3 e 1.6) e o termo contendo os elementos de matriz $\vec{P}_{nn'}$ conduz às relações de dispersão (1.48). No entanto, o termo $U_{nn'}$, constituído pelos elementos de matriz do potencial de confinamento, faz com que a diagonalização de (6.9) em termos de três sub-bandas seja, em geral, impossível. Por outras palavras, o potencial de confinamento acopla as várias sub-bandas de lacunas. É necessário resolver explicitamente o sistema de equações (6.8) [6.13] ou então tratar o termo $U_{nn'}$ como perturbação [6.14]. Em alternativa, para os semicondutores com Δ_{SO} grande pode-se usar o hamiltoniano de Luttinger (1.50), o que também conduz a um sistema de equações diferenciais acopladas.

A mistura das sub-bandas de lacunas leves ($J_z = 1/2$) e pesadas ($J_z = 3/2$) só ocorre para valores finitos da componente do quase-momento no plano $x y$ (ou seja, quando p_x ou $p_y \neq 0$). É que estas sub-bandas são desacopladas no ponto Γ do cristal maciço e, por isso, as suas energias coincidem. Quando $\vec{p}_{\parallel} \equiv (p_x, p_y, 0) = 0$ numa heteroestrutura, o hamiltoniano de Luttinger (1.50a) reduz-se à forma diagonal. Assim, a equação de Schrödinger para cada tipo de lacunas é independente e semelhante à dos electrões, com os hamiltonianos

$$\hat{H}_{hh} = \frac{\hbar^2 \hat{k}_z^2}{2m_0}(\gamma_1 - 2\gamma)$$

para as lacunas pesadas e

$$\hat{H}_{lh} = \frac{\hbar^2 \hat{k}_z^2}{2m_0}(\gamma_1 + 2\gamma)$$

para as lacunas leves. Num poço com barreiras infinitas, os níveis de energia são:

$$E_n^{hh} = E_v + \frac{1}{2m_{hh}}\left(\frac{n\pi\hbar}{d}\right)^2 ; \quad E_n^{lh} = E_v + \frac{1}{2m_{lh}}\left(\frac{n\pi\hbar}{d}\right)^2 \qquad (6.10)$$

em que as massas efectivas das lacunas leves e pesadas são dadas pelas relações (1.51).
A deformação elástica presente nas heteroestruturas $In_xGa_{1-x}As/GaAs$, Si_xGe_{1-x}/Si e outras em que as constantes da rede dos dois materiais não coincidem produz um desdobramento das sub-bandas no ponto Γ. Por exemplo, numa heteroestrutura $GaAs/In_{0,2}Ga_{0,8}As/GaAs$ a sub-banda de lacunas leves desloca-se para baixo na escala da energia electrónica, à semelhança da banda de condução [eq. (6.7)]. No entanto, este desvio, em geral, é diferente para as lacunas leves e pesadas, sendo dado por [6.12, 6.13]

$$\Delta E_{hh} = a_v\left(\varepsilon_{xx} + \varepsilon_{yy} + \varepsilon_{zz}\right) - b_v\left[\varepsilon_{zz} - \left(\varepsilon_{xx} + \varepsilon_{yy}\right)/2\right] ; \qquad (6.7a)$$

$$\Delta E_{lh} = a_v\left(\varepsilon_{xx} + \varepsilon_{yy} + \varepsilon_{zz}\right) + b_v\left[\varepsilon_{zz} - \left(\varepsilon_{xx} + \varepsilon_{yy}\right)/2\right] \qquad (6.7b)$$

em que o segundo membro de cada equação representa o efeito da deformação de tracção/compressão biaxial[2], presente na heteroestrutura, em resultado do potencial de deformação b_v. Esta constante normalmente é negativa e o valor numérico do seu módulo varia entre 1 e 2 eV para os materiais com a estrutura da blenda; por exemplo, para o GaAs $b_v = -2,0eV$, enquanto que $a_v = -0,4eV$ [6.10]. O desvio do topo da banda é tão grande para as lacunas leves que a camada $In_{0,2}Ga_{0,8}As$ se torna uma barreira para elas, enquanto que continua a ser um poço para as pesadas. É por essa razão que na figura 6.4 estão apresentados apenas os níveis de energia das lacunas pesadas. Estes níveis de energia variam em função da largura do poço qualitativamente de acordo com a primeira das relações (6.10), excluindo a região em que $(E - E_v)$ é tão elevada que a massa efectiva já não pode ser considerada constante. O número de níveis no poço aumenta com o aumento de d. Comparando com os electrões, a separação entre os níveis quantificados das lacunas é menor devido à sua maior massa efectiva.
É de notar que o movimento das lacunas nas direcções não confinadas (x e y) também sofre alterações relativamente ao cristal maciço. Desprezando os termos não diagonais (b

---

[2] O primeiro termo em (6.7a) e (6.7b), como no caso dos electrões, representa o efeito de dilatação esférica, ou seja, de tracção/compressão isotrópica.

e *c*) em (1.50a), o que é possível para valores de $\vec{p}_\parallel$ suficientemente grandes, este movimento pode ser descrito pelos hamiltonianos

$$\hat{H}_{hh} = \left(E_n^{hh} - E_v\right) + \frac{\hbar^2\left(\hat{k}_x^2 + \hat{k}_y^2\right)}{2m_0}\left(\gamma_1 + \gamma\right) \qquad (6.11a)$$

para as lacunas pesadas e

$$\hat{H}_{lh} = \left(E_n^{lh} - E_v\right) + \frac{\hbar^2\left(\hat{k}_x^2 + \hat{k}_y^2\right)}{2m_0}\left(\gamma_1 - \gamma\right) \qquad (6.11b)$$

para as lacunas leves. Das expressões (6.11) segue-se que o movimento ao longo das interfaces ocorre com massas diferentes das do cristal maciço, nomeadamente,

$$m'_{hh} = \frac{m_0}{\gamma_1 + \gamma}; \qquad m'_{lh} = \frac{m_0}{\gamma_1 - \gamma}. \qquad (6.12)$$

É óbvio das eqs. (6.12) que $m'_{hh} < m'_{lh}$, ou seja, as lacunas "pesadas" (com $J_z = 3/2$) têm menor massa do que as "leves" (com $J_z = 1/2$) no plano xy. Este efeito é conhecido como a **inversão das massas** [6.10, 6.12].
A figura 6.5 mostra como isto acontece. As parábolas a tracejado representam as relações de dispersão que correspondem aos hamiltonianos (6.11). Os seus vértices estão nas energias E_1^{hh} e E_1^{lh} dadas pelas eqs. (6.10) com $n=1$. Num poço sujeito a deformações elásticas (por exemplo, de In$_{0,2}$Ga$_{0,8}$As), não há quantificação do movimento das lacunas leves na direcção z, então, o vértice da parábola com a massa maior (m'_{lh}) fica numa energia ΔE_{lh} que representa o desvio do topo da sub-banda $J_z = 1/2$ para baixo devido à

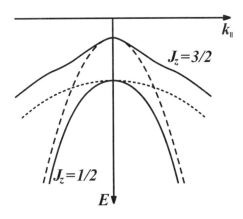

Figura 6.5 Representação das curvas de dispersão para as lacunas leves e pesadas num poço quântico, em função do quase-momento ao longo do plano das interfaces. As curvas a tracejado correspondem às sub-bandas independentes e as curvas a cheio levam em conta o acoplamento através dos termos não diagonais do hamiltoniano de Luttinger.

deformação. Desprezando o acoplamento entre as sub-bandas, as parábolas cruzam-se para um determinado valor de $p_\parallel$. No entanto, a interacção entre as sub-bandas, importante na vizinhança deste cruzamento e representada pelos termos não diagonais do hamiltoniano de Luttinger (1.50a), faz com que as curvas de dispersão se afastem e não se cruzem, como mostra a fig. 6.5. As curvas de dispersão a cheio correspondem a estados mistos de dois tipos de lacunas. O leitor interessado pode encontrar mais detalhes sobre os espectros de lacunas em heteroestruturas nos livros [6.2, 6.12, 6.13].

A **densidade de estados** num gás bidimensional de electrões ou de lacunas, com o espectro de energia determinado pelos três números quânticos (p_x, p_y e n), como, por exemplo, (6.1) ou (6.5), está mostrada na fig. 6.1-b. Este resultado obtém-se aplicando a fórmula geral (2.4) (Problema **II.2**) e somando sobre os vários n. De acordo com (P1.1), a densidade de estados nos patamares toma valores múltiplos de $m^*/(\pi\hbar^2)$. É de notar que, quando o espectro de energia se desvia da simples função parabólica de p_x e p_y, como é o caso apresentado na fig. 6.5, a densidade de estados já não é constante entre os saltos que correspondem à passagem de um nível quantificado do movimento segundo z para outro. Contudo, isto não altera qualitativamente o carácter geral da função $g(E)$, ou seja, ela continua a ser constituída por vários "degraus" característicos de sistemas bidimensionais.

6.1.2 O efeito Hall quântico

O efeito Hall quântico é provavelmente o fenómeno mais fascinante que ocorre em sistemas bidimensionais. A sua descoberta experimental em 1980 por K. von Klitzing e seus colegas [6.15], tornou-se um dos acontecimentos mais notáveis de toda a Física nas últimas décadas e estimulou muitos trabalhos teóricos e experimentais que alteraram significativamente a noção dos processos electrónicos na matéria condensada. No trabalho [6.15] foi demonstrado que a condutância de Hall ($G_H = I/V_H$, em que I é a intensidade de corrente e V_H a d.d.p. de Hall) do gás electrónico no canal invertido de um transístor do tipo MOSFET à base de p-Si, independentemente dos tamanhos da amostra e da temperatura, era igual a um múltiplo da seguinte combinação das constantes universais:

$$G_H \propto e^2/(2\pi\hbar) \; .$$

Mais tarde, o efeito foi observado

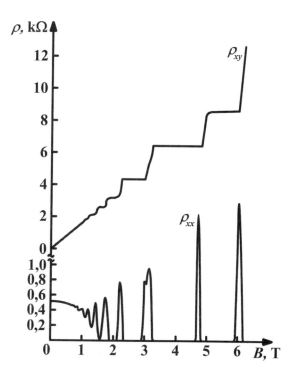

Figura 6.6 Variação da resistividade longitudinal e transversal com o campo magnético, medida à temperatura de 8mK numa heteroestrutura de GaAs/AlGaAs (adaptado da ref. [6.16]).

em heteroestruturas do tipo GaAs/AlGaAs [6.16], Ge/Si [6.17] e alguns outros sistemas com gás electrónico bidimensional.

A observação do efeito Hall quântico é possível quando a temperatura é suficientemente baixa, para que kT seja muito menor do que a distância entre os níveis de Landau (ver secção 3.6.6). Em termos práticos, é da ordem de 1K para o gás electrónico nas heteroestruturas GaAs/AlGaAs. Como a outra condição necessária é $\omega_c \tau_p \gg 1$ (caso contrário, a difusão dos portadores de carga destrói a estrutura quantificada do espectro da sua energia), os melhores resultados foram obtidos em heteroestruturas deste tipo. Graças à dopagem modulada, a mobilidade dos electrões no canal de GaAs, junto à interface, é muito elevada, então, a "condição de pureza" é cumprida com facilidade. Normalmente a densidade do gás electrónico bidimensional ajusta-se de tal modo que os electrões preenchem apenas o primeiro nível de energia que existe no canal devido ao confinamento quântico. Do resto, a medição do efeito Hall quântico não é diferente das medidas convencionais do efeito "clássico" discutido no Capítulo III.

Para os sistemas bidimensionais, é conveniente definir a densidade de corrente como a sua intensidade por unidade de comprimento da amostra na direcção perpendicular à corrente, por exemplo, $J_x = I/L_y$. Assim, as dimensões da condutividade (a 2D) e da condutância coincidem e $\sigma_{xy} = G_H$. A resistividade de Hall, relacionada com as componentes do tensor de condutividade pela segunda das equações (3.90), começa a ser quantificada a partir de um certo valor do campo magnético, como se mostra na fig. 6.6,

$$\rho_{xy} = \frac{h}{le^2} = \frac{25812,81\Omega}{l} \tag{6.13}$$

em que $h = 2\pi\hbar$ e l é inteiro[3]. Posteriormente, demonstrou-se que a precisão desta quantificação é superior a 10^{-8} [6.18], o que confirma o carácter fundamental desta variação da resistividade de Hall. Ao mesmo tempo, a resistividade longitudinal (ao longo do campo eléctrico) oscila em função do campo magnético, tal como se mostra na parte inferior da figura 6.6.

O facto da resistividade de Hall ser **exactamente** igual em amostras bem diferentes e a grande precisão com que se verifica a relação (6.13) tem grande importância do ponto de vista metrológico. Isto permite criar um padrão de resistência eléctrica. Também, como a velocidade da luz é conhecida com grande exactidão, é possível construir um padrão da constante de estrutura fina, $\alpha = e^2/(\hbar c)$, que tem grande importância para toda a Mecânica Quântica.

A física fundamental do efeito Hall quântico inteiro pode ser percebida na aproximação de um electrão. Porque é que o efeito Hall quântico é observado em sistemas bidimensionais? Porque o gás electrónico a 2D, sujeito a um campo magnético forte, adquire uma propriedadade qualitativamente nova, isto é, o seu **espectro de energia** é **discreto**. O movimento dos electrões na direcção z é restringido, ou seja, eles constituem

---

[3] A observação da relação (6.13) designa-se pelo termo **"efeito Hall quântico inteiro"** porque mais tarde foi ser descoberto o **"efeito Hall quântico fraccionário"** que está brevemente discutido no final desta secção.

um gás bidimensional. Se o campo magnético for aplicado nesta mesma direcção, o movimento dos electrões no plano xy vai ser quantificado pelo campo magnético. A densidade de estados deste sistema é um conjunto de picos do tipo δ, separados por intervalos de energia iguais a $\hbar\omega_c$, de um modo semelhante à função apresentada na fig. 6.1-d. Então, o espectro electrónico idealizado deste sistema é verdadeiramente discreto[4], contrariamente aos semicondutores tridimensionais (veja-se a fig. 3.8 no Capítulo III).

Logo se pode adivinhar que as oscilações de ρ_{xx} representam o efeito de Shubnikov – de Haas neste gás electrónico bidimensional. A resistividade "normal" ou longitudinal, ou seja, ao longo do campo eléctrico aplicado é proporcional à densidade de estados no nível de Fermi, e é nula quando este se encontra equidistante de dois níveis de Landau. Repare-se que $\rho_{xx} = 0$ neste regime também implica $\sigma_{xx} = 0$. Os máximos de ρ_{xx} correspondem àqueles valores do campo magnético para os quais o nível de Fermi se alinha com um dos níveis de Landau. Como se sabe da secção 3.6.6, o período das oscilações de ρ_{xx} em função do inverso do campo magnético é:

$$\Delta\left(\frac{1}{B}\right) = \frac{e\hbar}{m^*c(E_F - E_{\min})}$$

em que $E_{\min}$ é a soma das energias do movimento quantificado na direcção z e do primeiro nível de Landau, ou seja, é a energia mínima para os electrões no canal. Substituindo o nível de Fermi em função da concentração do gás bidimensional (ver Problema **VI.4**) tem-se:

$$\Delta\left(\frac{1}{B}\right) = \frac{2e}{hn_s} \quad . \tag{6.14}$$

Sempre que $\rho_{xx} = 0$, a resistividade de Hall tem um valor constante, proporcional ao "quantum de resistividade", aproximadamente igual a $25,8\,\text{k}\Omega$. Desprezando totalmente a difusão dos portadores de carga, a corrente de Hall conduzida pelos electrões que ocupam apenas um nível de Landau pode ser obtida com facilidade multiplicando a sua velocidade de deriva na direcção de Hall, igual a $(-cE/B)$ (Problemas **VI.5** e **VI.7**), pela carga do electrão e pelo factor de degenerescência do nível de Landau (3.97), o que dá, por unidade de área da amostra:

$$J_y = \left(-c\frac{E}{B}\right)(-e)\frac{r}{2\pi}\left(\frac{eB}{\hbar c}\right) = r\frac{e^2}{h}E \tag{6.15}$$

---

[4] Como foi dito em 3.6.6, o efeito do spin dos electrões consiste no desdobramento dos níveis de Landau em dois (o efeito de Zeeman anómalo), mas este desdobramento normalmente é pequeno. Note-se que no silício ainda existe a degenerescência adicional, relacionada com os múltiplos mínimos na banda de condução. No entanto, estes factos não alteram o carácter discreto do espectro electrónico no regime em que se verifica o efeito Hall quântico.

em que r, número inteiro, é o factor de degenerescência relacionado com o spin e a eventual multiplicidade dos mínimos equivalentes na banda de condução. A eq. (6.15) implica que $\sigma_{xy} = \dfrac{e^2}{h}$ quando os electrões ocupam um nível de Landau[5], não degenerado pelo spin ou outros efeitos. Então, pode-se pensar que os patamares da resistividade (ou, igualmente, da condutividade) de Hall correspondem à participação de l níveis de Landau, contando com a sua degenerescência r, que se encontram abaixo do nível de Fermi, para um dado valor do campo magnético, na condução da corrente de Hall. Os degraus de $\rho_{xy}(B)$ implicam a passagem do nível de Fermi de um nível de Landau para outro.

No entanto, ainda há várias perguntas sem resposta. Por exemplo, não está claro por que razão o nível de Fermi fica equidistante de dois níveis de Landau consecutivos para uma determinada gama de campos magnéticos, ou seja, porque é que os patamares têm uma largura finita? De que depende esta largura? Qual a legitimidade de se desprezar totalmente a difusão dos portadores de carga, sempre presente na situação real, quando a precisão da relação (6.13) atinge 10^{-8}?

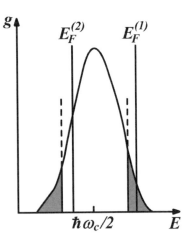

A resposta a estas perguntas exige um tratamento muito mais detalhado e sofisticado, que foi objecto de vários trabalhos teóricos. Hoje em dia é geralmente aceite o papel fundamental da **desordem** e a coexistência de estados localizados e deslocalizados no efeito de Hall quântico[6]. A presença de impurezas, inevitável mesmo nas amostras de melhor qualidade, faz com que os níveis de Landau tenham uma largura finita, da ordem de $\Delta E \approx \left(\hbar^2 \omega_c / \tau_p \right)^{1/2}$ [6.9]. Num sistema real, os picos discretos da densidade de estados ficam alargados e têm a forma de uma Gaussiana, centrada no valor da energia do respectivo nível de Landau. Se a desordem não for muito forte, a maioria dos $n_0 = (eB/hc)$ estados (por unidade de área) que constituem um nível de Landau continuam a ser deslocalizados, capazes de contribuir para a corrente eléctrica. No entanto, nas caudas da Gaussiana há estados localizados (ver fig. 6.7) que não conduzem corrente. Como foi discutido no final do Capítulo II, a fronteira entre os estados localizados e deslocalizados chama-se limiar de mobilidade.

Figura 6.7 Densidade de estados, no regime do efeito Hall quântico, numa amostra com desordem. As rectas a tracejado indicam os limiares de mobilidade e as duas posições do nível de Fermi correspondem a duas situações qualitativamente diferentes, discutidas no texto.

---

[5] Esta condutividade, de facto, representa um **sub-nível** de Landau, com uma única componente de spin e um determinado valor do número quântico relacionado com os múltiplos mínimos na banda de condução. No entanto, como é habitual na literatura, usa-se o termo "nível" em vez de "sub-nível".

[6] A discussão apresentada de seguida baseia-se nas ideias dos trabalhos [6.4, 6.19].

Capítulo VI – Estruturas de Semicondutores com Confinamento Quântico 263

Imagine-se que o nível de Fermi, para um determinado valor do campo magnético, se encontra no meio dos estados localizados (posição 1 na fig. 6.7). Se n_b for o número de estados localizados (por unidade de área), a corrente de Hall deve diminuir, relativamente ao valor dado por (6.15), porque apenas uma fracção $(1 - n_b/n_0)$ dos estados conduz a corrente. No entanto, de uma maneira surpreendente, a difusão dos portadores de carga pelas impurezas pode fazer com que a corrente transportada pelos estados deslocalizados aumente! Para se perceber este facto, bastante inesperado, é preciso considerar a natureza dos estados electrónicos na presença simultânea dos campos eléctrico e magnético.

Como foi discutido anteriormente, o electrão num campo magnético é equivalente a um oscilador harmónico no plano xOy, com o hamiltoniano

$$\hat{H} = \frac{1}{2m^*}\left[\hat{p}_x^2 + \left(\hat{p}_y + \frac{eBx}{c}\right)^2 + \hat{p}_z^2\right] + U(z) \ , \tag{6.16}$$

onde foi adoptada a calibração (*gauge*) de Landau na qual o potencial-vector do campo magnético é $\vec{A} = (0, xB, 0)$. Esta calibração é conveniente porque o hamiltoniano (6.16) não depende da coordenada y (assim, p_y conserva-se) e o movimento segundo x é o do oscilador harmónico, com o ponto de equilíbrio em

$$x_0 = -\frac{cp_y}{eB} \ . \tag{6.17}$$

Como o movimento segundo z é confinado pelo potencial $U(z)$, o espectro de energia do electrão é dado por[7]:

$$E_n = E_0 + \hbar\omega_c(n + 1/2) \tag{6.18}$$

em que E_0 é o primeiro nívelda energia do seu movimento quantificado ao longo do eixo z. Sugere-se a comparação de (6.18) com (3.95).

Se houver um campo eléctrico dirigido segundo x, acrescenta-se o termo (eEx) no hamiltoniano (6.16). Pode-se mostrar que o espectro de energias se altera da seguinte maneira:

$$E_n = E_0 + \hbar\omega_c(n + 1/2) + eEx_0' \ . \tag{6.18a}$$

Nesta expressão

$$x_0' = -\frac{cp_y}{eB} - \frac{m^*c^2}{2eB^2}\mathrm{E} \tag{6.19}$$

---

[7] Despreza-se o spin.

é o ponto de equilíbrio do oscilador, deslocado pelo campo eléctrico. Então, o campo eléctrico levanta a degenerescência dos níveis de Landau porque a energia (6.18a) depende explicitamente de p_y, que é a componente do quase-momento na direcção de Hall. Contrariamente a (6.18), o espectro (6.18a) já não é discreto.

Admite-se agora que no canal existe uma única impureza, situada algures no meio da camada com o gás electrónico 2D, que produz uma perturbação de curto alcance, do tipo função de Dirac. Longe da impureza, o estado do electrão é caracterizado pela função envelope

$$F_n\left(x, y \to -\frac{L_y}{2}, z\right) = \varphi_n(x - x_0') \frac{1}{\sqrt{L_y}} \exp\left[\frac{i}{\hbar} p_y y\right] \psi_z(z) \qquad (6.20)$$

em que $\varphi_n(x - x_0')$ é a função de onda do oscilador harmónico, dada pela fórmula (P6.5), e $\psi_z(z)$ é a função de onda relacionada com o movimento na direcção z.

Um electrão neste estado passaria para um outro devido à difusão pela impureza se isto tivesse lugar num semicondutor a 3D. Recorde-se que, numa **difusão elástica,** ocorre uma alteração do vector do quase-momento, enquanto que o seu módulo mantém-se constante.

No sistema considerado isto é impossível porque qualquer alteração de p_y alteraria a energia do electrão; nem a difusão "para trás" ($p_y \to -p_y$) é permitida! Então, a única possibilidade é a **difusão "para a frente"**, sem qualquer alteração de p_y. Neste processo de difusão, o único parâmetro que pode mudar em (6.20) é a fase da função exponencial,

$$F_n\left(x, y \to \frac{L_y}{2}, z\right) = F_n\left(x, y \to -\frac{L_y}{2}, z\right) \exp\left[i\delta_{p_y}\right]$$

Qual é o efeito desta fase adicional no mecanismo da difusão? Isto corresponde a uma corrente do lado esquerdo $\left(-L_y/2\right)$ para o lado direito $\left(L_y/2\right)$. De acordo com a definição do operador da corrente segundo y, em Mecânica Quântica, o seu elemento de matriz, para um electrão, é igual a

$$I = -\frac{e}{m^*} \int \left\{ F_n^*\left(x, y \to \frac{L_y}{2}, z\right) \left[-i\hbar \frac{\partial}{\partial y}\right] F_n\left(x, y \to -\frac{L_y}{2}, z\right) \right\} dx\, dz$$

$$= -e \frac{1}{L_y} \left[\left(\frac{p_y}{m^*}\right) + \frac{\hbar}{m^*} \frac{\delta_{p_y}}{L_y}\right] \qquad (6.21)$$

onde o factor $1/L_y$ vem da normalização da função de onda. A eq. (6.21) representa a intensidade da corrente transportada por um electrão que pertence ao nível de Landau número n. Para obter a corrente total conduzida por todos os electrões que preenchem inteiramente o nível de Landau considerado, é preciso somar (6.21) sobre todos os

$$N = \frac{L_x L_y}{2\pi}\left(\frac{eB}{\hbar c}\right)\left(1 - n_b/n_0\right)$$

estados deslocalizados que a ele pertencem. Estes estados, com as energias dadas por (6.18a), distinguem-se pelo valor do número quântico p_y, que varia de maneira pseudocontínua, entre p_1 e p_2. De uma maneira equivalente, pode-se substituir p_y/m^* pela velocidade média, $\langle v_y \rangle = -c\,E/B$, e multiplicar pelo número de estados deslocalizados, N. Dividindo por L_x, o primeiro termo na eq. (6.21) escreve-se como:

$$J'_y = \frac{e^2}{h}E\left(1 - n_b/n_0\right) \equiv j_0\left(1 - N_b/N_0\right) \tag{6.22}$$

em que $j_0 = \dfrac{e^2}{h}E$, $N_0 = \dfrac{L_x L_y}{2\pi}\left(\dfrac{eB}{\hbar c}\right)$ e $N_b \equiv n_b L_x L_y = N_0 - N$ é o número de estados localizados no sistema.

Como era de esperar, a corrente (6.22) é diminuída pela desordem porque nem todos os estados são deslocalizados.

No entanto, existe ainda mais uma componente da corrente, relacionada com a difusão "para a frente". É possível mostrar [6.4, 6.19] que o segundo termo em (6.21) toma o valor:

$$J''_y = j_0\left(\frac{\delta_1 - \delta_2}{2\pi}\right) \tag{6.23}$$

onde δ_1 e δ_2 são as fases adicionais para os estados p_1 e p_2.

A função de onda de um estado deslocalizado deve obedecer a condições de fronteira cíclicas, ou seja,

$$F_n\left(x, y = \frac{L_y}{2}, z\right) = F_n\left(x, y = -\frac{L_y}{2}, z\right) .$$

Isto significa que

$$p_y L_y + \delta_{p_y} = 2\pi s \tag{6.24}$$

em que s é um número inteiro. Este número, de facto, é o número quântico apropriado para caracterizar os vários estados deslocalizados na presença de desordem e deve ser diferente para os diferentes estados. Consequentemente, o número l deve tomar $N = N_0 - N_b$ valores diferentes. Sendo assim, da eq. (6.24) obtém-se:

$$\left(p_2 - p_1\right)L_y + \left(\delta_2 - \delta_1\right) = 2\pi\left(N_0 - N_b\right) . \tag{6.25}$$

A eq. (6.25) aplica-se também na ausência da desordem, dando

$$(p_2 - p_1)L_y = 2\pi N_0 \ . \tag{6.26}$$

Combinando as eqs. (6.25) e (6.26) vem:

$$(\delta_2 - \delta_1) = -2\pi N_b \ . \tag{6.27}$$

Das relações (6.23) e (6.27) segue-se que a componente da corrente, relacionada com a difusão "para a frente" compensa exactamente a diminuição relacionada com o número menor de estados deslocalizados na presença da desordem [eq. (6.22)], daí resultando que

$$J'_y + J''_y = j_0 \ !$$

Assim, consegue-se demonstrar que a corrente conduzida por electrões que preenchem todos os estados deslocalizados que fazem parte de um nível de Landau (correspondente a uma só componente do spin e um único mínimo na banda de condução) é caracterizada pelo **"*quantum* de condutividade"**, e^2/h, apesar de existirem alguns estados localizados que não contribuem para a condução. O raciocínio acima apresentado baseia-se no modelo de impurezas isoladas que criam um potencial perturbativo de curto alcance. No entanto, é possível mostrar que a conclusão fundamental mantém-se se for considerado um modelo alternativo para a desordem em que o potencial perturbativo é suave e de longo alcance, designado por "quase-clássico" [6.9].

O facto notável da condutividade de Hall de um nível de Landau ser igual a e^2/h, independentemente do modelo adoptado, prova o carácter fundamental do *quantum* de condutividade.

Esta ideia foi desenvolvida nos trabalhos [6.20, 6.21] em que foram utilizados argumentos gerais como a invariância das observáveis em respeito à calibração e a hipótese da existência de estados deslocalizados num gás electrónico 2D sujeito a um potencial perturbativo, aleatório. Esta última hipótese não é trivial. Há provas teóricas de que num sistema bidimensional com desordem todos os estados electrónicos são localizados [6.22]. Provavelmente é o próprio campo magnético que faz com que alguns destes estados fiquem deslocalizados. É que o campo magnético quebra a simetria em respeito à inversão do tempo $t \to -t$ e suprime a difusão "para trás", o factor principal da localização dos estados electrónicos. A própria existência do efeito Hall quântico serve de prova desta conjectura.

Então, enquanto o nível de Fermi se encontrar entre os estados localizados na cauda de um dos (sub-) níveis de Landau (posição $E_F^{(1)}$ na figura 6.7), a condutividade σ_{xy} da amostra vai ser igual a um número inteiro de e^2/h. Com a diminuição do campo magnético, os níveis de Landau deslocam-se para menores energias. Para um determinado valor de B o nível de Fermi vai atravessar o limiar de mobilidade inferior de um outro nível de Landau. A partir daqui, o número de estados deslocalizados,

Capítulo VI – Estruturas de Semicondutores com Confinamento Quântico   267

preenchidos pelos electrões[8], começa a depender do campo magnético. Enquanto o nível de Fermi atravessa o nível de Landau (posição $E'^{(2)}_F$ na figura 6.7), a condutividade de Hall varia. Na figura 6.6 isto corresponde à passagem de um patamar de ρ_{xy} para outro.

O próximo patamar é atingido quando o nível de Fermi atravessa o limiar de mobilidade superior deste nível de Landau e chega à posição equivalente a $E^{(1)}_F$. A largura de um patamar da condutividade (ou resistividade) quantificada é determinada pela gama de valores do campo magnético para os quais o nível de Fermi se encontra entre os estados localizados. Esta gama, dependendo da densidade de estados localizados, varia de um nível de Landau para outro (observe-se isto na figura 6.6) e entre amostras diferentes, ou seja, a largura dos patamares não é um parâmetro fundamental.

Note-se também que a condutividade "normal" é não nula apenas quando o nível de Fermi está numa posição equivalente a $E'^{(2)}_F$ (relembre-se que $\sigma_{xx} \propto \rho_{xx}$). Um nível de Landau inteiramente preenchido não contribui para a condutividade σ_{xx}. O gás electrónico, com o nível de Fermi numa posição equivalente a $E^{(1)}_F$ na figura 6.7 é, com efeito, um dieléctrico.

Um fenómeno ainda mais surpreendente foi descoberto em 1982 pelos autores do artigo [6.23] que utilizaram campos magnéticos extra fortes (até $15\,T$) numa heteroestrutura GaAs/Al$_x$Ga$_{1-x}$As para atingir a ocupação incompleta do primeiro nível de Landau (a direita do patamar mais alto na figura 6.6). Neste regime foram verificadas singularidades inesperadas da resistividade de Hall, nomeadamente, mini-patamares de valores

$$\rho_{xy} = \frac{h}{fe^2} \tag{6.28}$$

onde $f = l/r$, l e r são inteiros e r é ímpar.

No trabalho original [6.23] foi demonstrado que os patamares surgem quando o factor de preenchimento do primeiro nível de Landau é igual a 1/3 e 2/3. Posteriormente foram descobertas anomalias no efeito de Hall em heteroestruturas com o primeiro nível de Landau preenchido até 2/5, 3/5, 4/5, 4/3, 5/9, 7/9, *etc.* [6.9] e o fenómeno ficou conhecido pelo nome **efeito Hall quântico fraccionário**. Apesar da semelhança nas condições de observação e no resultado (6.28), a física deste efeito é significativamente diferente da do efeito Hall quântico inteiro. A quantificação fraccionária da condutividade de Hall é um fenómeno multi-electrónico no seu essencial. A interacção Coulombiana entre os electrões que ocupam parcialmente um nível de Landau, desprezada na explicação do efeito Hall quântico inteiro, tem um papel decisivo no efeito fraccionário. Os electrões formam um sistema fortemente correlacionado, normalmente designado pelo termo **"líquido electrónico"**. As excitações elementares (que podem transportar corrente eléctrica) neste líquido têm carga eléctrica fraccionária (por exemplo, 1/3) e obedecem a uma estatística diferente, quer da de Fermi-Dirac quer da de Bose-Einstein. O estudo das propriedades deste líquido escapa do âmbito do presente livro. Os interessados podem consultar os artigos de revisão [6.4, 6.9, 6.18] ou então estudar os artigos originais de R.B. Laughlin, que desenvolveu a teoria do efeito Hall quântico fraccionário [6.24].

---

[8] A temperatura é baixa e os estados acima do nível de Fermi estão praticamente todos vazios.

6.1.3 Propriedades ópticas de poços quânticos

6.1.3.1 Transições ópticas inter-bandas

As propriedades ópticas dos sistemas efectivamente bidimensionais são interessantes em dois aspectos. Primeiro, o estudo experimental destas propriedades permite obter informação sobre os espectros de energia dos portadores de carga nestes sistemas. Segundo, o confinamento quântico aumenta o tamanho do *gap* entre os estados permitidos na banda de condução e os estados preenchidos na banda de valência. Como este aumento depende da largura do poço quântico, abre-se o caminho para ajustar o limiar da **absorção inter-bandas** da heteroestrutura através da variação desta largura. Esta possibilidade é muitas vezes referida como "engenharia do *gap*" ("*band gap engineering*"). A engenharia do *gap* e algumas outras vantagens oferecidas pelos sistemas com electrões e lacunas bidimensionais, faz com que estas estruturas sejam importantes para aplicações em dispositivos electrónicos, como os detectores de radiação electromagnética e lasers. Deste ponto de vista, as mais interessantes são heteroestruturas com um poço quântico rectangular compreendido entre duas heterojunções.

Considere-se uma heteroestrutura simétrica do tipo I (figura 6.3a) e com os extremos das bandas de condução e de valência no ponto Γ, por exemplo, $GaAs/In_{0,2}Ga_{0,8}As/GaAs$ cuja estrutura das bandas está esquematizada na fig. 6.4. O espectro electrónico no poço quântico pode ser aproximado pela eq. (6.5) para a banda de condução, e pela relação

$$E_{n'}(p_x, p_y) = E_v - \frac{(\pi \hbar n')^2}{2m_{hh}d^2} - \frac{1}{2m'_{hh}}\left[p_x^2 + p_y^2\right] \qquad (6.29)$$

para a banda de valência, onde só há estados de lacunas pesadas. As transições ópticas entre estes dois grupos de níveis podem ser consideradas de maneira idêntica à dos semicondutores maciços (ver 4.2.2), o que conduz a uma expressão para a probabilidade de transição por unidade do tempo totalmente análoga à eq. (4.15a), ou seja:

$$w = \frac{2\pi}{\hbar} \sum_{n,n',\vec{p}_\parallel} \left|\left\langle n, \vec{p}_\parallel ; N_p - 1\left|H_{eR}\right|n', \vec{p}_\parallel ; N_p\right\rangle\right|^2$$
$$\times f(E_{n'}(\vec{p}_\parallel))\left[1 - f(E_n(\vec{p}_\parallel))\right]\delta(E_{n'}(\vec{p}_\parallel) - E_n(\vec{p}_\parallel) - \hbar\omega) \qquad (6.30)$$

em que o momento do fotão (de frequência ω) foi considerado igual a zero e N_p é o número dos fotões. À semelhança de (4.16), o elemento de matriz da interacção electrão-fotão escreve-se como

$$\left\langle n, \vec{p}_\parallel ; N_p - 1\left|H_{eR}\right|n', \vec{p}_\parallel ; N_p\right\rangle = \frac{e}{m_0 c}\left(\frac{2\pi \hbar c^2}{V\omega\eta^2}\right)^{1/2}\sqrt{N_p}\left(\vec{e} \cdot \vec{P}_{cv}\right)\Im_{nn'} \qquad (6.31)$$

em que $\vec{e}$ é o vector de polarização do fotão, η o índice de refracção do material, $\vec{P}_{cv}$ foi definido em (4.19) e

$$\Im_{nn'} = \int F_{n'}^* F_n \, d\vec{r} \tag{6.32}$$

é o integral de sobreposição das funções envelope dos estados das duas bandas. Substituindo (6.31) em (6.32) e somando sobre os quase-momentos $\vec{p}_\parallel$ obtém-se para o coeficiente de absorção:

$$\alpha = \frac{w\eta}{c\,N_p} =$$

$$\frac{4\pi\,e^2\,\mu_{eh}'}{m_0^2\,\hbar^2\,\omega\,c\,\eta\,d}\left|\vec{e}\cdot\vec{P}_{cv}\right|^2 \sum_{n,n'}\left[\left(f_{v(n')} - f_{c(n)}\right)\left(\Im_{nn'}\right)^2\theta\left(\hbar\omega + E_{n'}(0) - E_n(0)\right)\right] \tag{6.33}$$

em que

$$\theta(x) = \begin{cases} 0 & \text{para} \quad x < 0 \\ 1 & \text{para} \quad x > 0 \end{cases}$$

é a função de Heaviside,

$$\mu_{eh}' = \left((m^*)^{-1} + (m_{hh}')^{-1}\right)^{-1} \tag{6.34}$$

é a massa reduzida do par electrão-lacuna,

$$f_{c(n)} = \left\{1 + \exp\left[\frac{E_n(0) + \left(\mu_{eh}'/m^*\right)\left(\hbar\omega + E_{n'}(0) - E_n(0)\right) - E_F}{kT}\right]\right\}^{-1} \tag{6.34}$$

e dum modo semelhante para $f_{v(n')}$.

Como se sabe, o coeficiente de absorção de um material determina a diminuição da intensidade de um feixe óptico por unidade de comprimento do seu percurso nesse meio, $\alpha = -\dfrac{(dI/dz)}{I}$. Provavelmente seria mais natural considerar a absorção total de um poço quântico porque, pela sua natureza, este objecto não é divisível em sub-camadas infinitesimais de espessura dz. Como o valor típico que se obtém aplicando a eq. (6.33) é da ordem de 10^3-10^4cm^{-1} (para poços de GaAs), ou seja, $\alpha^{-1} \gg d$, a absorção integral de um poço quântico é dada pelo produto adimensional $\alpha\,d$. Esta grandeza às vezes é chamada **densidade óptica**.

Para uma heteroestrutura não dopada o nível de Fermi está no meio do *gap*, então, $f_{v(n')} \approx 1$ e $f_{c(n)} \approx 0$. Assim, o espectro de absorção (6.33) é constituído por um conjunto de degraus, semelhante ao apresentado na fig. 6.1-b. O limiar de absorção é dado por

$$\hbar\omega = E_1(0) - E_{1'}(0) = E_g + \frac{(\pi\hbar)^2}{2\mu'_{eh} d^2}, \qquad (6.35)$$

ou seja, é deslocado para as frequências mais elevadas relativamente ao cristal maciço. Por exemplo, num poço de In$_{0,2}$Ga$_{0,8}$As de largura $d = 5$nm este desvio é da ordem de 0,1eV. É possível obter um valor mais preciso a partir da fig. 6.4.

O desvio do limiar de absorção para o azul em poços quânticos de GaAs foi observado experimentalmente, pela primeira vez no trabalho [6.25]. Os resultados deste trabalho estão apresentados, de uma forma qualitativa, na figura 6.8. Comparando os espectros de absorção de heteroestruturas com larguras diferentes do poço vê-se nitidamente o efeito esperado.

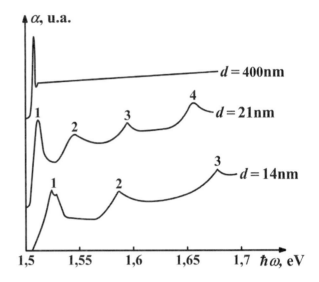

Figura 6.8 Espectros de absorção de heteroestruturas Al$_{0,3}$Ga$_{0,7}$As/GaAs/Al$_{0,3}$Ga$_{0,7}$As com larguras diferentes da camada de GaAs (T=2K, adaptado da ref. [6.25]).

Em dois dos três espectros da fig. 6.8 estão presentes singularidades que podem ser atribuídas aos níveis quantificados da energia do par electrão-lacuna,

$$\Delta E_{nn'} = \left(E_g + E_n(0) - E_{n'}(0)\right).$$

Contudo, a forma dos espectros não corresponde à da densidade de estados de electrões (ou lacunas) bidimensionais.

A razão principal para isto é o **efeito excitónico**, ou seja, a interacção do electrão e da lacuna confinados no poço, não levada em conta na eq. (6.33). O espectro da amostra com d =400nm, praticamente livre de quaisquer efeitos de confinamento quântico, tem o aspecto típico da absorção excitónica discutida em 4.3 (compare-se com a figura 4.6).

Não é difícil obter os níveis de energia de um excitão estritamente bidimensional de Wannier, admitindo que a interacção Coulombiana entre o electrão e a lacuna é idêntica à do cristal maciço (ver Problema **VI.10**). Da expressão (P6.7) segue-se que a energia de ligação do excitão bidimensional, no seu estado fundamental, é 4 vezes maior do que no caso 3D (ignorando a diferença entre μ'_{eh} e μ^*_{eh} do cristal maciço),

$$E_{ex}^{2D} = \frac{2\mu'_{eh} e^4}{\varepsilon_0 \hbar^2}. \qquad (6.36)$$

Este resultado é apenas qualitativamente correcto. Com efeito, as eqs. (P6.7) e (6.36) não só desprezam o movimento do electrão e da lacuna ao longo de z, como também ignoram que a variação da interacção Coulombiana em poços quânticos com a distância entre as partículas pode ser descrita por uma expressão mais complexa do que $e^2/(\varepsilon_0 r)$ [9].

A eq. (6.36) não contém qualquer dependência da largura do poço porque corresponde ao limite $d \to 0$. O hamiltoniano que descreve o excitão num poço quântico de largura finita, desprezando a diferença das constantes dieléctricas das barreiras e do poço, tem a seguinte forma:

$$\hat{H}_{ex} = \frac{\hbar^2}{2M'}\left[K_x^2 + K_y^2\right] + \frac{\hbar^2}{2\mu_{eh}'^{*}}\left[k_x^2 + k_y^2\right] + \frac{\hbar^2}{2m^*}k_{ez}^2 + \frac{\hbar^2}{2m_h'}k_{hz}^2$$
$$- \frac{e^2}{\varepsilon_0\sqrt{(r_e - r_h)^2 + (z_e - z_h)^2}} + U_e(z_e) + U_h(z_h) \quad (6.37)$$

em que $\vec{K}$ é o vector de onda do excitão no plano xy, k_x e k_y correspondem ao movimento relativo do electrão e da lacuna, k_{ez} e k_{hz} são as componentes z dos vectores de onda do movimento "absoluto" das partículas, $M' = m^* + m_h'$, m_h' é a massa efectiva do movimento no plano xy para as lacunas leves ou pesadas, $r_{e,h} = \sqrt{x_{e,h}^2 + y_{e,h}^2}$ e $U_e(z_e)$ e $U_h(z_h)$ são as energias potenciais de confinamento das partículas. A equação de Schrödinger com o hamiltoniano (6.37) não pode ser resolvida analiticamente, mas a energia do estado fundamental pode ser obtida, com precisão aceitável, utilizando o **método variacional** em que a função de onda é escolhida "caso a caso" de acordo com a simetria do problema e com as condições de fronteira, contendo alguns parâmetros de ajuste. Substituindo esta função de onda na equação de Schrödinger e minimizando a energia assim obtida em ordem aos parâmetros de ajuste obtém-se uma estimativa da menor energia possível [6.11]. A precisão desta estimativa depende da escolha acertada da função de onda e do número de parâmetros de ajuste que esta tem.

No presente caso, e para $\vec{K} = 0$, uma escolha adequada da função de onda de tentativa seria, por exemplo,

$$\Psi(r_e, z_e; r_h, z_h) = C \exp(-\beta\rho)\cos(\pi z_e/d)\cos(\pi z_h/d) \quad (6.38)$$

em que $\rho = (r_e - r_h)/a_{ex}'$, $a_{ex}' = \varepsilon_0\hbar^2/(\mu_{eh}'e^4)$ é o raio de Bohr efectivo do excitão no plano xy e C é uma constante de normalização. O factor exponencial representa o acoplamento Coulombiano e é sugerido pela resolução do Problema **VI.10**, sendo β o parâmetro de ajuste. Os co-senos asseguram o comportamento fisicamente correcto da

---

[9] A diferença entre as constantes dieléctricas do poço e das barreiras faz com que surja uma polarização electrostática, inomogénea, na heteroestrutura. Em resultado disto, o valor da constante dieléctrica efectiva que entra na lei de Coulomb depende da distância entre as partículas e da largura do poço.

função de onda no caso das barreiras infinitas. Com esta função de onda, a energia de ligação do excitão confinado no poço obtém-se da seguinte maneira:

$$E_{ex}^{2D} = \min\bigg|_\beta \left\{ \frac{\int \Psi^* \hat{H}_{ex} \Psi \, dN_e \, dN_h}{\int \Psi^* \Psi \, dN_e \, dN_h} \right\}.$$

O resultado está apresentado na fig. 6.9 para o "excitão pesado", ou seja, o que envolve um electrão e uma lacuna pesada, num poço de GaAs, em função da sua largura. Quando d é grande quando comparado com o raio de Bohr do excitão (da ordem de 30nm), a energia de ligação aproxima-se de E_{ex}^{3D} ($\approx$ 4meV no GaAs). Para $d \to 0$ tem-se $E_{ex}^{2D} \approx 4E_{ex}^{3D}$. No entanto, levando em consideração a altura finita das barreiras, ocorre um máximo da energia de ligação para uma largura finita do poço (fig. 6.9). Num poço muito estreito os níveis de energia do electrão e da lacuna são pouco profundos e as suas funções de onda penetram fortemente nas barreiras, fazendo com que o excitão efectivamente não esteja confinado no poço.

Por causa da sua ligação mais forte em poços quânticos do que nos cristais maciços, os excitões permanecem estáveis à temperatura ambiente e até acima desta. A forte sobreposição das funções de onda do electrão e da lacuna, acoplados num excitão confinado no poço, resulta em transições ópticas mais intensas, ou seja, o elemento de matriz destas transições, contando com o integral de sobreposição (6.32), é mais importante. Assim, a **emissão excitónica** é mais forte em heteroestruturas com poços quânticos do que em cristais maciços [6.26].

As **regras de selecção** para as transições radiativas inter-bandas decorrem da eq. (6.31) para o elemento de matriz, e no regime de confinamento forte ($d < a_{ex}$) são válidas, mesmo na presença do efeito excitónico. Uma restrição está relacionada com as amplitudes de Bloch das bandas envolvidas na transição. Para os materiais com a estrutura cristalina da blenda, como se sabe do Capítulo IV, $\vec{P}_{cv} \neq 0$. No entanto, para as lacunas pesadas a componente z deste vector é nula (ver Problema **VI.11**), o que significa que uma onda electromagnética cujo campo eléctrico é dirigido segundo o z não interactua com as lacunas pesadas no ponto quântico. Este

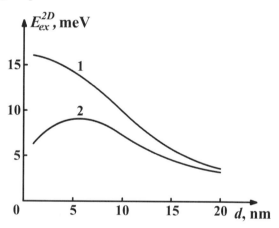

Figura 6.9 Energia de ligação do excitão pesado num poço quântico de GaAs, calculada em função da sua largura, na aproximação de barreiras infinitas (1) e para barreiras finitas de Al$_{0,3}$Ga$_{0,7}$As (2).

facto tem uma interpretação física simples. Um electrão na banda de condução tem um

Capítulo VI – Estruturas de Semicondutores com Confinamento Quântico   273

momento angular (o spin) segundo z, igual a $\pm 1/2$. A projecção do momento angular total de uma lacuna pesada segundo o eixo z é $\pm 3/2$. Como um fotão polarizado segundo esta direcção tem a componente z do seu momento angular nula, a transição com absorção ou emissão deste fotão é proibida pela conservação do momento angular. Pelo contrário, um fotão com o vector de polarização paralelo às interfaces pode ser absorvido na transição $(+3/2) \rightarrow (+1/2)$ ou $(-3/2) \rightarrow (-1/2)$, ou emitido numa transição inversa. Se o electrão e a lacuna tiverem valores bem definidos para a componente z do seu spin e o momento J, a necessidade de cumprir a conservação do momento angular faz com que o fotão emitido tenha uma **polarização circular**. De um modo inverso, um fotão com polarização circular vai criar um par electrão-lacuna (excitão) com "spin polarizado"[10].

A outra parte das regras de selecção está relacionada com o integral de sobreposição das funções envelope, $\mathfrak{I}_{nn'}$, que tem que ser não nulo para que a transição óptica entre os estados seja permitida. Para poços quânticos simétricos, do tipo (6.2), as funções F_n e $F_{n'}$ têm que ter a mesma paridade. Se a profundidade do poço U_0 puder ser considerada infinita, são permitidas apenas as transições entre as sub-bandas da mesma ordem nas bandas de condução e de valência, ou seja, com $n = n'$. À medida que a energia do fotão aumenta, a mistura das lacunas leves e pesadas faz com que as regras de selecção relaxem e praticamente desapareçam, para energias significativamente superiores ao limiar de absorção.

6.1.3.2 Transições entre várias sub-bandas da mesma banda

Considere-se agora uma **hetroestrutura dopada**. Utilizando a técnica de dopagem modulada, é possível introduzir impurezas, por exemplo, dadoras, nas barreiras da heteroestrutura. Os electrões dos níveis dadores vão encher o poço quântico chegando lá pelo efeito túnel (se a temperatura for baixa) ou vencendo a barreira (se a temperatura for suficientemente elevada). A presença da carga eléctrica não compensada no poço certamente vai alterar a sua forma, porque agora a energia potencial, além das descontinuidades do fundo da banda, contém o termo $-e\varphi(z)$, com $\varphi(z)$ o potencial eléctrico devido à separação das cargas na heteroestrutura. Porém, a existência de vários níveis de energia do movimento segundo a direcção z mantém-se. Isto abre a possibilidade de transições ópticas, com a energia quantificada, dentro da banda de condução, ou seja, a **absorção e emissão intra-banda**.

A probabilidade destas transições também pode ser calculada pela regra de ouro de Fermi. No entanto, é preciso ter cuidado porque agora, quando os estados inicial e final pertencem à mesma banda, o elemento de matriz do operador momento entre as funções de Bloch (que são as mesmas) seria nulo. A aproximação feita em (4.16) e que conduz à expressão (4.19) para $\vec{P}_{cv}$ não é aplicável aqui. O elemento de matriz para uma transição intra-banda (por exemplo, na banda de condução) pode ser escrito como

$$\vec{P}_{nn'} = -i\hbar \int u_c^* F_{n'}^* \vec{\nabla}\left(u_c F_n\right) d\vec{r} \approx -i\hbar \int F_{n'}^* \vec{\nabla} F_n d\vec{r} \ . \tag{6.39}$$

---

[10] A manipulação de spin e o desenvolvimento de dispositivos que utilizem o armazenamento e o transporte do spin são estudados pela área da física que se desenvolveu recentemente, chamada **spintrónica** [6.27].

274   *Física dos Semicondutores*

Assim, a densidade óptica de um poço quântico, devida às transições entre as várias sub-bandas (n e n', sendo $n' > n$) da mesma banda de condução é:

$$\alpha\,d = \frac{2\pi\,e^2 m_1^*}{m_0^{\,2}\hbar^2 \omega c\eta}\sum_{n,n'}\left[\left|\vec{e}\cdot\vec{P}_{nn'}\right|^2 (f_{c(n)} - f_{c(n')})\theta(\hbar\omega + E_n(0) - E_{n'}(0))\right] \quad (6.40)$$

em que as energias $E_n(0)$ e $E_{n'}(0)$ são ambas dadas pela fórmula (6.5), desprezando a alteração da forma do poço, atrás mencionada. A estrutura do espectro previsto pela eq. (6.40) é semelhante à da absorção inter-bandas [eq. (6.33)] mas situa-se numa zona espectral totalmente diferente. Como a separação dos níveis, $E_{n'}(0) - E_n(0)$, não ultrapassa algumas dezenas de meV, a absorção ocorre na região do infravermelho longínquo. A força de oscilador típica destas transições também é significativamente menor do que para as transições inter-bandas, pelo que a medição da absorção intra-banda e as suas aplicações são realizadas em **heteroestruturas com poços quânticos múltiplos** (ver 6.2.2), crescidas num processo epitaxial, repetitivo e automatizado.

As regras de selecção para as transições dentro da banda de condução são fáceis de perceber analisando a expressão (6.39) para o elemento de matriz. Num poço simétrico, $\vec{P}_{nn'}$ é não nulo apenas para as transições entre os estados n e n' com paridade diferente.

O vector de polarização do fotão tem que ter uma componente não nula segundo o eixo z, ou seja, não haverá absorção intra-banda no caso de incidência normal, com o vector de onda do fotão ao longo de z. Esta última restrição é relaxada em semicondutores com *gap* estreito (como, por exemplo, o $Cd_xHg_{1-x}Te$) porque nestes materiais o espectro dos electrões é claramente não parabólico e, por causa disto, os movimentos dos electrões segundo z e na direcção perpendicular a ele já não são independentes [6.4]. As regras de selecção para a absorção devido às transições entre as várias sub-bandas na banda de valência, bem mais complexas do que para a banda de condução, são discutidas na ref. [6.28].

6.1.3.3 Lasers de injecção com poços quânticos

Estes lasers surgiram como o resultado da evolução do laser de injecção à base de heteroestruturas "clássicas", mencionado em 5.4.3. A região activa, que é uma camada de GaAs embutida numa estrutura p-n com duas heterojunçõcs (vcr figura 6.10), tem uma largura muito reduzida, de modo que ela representa um poço quântico para os portadores de carga injectados pelos emissores (as camadas n-$Al_xGa_{1-x}As$ e p-$Al_xGa_{1-x}As$). O confinamento quântico dos electrões e das lacunas facilita a realização da população inversa no poço fazendo com que a intensidade de corrente necessária para a atingir seja menor do que numa heteroestrutura "clássica". Ao mesmo tempo, a variação do limiar de absorção (que determina o comprimento de onda da emissão do laser, λ) com a largura do poço permite ajustar λ da maneira desejada, dentro de certos limites característicos dos materiais da heteroestrutura.

Como o número de estados electrónicos cuja ocupação tem que ser invertida é muito menor num poço do que num díodo convencional, a intensidade limiar da corrente para atingir o efeito laser (*lasing*) também é mais baixa. Os efeitos excitónicos não são importantes nas condições de funcionamento do laser porque os portadores de carga presentes em alta concentração fazem a blindagem da interacção Coulombiana entre um electrão e uma lacuna, e os excitões não se formam. Assim, para analisar esta situação,

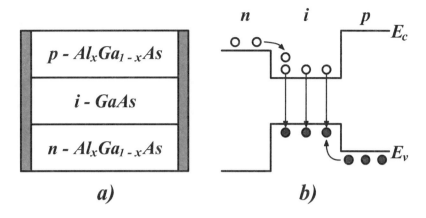

Figura 6.10 Representação esquemática de uma heteroestrutura de laser com poço quântico de GaAs intrínseco compreendido entre duas barreiras dopadas (*a*), e o seu diagrama das bandas quando está sujeita a uma d.d.p. de sinal (+) na região *p* (*b*).

pode-se usar a eq. (6.33) em que o coeficiente de absorção muda de sinal, ou seja, o meio torna-se opticamente activo. Isto acontece sob uma condição semelhante à dos sistemas tridimensionais (5.34),

$$F_n - F_p > E_g + \frac{(\pi\hbar)^2}{2\mu'_{eh} d^2} \qquad (6.41)$$

em que F_n e F_p são os pseudo-níveis de Fermi para os electrões e as lacunas no poço quântico. Não é difícil perceber por que razão a condição (6.41) é obedecida com uma menor concentração de portadores de carga fora do equilíbrio, relativamente ao seu análogo tridimensional (5.34). Num sistema bidimensional o (pseudo-) nível de Fermi é proporcional à concentração dos portadores, n_s (ver Problema **VI.4**), enquanto que num gás electrónico tridimensional, degenerado é proporcional a apenas $n^{2/3}$ (Capítulo II). Então, a mesma amplificação óptica em lasers com poços quânticos pode ser alcançada com uma concentração mais baixa de portadores de carga injectados. Este efeito, juntamente com o menor tamanho da região activa, faz com que a densidade de corrente mínima necessária para a emissão estimulada seja da ordem de 100 A/cm^2 (a T=300K) para lasers típicos, modernos, à base de heteroestruturas quânticas n-Al$_x$Ga$_{1-x}$As/GaAs/p-Al$_x$Ga$_{1-x}$As [6.29].

Como foi explicado em 5.4.3, a região activa também desempenha o papel da cavidade óptica. As faces laterais da heteroestrutura, mostradas a sombreado na fig. 6.10-a), funcionam como espelhos semi-transparentes, de modo que o sistema nas direcções x e y é semelhante a um interferómetro de Fabry-Perot. O papel destas "paredes" é muito importante porque a reflexão nelas é o mecanismo de *feedback* positivo, responsável pela emissão estimulada dos fotões na região activa. Como se pode facilmente concluir a partir de (4.6), o coeficiente de reflexão numa superfície de GaAs, cujo índice de refracção $\eta \approx 3,6$, toma o valor $R \approx 0,3$. A distância entre as faces laterais escolhe-se de maneira a ajustá-la a metade do comprimento de onda desejado (no modo fundamental). Ao mesmo tempo, é através delas que a radiação laser é emitida.

A diferença entre os índices de refracção dos materiais do poço e das barreiras faz com que a radiação esteja confinada também na direcção z, embora este confinamento seja bastante fraco. É desejável aumentá-lo porque isto intensificaria o acoplamento entre os fotões e electrões na região activa. Uma das possibilidades para o fazer é adicionar mais duas heterocamadas, não dopadas, dos dois lados do poço quântico. Esta ideia é realizada em heteroestruturas do tipo n-Al$_x$Ga$_{1-x}$As/GaAs/In$_y$Ga$_{1-y}$As/GaAs/p-Al$_x$Ga$_{1-x}$As [6.30]. Foi neste sistema, que representa de facto um poço quântico embutido numa heteroestrutura "clássica" com uma variação suave do índice de refracção, que se demonstrou, pela primeira vez, a vantagem dos lasers com confinamento quântico dos portadores de carga, em relação aos de região activa mais espessa. Verificou-se uma diminuição de quase uma ordem de grandeza nos valores da densidade de corrente limiar[11]. Foi atingido o funcionamento estável de lasers de poços quânticos em regime estacionário e à temperatura ambiente, com potências até 16W e rendimentos até 74% [6.31]. Surgiram outros tipos de heteroestruturas com as quais foram realizados lasers para outras zonas espectrais, por exemplo, para o infravermelho próximo, tais como os de InGaAsP/InP ($\lambda = 1,3\mu m$) e InGaAsP/GaAs ($\lambda = 0,7 - 0,9\mu m$) [6.29]. O trabalho [6.32] chamou a atenção para a possibilidade de utilização de heteroestruturas do tipo II, em que os electrões e as lacunas estão separados no espaço porque se situam em camadas diferentes. No entanto, a sua recombinação radiativa é possível, permitindo obter a emissão estimulada de fotões com uma energia bastante inferior aos valores de E_g dos respectivos materiais. Este tipo de laser foi realizado à base de heteroestruturas GaInAsSb/GaSb [6.33].

Uma discussão mais detalhada da física de lasers de injecção com poços quânticos pode ser encontrada no livro [6.26]. A história do seu desenvolvimento, bem como o estado da arte nesta área estão descritos na palestra proferida por Zh.I. Alferov a propósito da atribuição do Prémio Nobel a este cientista (juntamente com H. Kroemer e J. Kilby), publicada em [6.29].

Entretanto, as heteroestruturas com pontos quânticos, consideradas em 6.3 e que surgiram recentemente, oferecem vantagens ainda maiores para emissões laser associadas a transições inter-bandas.

6.2 Estruturas com heterojunções múltiplas. Super-redes

6.2.1 Díodo de efeito túnel ressonante

A estrutura com duas barreiras e um poço quântico entre elas, mostrada na fig. 6.11, permite observar e aproveitar o efeito túnel ressonante. Foi proposta e inicialmente estudada nos trabalhos de L. Esaki e seus colaboradores [6.34, 6.35]. Nesta estrutura, crescida pelo método MBE (ou MOCVD) com dopagem modulada, e dos dois lados da

---

[11] Até à data e para este tipo de lasers, o menor valor é da ordem de 40-50A/cm^2 (a T=300K) [6.29].

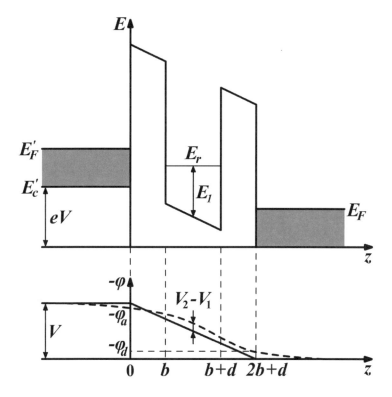

Figura 6.11 Diagrama da energia na banda de condução e perfis do potencial eléctrico para uma estrutura quântica com dupla barreira (cada uma com largura *b*), sujeita a uma d.d.p. (*V*). E_r representa o nível de energia mais baixa no poço que está em ressonância com o emissor. O perfil do potencial que é linear sem electrões no poço fica alterado (curva a tracejado) pelo presença da carga eléctrica quando a estrutura é atravessada por corrente eléctrica.

dupla barreira encontra-se GaAs do tipo *n*, fortemente dopado ($n \approx 10^{18}\,\mathrm{cm}^{-3}$), com um gás electrónico degenerado. Assim, os portadores de carga livres ocupam estados pertencentes a uma gama de energias comprendida entre E_c e E_F. As duas barreiras são suficientemente finas para permitir a passagem para o poço quântico com uma probabilidade apreciável. No entanto, esta passagem só será possível quando existir uma densidade não nula de estados permitidos no poço, nesta faixa de energias. A largura do poço é escolhida de tal maneira que o primeiro nível de energia no poço, E_1, no equilíbrio, esteja acima do nível de Fermi no GaAs sendo, assim, impossível a passagem pelo efeito túnel. Aplicando uma tensão à estrutura, com "-" do lado esquerdo (no emissor), a energia mínima que um electrão pode possuir no poço vai baixando relativamente ao nível de Fermi no emissor, $E'_F = E_F + eV$. A queda do potencial eléctrico é distribuída uniformemente na parte da estrutura que inclui as barreiras e o poço (fig. 6.11).

Na aproximação quase-clássica, todos os níveis de energia alteram-se do valor $-e\varphi$, em que φ é o potencial eléctrico local. Esta consideração também se aplica, qualitativamente, ao nível de energia (E_r) do movimento quantificado do electrão segundo z no poço quântico,

$$E_r = E_1 + eV_m,$$

em que V_m é o módulo do potencial eléctrico no meio do poço. Note-se que numa estrutura simétrica $V_m = V/2$. Para um determinado valor da tensão, designado por V_0, o nível E_r alinha-se com o nível de Fermi no emissor. Então, para $V \geq V_0$ a passagem dos electrões do emissor para o poço torna-se possível. Um electrão que está no poço eventualmente pode escapar para o colector através da barreira da direita e o circuito torna-se fechado. Diz-se que a estrutura com dupla barreira está em ressonância. A corrente deve aumentar com o aumento da tensão porque há cada vez mais electrões no emissor que têm estados permitidos do outro lado da barreira, para fazer passagem pelo efeito túnel.

No entanto, quando E_r descer abaixo do fundo da banda de condução no emissor, E'_c, a corrente vai deixar de existir outra vez, o que se deve à impossibilidade de obedecer à conservação da componente do quase-momento ao longo da interface ($\vec{p}_\parallel$) na passagem pelo efeito túnel. Esta queda da intensidade de corrente com o aumento da tensão corresponde a uma **resistência diferencial negativa** (R_d), prevista no primeiro trabalho de Esaki e observada em [6.35] e, posteriormente, em muitos outros trabalhos. Então, a estrutura com dupla barreira pode ser utilizada como **díodo ressonante** que só permite a passagem da corrente numa determinada faixa de tensões. Recorde-se que o díodo de efeito túnel à base da junção p-n, considerado no Capítulo V, também tinha uma região da sua curva característica com $R_d < 0$, mas a estrutura com dupla barreira apresenta uma queda de corrente muito mais abrupta e tem, consequentemente, $|R_d|$ muito maior na região negativa.

Numa estrutura idealizada, a passagem de um electrão do emissor para o colector pelo estado transiente no poço poderia ser um processo único, coerente, e governado pela interferência das ondas de De Broglie reflectidas e transmitidas por cada uma das interfaces. No entanto, a difusão por fonões, impurezas nas partes dopadas, e imperfeições das interfaces faz com que o electrão, passando relativamente muito tempo no estado ressonante no poço, perca a coerência quanto-mecânica com o seu estado inicial. Na análise quantitativa apresentada a seguir assume-se que os dois processos de passagem através das barreiras são independentes[12].

Considere-se o balanço de electrões no poço. A equação cinética para o número (N) destes electrões é:

$$\dot{N} = I - r \cdot N \tag{6.42}$$

---

[12] O formalismo de *sequential tunneling* aqui apresentado, foi proposto em [6.36].

Capítulo VI – Estruturas de Semicondutores com Confinamento Quântico

em que I é a intensidade de corrente (de número de partículas) através da barreira esquerda e r é a taxa temporal de escape pela barreira direita. De acordo com a Mecânica Quântica, a intensidade de corrente pode ser calculada como a probabilidade de passagem de partículas da esquerda para a direita da barreira, por unidade de tempo. A "interacção" responsável por esta transição é representada pelo hamiltoniano do efeito túnel (*tunneling Hamiltonian*), proposto por J. Bardeen [6.37]. O seu elemento de matriz é dado por

$$T_{\vec{k}_1, \vec{k}_2} = \frac{\hbar^2}{2m^*} \int d\vec{S} \left(F_{\vec{k}_1} \vec{\nabla} F_{\vec{k}_2}^* - F_{\vec{k}_2}^* \vec{\nabla} F_{\vec{k}_1} \right) \tag{6.43}$$

em que os índices 1 e 2 correspondem aos estados do lado esquerdo e do lado direito da barreira, respectivamente, $F_{\vec{k}_1}$ e $F_{\vec{k}_2}$ são as respectivas funções envelope que são consideradas independentes entre si, e o integral é calculado numa superfície no interior da barreira. A função integrada em (6.43), com um factor de $i\hbar/(2m^*)$, é a densidade de corrente entre os estados $\vec{k}_1$ e $\vec{k}_2$ [6.11]. Admitindo que as funções envelope dos dois lados da barreira são ondas planas com uma cauda exponencial no interior da barreira (ver Problema **VI.13**), obtém-se para o quadrado do módulo do elemento de matriz (6.43):

$$\left| T_{\vec{k}_1, \vec{k}_2} \right|^2 = \delta_{\vec{k}_{1\parallel} \, \vec{k}_{2\parallel}} \frac{\hbar^2}{4L\,d} \left(\frac{\hbar k_{1z}}{m^*} \right) \left(\frac{\hbar k_{2z}}{m^*} \right) \mathrm{T}(E_z) \tag{6.44}$$

em que T é a transmitância da barreira e L é o comprimento do emissor. Note-se que os termos entre os parênteses representam a velocidade da partícula na direcção z dos dois lados da barreira.

A eq. (6.44) pressupõe que a componente paralela à interface ($\vec{k}_\parallel$) é a mesma para $\vec{k}_1$ e $\vec{k}_2$, ou seja, não se altera na passagem pelo efeito túnel. A componente z do vector de onda no poço, de facto, não está bem definida porque este estado é confinado. O símbolo $\vec{k}_2$ é usado para uniformizar a notação e deve ser entendido como o conjunto de $\vec{k}_{2\parallel}$ e do número do nível do movimento quantificado segundo o eixo z. Admitindo que a largura do poço é grande em comparação com a escala do decaimento da função de onda no interior da barreira, pode-se usar a eq. (6.44) considerando $k_{2z} = \pi/d$.

A intensidade de corrente através da barreira esquerda pode ser calculada pela regra de ouro de Fermi, efectuando a soma sobre todos os estados iniciais (no emissor) e finais (no poço),

$$I = 2\frac{2\pi}{\hbar} \sum_{\vec{k}_1, \vec{k}_{2\parallel}} \left\{ \left| T_{\vec{k}_1, \vec{k}_2} \right|^2 \delta\left(E_2\left(\vec{k}_{2\parallel} \right) - E_1\left(\vec{k}_1 \right) \right) f\left(E_1\left(\vec{k}_1 \right) - E_F' \right) \right\} \tag{6.45}$$

em que

$$E_1\left(\vec{k}_1\right) = E'_c + \frac{\hbar^2\left(k_{1\parallel}^2 + k_{1z}^2\right)}{2m^*} \ ; \qquad E_2\left(\vec{k}_{2\parallel}\right) = E_r + \frac{\hbar^2 k_{2\parallel}^2}{2m^*} \ ,$$

são as energias do electrão no emissor e no poço e f é a função de Fermi-Dirac. Em princípio, existe uma corrente no sentido contrário, que deve ser subtraída de (6.45), mas nas condições de ressonância seguramente pode desprezada.

Substituindo (6.45) em (6.44) e aproximando f pela função de Heaviside, $\theta\left(E'_F - E_1\left(\vec{k}_1\right)\right)$, obtém-se:

$$I = \frac{S}{2\hbar d^2}\theta(E'_F - E_r)\int_0^{E'_F - E_r}\left[\int_0^\infty T(E_z)\,\delta(E_z - (E_r - E'_c))dE_z\right]dE_\parallel \ . \qquad (6.46)$$

O somatório sobre $\vec{k}_{2\parallel}$ foi eliminado pelo símbolo de Kronecker de (6.44) e o sobre $\vec{k}_1$ foi substituído pela integração, de acordo com a regra geral,

$$\sum_{\vec{k}} \ \to \frac{S\,L}{(2\pi)^3}\int d\vec{k} \ .$$

Em (6.46) utilizou-se a notação $E_z = \hbar^2 k_{1z}^2/2m^*$ e $E_\parallel = \hbar^2 k_{1\parallel}^2/2m^*$. Efectuando a integração, tem-se finalmente:

$$I = \frac{S\,T_E}{2\hbar d^2}(E'_F - E_r)\theta(E'_F - E_r)\theta(E_r - E'_c) \ . \qquad (6.47)$$

em que T_E designa a transmitância da barreira esquerda para a energia $E_z = E_r - E'_c$.

Como $E'_F = E_F + eV$, $E'_c = eV$ e $E_r = E_1 + eV/2$ (ver fig. 6.11), a eq. (6.47) determina a variação da intensidade de corrente eléctrica ($-eI$) em função da tensão aplicada. As duas funções de Heaviside implicam que a corrente existe apenas numa gama de valores da tensão,

$$V_0 < V < V_1 \ ;$$
$$V_0 = 2(E_1 - E_F)/e \ ; \quad V_1 = 2E_1/e \ , \qquad (6.48)$$

como já foi previsto na discussão qualitativa apresentada no início desta secção. Desprezando a variação de T_E com V, a intensidade de corrente aumenta linearmente com a tensão, antes de cair para zero. Na aproximação utilizada, as características da segunda barreira não influenciam a intensidade de corrente, embora a sua presença seja essencial porque ela determina o nível E_1.

A curva característica $I(V)$ determinada pela eq. (6.47) está mostrada na figura 6.12-a. A acumulação dinâmica da carga no poço altera ligeiramente o limiar superior da tensão

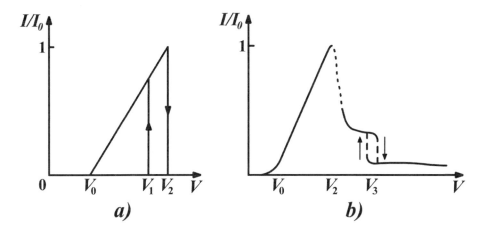

Figura 6.12 Curvas características de um díodo de efeito túnel ressonante, a idealizada (*a*) e a realista (*b*). Os valores característicos da tensão correspondem à eq. (6.48).

para um valor mais elevado (V_2). O tempo de vida dos electrões no poço pode ser estimado da seguinte maneira:

$$\tau = r^{-1} \approx 2\pi\hbar/(T_D E_1), \qquad (6.49)$$

em que T_D é a transparência da barreira da direita e E_1 representa a sua energia cinética típica. No regime estacionário, de acordo com (6.42), a carga negativa acumulada no poço é

$$Q = -eN = -eI\tau \qquad (6.50)$$

Esta carga faz com que o potencial eléctrico no poço seja mais baixo, como mostra a curva a tracejado na figura 6.11. Assim, o nível E_r sobe e permanece em ressonância com o emissor até tensões mais altas. Se a estrutura sair da ressonância e depois voltar (diminuindo a tensão), a corrente só vai aparecer a partir do valor V_1, previsto pela eq. (6.48) e não V_2, porque nesta situação ainda não há nenhuma carga no poço. Esta bistabilidade (ou histerese) da curva característica está mostrada pelas setas na figura 6.11. A sua análise quantitativa apresenta-se no Problema **VI.15**.
O gráfico da figura 6.12-b é uma representação qualitativa do resultado experimental da ref. [6.38]. A parte crescente da curva característica está em acordo excelente com a teoria apresentada que é bastante simplificada. Na parte da resistência diferencial negativa a curva experimental apresenta duas regiões de bistabilidade (V_2 e V_3), embora a primeira não esteja bem resolvida. A explicação qualitativa deste facto foi dada em [6.38] e consiste no seguinte. Ao contrário da estrutura apresentada na fig. 6.11, uma heterojunção GaAs/AlGaAs apresenta um "bico" na banda de condução junto à interface (ver fig. 6.2). Então, o espectro electrónico no emissor (que aqui foi considerado

contínuo) tem algumas características do gás bidimensional. As duas bistabilidades da curva $I(V)$ correspondem, então, a duas sub-bandas deste espectro, parcialmente sobrepostas devido à interacção com as impurezas dadoras no emissor. A corrente de fundo, presente para $V > V_3$, deve-se aos estados abaixo de E'_c, introduzidos pela dopagem forte do GaAs.

O resultado experimental da ref. [6.38] foi obtido a T=4,2K. Quando a temperatura aumenta, a qualidade da ressonância vai-se deteriorando na medida em que a razão entre as correntes máxima (I_0) e a de fundo (I_{fun}) diminui. Por exemplo, no trabalho [6.39] foram obtidos os valores $I_0/I_{fun} \approx 10$ para T=77K e $I_0/I_{fun} \approx 3$ para T=300K. Isto acontece porque a componente não ressonante da corrente, que origina os saltos por cima das barreiras e passagem pelo efeito túnel através dos estados excitados no poço, aumenta exponencialmente.

A bistabilidade da curva característica do díodo ressonante pode ser aproveitada num gerador de corrente alternada de alta frequência. No entanto, a aplicação mais importante de estruturas com dupla barreira é na função de chave electrónica. Por exemplo, uma heteroestrutura com dupla barreira pode ser inserida numa estrutura n-p-n, ou seja, na base de um transístor bipolar. Neste transístor ressonante, proposto e realizado em [6.40], a amplificação da corrente é atingida apenas numa gama estreita de tensões entre o emissor e a base, enquanto que fora desta gama o dispositivo oferece uma resistência muito elevada. Uma outra possibilidade, proposta e analisada em [6.41], é usar uma estrutura com dupla barreira para gerar som coerente. Neste dispositivo é o segundo nível quantificado no poço que está em ressonância com o emissor, e não o primeiro. Os electrões entram no poço pelo segundo nível, relaxam para o nível mais baixo emitindo um fonão e saem do poço. Como foi mostrado na referência [6.41] e em trabalhos posteriores, a partir de um determinado valor limiar da corrente eléctrica, a emissão dos fonões no poço começa a ser estimulada. Por analogia com lasers, este dispositivo foi chamado "saser".

6.2.2 Heteroestruturas com poços quânticos múltiplos

Uma possibilidade óbvia de aumentar o coeficiente de absorção e a intensidade de emissão de heteroestruturas com poços quânticos é fabricar estruturas com vários poços, separados por barreiras cuja altura e largura podem ser ajustadas. Assim, os efeitos de confinamento quântico em cada poço persistem e o contributo do gás electrónico bidimensional aumenta. Isto é importante sobretudo para os efeitos de interacção da radiação electromagnética com os electrões associados às transições intra-banda para as quais o elemento de matriz (6.39) é relativamente pequeno. Ao mesmo tempo, o grau de liberdade adicional, relacionado com a transparência da barreira para o efeito túnel entre os poços adjacentes, abre novas possibilidades para o desenho das propriedades electrónicas das heteroestruturas.

Quando dois poços quânticos são separados por uma barreira suficientemente estreita para que a passagem pelo efeito túnel entre eles tenha uma probabilidade notável, eles devem ser considerados como uma entidade única, chamada poços quânticos acoplados (PA)[13]. Nos estados estacionários em PA as funções de onda dos electrões e das lacunas

---

[13] O termo inglês é *Coupled Double Quantum Well (CDQW)*.

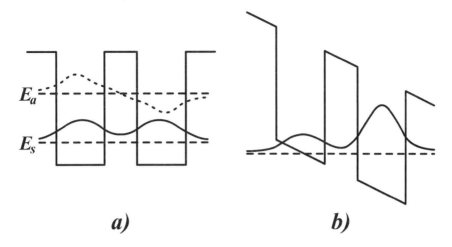

Figura 6.13 Dois poços quânticos idênticos, acoplados pelo efeito túnel ressonante (*a*). Um campo eléctrico aplicado na direcção z quebra a simetria e faz com que o electrão no estado de menor energia fique localizado predominantemente no poço a direita (*b*).

são partilhadas pelos dois poços, como mostra a figura 6.13. No caso de dois poços quânticos idênticos (fig. 6.13-a), cada nível de energia do poço isolado desdobra-se em dois, sendo o desdobramento determinado pela transparência da barreira.

O estado de energia mais baixa deste dubleto (E_s) é caracterizado por uma função envelope, simétrica em relação ao ponto médio da barreira. O estado anti-simétrico tem uma energia maior (E_a). Em estruturas com PA não simétricos, esta propriedade de simetria não ocorre, como seria de esperar.

Os níveis de energia podem ser achados resolvendo a respectiva equação de Schrödinger (exercício equivalente à alínea a) do Problema I.2). No entanto, como o acoplamento dos poços normalmente é fraco, a teoria de perturbações baseada nos estados electrónicos num poço isolado conduz a resultados suficientemente precisos. Assim, numa estrutura com PA simétricos o desdobramento ($E_a - E_s$) é proporcional ao quadrado do elemento de matriz do efeito túnel (6.43). Em estruturas não simétricas, o acoplamento entre os estados (não perturbados) de cada poço diminui com o aumento da diferença entre as energias destes estados. Com efeito, há uma analogia bastante evidente entre PA e moléculas diatómicas.

A assimetria pode ser introduzida numa estrutura com PA simétricos aplicando um campo eléctrico suficientemente forte na direcção z (fig. 6.13-b). Assim, os electrões, no estado de menor energia segundo z, vão localizar-se principalmente num dos poços (o da direita no caso da fig. 6.13-b), enquanto que as lacunas vão ocupar predominantemente o outro. A separação das cargas provocada pelo campo eléctrico irá diminuir drasticamente a probabilidade da sua recombinação radiativa. Este efeito é utilizado em **moduladores ópticos**, dispositivos cuja emissão é controlada pela d.d.p. aplicada [6.12].

Uma outra possibilidade de aplicação, relacionada com o controlo da população relativa dos dois poços através da d.d.p. aplicada na direcção z, é descrita a seguir. Considere-se o transporte eléctrico numa das direcções no plano xy. Na situação da fig. 6.13-a, pode-se dizer que metade dos electrões existentes na heteroestrutura vai (na direcção perpendicular ao plano do desenho) pelo poço da esquerda e a outra metade pelo poço da direita. Imagine-se que a mobilidade dos electrões é muito maior num dos poços, por exemplo, no da esquerda. Isto pode ser realizado, por exemplo, pela dopagem modulada do poço da direita. Então, aplicando uma d.d.p. na direcção z, com a polaridade correspondente à fig. 6.13-b, a maioria dos portadores de carga vai "correr" pelo poço direito. Por consequência, a condutividade do sistema vai diminuir. A inversão da polaridade da d.d.p. resultará no aumento da condutividade, ou seja, o sistema possui as propriedades de um transístor (com porta isolada). Utilizando uma estrutura inicialmente assimétrica, com o poço dopado mais largo do que o outro, é possível obter uma curva característica (corrente em função da tensão na porta) do tipo N [6.42]. Um transístor deste tipo pode ser utilizado em geradores de sinais de altas frequências (note-se a analogia com o efeito de Gunn) ou em chaves electrónicas.

A passagem de corrente eléctrica através de uma estrutura com PA também é possível na direcção z, oferecendo a possibilidade de estudar os interessantes efeitos de ressonância que aqui surgem. A aplicação mais notável destes efeitos encontra-se no laser que utiliza as transições intra-banda de apenas um tipo de portadores de carga e permite obter a emissão estimulada no infravermelho médio e longínquo.

Este laser, teoricamente previsto por R. Kazarinov e R. Suris [6.43], foi realizado por F. Capasso e seus colaboradores [6.44] e é conhecido pelo nome **"laser de cascata"** (*Quantum Cascade Laser*). Considere-se a estrutura mostrada na figura 6.14. Note-se que isto é apenas um fragmento (um período) e que a estrutura real normalmente é constituída por dezenas de períodos para aumentar o rendimento. Devido ao campo eléctrico aplicado na direcção z, o perfil da energia potencial dos electrões $U(z)$ é semelhante a uma escada em que cada degrau é caracterizado pelo diagrama da fig. 6.14. Os electrões "descem" por esta escada emitindo um fotão em cada degrau. Os degraus consistem em três poços quânticos acoplados em que a população inversa entre os estados $n=3$ e $n=2$ é atingida através do controlo das taxas de injecção, através da barreira da esquerda, da relaxação para o nível mais baixo, e do escape pela barreira da direita. Esta heteroestrutura, muito complexa, foi realizada utilizando as soluções sólidas $Al_{0,48}In_{0,52}As$ e $In_{0,53}Ga_{0,47}As$, ambas com a constante da rede ajustada à do substrato de InP, no crescimento automatizado, pela técnica MBE.

Ao aplicar uma d.d.p. que resulta num campo eléctrico $E \approx 10^5$ V/cm na região activa do laser, os electrões entram do emissor para o nível $n=3$ nos PA, com uma taxa temporal da ordem de $5ps^{-1}$. A transição para o nível $n=2$, que efectivamente corresponde à passagem para o poço do meio, ocorre de duas maneiras: 1) com a emissão de um fotão (como indica a seta na fig. 6.14), ou 2) com a emissão de um fonão óptico. Neste último caso, para obedecer à conservação da energia, o electrão tem de adquirir um quase-momento elevado no plano xy, fornecido pelo fonão. A participação de fonões com vectores de onda grandes faz com que este processo seja pouco eficiente, porque a sua interacção com os electrões é relativamente fraca. Isto é um dos pré-requisitos necessários para atingir a população inversa. O outro consiste na remoção rápida dos electrões do estado $n=2$. A diferença das energias entre este estado e o estado fundamental ($n=1$) é escolhida de modo a coincidir com a energia dos fonões ópticos no centro da zona de Brillouin. Ambos os tempos característicos, o da relaxação $2 \rightarrow 1$ e o do escape através da barreira da direita, foram estimados em cerca de 0,5ps [6.44]. Assim, o tempo de vida dos electrões no nível *n*=3 é o tempo característico mais longo do sistema, o que resulta na população inversa deste nível, relativamente ao *n*=2. O funcionamento do laser de cascata foi demonstrado em [6.44] e vários trabalhos posteriores [6.45]. A importância deste tipo de laser deve-se ao facto de ele permitir cobrir a zona espectral que é difícil de obter com lasers de díodo convencionais. O comprimento de onda da emissão pode ser ajustado na gama entre o infravermelho médio (3-5μm) e as ondas sub-milimétricas (~100μm), para os mesmos materiais. Embora no trabalho original a emissão estimulada tenha sido observada apenas a temperaturas baixas, os lasers de cascata actuais já funcionam à temperatura ambiente. Por exemplo, em [6.45] foi comunicada a realização de um laser de cascata à base de heteroestruturas AlInAs/InGaAs/InP, com um comprimento de onda de emissão $\lambda \approx 4\mu m$, uma corrente limiar 2,2 kA/cm^2 e uma potência no regime contínuo 120 mW[14], a funcionar até $T = 280K$.

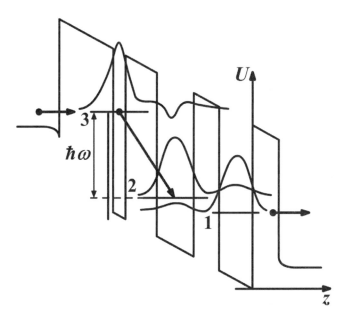

Figura 6.14 Diagrama de energia na banda de condução de um fragmento da estrutura desenhada para um laser de cascata. A estrutura é constituída por três poços quânticos de InGaAs, de larguras 0.8, 3.5 e 2.8nm, separados por barreiras de AlInAs [6.44]. Os electrões são injectados do emissor para o estado *n*=3 localizado predominantemente no primeiro poço, passam para o nível *n*=2 emitindo um fotão de energia $\hbar\omega$, relaxam para o estado *n*=1 com emissão de um fonão óptico, e saem do poço pela barreira da direita. A estrutura real é constituída por vários (25 no caso da ref. [6.44]) blocos, idênticos ao fragmento apresentado nesta figura, crescidos sequencialmente pela técnica MBE.

---

[14] Este valor foi atingido a T=15K.

Já foram utilizadas heteroestruturas com PA para estudar vários outros efeitos de interferência quântica em electrões e excitões, que se encontram discutidos, por exemplo, no livro [6.13]. Além disso, os PA servem de base para "construir" estruturas mais sofisticadas, como a de laser de cascata considerada acima, ou as super-redes.

6.2.3 Super-redes

Embora o conceito de super-rede (SR) como uma estrutura periodicamente modulada à base de um material semicondutor tenha sido proposto ainda em 1962 por L. Keldysh [6.46], foi o trabalho de L. Esaki e R. Tsu [6.47], publicado oito anos mais tarde, que estimulou o seu estudo experimental e, posteriormente, as suas aplicações. Os autores da ref. [6.47] consideram dois tipos de SRs em que o potencial periódico $U(z)$ se introduz pela variação da composição ou então da concentração de impurezas, com um período, no espaço, maior do que a constante da rede cristalina mas ainda comparável a ela.

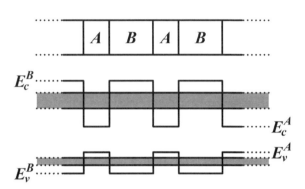

Figura 6.15 Super-rede do tipo I constituída por dois materiais A e B. Estão mostrados os perfis da energia potencial para os electrões e as lacunas, e as respectivas mini-bandas da energia, para o movimento segundo o eixo z.

O primeiro tipo de SRs verificou-se ser mais interessante e representa, de facto, um cristal artificial, unidimensional, constituído por poços quânticos e barreiras. Para que este conjunto periódico seja SR, os poços devem ser acoplados entre si pelo efeito túnel. Isto é o análogo da interacção atómica nos cristais naturais. A interacção entre os PA e a periodicidade das suas posições segundo o eixo z faz com que o espectro electrónico das SRs tenha uma característica qualitativamente diferente dos de poços quânticos isolados e múltiplos. O movimento dos electrões na direcção z em SRs pode ser caracterizado por um vector de onda (k_z), e o espectro de energias deste movimento é dado por uma função periódica de k_z que varia numa gama de valores designada pelo termo **mini-banda**. Para as lacunas, a situação é qualitativamente semelhante (fig. 6.15). Aqui aplica-se a mesma classificação que foi introduzida para as heterojunções (fig. 6.3). O caso mais típico é o de SRs do tipo I, embora haja um exemplo importante do tipo II (as SRs Si/Ge e Si_xGe_{1-x}/Ge).

Admitindo que os materiais que constituem a SR possuem bandas de condução parabólicas e isotrópicas, o movimento dos electrões segundo z desacopla-se do movimento no plano $x\,y$ e pode ser considerado no âmbito do modelo de Kronig-Penny (Problema **I.4**). O espectro da energia do movimento dos electrões segundo z, $E_z(k_z)$, que se obtém pela resolução deste problema clássico da Mecânica Quântica, é determinado pela seguinte equação transcendente:

$$\left[(Q^2 - K^2)/(2QK)\right]\sinh(Qb)\sin(Kd) + \cosh(Qb)\cos(Kd) = \cos[k_z(d+b)] \quad (6.51)$$

em que d e b são as larguras dos poços e das barreiras, respectivamente, $Q^2 = \frac{2m^*}{\hbar^2}(U_0 - E_z)$, $K^2 = \frac{2m^*}{\hbar^2}E_z$ e U_0 é a altura das barreiras. No limite $Qb \gg 1$ e $Q^2 \gg K^2$ (barreiras muito espessas e altas), a eq. (6.51) conduz aos níveis de energia num poço rectangular, isolado, através da seguinte equação para o parâmetro K:

$$\varsigma(Kd) + \tan(Kd) = 0 \tag{6.52}$$

em que

$$\varsigma = \left(\frac{2\hbar^2}{m^* U_0 d^2}\right)^{1/2}.$$

Numa primeira aproximação, considerando $\varsigma \ll 1$, as raízes da eq. (6.52) são do tipo:

$$Kd = \pi(1-\varsigma)n; \quad n = 1, 2, 3, \ldots$$

Os respectivos níveis de energia num poço isolado são dados pela relação:

$$E_z^{(n)} = n^2 \frac{\pi^2 \hbar^2}{2m^* d^2}(1 - 2\varsigma). \tag{6.53}$$

Incluindo agora o membro direito da eq. (6.51), de um modo iterativo, tem-se:

$$\varsigma(Kd) + \tan(Kd) = \frac{4Kd}{\cos(Kd)}\cos[k_z(d+b)]\exp(-Qb). \tag{6.54}$$

Na mesma aproximação, notando que $\cos(Kd) \approx \pm(-1)^n$, obtém-se finalmente, da eq. (6.54), o espectro da energia do movimento electrónico segundo z numa SR. No limite correspondente aos poços fracamente acoplados tem-se,

$$E_z(n, k_z) = E_z^{(n)}\left\{1 + (-1)^n \frac{8\varsigma}{1-2\varsigma}\cos[k_z(d+b)]\exp\left[-b\left(\frac{2m^*}{\hbar^2}U_0\right)^{1/2}\right]\right\}. \tag{6.55}$$

Note-se que a eq. (6.55) é equivalente à expressão que segue da aproximação de ligação forte, analisada no Capítulo I,

$$E_z(n, k_z) = E_z^{(n)} - t^{(n)}\cos(k_z a_{SR}), \tag{6.55a}$$

em que $a_{SR} = d + b$ é o período espacial da estrutura que desempenha o papel da "constante da rede" da SR, e

$$t^{(n)} = (-1)^{n-1} E_z^{(n)} \frac{8\varsigma}{1-2\varsigma} \exp\left[-b\left(\frac{2m^*}{\hbar^2} U_0\right)^{1/2}\right] \tag{6.56}$$

representa o integral de sobreposição entre poços vizinhos. Assim, o espectro do movimento electrónico segundo z é, de facto, constituído por mini-bandas de largura $2t^{(n)}$, centradas nos respectivos níveis do poço isolado (veja fig. 1.3). A largura típica das mini-bandas é da ordem de 1meV (Problema **VI.16**).

A energia total dos electrões de condução é dada por[15]

$$E(n,\vec{k}) = E_c^A + E_z(n,k_z) + \frac{\hbar^2 \vec{k}_\parallel^2}{2m^*} \tag{6.57}$$

em que E_c^A é a energia do fundo da banda de condução do material com o *gap* mais estreito (considerando uma SR do tipo I). As respectivas funções de onda têm a forma de Bloch (1.3), com a constante da rede na direcção z igual a a_{SR}, que é muito maior do que a. Consequentemente, a massa efectiva dos electrões neste cristal artificial é muito maior nesta direcção. Pela mesma razão, a densidade de estados na banda de condução tem características intermédias entre as dos sistemas bi- e tridimensionais (Problema **VI.17**).

Embora um cálculo rigoroso das mini-bandas de lacunas numa SR seja bastante mais complicado devido à mistura dos estados de lacunas leves e pesadas, discutida em 6.1.1, numa primeira aproximação, as mini-bandas de menor energia E_z na banda de valência também podem ser descritas pelos modelos de Kronig-Penny ou de ligação forte, aplicadas às lacunas pesadas [6.2]. Assim, tem-se:

$$E(n_h,\vec{k}_h) = E_v^A - E_z^{(n_h)} + t_h^{(n_h)} \cos\left(k_{hz} a_{SR}\right) - \frac{\hbar^2 k_{h\parallel}^2}{2m_{hh}} \tag{6.58}$$

com $E_z^{(n_h)}$ e $t_h^{(n_h)}$ dados por expressões semelhantes às (6.53) e (6.56). Como normalmente $m_{hh} \gg m^*$, as mini-bandas de lacunas são ainda mais estreitas do que as de electrões.

As transições ópticas do tipo inter-bandas nas super-redes envolvem fotões com as energias iguais à diferença $\left[E(n,\vec{k}) - E(n_h,\vec{k}_h)\right]$, com óbvias regras de selecção $n = n_h$ e $\vec{k} \approx \vec{k}_h$. Como a largura típica das mini-bandas é pequena relativamente a E_g dos materiais que constituem a SR, os espectros de absorção são parecidos com os de poços quânticos isolados. No entanto, a absorção é mais intensa, com a densidade óptica efectiva aproximadamente N_{SR} vezes maior, sendo N_{SR} o número de períodos na SR, ou seja, o número de estados numa mini-banda. No que diz respeito às transições entre

---

[15] Nesta expressão despreza-se a diferença entre as massas efectivas do electrão nos materiais A e B. Uma expressão que leva em conta esta diferença pode ser encontrada na ref. [6.48].

Capítulo VI – Estruturas de Semicondutores com Confinamento Quântico   289

diferentes mini-bandas da mesma banda, os respectivos espectros de absorção (na zona do infravermelho longínquo) ficam alargados, comparando com o caso de poços quânticos não acoplados, com uma escala típica de alargamento na ordem de $2\left(\left|t^{(1)}\right|+\left|t^{(2)}\right|\right)$ (em que os índices 1 e 2 correspondem às duas mini-bandas envolvidas).

Exemplos de espectros experimentais de absorção de SRs e a sua discussão podem ser encontrados na ref. [6.49].

O que distingue uma super-rede de um simples conjunto de poços quânticos é a possibilidade de movimento livre na direcção z. Esta possibilidade pode ser realizada aplicando um campo eléctrico nesta direcção. No entanto, o campo não pode ser demasiado forte porque as mini-bandas são muito estreitas. Se a energia adquirida por um electrão sujeito ao campo eléctrico, numa distância da ordem de a_{SR}, for superior à largura da mini-banda, qualquer analogia com o movimento de electrões livres desaparece e o conceito do cristal artificial deixa de ter sentido. Por outro lado, a pequena largura das mini-bandas oferece vantagens em termos da verificação de certos efeitos previstos teoricamente mas nunca observados em cristais naturais. Um destes fenómenos é o **oscilador de Bloch** proposto ainda nos anos 20 do século passado [6.50]. Quando um electrão, que se encontra num potencial periódico, é acelerado pelo campo eléctrico e a difusão é desprezável, o seu quase-momento na direcção do campo vai aumentar desde zero (no fundo da banda) até valores cada vez mais próximos do limite da primeira zona de Brillouin (ZB). Como é fácil de ver (fig. 1.3, por exemplo), neste ponto a velocidade de grupo do electrão terá o mesmo valor e o sentido oposto da sua velocidade no ponto Γ. Isto significa que o movimento físico do electrão deve ter um carácter oscilatório, com a sua velocidade a variar entre os valores da derivada $\partial E/\partial p_z$ no centro e na fronteira da ZB. No entanto, para que isto se concretize, é necessário que a frequência deste movimento seja superior ao inverso do tempo de relaxação (que é o tempo típico entre duas colisões do electrão). Como o período das oscilações de Bloch é inversamente proporcional ao período espacial da estrutura modulada (Problema **VI.18**), as SRs oferecem a possibilidade única de as observar [6.42]. Mesmo assim, até agora o problema do decaimento rápido das oscilações impede a implementação prática deste efeito quântico tão interessante.

A periodicidade espacial das SRs tem implicações não apenas para electrões e lacunas mas para quaisquer excitações elementares, como, por exemplo, os fonões. O efeito é diferente para os fonões acústicos e ópticos. A ZB da super-rede tem uma extensão igual a $2\pi/a_{SR}$, ou seja, é $\left(a_{SR}/a\right)$ vezes menor do que a ZB dos materiais que constituem a SR (admitindo que estes materiais têm as constantes da rede praticamente iguais). As propriedades elásticas destes materiais normalmente não são muito diferentes entre si e as velocidades do som também são bastante próximas. Numa primeira aproximação, as curvas de dispersão de fonões acústicos, na SR, ficam simplesmente dobradas para dentro da sua ZB reduzida, de um modo idêntico à passagem da representação estendida para a reduzida na aproximação do electrão quase livre da teoria das bandas electrónicas (fig. 1.2). Isto conduz ao aparecimento de fonões acusticos com $\vec{k}=0$ e $\omega\neq0$, que podem ser observados por espectroscopia Raman[16]. As frequências destes fonões podem ser calculadas sem grandes dificuldades aplicando ou o modelo contínuo e a teoria de

---

[16] Estes fonões são designados pelo termo inglês *folded acoustic phonons*.

elasticidade [6.51], ou o modelo de cadeia atómica linear exemplificado no Problema **VI.19**.

Os fonões ópticos, pelo menos nas super-redes mais usuais, como as GaAs/AlAs, ficam totalmente confinados nas respectivas camadas [6.10]. Como o espectro de fonões ópticos em cristais maciços é parabólico na vizinhança do ponto Γ, como o dos electrões, o seu confinamento espacial também é parecido com o electrónico. A grande diferença entre as frequências dos fonões LO em GaAs e AlAs (aproximadamente 300cm^{-1} e 400cm^{-1}, respectivamente) funciona como uma barreira que não permite a penetração das vibrações típicas de GaAs nas camadas de AlAs, e *vice versa*. Os fonões LO confinados nas camadas de GaAs caracterizam-se por valores quantificados do vector de onda na direcção z, $q_z = \pi n/d$; $n = 1, 2, 3, \ldots$, e dum modo semelhante para as barreiras de AlAs ou $Al_xGa_{1-x}As$. Estes modos quantificados também são observados pela espectroscopia do efeito Raman. A determinação experimental das frequências dos fonões acústicos "dobrados" e dos fonões ópticos confinados permite reconstruir as curvas de dispersão dos respectivos materiais na sua forma *bulk*, onde estes modos corresponderiam aos valores finitos do vector de onda e, por isso, não poderiam ser observados por nenhuma técnica de espectroscopia de radiação electromagnética. O leitor interessado pode encontrar mais informações sobre fonões em SRs no último capítulo do livro [6.10] e nas referências citadas nele.

Existem ainda outras áreas de aplicação e de estudo das super-redes. Uma SR em que o índice de refracção varia significativamente entre as camadas A e B representa um **cristal fotónico** unidimensional. A analogia entre as ondas de De Broglie e ondas electromagnéticas, que permite desenhar estruturas fotónicas com bandas de frequências permitidas e proibidas para as últimas, desenvolveu-se como área de investigação intensa nos últimos dez anos [6.52]. Foram previstos e observados efeitos como a localização da luz e a sua propagação com uma velocidade (de grupo) controlada. Em particular, as super-redes já são utilizadas para confinar a radiação na região activa de lasers à base de poços quânticos [6.29]. Mais detalhes sobre o fabrico, aplicações e outros tipos de SRs podem ser encontrados na literatura especial, por exemplo, na ref. [6.53].

6.3 Fios e pontos quânticos

6.3.1 Fios quânticos

Como se viu nas secções 6.1 e 6.2, o confinamento quântico do gás electrónico numa direcção do espaço dá origem a uma vasta gama de fenómenos novos, interessantes e importantes do ponto de vista das aplicações. Por isso, o passo seguinte natural será realizar e estudar estruturas em que o movimento electrónico é confinado em duas direcções e livre apenas numa. Isto conduz a um gás electrónico unidimensional e as respectivas estruturas são designadas por fios quânticos (FQ).

A maneira mais usual de realizar um FQ consiste na utilização de heteroestruturas com gás electrónico bidimensional em que o movimento dos electrões numa das direcções no plano $x\,y$ é limitado. Isto pode ser atingido utilizando a técnica de litografia (Capítulo V) para "desenhar" o fio na superfície da amostra e remover o resto da camada bidimensional (fig. 6.16-a) ou aplicando um potencial eléctrico, repulsivo, com perfil apropriado (fig. 6.16-b). O primeiro método conduz, literalmente, a um fio pousado em cima de um substrato.

Capítulo VI – Estruturas de Semicondutores com Confinamento Quântico

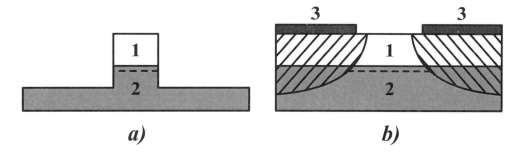

a) *b)*

Figura 6.16 Fios quânticos obtidos à base de uma heteroestrutura com gás electrónico bidimensional utilizando a litografia (*a*) e o confinamento electrostático (*b*). O número 1 designa o semicondutor com o *gap* maior (por exemplo, AlGaAs), o 2 corresponde ao semicondutor com o *gap* menor (por exemplo, GaAs) e o 3 é o contacto de Schottky. A linha a tracejado indica o limite do gás electrónico que se encontra junto à interface. Na estrutura *a*) o resto da heterojunção foi removido por um tratamento químico depois de demarcar o FQ na superfície da amostra utilizando um feixe electrónico. Na estrutura *b*) fez-se deposição do contacto de Schottky com uma fenda nanométrica no meio. Ao aplicar um potencial negativo, as regiões sombreadas tornam-se zonas de depleção que funcionam como barreiras para os electrões no canal condutor. A condutividade ocorre na direcção (*x*) perpendicular à figura.

Para observar os efeitos quânticos, a largura do fio, l, tem que ser inferior ao comprimento típico da onda de De Broglie. Em termos práticos, isto corresponde a $l < 50$nm para o GaAs e os materiais parecidos (em termos de m^*). A litografia, a este nível de resolução, já necessita de feixes electrónicos e não ópticos, o que complica o fabrico de fios quânticos pelo método esquematizado na fig. 6.16-a. Um problema adicional é constituído pelas superfícies laterais do FQ onde se formam estados de superfície que influenciam, de uma forma pouco previsível, as propriedades do gás electrónico unidimensional. O método que utiliza o confinamento electrostático (fig. 6.16-b) tem a vantagem de controlar a largura efectiva do FQ e a concentração dos electrões nele. A desvantagem é a pequena altura das barreiras que se introduzem deste modo e a forma mais complexa da secção do fio. Foram propostos outros métodos de fabrico de FQs, como, por exemplo, a deposição de cadeias metálicas, quase monoatómicas, que se formam junto aos degraus com altura da escala atómica, existentes nas superfícies corrugadas de cristais semicondutores. No entanto, a tecnologia dos FQs continua a ser a menos avançada, comparando com os outros tipos de estruturas com confinamento quântico.

Como o movimento do electrão num FQ é livre numa direcção (designada por x) e quantificado nas outras duas, o espectro da sua energia é dado por:

$$E(i,k_x) = E_c + E_i + \frac{\hbar^2 k_x^2}{2m^*} \tag{6.59}$$

em que E_i é o nível de energia de ordem i do movimento confinado pela área da secção do fio no plano yz.

A respectiva densidade de estados (por unidade de comprimento do fio, L_x) obtém-se com facilidade a partir da eq. (6.59):

$$g(E) = \frac{1}{L_x}\frac{dN}{dE} = \frac{\sqrt{2m^*}}{\hbar}\sum_i \frac{1}{\sqrt{E - E_i}} \ . \tag{6.60}$$

O gráfico desta função apresenta-se na fig. 6.1-c. Ela diverge para os valores de energia $E = E_i$. Isto significa que a maioria dos electrões tem energias próximas de um destes valores. Note-se a semelhança entre a densidade de estados (6.60) e a dos electrões tridimensionais, sujeitos a um campo magnético forte (fig. 3.8-b).

O efeito mais interessante do ponto de vista da física, que ocorre em fios quânticos suficientemente curtos e com perfeição cristalina elevada, é a **condução** eléctrica **balística**, ou seja, sem difusão dos electrões. Para observar este efeito é necessário que o comprimento do fio seja inferior ao percurso livre médio, pelo que o FQ deve ser praticamente livre de impurezas e a temperatura tem que ser suficientemente baixa. Ao mesmo tempo, L_x é maior do que as dimensões do confinamento dos electrões segundo as direcções y e z. Como foi percebido ainda nos anos 80 do século passado, o conceito de resistividade clássica, que é a medida da difusão dos portadores de carga pelos obstáculos presentes no material condutor, perde qualquer relevância nesta situação. A resistência eléctrica de um fio quântico não pode ser expressa como $\rho L_x / S$. Será que no regime balístico a resistência existe de todo? A resposta é afirmativa.

Admita-se que o FQ liga dois reservatórios com um gás electrónico degenerado, caracterizado pelo nível de Fermi E_F. Aplicando uma diferença de potencial, V, entre os reservatórios, os electrões no fio, com as energias cinéticas compreendidas no intervalo

$$E_F - E_c < E_i + \frac{\hbar^2 k_x^2}{2m^*} < E_F - E_c + eV \ , \tag{6.61}$$

vão conduzir uma corrente eléctrica no circuito, cuja intensidade pode ser expressa como

$$I = \frac{e\hbar}{m^* L_x}\sum_{i,k_x} k_x \ , \tag{6.62}$$

pois $\hbar k_x / m^*$ é a velocidade do movimento balístico do electrão no FQ[17]. Na eq. (6.62) o somatório é sobre todos os estados electrónicos no fio que obedecem à condição (6.61). Os respectivos valores do quase-momento (segundo a direcção x) preenchem um intervalo

---

[17] Tal como na secção 6.1.2, considera-se apenas uma componente do spin.

$$\Delta p_x = \frac{eVm^*}{\hbar k_x} \tag{6.63}$$

centrado no valor $\hbar k_x = \sqrt{2m^*\left(E_F - E_c - E_i\right)}$. O número destes estados pode ser achado pelo princípio de incerteza, sendo igual a

$$\Delta N_x^{(i)} = \frac{\Delta p_x L_x}{2\pi\hbar} \tag{6.64}$$

para o nível de energia de ordem i.

Admita-se que a d.d.p. aplicada é suficientemente pequena, $eV \ll E_F - E_c$, logo $\Delta p_x \ll \hbar k_x$. Assim, o somatório sobre k_x em (6.62) pode ser substituido por $\left(\Delta N_x^{(i)} k_x\right)$. Combinando as eqs. (6.62 - 6.64), obtém-se:

$$I = \frac{e^2 v}{2\pi\hbar} V \tag{6.65}$$

em que v é o número dos níveis quantificados (do movimento no plano yz) envolvidos na condução. A eq. (6.65) implica que a condutância balística do FQ é quantificada,

$$G = I/V \propto \frac{e^2}{2\pi\hbar} \ ,$$

com exactamente o mesmo *quantum* que surgiu no efeito Hall quântico (secção 6.1.2).

Se o FQ não for suficientemente curto para que não haja qualquer difusão, as colisões vão alterar a eq. (6.65). Como a temperatura é baixa, a difusão por fonões pode ser excluída e as colisões devem-se às impurezas. Como se sabe, a difusão por impurezas é elástica, o que, atendendo ao carácter unidimensional do movimento, significa que num processo de colisão deste tipo $p_x \rightarrow -p_x$, ou seja, o electrão é reflectido para trás. Designando por $R^{(i)}$ a reflectância da onda de De Broglie correspondente ao nível de energia de ordem i, a condutância do FQ neste regime quase-balístico é agora dada por:

$$G = \frac{e^2}{2\pi\hbar} \sum_i \left(1 - R^{(i)}\right) . \tag{6.66}$$

A eq. (6.66) é conhecida como a **fórmula de Landauer** [6.54]. O curioso desta fórmula é que ela relaciona uma característica dissipativa do sistema (o inverso da resistência eléctrica) com as grandezas físicas que representam apenas processos não dissipativos (como a reflexão elástica). A passagem de uma corrente eléctrica por um fio que tem resistência não nula, pela lei de Joule-Lenz, implica uma dissipação da energia. Como as colisões no fio são elásticas, as perdas de energia ocorrem nos reservatórios onde os electrões sofrem muitas colisões e o equilíbrio térmico, após a chegada de um electrão novo, é restituído rapidamente [6.4].

A variação das reflectâncias $R^{(i)}$ com a energia do electrão faz com que os degraus quantificados da condutância (6.66) sejam menos nítidos e exactos do que no caso do efeito Hall quântico. Apesar disto, eles já foram observados experimentalmente, pela primeira vez em [6.55]. Nestes trabalhos utilizaram-se "fios quânticos" muito curtos, que eram praticamente contactos pontuais entre duas regiões com gás electrónico bidimensional a desempenhar o papel dos reservatórios. O contacto muito estreito foi realizado através do confinamento electrostático (como na fig. 6.16-b), com o auxílio de duas portas de Schottky, nanométricas na direcção x.

A quantificação da condutância em fios quânticos não pode concorrer com o efeito Hall quântico em termos da precisão na determinação da grandeza e^2/h. As aplicações evidentes dos FQs limitam-se à optoelectrónica. Introduzindo os fios na região activa de um laser e devido à densidade de estados muito elevada para determinados valores de energia, há a esperar uma redução da corrente limiar e uma maior estabilidade do seu funcionamento, à temperatura ambiente e acima dela. Esta conclusão foi encontrada e publicada ainda em 1982 [6.56]. No entanto, o desenvolvimento subsequente dos pontos quânticos, cujo potencial em termos de aperfeiçoamento de estruturas emissoras de luz é ainda maior do que o dos fios, deixou estes últimos na sombra e sem grande uso na tecnologia actual.

6.3.2 Pontos quânticos
6.3.2.1 Características gerais e métodos de fabrico
O confinamento do movimento dos electrões na banda de condução e das lacunas na banda de valência, em todas as três dimensões, é característico de uma vasta classe de nanoestruturas de semicondutor, designada por **pontos quânticos**. Estes objectos muitas vezes são chamados "átomos artificiais" porque o seu espectro electrónico é discreto, como nos átomos, mas os níveis de energia podem ser ajustados variando o tamanho do ponto quântico ou utilizando um material semicondutor com a energia do *gap* e/ou as massas efectivas diferentes. Além do seu espectro de energia discreto (fig. 6.1-d), os pontos quânticos, de um modo geral, oferecem maiores forças de oscilador para as transições ópticas do tipo inter-bandas, devido à maior sobreposição das funções de onda do electrão e da lacuna.

Como já foi mencionado na secção anterior, as técnicas epitaxiais de fabrico de heteroestruturas com gás electrónico bidimensional atingiram uma qualidade elevada nos anos 80 do século passado. Na mesma época foram percebidas, teoricamente, as vantagens potenciais dos pontos quânticos como, por exemplo, componentes de lasers [6.56]. Naturalmente, uma das primeiras propostas de realização de pontos quânticos foi baseada no confinamento electrostático do gás electrónico bidimensional, tal como no caso dos fios quânticos. Esta ideia está esquematizada na fig. 6.17 e foi realizada em vários trabalhos (a bibliografia pode ser encontrada em [6.7, 6.94]). Uma vantagem óbvia deste sistema é a possibilidade de controlar, com facilidade, a altura da barreira que confina os portadores de carga nos pontos quânticos. Assim, pode-se variar a probabilidade de passagem dos electrões entre pontos quânticos adjacentes, pelo efeito túnel, e estudar as propriedades de transporte do cristal artificial, bidimensional, formado por eles.

Também é possível formar zonas mesoscópicas de depleção, aplicando um potencial repulsivo no contacto metálico (*anti-dots*). Uma variação controlada da fracção do volume excluído (dos *anti-dots*) permite estudar o fenómeno de **percolação** dos electrões entre dois contactos colocados nas faces laterais da estrutura. Finalmente, é possível fazer uma estrutura com um único ponto quântico e dois contactos ajustados a ele (a fonte e o dreno) que representa um **transístor mesoscópico** (ou *single*

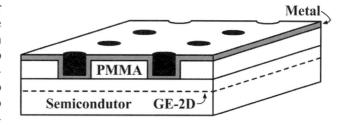

Figura 6.17 Pontos quânticos com confinamento electrostático à base de uma camada com gás electrónico bidimensional (GE-2D). Quando se aplica um potencial positivo, V_s, ao contacto metálico na superfície desta estrutura desenhada por nano-litografia, os electrões concentram-se nas regiões por baixo dos buracos na camada dieléctrica do polímero PMMA. A altura das barreiras que separam estas regiões, ou seja, os pontos quânticos, é proporcional a V_s.

electron transistor). Neste transístor os electrões passam através do ponto quântico um por um ("em fila"), porque a presença de um electrão no ponto altera o seu espectro de tal maneira que a entrada de um segundo electrão é impossibilitada até o primeiro sair para o dreno. Este efeito é conhecido como o **bloqueio pela interacção de Coulomb** entre os electrões (*Coulomb blockade*) e foi objecto de muitos estudos teóricos e experimentais. Uma boa introdução a estes estudos pode ser encontrada no livro [6.1]. Por causa da pequena altura das barreiras criadas pelo confinamento electrostático (que não ultrapassa alguns meV), os efeitos acima mencionados podem ser observados apenas a temperaturas suficientemente baixas, da ordem de 1K. Pela mesma razão, estes sistemas não têm propriedades ópticas interessantes.

As propriedades ópticas relacionadas com o carácter pseudo-atómico dos espectros de energia, normalmente são estudadas em pontos quânticos de outro tipo, nomeadamente, em **nanocristais (NCs) de semicondutor** embebidos numa matriz dieléctrica. Eles são fabricados por técnicas não epitaxiais e, historicamente, surgiram ainda antes dos pontos quânticos à base do gás electrónico bidimensional [6.57]. Os autores deste trabalho descobriram a variação dos espectros de absorção de amostras de sílica dopada com CdS em função do tamanho dos NCs do semicondutor e atribuíram este efeito ao confinamento quântico dos portadores de carga criados neles pela luz. Depois dos trabalhos teóricos [6.58, 6.59], publicados em seguida, percebeu-se que os vidros coloridos, que já tinham sido usados como filtros ópticos, continham pequenos cristais de CdS e CdSe que possuíam as propriedades de pontos quânticos.

O crescimento dos NCs no interior de uma matriz vítrea resulta de uma transição de fase que ocorre numa solução supersaturada à base de sílica fundida que contém os precursores do material semicondutor. Por exemplo, NCs de CdTe numa matriz vítrea, com índice de refracção ajustável, podem ser produzidos derretendo os ingredientes do vidro (SiO_2, B_2O_3, Na_2O e ZnO) e os precursores do semicondutor (CdO e o telúrio metálico), sendo a fracção dos últimos da ordem de 1%. A mistura derretida é arrefecida bruscamente num recipiente de aço inoxidável e, em seguida, é sujeita a um recozimento durante o qual surgem e crescem os NCs de CdTe [6.60]. Este processo deve-se à difusão espacial dos iões de Cd e de Te dissolvidos na matriz. Para que o transporte iónico seja eficaz, a temperatura do recozimento deve ser escolhida no intervalo entre a de transição vítrea e a de fusão da matriz. O processo de crescimento dos NCs é tipicamente constituído por três fases, que são a nucleação, o crescimento dos NCs à custa dos iões ainda dissolvidos na matriz, e a coalescência, ou seja, o crescimento dos NCs maiores à custa da dissolução dos NCs mais pequenos. Em princípio, existem considerações teóricas que permitem avaliar o valor médio e a distribuição do tamanho dos NCs em função da temperatura, da concentração dos ingredientes e do tempo de recozimento [6.61].

Nos anos 90 foram propostos vários outros métodos de produção de materiais dopados com NCs de semicondutores, tais como os apresentados em [6.62 a 6.64]:

1) crescimento dos NCs em matrizes porosas, tais como os zeólitos (substâncias à base de Al, Si e O, porosas por natureza) e os vidros porosos obtidos através de um tratamento químico;
2) pulverização catódica em descargas de radiofrequência, em que se usam alvos combinados de vidro e do semicondutor a ser incorporado na amostra;
3) implantação iónica dos ingredientes do material semicondutor numa amostra de vidro, seguida de recozimentos;
4) síntese química a partir de substâncias organo-metálicas.

O maior problema das primeiras três técnicas é a dificuldade de controlo do tamanho e da qualidade dos NCs, que dependem dos parâmetros do processo de uma forma muito complexa[18]. A distribuição do tamanho dos NCs é larga ($\pm 15\%$ ou mais) e a sua estrutura cristalina é em geral consideravelmente imperfeita. A interface entre os NCs e a matriz usualmente contém muitos defeitos que dificultam a recombinação radiativa nos NCs, necessária para obter a luminescência originária dos estados electrónicos confinados. Isto tudo faz com que as propriedades dos NCs produzidos por estas técnicas, mesmo nos trabalhos melhores, não sejam superiores às daqueles crescidos pela técnica original de fusão.

Estas dificuldades são ultrapassadas, em grande parte, nos métodos que pertencem ao quarto grupo. NCs de muitos materiais II-VI e de alguns materiais III-V (infelizmente, excluindo o GaAs) podem ser sintetizados em meio orgânico utilizando como precursores substâncias organo-metálicas, como, por exemplo, $Cd(CH_3)_2$ e $Te(CH_3)_2$. A síntese ocorre na fase líquida e a uma temperatura elevada ($100\text{-}300^0C$), o que assegura a qualidade cristalina das nanopartículas formadas. Na mesma solução os NCs são cobertos por uma camada orgânica que serve para passivar a sua superfície (ou seja, eliminar os estados electrónicos da superfície) e para prevenir a oxidação dos NCs, quando eles são retirados da solução. Antes de serem extraídos da fase líquida, os NCs são sujeitos a um processo de separação em função do seu tamanho, o que permite controlar este parâmetro com uma precisão da ordem de 3-5% [6.65]. Uma vez extraídos da solução nativa, os NCs podem ser redissolvidos em solventes orgânicos, eventualmente misturados com um

---

[18] Nos zeólitos o tamanho dos vazios preenchidos pelo semicondutor é determinado pela própria estrutura da matriz. Assim, não existe a possibilidade de variação do tamanho dos NCs, o que torna este material compósito menos atractivo.

polímero (como, por exemplo, o polimetil metacrilato, PMMA), e depositados sobre o substrato desejado na forma de um filme compósito (NCs em matriz orgânica) ou então um filme sem matriz, constituído apenas pelas nanopartículas [6.66]. Neste último caso as ligações entre as nanopartículas são constituídas pelas camadas orgânicas que cobrem cada NC de semicondutor (por exemplo, óxido de tri-*n*-octilfosfina/tri-*n*-octilfosfina, TOPO/TOP).

Os vários grupos de investigadores [6.64-6.66] desenvolveram versões diferentes desta tecnologia. No entanto, as nanopartículas produzidas por estas técnicas têm características semelhantes, que incluem: a) a possibilidade de eliminar os estados da superfície, b) o controlo do tamanho dos NCs, com um valor médio desejado entre, aproximadamente, 1nm e 10nm, e a dispersão não superior a 3-5%, c) a forma praticamente esférica dos NCs, e d) a possibilidade de obter nanopartículas isoladas bem como filmes compósitos de NCs embutidos numa matriz polimérica. Isto faz com que estes NCs sejam os objectos mais adequados para a verificação experimental das considerações teóricas. As desvantagens incluem a fragilidade dos filmes e a instabilidade das nanopartículas devido a alguns processos fotoquímicos que podem ocorrer na sua superfície. Além disso, a presença da camada protectora nos NCs exclui a possibilidade de injecção eléctrica de portadores de carga para estes pontos quânticos, o que impõe limitações fortes nas suas aplicações em dispositivos optoelectrónicos. De facto, os únicos pontos quânticos que já são usados neste tipo de apliações são **pontos quânticos auto-organisados** [6.6], crescidos pelas técnicas de epitaxia e considerados em 6.3.2.3.

6.3.2.2 Espectros electrónicos e propriedades ópticas dos nanocristais

Nesta secção consideram-se os NCs produzidos pela técnica de fusão ou então pela via química, de forma aproximadamente esférica e com um raio R. Numa primeira aproximação, o material circundante oferece uma barreira de potencial de altura infinita quer para os electrões, quer para as lacunas confinadas no ponto quântico. Esta aproximação justifica-se para NCs embutidos num meio material com uma energia de *gap* muito superior à do semicondutor, como, por exemplo, a sílica $(E_g \approx 5\,\text{eV})$ Admite-se assim que as funções envelope do electrão e da lacuna têm simetria esférica e anulam-se para $r = R$.

Para uma banda simples, como a de condução dos materiais com a estrutura de blenda, a equação de Schrödinger que descreve o **espectro de energia dos electrões** confinados no ponto quântico esférico tem a seguinte forma:

$$-\frac{\hbar^2}{2m^*}\left[\frac{1}{r^2}\frac{\partial}{\partial r}\left(r^2\frac{\partial}{\partial r}\right)+\nabla^2_{\vartheta,\phi}\right]F(r,\vartheta,\phi)=(E-E_c)F(r,\vartheta,\phi) \qquad (6.67)$$

em que $\nabla^2_{\vartheta,\phi}$ é a parte angular do laplaciano (escrito em coordenadas esféricas), cujas funções próprias são os harmónicos esféricos, $Y_{lm}(\vartheta,\phi)$. Estas funções obedecem à seguinte relação:

$$\nabla_{\vartheta,\phi}^2 Y_{lm}(\vartheta,\phi) = -\frac{l(l+1)}{r^2} Y_{lm}(\vartheta,\phi)$$

com $l = 0, 1, 2,...$ e $-l \leq m \leq +l$. Como se sabe da Mecânica Quântica, a parte radial da solução da eq. (6.67) expressa-se em termos das funções esféricas de Bessel, j_l, que oscilam com uma amplitude que diminui com o aumento do seu argumento [6.67]. Assim, as funções envelope dos estados confinados dos electrões são:

$$F_{nlm}(\vec{r}) = \theta(R-r)\sqrt{\frac{2}{R^3}} \frac{j_l(\xi_{nl} r / R)}{j_l(\xi_{nl})} Y_{lm}(\vartheta,\phi) \tag{6.68}$$

com o terceiro número quântico $n = 1, 2, 3....$ a enumerar as sucessivas raízes da função esférica de Bessel de ordem l e a função de Heaviside $\theta(R-r)$ a anular a função de onda (6.68) no exterior do NC. O caso mais simples corresponde aos estados tipo s ($l = m = 0$), cujas funções de onda são isotrópicas e têm a seguinte forma:

$$F_{n00}(\vec{r}) = \frac{1}{\sqrt{2\pi R}} \frac{\sin(n\pi r / R)}{r} \theta(R-r). \tag{6.69}$$

Os valores próprios da energia dos electrões, que dependem apenas dos números quânticos n e l, são determinados a partir dos zeros das funções esféricas de Bessel (veja-se a tabela 6.1),

$$E_{nl} = E_c + \frac{\hbar^2 \xi_{nl}^2}{2m^* R^2} \ . \tag{6.70}$$

Note-se que estes estados são $(2l+1)$ degenerados relativamente ao número quântico m. É habitual usar a notação da Física Atómica para designar os estados com valores de l diferentes (por exemplo, o símbolo S corresponde a $l = 0$). Como se pode ver da tabela 6.1, a energia dos estados aumenta na sequência 1S, 1P, 1D, 2S, 1F, …

Tabela 6.1. Zeros das funções esféricas de Bessel

n / l	1	2	3
0	π	2π	3π
1	4,49	7,73	10,90
2	5,76	9,10	12,10
3	6,99	10,40	13,52

Capítulo VI – Estruturas de Semicondutores com Confinamento Quântico 299

O **espectro de energia das lacunas** e as suas funções envelope são mais sofisticados devido à interferência das múltiplas sub-bandas da banda de valência. Como foi explicado em 6.1.1, neste caso é preciso resolver o sistema de equações acopladas (6.8). Considerando os pontos quânticos como semicondutores com o parâmetro de acoplamento spin-órbita (Δ_{SO}) suficientemente grande (tais como o CdTe e o CdSe cúbico) para que o efeito da banda *spin-split* possa ser desprezado, o formalismo que envolve o hamiltoniano de Luttinger (1.50) é uma boa opção para este cálculo. Desprezando a anisotropia das sub-bandas de lacunas leves e pesadas, proporcional a $(\gamma_3 - \gamma_2)$, este hamiltoniano toma uma forma compatível com a simetria esférica do ponto quântico,

$$\hat{H}_L = \frac{\hbar^2}{2m_0}\left[(\gamma_1 + \frac{5}{2}\gamma)\hat{k}^2 - 2\gamma(\hat{\vec{k}} \cdot \hat{\vec{J}})\right] \tag{6.71}$$

onde $\gamma \approx \gamma_3 \approx \gamma_2$, $\hat{\vec{k}} = -i\vec{\nabla}$ e $\hat{\vec{J}}$ é constituído pelas três matrizes 4×4 que representam os operadores das componentes do spin 3/2. As funções próprias do operador $\hat{J}_z$ representam as quatro amplitudes de Bloch para a banda de valência $J = 3/2$ e são dadas pelas expressões (P6.12).

O hamiltoniano (6.71) comuta com o operador **momento angular total**, $\hat{\Im} = \hat{\vec{L}} + \hat{\vec{J}}$, em que $\hat{\vec{L}} = \left[\hat{\vec{r}} \times \hat{\vec{k}}\right]$ representa o operador momento do movimento orbital de uma partícula que se encontra confinada num poço quântico com simetria esférica [6.68, 6.69]. Assim, os estados das lacunas no ponto quântico podem ser classificados segundo um novo número quântico, $\Im$, que distingue os vários valores próprios do operador $\hat{\Im}$. De acordo com a regra usual de adição de momentos da Mecânica Quântica, este número toma valores discretos no intervalo

$$|L - J| \le \Im \le L + J \ .$$

Por exemplo, para $L = 1$ tem-se $\Im = 1/2, 3/2, 5/2$. No entanto, como o integral de movimento é o momento total $\Im$ e não o momento orbital L, esta relação deve ser entendida ao contrário. Então cada estado $\Im$ pode incluir várias possibilidades em termos do movimento orbital, com valores de L diferentes, pois o mesmo valor de $\Im$ pode ser obtido de quatro maneiras diferentes (com a excepção do caso $\Im = 1/2$ em que são possíveis apenas os valores $L = 1, 2$). Os quatro valores de L, possíveis para um determinado estado com o número quântico total $\Im \ne 1/2$, são $L = \Im \pm 1/2, \Im \pm 3/2$. A componente z do momento angular total (ou seja, o número magnético, generalizado), que se designa pela letra M, é outro número quântico que distingue os estados das lacunas entre si. Como é habitual, $M = -\Im, -\Im + 1, ..., \Im$.

Segundo a Mecânica Quântica [6.67], a função de onda que descreve um estado com determinados valores de $\Im$ e M será:

$$\psi_{\Im M}(\vec{r}) = \sqrt{2\Im+1} \sum_L (-1)^{L-3/2+M} R_{\Im L}(r) \sum_{m+\mu=M} \begin{pmatrix} L & 3/2 & \Im \\ m & \mu & -M \end{pmatrix} Y_{Lm}(\vartheta,\phi) u_\mu \qquad (6.72)$$

em que $R_{\Im L}(r)$ são algumas funções a serem determinadas, $\mu = \pm 3/2, \pm 1/2$, $\begin{pmatrix} i & k & l \\ m & n & p \end{pmatrix}$ designa os símbolos $3j$ de Wigner (veja, por exemplo, [6.67]), e u_μ são as amplitudes de Bloch [eqs. (P6.12)]. Entre os quatro valores possíveis de L dois correspondem às funções de onda pares com respeito à inversão relativamente ao centro do ponto quântico e os outros dois representam as funções ímpares. Por exemplo, para $\Im = 3/2$ estes dois conjuntos são $L = 0,2$ e $L = 1,3$, respectivamente. Substituindo (6.72) na equação de Schrödinger com o hamiltoniano (6.71), obtêm-se equações explícitas para as funções radiais $R_{\Im L}(r)$.

Como foi mostrado em [6.70], os estados pares e ímpares têm energias diferentes. O estado fundamental das lacunas é o par, com $\Im = 3/2$, que é quatro vezes degenerado ($M = \pm 1/2, \pm 3/2$). De acordo com (6.72), a função de onda para um destes quatro estados pode ser escrita como

$$\psi_{\frac{3}{2},M}(\vec{r}) = 2 \sum_{L=0,2} (-1)^{M-3/2} R_L(r) \sum_{m+\mu=M} \begin{pmatrix} L & 3/2 & 3/2 \\ m & \mu & -M \end{pmatrix} Y_{Lm}(\vartheta,\phi) u_\mu \ . \qquad (6.73)$$

As funções radiais são [6.70]:

$$R_0(r) = \theta(R-r) \frac{C}{R^{3/2}} \left[j_0(K_h r) - \frac{j_0(K_h R)}{j_0(\sqrt{\beta} K_h R)} j_0(\sqrt{\beta} K_h r) \right] \ ; \qquad (6.74a)$$

$$R_2(r) = \theta(R-r) \frac{C}{R^{3/2}} \left[j_2(K_h r) + \frac{j_0(K_h R)}{j_0(\sqrt{\beta} K_h R)} j_2(\sqrt{\beta} K_h r) \right] \qquad (6.74b)$$

em que $K_h = \sqrt{2m_{hh}(E_v - E)}/\hbar$, $\beta = m_{lh}/m_{hh}$, as massas das lacunas leves e pesadas são relacionadas com os parâmetros de Luttinger pelas equações usuais (1.51), e C é uma constante de normalização que se obtém pela condição

$$\int \left(R_0^2(r) + R_2^2(r) \right) r^2 dr = 1 \ .$$

Os níveis de energia dos estados electrónicos com a função de onda (6.73) obtêm-se aplicando a condição $R_2(r) = 0$ para $r \to R$, o que conduz à seguinte expressão:

$$E(\mathfrak{I}=3/2,\text{par})=E_v-\frac{\hbar^2\chi_n^2}{2m_{hh}R^2} \tag{6.75}$$

com χ_n a designar as raízes da equação

$$j_0\left(\sqrt{\beta}\chi\right)j_2\left(\chi\right)+j_0\left(\chi\right)j_2\left(\sqrt{\beta}\chi\right)=0 \ . \tag{6.76}$$

Os valores de energia (6.75) dependem das massas dos dois tipos de lacunas e ainda de um terceiro número quântico n que enumera as sucessivas raízes da eq. (6.76). No limite $\beta\to 0$ a eq. (6.76) reduz-se a $j_2\left(\chi\right)=0$, então, as raízes χ_n são dadas pela terceira linha da tabela 6.1[19].

Tal como para os estados do electrão, foi inroduzida uma notação para os estados confinados da lacuna num ponto quântico esférico [6.71], semelhante à usada na Física Atómica. Neste caso a letra (*S, P, D, etc.*) indica o valor mínimo do número quântico L, possível para o estado considerado, o algarismo em frente da letra significa o valor do número n, e o índice à direita da letra corresponde ao valor do momento angular total, $\mathfrak{I}$. Por exemplo, o símbolo $1S_{3/2}$ designa o estado (fundamental) com $\mathfrak{I}=3/2$, $n=1$, simétrico, e $1P_{3/2}$ significa o estado excitado, também com $\mathfrak{I}=3/2$ e $n=1$ mas anti-simétrico (ou seja, ímpar).

Os estados confinados do electrão e da lacuna, discutidos acima, correspondem à situação em que a respectiva partícula está solitária no ponto quântico. Esta situação, em princípio, pode ser realizada através de injecção eléctrica ou, então, inserindo um átomo de impureza (dadora ou aceitadora) no ponto quântico. Na realidade, isto é praticamente impossível. Contudo, a presença simultânea de um electrão e de uma lacuna pode ocorrer por absorção de um fotão por um ponto quântico. Assim, é de todo o interesse conhecer o **espectro de energias de um par electrão-lacuna**. Costuma-se chamar a este par **excitão**, independentemente da intensidade da interacção Coulombiana entre o electrão e a lacuna. No entanto, o espectro das energias do excitão confinado no ponto quântico depende fortemente da magnitude desta interacção, quando comparada com o valor típico da energia cinética que as partículas adquirem por causa do confinamento ($\Delta E_e = E - E_c$ para o electrão e $\Delta E_h = E_v - E$ para a lacuna). A energia típica da interacção Coulombiana pode ser estimada como

$$U_C=-\xi\frac{e^2}{\varepsilon_0 R} \tag{6.77}$$

em que ξ é um coeficiente numérico da ordem de 1.

Comparando esta energia com $\Delta E = \Delta E_e + \Delta E_h$, distinguem-se dois casos limite.

1. **Confinamento forte**, $\Delta E \gg |U_C|$, ou dum modo equivalente, $a_{ex}\gg R$, em que a_{ex} é o raio de Bohr do excitão no material maciço.

---

[19] Por exemplo, para CdSe $\beta\approx 0.15$.

Neste caso, o mais típico dos pontos quânticos produzidos por via química, a interacção Coulombiana pode ser considerada como uma pequena perturbação. Consequentemente, numa primeira aproximação a função de onda do excitão é simplesmente o produto das do electrão e da lacuna independentes,

$$\Psi(\vec{r}_e, \vec{r}_h) = \psi_e(\vec{r}_e)\psi_h(\vec{r}_h),$$

com $\psi_e(\vec{r}_e) = u_c F_{nlm}(\vec{r}_e)$ e $\psi_h(\vec{r}_h)$ dada pela eq. (6.72). A correcção de Coulomb para a energia do par electrão-lacuna, também chamada energia de correlação, é dada por

$$U_C = -\frac{e^2}{\varepsilon_0}\iint |\psi_e|^2 |\psi_h|^2 \frac{d\vec{r}_e d\vec{r}_h}{|\vec{r}_e - \vec{r}_h|} \tag{6.78}$$

e varia com R^{-1}, de acordo com (6.77). O coeficiente numérico na eq. (6.77) para o estado fundamental, designado por $(1S1S_{3/2})$, é obtido substituindo em (6.78) $F_{n00}(\vec{r}_e)$ dado por (6.69) e $\psi_h = \frac{1}{2}\sum_M \psi_{\frac{3}{2},M}(\vec{r}_h)$, o que dá $\xi \approx 1,8$. Com esta correcção, a energia do estado fundamental do excitão no ponto quântico é:

$$E_{ex}^{PQ} = E_g + \frac{\hbar^2 \pi^2}{2m^* R^2} + \frac{\hbar^2 \chi_1^2}{2m_{hh} R^2} - 1,8\frac{e^2}{\varepsilon_0 R} \; . \tag{6.79}$$

Em alternativa, a energia do estado fundamental do excitão pode ser calculada utilizando o método variacional, explicado em 6.1.3.1 a propósito dos poços quânticos. Este método foi aplicado a pontos quânticos de forma esférica em [6.72] usando a função de onda tentativa

$$\Psi(\vec{r}_e, \vec{r}_h) = C_1 j_0(\pi r_e / R) j_0(\pi r_h / R)(1 - C_2 |\vec{r}_e - \vec{r}_h|)$$

onde C_1 e C_2 são constantes[20]. Isto conduz à seguinte expressão para a energia:

$$E_{ex}^{PQ} = E_g + \frac{\hbar^2 \pi^2}{2\mu_{eh}^* R^2} - 1,786\frac{e^2}{\varepsilon_0 R} \; . \tag{6.79a}$$

Apesar de obviamente ignorar a estrutura real da banda de valência e devido à sua simplicidade, a eq. (6.79a) é frequentemente usada para avaliar o efeito de confinamento quântico para o estado fundamental do excitão. Alguns autores acrescentam ainda nesta equação o termo $\left(-0.284\frac{\mu_{eh}^* e^4}{2\varepsilon_0^2 \hbar^2}\right)$, que é de segunda ordem em (R/a_{ex}).

---

[20] As amplitudes de Bloch não têm importância nesta aproximação. A integração do quadrado do seu módulo na eq. (6.78) conduz à unidade.

Contudo, a fórmula (6.79) é mais correcta. A variação da energia do estado $(1S1S_{3/2})$ do excitão com o raio do ponto quântico, calculada utilizando (6.79), está mostrada na fig. 6.18. Para os raios muito pequenos a aproximação da função envelope deixa de ser correcta e dá valores bastante superiores aos experimentais.

O estado excitónico $(1S1S_{3/2})$ é oito vezes degenerado (incluindo duas projecções do spin do electrão e quatro valores possíveis do número quântico M da lacuna). No entanto, existem efeitos mais finos que levantam a degenerescência e provocam um desdobramento deste estado, na ordem de 10 meV. Estes efeitos incluem a interacção de troca

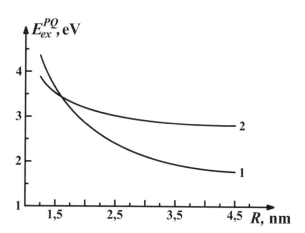

Figura 6.18 Energia do estado fundamental do excitão num ponto quântico esférico, calculada em função do seu raio, na aproximação de barreiras infinitas e no limite de confinamento forte, para CdTe (1) e CdS cúbico (2).

entre o electrão e a lacuna, a estrutura cristalina hexagonal (no caso de CdSe e CdS), e ainda desvios da forma perfeitamente esférica. A consideração destes factores pode ser encontrada no livro [6.7] ou, então, no trabalho original [6.73].

2) **Confinamento fraco,** $\Delta E \ll |U_C|$, ou seja, $R \gg a_{ex}$.

Neste caso é o potencial Coulombiano que predomina e os electrões e as lacunas formam excitões verdadeiramente ligados. O movimento do centro de massa (CM) do excitão é quantificado pelo potencial de confinamento, e o movimento relativo do electrão e da lacuna é o mesmo que num cristal maciço. O excitão ocupa um volume muito menor do que o NC, e assim está submetido globalmente, como uma quase-partícula, ao efeito do confinamento.

Como o efeito de mistura dos dois tipos de lacuna é pequeno neste regime e a probabilidade de formação de um excitão com a participação de uma lacuna pesada é maior, aqui só se considera este "excitão pesado". De acordo com o procedimento usual para problemas de dois corpos, a função de onda do excitão escreve-se na seguinte forma:

$$\Psi_{ex}(\vec{r}_e, \vec{r}_h) = \psi(\vec{r}) F_{ex}(\vec{R}_{CM}) .$$

com $\vec{R}_{CM} = (m^* \vec{r}_e + m_{hh} \vec{r}_h)/(m^* + m_{hh})$ e $\vec{r} = \vec{r}_e - \vec{r}_h$. A função $\psi(\vec{r})$, que descreve o movimento relativo no estado ligado, é a mesma que foi considerada no Capítulo IV, do tipo (4.37), e a função envelope do movimento do CM, à semelhança da eq. (6.68), é dada por:

$$F_{ex}(\vec{R}_{CM}) = \theta(R - R_{CM})\sqrt{\frac{2}{R^3}}\frac{j_{l'}(\xi_{n'l'}R_{CM}/R)}{j_{l'+1}(\xi_{n'l'})}Y_{l'm'}(\vartheta,\phi). \qquad (6.80)$$

Note-se que n', l' e m' caracterizam o movimento do CM do excitão. Existem outros três números quânticos que correspondem ao movimento relativo do electrão e da lacuna.
A energia do estado fundamental do excitão, no regime de confinamento fraco é expressa na forma,

$$E_{ex}^{PQ} = E_g - R_{ex} + \frac{\hbar^2\pi^2}{2M_{ex}R^2} \qquad (6.81)$$

em que R_{ex} é o Rydberg excitónico, definido na secção 4.4, e $M_{ex} = m^* + m_{hh}$. O último membro da eq. (6.81) representa o desvio da energia do excitão, ΔE_{ex}, resultante do confinamento quântico. Como a massa do excitão é bastante grande, $M_{ex} \gg \mu_{eh}^*$, este desvio é muito menor do que ΔE no regime de confinamento forte.

O espectro excitónico, independentemente da importância da energia de ligação do par electrão-lacuna, representa as energias das **transições ópticas** no ponto quântico. No entanto, algumas destas transições podem ter forças de oscilador muito baixas, ou seja, podem ser excluídas por algumas regras de selecção. Na aproximação dipolar eléctrica, as amplitudes de Bloch conduzem ao elemento de matriz de Kane do material maciço, P_{cv}, e os integrais que envolvem as funções envelope devem ser não nulos para que a transição seja permitida. Deste modo, para as transições inter-bandas e no caso de confinamento forte, surgem integrais do tipo

$$\iint F_{nlm}(\vec{r}_e)R_{3L}(r_h)Y_{Lm}(\vartheta_h,\phi_h)\delta(\vec{r}_e - \vec{r}_h)d\vec{r}_e d\vec{r}_h ,$$

onde $F_{nlm}(\vec{r}_e)$ é dada pela eq. (6.68) e $\delta(\vec{r}_e - \vec{r}_h)$ representa o "vácuo" excitónico. Por causa da ortogonalidade das funções harmónicas esféricas, o integral acima é não nulo apenas quando $l = L$. Assim, são permitidas as transições que envolvem os estados $n_hS_{3/2}$ das lacunas e n_eS e n_eD dos electrões. Os estados do tipo n_eP são acoplados aos estados $n_hP_{3/2}$ mas não a $n_hS_{3/2}$. O estado $(1S1S_{3/2})$ de menor energia do excitão possui a maior probabilidade de transição óptica (ver Problema **VI.23**).
No regime de confinamento fraco, além das restrições existentes para o excitão num cristal maciço (secção 4.3), aplica-se a regra de selecção $l' = m' = 0$, imposta pela condição $\int F_{ex}(\vec{R}_{CM})d\vec{R}_{CM} \neq 0$.
Os **espectros de absorção** dos nanocristais, nas regiões espectrais do visível e do ultravioleta, são determinados pelas transições inter-bandas. É praticamente impossível medir experimentalmente a absorção num único ponto quântico. Normalmente as amostras estudadas são filmes ou soluções que contêm muitos NCs. Para descrever os espectros de uma amostra deste tipo, em que a matriz é praticamente transparente e os

Capítulo VI – Estruturas de Semicondutores com Confinamento Quântico 305

fotões são absorvidos apenas nos NCs, é conveniente considerar a **secção eficaz de absorção** de um ponto quântico, σ_a, que é a probabilidade de absorção normalizada pela densidade de fluxo dos fotões incidentes:

$$\sigma_a = \frac{w}{\left(N_p/\mathrm{V}\right)\!\left(c/\eta\right)} \tag{6.82}$$

em que V e η são o volume e o índice de refracção da amostra. No limite de baixa concentração (C_{PQ}, $C_{PQ}\mathrm{V} \ll 1$) de pontos quânticos na amostra, o seu coeficiente de absorção é dado por[21]

$$\alpha = \sigma_a\, C_{PQ} \ . \tag{6.83}$$

A probabilidade w calcula-se da forma usual e, considerando apenas o estado $\left(1S1S_{3/2}\right)$, é dada pela seguinte relação:

$$w = \frac{4\pi^2 e^2 N_p}{m_0^{\,2}\omega\eta^2\,\mathrm{V}}\,\Xi\sum_{M,v}\left|\left\langle S;\sigma\left|\vec{e}\cdot\hat{\vec{p}}\right|S_{3/2};M\right\rangle\right|^2 \delta\!\left(\hbar\omega - E_{ex}^{PQ}\right) \tag{6.84}$$

Na eq. (6.84) considerou-se $f_v = 1$, $f_c = 0$, $\sigma = \uparrow,\downarrow$, tendo em conta as duas projecções do spin do electrão e os *bra* e *ket* representam as funções de onda (6.69) (com a respectiva amplitude de Bloch) e (6.73). O factor

$$\Xi = \left(\frac{3\eta^2}{\varepsilon_s^{\infty} + 2\eta^2}\right)^2 ,$$

com ε_s^{∞} a constante dieléctrica do semicondutor para frequências superiores às das transições aqui consideradas, leva em conta o facto do campo eléctrico do fotão ser diferente na matriz e no nanocristal. Combinando as eqs. (6.82-6.84) e calculando o elemento de matriz [eqs. (P6.18)], o coeficiente de absorção é dado por

$$\alpha = \frac{4}{3}C_{PQ}\mathrm{K}D^2\Xi\frac{(2\pi e)^2}{m_0^{\,2}\omega c\eta}\,\delta\!\left(\hbar\omega - E_{ex}^{PQ}\right) \tag{6.85}$$

com D o elemento de matriz de Kane definido em (4.22) e

$$\mathrm{K} = \frac{2}{R}\left|\int_0^R dr\, r^2\,\frac{\sin(\pi r/R)}{r}\,\mathrm{R}_0(r)\right|^2 \ .$$

---

[21] O caso de concentrações mais elevadas de nanocristais é considerado em [6.7] e [6.74].

No limite $\beta \to 0$ K $\approx 0{,}874$ [6.74].

As eqs. (6.83) e (6.85) pressupõem que todos os NCs têm o mesmo tamanho. Como já foi mencionado na secção anterior, na realidade existe sempre uma distribuição de raios em torno de um valor médio, $\overline{R}$. Para os NCs produzidos por via química, esta distribuição pode ser aproximada por uma função gaussiana,

$$f(R) = \frac{1}{\sqrt{2\pi\gamma^2}} \exp\left[-\frac{(R-\overline{R})^2}{2\gamma_R^2}\right] \qquad (6.86)$$

em que γ_R representa a largura característica do intervalo de variação dos raios. Para levar em conta a distribuição (6.86) a eq. (6.83) modifica-se da seguinte forma:

$$\alpha = C_{PQ} \int \sigma_a(R) f(R) dR . \qquad (6.83a)$$

Como a secção eficaz de absorção depende de R apenas através de E_{ex}^{PQ}, tem-se:

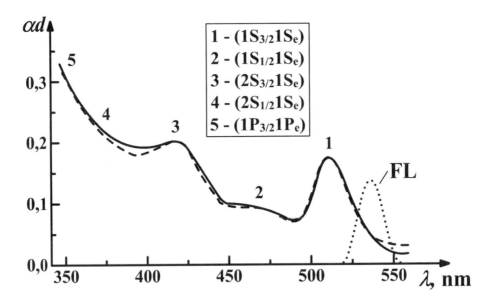

Figura 6.19 Espectros de absorção, experimental (a cheio) e teórico (a tracejado), de um filme de PMMA dopado com NCs de CdSe, com raio médio de 2,1 nm e $\gamma=0{,}07$ nm. A fracção em volume dos NCs é da ordem de 0,2%. A curva teórica foi calculada pela eq. (6.85a) na qual, além da fundamental, foram incorporadas outras quatro transições, designadas na figura. O pico marcado como FL representa qualitativamente a fotoluminescência da amostra.

$$\alpha = \frac{4}{3}C_{PQ}KD^2\Xi\frac{(2\pi e)^2}{m_0^2\omega c\eta}\int\frac{(\Gamma/\pi)}{\left(\hbar\omega - E_{ex}^{PQ}(R)\right)^2 + \Gamma^2}f(R)dR \qquad (6.85a)$$

onde foi introduzida a largura natural dos estados do excitão, Γ, devido ao seu tempo de vida finito. Por consequência, a função δ foi substituída pela lorentziana.

A distribuição dos tamanhos dos NCs provoca um grande alargamento dos espectros de absorção que ficam pouco parecidos com o espectro idealizado da fig. 6.1-d. Mesmo quando os pontos quânticos são bastante uniformes, como é o caso da fig. 6.19, apenas a transição fundamental $(1S1S_{3/2})$ é claramente distinguível, enquanto que as outras estão sobrepostas de tal naneira que a sua natureza discreta fica escondida. O acordo quase perfeito entre a experiência e a teoria, que se observa na fig. 6.19, não deixa dúvidas que a distribuição dos tamanhos (que é de apenas $\pm 3\%$ neste caso) é o factor limitante para alcançar as propriedades ópticas pseudo-atómicas nos sistemas com pontos quânticos. Contudo, o limiar de absorção destes sistemas depende do tamanho médio dos NCs conforme o previsto pela eq. (6.79).

Os **espectros de emissão** dos NCs de boa qualidade normalmente são constituídos por um único pico, ligeiramente deslocado para o vermelho em relação ao pico fundamental de absorção (fig. 6.19). Isto acontece porque os portadores de carga criados no ponto quântico por um fotão incidente relaxam rapidamente para o estado fundamental do excitão. A taxa temporal desta relaxação é muito superior à de recombinação radiativa dos estados excitados, por isso esta última é um evento extremamente raro. O desvio em relação ao pico de absorção deve-se a duas causas. Primeiro, quando os fotões incidentes têm uma energia muito superior ao limiar de absorção, a probabilidade de excitação dos pontos quânticos com $R > \overline{R}$ é mais elevada do que para $R < \overline{R}$ porque nos NCs maiores, de um modo geral, existem mais estados apropriados para a absorção. Assim, a distribuição dos raios dos pontos quânticos excitados já não é simétrica em relação a $\overline{R}$. Os NCs maiores vão emitir fotões com uma energia inferior à média. A segunda razão está relacionada com a estrutura fina do estado fundamental do excitão. Acontece que, levando em conta o desdobramento do estado $(1S1S_{3/2})$, devido à interacção de troca e à forma não exactamente esférica do ponto quântico, o nível de menor energia corresponde à transição óptica proibida na aproximação dipolar[22]. Assim, este estado não se revela na absorção mas é visível na emissão porque o excitão que relaxou para este estado finalmente vai recombinar, apesar da menor probabilidade deste processo.

Estes mecanismos foram comprovados experimentalmente [6.73] e podem explicar os desvios entre os picos de emissão e de absorção não superiores a 30-50meV. Quando o desvio para o vermelho (muitas vezes chamado de desvio de Stokes) é superior a este valor, os estados que emitem e os que absorvem são de natureza diferente. Isto é típico de NCs produzidos por técnicas de pulverização catódica e implantação iónica. Nestes sistemas os estados luminescentes provavelmente são os da interface entre o NC e a matriz [6.75]. A recombinação radiativa do electrão e da lacuna, ambos confinados no ponto quântico, não ocorre porque uma destas partículas é rapidamente capturada nos estados da interface. Assim, o controlo dos espectros de fotoluminescência destes sistemas torna-se mais difícil.

---

[22] Este estado é designado pelo termo inglês "*dark exciton*".

Independentemente da sua origem, a emissão dos NCs pode ser ajustada para uma zona espectral desejada, o que foi demonstrado por vários grupos de investigadores de um modo convincente. Esta propriedade é muito interessante do ponto de vista das aplicações porque os melhores NCs ultrapassam em brilho os corantes orgânicos, como, por exemplo, a rodamina. Comparando com estas substâncias usadas em muitas áreas, desde o fabrico de lasers até a medicina, os NCs oferecem um brilho até 20 vezes superior, são mais estáveis contra a foto-degradação e ainda têm espectros de emissão mais estreitos [6.76]. Embora o laser à base de NCs (com bombeamento óptico) ainda não tenha sido conseguido, já foram obtidas biomoléculas com pontos quânticos acoplados, para serem usados na detecção de moléculas em sistemas biológicos. Estes nano-objectos híbridos têm duas propriedades interessantes. A biomolécula é capaz de reconhecer matérias específicas, como proteínas, ADN ou vírus. O ponto quântico revela a sua localização através da luminescência, assim facilitando a sua detecção, que se torna muito sensível [6.76]. Este método é semelhante ao dos isótopos radioactivos mas é menos perigoso para os tecidos biológicos. Existem outras propostas de aplicações que se baseiam na boa compatibilidade dos NCs produzidos por via química com matrizes orgânicas. Uma delas é a utilização destes pontos quânticos para a sensibilização de polímeros conjugados que são usados em células solares flexíveis [6.77]. Além disso, os filmes sem matriz, constituídos apenas por NCs, podem ser depositados em superfícies de vários tipos, encurvadas e/ou pouco regulares, cobrindo-as com uma camada luminosa. Isto pode ser aproveitado em algumas estruturas fotónicas [6.78].

6.3.2.3 Pontos quânticos auto-organizados

A formação de pontos quânticos auto-organizados (PQAs)[23] é um dos fenómenos mais impressionantes na área da nanotecnologia. Processos atómicos naturais que ocorrem durante o crescimento epitaxial de determinados tipos de heteroestruturas conduzem ao aparecimento de agregados isolados da substância a ser depositada, distintos do material do substrato, e tipicamente de dimensões na escala dos nanometros. Os agregados podem ser bidimensionais ("nano-ilhas" de uma ou duas monocamadas atómicas em altura) ou tridimensionais (nanopirâmides, nanoprismas ou suas combinações) e possuem a estrutura cristalina do respectivo material maciço. Eles são sucessivamente cobertos por uma camada cristalina do material do substrato e, devido ao seu tamanho muito pequeno, formam inclusões quase zero-dimensionais, situadas num plano no interior de uma matriz controlável e com uma interface praticamente perfeita. Tal como nas estruturas com poços quânticos, o confinamento simultâneo dos electrões e das lacunas ocorre apenas quando se juntam heteropares do tipo I, sendo a matriz constituída pelo material com a maior energia do *gap*.

O primeiro sistema em que se observou o processo de auto-organização foi o InAs-GaAs, para o qual as técnicas de MBE e MOCVD permitem obter PQAs que têm uma forma dependente da técnica usada e das condições de deposição. Assim, por exemplo, muitas vezes obtêm-se pirâmides truncadas, com uma altura típica de 2nm e um tamanho lateral da ordem de 10nm. Posteriormente o crescimento de PQAs foi desenvolvido para alguns outros sistemas, tais como Ge-Si, InP-GaInP/GaAs, CdSe-ZnSe, AlN-GaN e InN-GaN [6.79 a 6.81]. A formação de PQAs é governada sobretudo por tensões elásticas que surgem nas heteroestruturas de materiais com constantes de rede bastante diferentes,

---

[23] Uma consideração detalhada deste tema pode ser encontrada no livro [6.7].

Capítulo VI – Estruturas de Semicondutores com Confinamento Quântico 309

embora com a mesma estrutura cristalina; por essa razão o crescimento auto-organizado é restringido, por natureza, a um número limitado de pares de materiais semicondutores.

Os nano-agregados auto-organizados têm propriedades de pontos quânticos apenas se forem cumpridas determinadas condições, que são consideradas em seguida.

1) É necessário que exista, pelo menos, um estado localizado de electrões e um de lacunas. Como a energia potencial de confinamento (igual à descontinuidade da respectiva banda na interface) não é muito alta nestes sistemas, um agregado pequeno pode não criar níveis localizados (veja-se o Problema **VI.25**). O tamanho mínimo dos agregados, compatível com a existência de níveis electrónicos localizados, é determinado pelo produto $\Delta E_c m^*$, o que permite comparar sistemas de materiais diferentes. Devido à estrutura mais complexa da banda de valência, é difícil propor um critério semelhante para os estados das lacunas.

Existe também um limite superior do tamanho, relacionado com a temperatura. A separação dos níveis quantificados no PQA deve ser superior à energia térmica (25meV à temperatura ambiente). Esta condição é bastante difícil de cumprir para as lacunas devido à sua grande massa efectiva.

2) O conjunto de PQAs numa heteroestrutura deve ser suficientemente uniforme em termos de tamanho e de distância entre os agregados. O funcionamento de dispositivos, por exemplo, do laser, necessita de um número mínimo de pontos quânticos para atingir a intensidade necessária e ultrapassar as perdas. Isto implica uma densidade mínima necessária de PQAs. Ao mesmo tempo, a distribuição dos tamanhos deve ser suficientemente estreita para minimizar o alargamento não homogéneo (relacionado com a dispersão dos níveis electrónicos) dos espectros de emissão. Para se atingir, num conjunto de PQAs do mesmo material, de tamanho médio da ordem de 10nm, uma largura do pico de emissão comparável ao caso típico dos poços quânticos de GaAs à temperatura ambiente (20-30meV), a dispersão dos tamanhos tem que ser inferior a 1nm [6.7]. Felizmente, pelo menos para o sistema InAs/GaAs, os próprios processos de auto-organização asseguram esta condição.

A distribuição dos tamanhos normalmente é aproximadamente gaussiana, com uma largura típica da ordem de 10% do tamanho médio [6.81]. A existência de um tamanho preferencial (para determinadas condições de deposição) está relacionada com a correlação entre as posições dos agregados, imposta pela sua própria natureza. Os cálculos mostram que a energia livre do sistema filme/substrato, é mínima quando os agregados formam uma estrutura lateral periódica, nomeadamente, uma rede quadrada com as translações elementares segundo as direcções (100) e (010) [6.81]. A regularidade nas posições dos PQAs, com uma distância típica entre eles da ordem de 10^{-5}cm, foi de facto observada experimentalmente, por exemplo, em [6.82]. Assim, o acoplamento lateral pelo efeito túnel entre pontos quânticos adjacentes é totalmente desprezável e, por isso, os PQAs em muitas situações comportam-se como objectos independentes uns dos outros. No entanto, é preciso ter em conta que a formação de estruturas lateralmente periódicas, constituídas por PQAs com tamanhos aproximadamente iguais, não se verifica para sistemas diferentes do InAs/GaAs e até para este sistema é restringida a determinadas condições de crescimento. Por exemplo, quando a temperatura do substrato durante a deposição aumenta, a largura da distribuição dos tamanhos aumenta drasticamente e as distâncias entre os pontos quânticos vizinhos começam a variar fortemente [6.80, Capítulo 4], o que deve ser evitado.

3) O material que constitui os PQAs e a matriz tem que ser de alta qualidade, ou seja, monocristalino, sem deslocações e com poucos defeitos pontuais nas interfaces. Estas exigências são as mesmas que se aplicam (e são cumpridas) no fabrico de heteroestruturas com poços quânticos e super-redes.

Como crescem então os PQAs? O termo "auto-organização" implica a formação espontânea de uma estrutura ordenada na escala mesoscópica. O mínimo da energia livre de sistemas complexos e abertos, sujeitos a uma acção exterior, pode corresponder a um estado não homogéneo no espaço. Este estado corresponde a um equilíbrio condicional, imposto pelo substrato. Quando a constante da rede do filme epitaxial é menor do que a do substrato, a camada crescente "distende-se" nas direcções laterais e fica sujeita a uma tensão do tipo "tracção plana". A partir de uma espessura crítica, a tensão ultrapassa o limite de elasticidade e conduz à formação de defeitos, sobretudo deslocações (ou seja, quebras de planos cristalinos). No entanto, se o crescimento for interrompido após a deposição de uma quantidade de material, ligeiramente superior àquela que corresponde à espessura crítica, o filme depositado reorganiza-se de tal maneira que a sua superfície se encurva e ocorre a relaxação da tensão, à custa do aumento da sua energia superficial. A reorganização procede através da formação de agregados atómicos. Do ponto de vista mesoscópico, a superfície torna-se um conjunto de "colinas" e "vales", estabilizados por tensões coerentes.

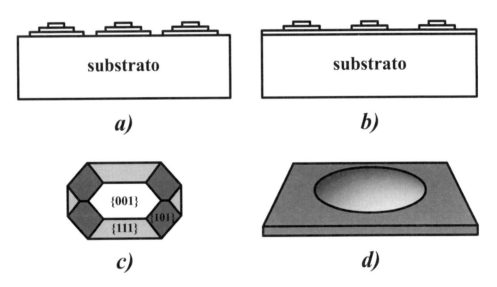

Figura 6.20 Os mecanismos do crescimento heteroepitaxial de Volmer-Weber (*a*) e de Stranski-Krastanow (*b*). O último destes mecanismos conduz à formação de nano-agregados cuja forma está esquematizada no desenho (*c*). Arredondando as faces cristalinas e desprezando a elongação numa das direcções no plano {001}, o agregado (composto, por exemplo, por InAs) é parecido com uma lente pousada numa superfície plana do substrato (de GaAs) coberto com uma monocamada (de InAs) (*d*). Apesar de idealizado, este modelo permite uma análise simplificada dos espectros dos portadores de carga em PQAs.

Distinguem-se dois modos de crescimento heteroepitaxial nos sistemas com constantes da rede desiguais. Embora ambos os modos sejam já conhecidos há várias dezenas de anos, o seu estudo detalhado e intenso começou apenas nos anos 90, após a descoberta da formação de PQAs.

Quando a diferença das constantes da rede dos dois materiais é grande (superior a 8%), o crescimento é tridimensional (ou seja, formam-se os agregados) logo desde o início. A tensão elástica nestas heteroestruturas é tão grande que a espessura crítica é nula e não pode ser depositada nem uma única monocamada. Esta forma de crescimento é conhecida como o modo (ou mecanismo) de Volmer-Weber [6.83] e é típica de filmes metálicos depositados em substratos de haletos ou de óxidos de metais (fig. 6.20-a). Entre os semicondutores, o mecanismo de Volmer-Weber é característico de alguns heteropares II-VI, como, por exemplo, o ZnS-ZnSe.

O modo de Stranski-Krastanow [6.84] é intermediário entre o de Volmer-Weber e o crescimento bidimensional (fig. 6.20-b) e verifica-se para hetero-pares com uma menor diferença das constantes da rede (<7%). Primeiro, formam-se algumas monocamadas, cobrindo inteiramente o substrato, mas depois a formação de agregados torna-se energeticamente favorável e o crescimento procede na forma tridimensional. O mecanismo de Stranski-Krastanow é típico dos materiais III-V, em particular, ele é responsável pela formação dos PQAs de InAs nos substratos de GaAs, que são de longe os mais usados e mais estudados. Neste sistema a espessura crítica do crescimento bidimensional é aproximadamente 1,5 monocamadas atómicas [6.80, 6.81]. Assim, os PQAs situam-se sobre uma camada muito fina de InAs, que se chama em inglês *wetting layer* (fig. 6.20-b).

Existem duas técnicas que permitem o fabrico de PQAs, a MBE e a MOCVD[24]. O princípio da MBE baseia-se na evaporação controlada das componentes atómicas da estrutura (por exemplo, de In, Ga e As) e na sua condensação no substrato cuja temperatura é mantida inferior à de sublimação destas componentes. O processo ocorre em alto vácuo. As vantagens desta técnica incluem a possibilidade de controlo muito preciso da composição atómica do filme depositado e da sua espessura (com uma exactidão superior a uma monocamada). Este controlo *in situ* é atingido pela observação contínua da superfície através de uma análise de reflexão óptica (elipsometria) e de difracção de electrões de alta energia.

No caso da MOCVD a deposição ocorre num reactor químico usando alguns compostos organo-metálicos como fonte das componentes atómicas. Estas substâncias, como, por exemplo, a arsina AsH_3 e o metileno de gálio, são transportadas num fluxo de hidrogénio e decompõem-se sobre o substrato aquecido até 500-650ºC. A presença de uma atmosfera densa e quimicamente activa no reactor não permite o uso de técnicas directas de controlo da superfície, o que é, naturalmente, uma desvantagem comparando com a MBE. No entanto, o menor custo e a simplicidade relativamente à MBE, constituem as vantagens da técnica de MOCVD para a produção em grande escala de heteroestruturas, inclusive as que incluem PQAs.

A forma dos PQAs depende das condições de crescimento e da técnica usada. Os métodos experimentais que permitem o seu estudo incluem:

    1) a microscopia do efeito túnel (*scanning tunneling microscopy*, STM) e a microscopia de força atómica (AFM), aplicadas a PQAs não cobertos,

---

[24] Também se usa o termo MOVPE (*metal-organic vapor phase deposition*).

2) a difracção de raios X de alta resolução,
3) a microscopia electrónica de transmissão (TEM).

Cada uma destas técnicas de caracterização tem limitações, quando aplicada ao problema em causa. As microscopias STM e AFM só podem testar os agregados na superfície aberta e estes provavelmente mudam a sua forma quando ficam cobertos pelo material da matriz. A técnica TEM, inclusive a sua versão de alta resolução (HRTEM), apresenta dificuldades na distinção entre os efeitos provocados na imagem pelas tensões e pela própria forma do ponto quântico. A difracção de raios X não dá informação directa sobre a forma que apenas contribui para o alargamento dos picos provenientes dos vários planos cristalinos. Por estas razões, a determinação da forma é bastante complicada e as conclusões devem ser baseadas nos resultados fornecidos pelo conjunto das técnicas experimentais e por simulações numéricas. Uma grande variedade de formas, propostas nos inúmeros trabalhos publicados nesta área, provavelmente nem sempre reflecte a realidade. Em suma, os PQAs de InAs, depositados num substrato de GaAs orientado segundo $\{001\}$, não cobertos, normalmente apresentam uma forma piramidal, com as faces formadas por planos cristalinos $\{101\}$, $\{105\}$, $\{113\}$, $\{114\}$, ou ainda $\{136\}$ [6.80, Capítulo 10]. Pelo contrário, os pontos quânticos embebidos na matriz (de GaAs) apresentam uma forma entre um disco (ou, mais precisamente, um prisma com base de um polígono de ordem elevada) e uma pirâmide truncada, com a face do topo orientada segundo $\{001\}$ e as faces laterais formadas principalmente pelos planos cristalinos $\{101\}$ e $\{111\}$ (fig. 6.20-c). Esta forma pode ser aproximada por uma lente apresentada na fig. 6.20-d, como foi proposto em [6.85]. No entanto, os PQAs produzidos pela técnica de MOCVD provavelmente têm uma superfície superior mais plana, ou seja, uma forma aproximadamente prismática, com as faces laterais orientadas segundo $\{110\}$ e $\{111\}$ [6.80, Capítulo 5].

O tamanho médio dos PQAs pode variar, dentro de alguns limites, em função das condições de crescimento, nomeadamente, da quantidade do material depositado antes da interrupção, da taxa de deposição e da temperatura do substrato. O parâmetro mais crítico é a quantidade de material depositado, medida em número equivalente de monocamadas (MC), que pode ser controlada com precisão elevada, pelo menos no que diz respeito à técnica MBE. Como foi mencionado acima, o crescimento de PQAs no sistema InAs/GaAs começa a partir de (aproximadamente) 1,6MC. A deposição de 2MC resulta na formação de agregados relativamente pequenos e com uma gama bastante larga de formas e tamanhos [6.81]. O aumento da quantidade do InAs depositado até 4MC conduz ao crescimento de PQAs maiores, sendo a sua forma e o seu tamanho mais regulares. Os melhores resultados (em termos da uniformidade dos PQAs e da regularidade das distâncias entre eles) são obtidos depositando ~3MC de InAs. As dimensões típicas dos agregados obtidos nestas condições são: a extensão da base ~20nm e a altura 2-5nm [6.86].

Quando a quantidade de InAs depositado é fixa, o tamanho e a densidade ainda podem ser variados ajustando a temperatura do substrato, T_s (tipicamente da ordem de 500ºC para MBE), e a taxa de deposição (~0,1MC por segundo). Foi estabelecido empiricamente que a densidade superficial dos PQAs diminui e o seu tamanho aumenta, quanto mais alta for a temperatura e/ou a taxa de deposição for mais baixa. Por exemplo, depositando sempre 1,6MC a largura média da base dos agregados varia de 8nm a T_s =420ºC para 14nm a T_s =480ºC [6.80, Capítulo 4].

Capítulo VI – Estruturas de Semicondutores com Confinamento Quântico   313

Uma análise cuidadosa e simultânea dos tamanhos e da concentração dos PQAs leva à conclusão de que apenas 15-20% do InAs depositado se encontra nos pontos quânticos, enquanto que o resto constitui a *wetting layer* [6.80, Capítulo 5]. Assim, há correlação entre o tamanho médio e a densidade superficial dos PQAs que pode variar entre 10^9 e 10^{11}cm^{-2} para o sistema InAs/GaAs. Tendo em vista as aplicações, seria desejável aumentar a concentração de pontos quânticos, mas isto faz com que a correlação lateral entre eles se perca e as propriedades das heteroestruturas sejam menos controláveis. Para outros sistemas, como o Ge-Si, a regularidade das distâncias entre PQAs é geralmente difícil de atingir [6.79]. Isto leva alguns autores à conclusão de que os agregados auto-organizados são termodinamicamente instáveis e as estruturas observadas, na maioria dos casos, são apenas o resultado de processos cinéticos na superfície durante o crescimento e não correspondem ao mínimo da energia livre [6.80].

Se esta conclusão for verdadeira, as possibilidades de controlo sobre o processo de crescimento, no sentido de obter conjuntos lateralmente regulares de pontos quânticos, são bastante limitadas quando a deposição ocorre numa superfície atomicamente uniforme. Por causa desta dúvida, houve várias tentativas de melhorar a uniformidade de conjuntos de PQAs utilizando substratos estruturados à escala nanométrica. Por exemplo, a superfície de um cristal de GaAs, cortado segundo um pequeno ângulo (1-2°) relativamente ao plano {001} apresenta um conjunto de degraus, aproximadamente paralelos entre si e equidistantes[25]. Quando o crescimento do filme, pelo mecanismo de Stranski-Krastanow, ocorre num substrato deste tipo, os nano-agregados formam-se ao longo dos degraus [6.7]. Também foi experimentada a deposição em substratos com índices de Miller mais elevados, como {111} e {311}, mas aparentemente nestes casos o crescimento de nano-agregados procede por outros mecanismos e não é governado pela relaxação de tensões elásticas [6.87]. Com efeito, os melhores resultados são obtidos quando se aposta na auto-organização lateral dos PQAs, nas condições optimizadas em termos da quantidade e da taxa de deposição, e ainda da temperatura T_s. Também é de notar que, embora a tecnologia de crescimento de PQAs tenha sido desenvolvida sobretudo com o objectivo de aperfeiçoar os lasers, os estudos mais recentes de nanoestruturas deste tipo seguem também uma outra vertente, nomeadamente, as propriedades e as aplicações de um único ponto quântico [6.88]. Para este tipo de estudos é vantajoso ter uma baixa densidade de pontos quânticos na amostra e as propriedades do conjunto de PQAs não são importantes. O uso de uma fibra óptica, de um micro-manipulador e de um microscópio convencional permite registar e analisar a emissão destes "átomos artificiais" excitados óptica ou electricamente. Utilizando um microscópio electrónico de varrimento é possível estudar a passagem de corrente eléctrica através de um ponto quântico deste tipo e comparar com os pontos quânticos com confinamento electrostático (6.3.2.1) que são objectos "tradicionais" para este tipo de estudos.

Discutir-se-ão agora os **espectros de energia dos electrões e das lacunas confinados em PQAs**. As dificuldades do seu cálculo estão relacionadas com a forma geométrica bastante complexa deste tipo de ponto quântico, com a altura finita das barreiras de energia potencial nas interfaces, e também com a distribuição não uniforme das tensões elásticas. Os efeitos do confinamento e das tensões são da mesma ordem de grandeza, fazendo com que nenhum destes factores possa ser considerado como perturbação. O

---

[25] Um substrato ou uma superfície cristalina deste tipo chama-se, em inglês, *vicinal*.

grande número de átomos que constituem um PQA dificulta a aplicação de modelos atomísticos. A baixa simetria do objecto de um ponto de vista realista exclui a existência de números quânticos com significado físico (como, por exemplo, *n*, *l* e *m* nos pontos quânticos esféricos).

Os cálculos mais realistas e mais elaborados foram desenvolvidos para o sistema InAs/GaAs, com base no método "$\vec{k} \cdot \vec{p}$" discutido em 1.2.6 e 1.6. Dado o valor relativamente pequeno da energia do *gap* para o InAs (≈0,4eV) é preciso incluir nos cálculos (exemplificados em 1.6) não apenas as três sub-bandas de valência mas também a banda de condução que se acopla a elas. Assim, o sistema de equações tem dimensão 8×8, contando com duas projecções do spin para cada banda. O campo das tensões e o respectivo campo das deformações são calculados na aproximação adiabática utilizando a teoria de elasticidade para meios contínuos [6.89] e a deformação ε_{ij} entra nas equações "$\vec{k} \cdot \vec{p}$" (semelhantes às que conduzem a (1.44a)) através do potencial de deformação (idêntico a (6.7)) e também pelo efeito piezoeléctrico, que produz uma carga de polarização no ponto quântico. Este último efeito contribui para o confinamento dos portadores de carga [6.80]. A forma do ponto quântico nestes cálculos é predefinida; assim, por exemplo, em [6.90] considerou-se uma pirâmide com as faces laterais orientadas segundo {101} e {011}. Os parâmetros do material, tais como L, M, N e Δ_{so}, são definidos localmente e alteram-se nas interfaces. Os detalhes e a forma explícita das equações podem ser encontrados nas referências [6.90, 6.91]. De acordo com os resultados destes cálculos, a energia do estado fundamental do electrão (relativamente a E_c do GaAs) toma valores entre $E_{0e} = -150$meV para $b=10$nm e $E_{0e} = -350$meV para $b=20$nm, sendo b o lado da base (quadrada) do ponto quântico. De um modo semelhante, o estado fundamental da lacuna confinada no PQA varia entre $E_{0h} = -150$meV e -240meV (relativamente a E_v de GaAs) para a mesma gama de tamanhos [6.90].

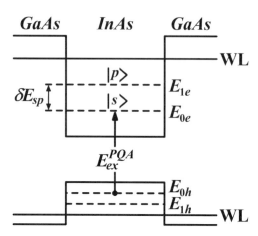

Figura 6.21 Esquema de níveis de energia num ponto quântico auto-organizado de InAs. Os níveis designados por WL representam as energias mínimas possíveis dos portadores de carga que se encontram na *wetting layer*.

Estes resultados reflectem o efeito do confinamento forte no ponto quântico. É necessário ter em conta que as energias dos estados localizados são sempre determinadas sobretudo pelo tamanho do ponto quântico na direcção do confinamento mais forte, ou seja, pela sua altura. No entanto, no modelo utilizado em [6.90] a altura é sempre igual a $b/2$ pois as faces laterais fazem um ângulo de 45° com o plano da base. Então, a variação acima apresentada das energias com b deve-se, em grande parte, à variação da altura do ponto quântico. É de notar ainda que a *wetting layer,* que constitui um poço quântico muito estreito, produz estados de electrão e de lacuna com uma energia cinética bastante mais alta do que possuem as respectivas partículas confinadas nos PQAs (fig. 6.21). Por isso, normalmente é impossível a passagem de partículas de um ponto quântico para outro através da *wetting layer.*

Paralelamente aos cálculos baseados no método "$\vec{k} \cdot \vec{p}$" e com quatro bandas incluídas, foram propostos e por vezes usados modelos simplificados que admitem simetria axial no PQA considerando uma forma do tipo lente (fig. 6.20-d) ou então cónica [6.92]. Isto permite uma classificação mais transparente dos estados confinados, pelo menos para os electrões. Como a componente do momento angular segundo z (o eixo de simetria) é um integral de movimento, existe um número quântico relacionado com ela, $m = 0, \pm 1, \pm 2, \ldots$ Os restantes dois números caracterizam os movimentos acoplados nas direcções z e radial. O estado fundamental corresponde a $m = 0$ e os outros números também "nulos" e é chamado $|s\rangle$. Se o ângulo entre a geratriz do cone e a sua base for pequeno (ou seja, se a altura do ponto quântico, h, for muito menor do que a sua base), o primeiro estado excitado ocorre para $m = \pm 1$ (com os outros números "nulos"), é duas vezes degenerado e designado por $|p\rangle$. No entanto, este modelo produz um valor exagerado para a energia de separação dos níveis s e p, δE_{sp}. Cálculos realizados para a geometria tipo lente (com $h = 3{,}5$nm e $b = 25 - 27$nm), também mais complexos, deram $\delta E_{sp} = 50 - 60$meV [6.93], o que está de acordo com dados experimentais. De acordo com os mesmos cálculos [6.93], a separação entre o primeiro e o segundo níveis das lacunas é da ordem de $10 - 15$meV (veja-se a fig. 6.21).

O estado fundamental do excitão tem uma energia, dada por:

$$E_{ex}^{PQA} = E_g + E_{0h} + E_{0e} + U_C \tag{6.87}$$

em que U_C é a energia de correlação (6.78), que corresponde ao pico mais intenso nos espectros de emissão dos PQAs. Os cálculos dão para E_{ex}^{PQA} valores da ordem de 1,1eV para $b \approx 10$nm [6.7] e 1,0eV para $b \approx 25$nm [6.93], sendo $h \approx 3{,}5$nm em ambos os casos. Estudos experimentais que utilizam sobretudo a espectroscopia de fotoluminescência ou de electroluminescência também apontam para esta gama de valores [6.81, 6.86], excluindo situações especiais referidas mais adiante. A baixa sensibilidade da energia do excitão ao tamanho da base reflecte o facto, já mencionado acima, de que o confinamento é mais forte na direcção vertical, pois $h \ll b$.

Em alguns casos é possível observar também a emissão dos estados excitados do excitão (fig. 6.22). Uma particularidade das heteroestruturas com PQAs é que estes estados são praticamente equidistantes, separados de uma energia da ordem de 60-90meV. À partida, não existe nenhuma razão óbvia para isto. No entanto, os cálculos numéricos [6.93] também indicam que os vários estados excitónicos se agrupam de tal maneira que as suas energias, dentro de cada grupo, são bastante próximas e os diferentes grupos estão separados por intervalos aproximadamente iguais. Como se sabe da Mecânica Quântica, um sistema que possui um espectro equidistante é o oscilador harmónico. Assim, foi proposto um modelo fenomenológico em que o confinamento lateral se associa a um **potencial parabólico**, infinito e bidimensional [6.94],

$$U(\rho) = U_0 + A\rho^2 \qquad (6.88)$$

em que A é uma constante e $\rho = \sqrt{x^2 + y^2}$. Em princípio, os resultados experimentais justificam a aplicação deste modelo apenas ao excitão inteiro. No entanto, admite-se que cada um dos membros do excitão está sujeito a um potencial de confinamento lateral da forma (6.88). Além disso, o movimento do electrão e da lacuna na direcção z restringe-se a uma camada da espessura h. Assim, a função envelope correspondente ao primeiro nível electrónico no PQA, estado $|s\rangle$, tem a seguinte forma:

$$F_s(\rho, z) = \frac{1}{\sqrt{\pi^{1/2} l_\rho}} \exp\left[-\frac{\rho^2}{2l_\rho}\right] F_z(z) \qquad (6.89)$$

com $l_\rho = \hbar^{1/2}/(2m^*A)^{1/4}$. Em (6.89) $F_z(z)$ é uma função que representa o confinamento na direcção z. Assim, por exemplo, se este confinamento for perfeito, $F_z(z) = (2/h)^{1/2} \sin(\pi z/h)$.

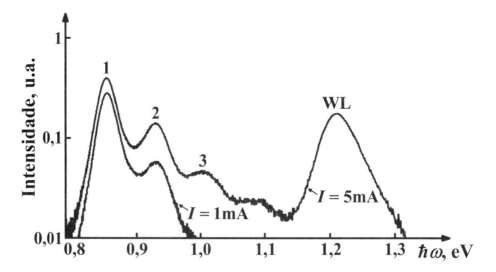

Figura 6.22 Espectros de electroluminescência de uma heteroestrutura **InAs/GaAs com pontos quânticos auto-organizados e um contacto de Schottky, para dois valores da intensidade de corrente eléctrica que a atravessa. Os picos marcados correspondem aos respectivos estados excitónicos nos pontos quânticos (1-3) e na** *wetting layer* **(WL). [cortesia do Dr. N. Baidus].**

Capítulo VI – Estruturas de Semicondutores com Confinamento Quântico　　317

Os estados são classificados de acordo com dois números quânticos, $n_\rho = 0, 1, 2, \ldots$ e
$m = -n_\rho, -n_\rho + 2, \ldots, n_\rho - 2, n_\rho$, sendo o terceiro (correspondente ao movimento segundo z) sempre igual ao menor valor possível. As suas energias (relativamente a E_c de GaAs) são dadas por:

$$E(n_\rho) = const + \hbar\Omega_e\,(n_\rho + 1) \tag{6.90}$$

em que $\Omega_e = \sqrt{2A/m^*}$ e a constante inclui a energia do movimento segundo z e ainda U_0 de (6.88). Tal como para a energia eficaz do oscilador harmónico, é considerada uma constante de ajuste, para a qual foi proposto o valor $\hbar\Omega_e \approx 50\text{meV}$ [6.94].

Como os pontos quânticos estão sujeitos a tensões elásticas bastante fortes, há que esperar um desdobramento grande das sub-bandas de lacunas leves e pesadas. Este facto justifica o seguinte ponto de vista, adoptado por muitos autores: os estados confinados nos PQAs são os de lacunas pesadas. Assim, é possível estender o modelo de confinamento parabólico à banda de valência aplicando as expressões (6.88-6.90) com os correspondentes parâmetros das lacunas pesadas. Desta forma, $m^* \to m_{hh}$, $\Omega_e \to \Omega_{hh}$ e $A = m^*\Omega_e^2/2 \to A' = m_{hh}\Omega_{hh}^2/2$, sendo $\Omega_{hh} \approx \Omega_e/3$ [6.95].

O modelo do potencial parabólico pode parecer demasiado artificial mas tem a grande vantagem de fornecer expressões analíticas para as funções de onda e os níveis de energia que são de grande utilidade para a análise semi-quantitativa das propriedades de PQAs individuais e seus conjuntos. Algumas previsões deste modelo foram comprovadas experimentalmente, como, por exemplo, o desdobramento dos níveis electrónicos num campo magnético aplicado na direcção z [6.94]. Utilizando as funções de onda do tipo (6.89) e os níveis de energia (6.90), não é difícil calcular as probabilidades relativas e as energias de transições inter e intra-bandas que, para o sistema InAs/GaAs, se situam nas zonas do infravermelho próximo e longínquo, respectivamente.

A emissão relacionada com estas transições e produzida por um único ponto quântico foi observada recentemente por vários grupos de investigadores [6.86]. As linhas espectrais da emissão de um ponto quântico são muito estreitas, com uma largura inferior a 6μeV [6.96]. Assim, foi explicitamente provada a analogia entre os "átomos artificiais" e os átomos verdadeiros, o que é um êxito experimental, dificilmente atingível com outros tipos de pontos quânticos.

A outra grande vantagem dos PQAs é a possibilidade de bombeamento eléctrico. Para isto, em princípio, é suficiente incorporar a camada com pontos quânticos numa junção *p-n*. A passagem de corrente através da junção sujeita a uma d.d.p. com polaridade directa vai criar electrões e lacunas fora de equilíbrio, na região de depleção (Capítulo V). Se nesta região existirem pontos quânticos, alguns dos electrões e algumas das lacunas vão ser capturados por eles. A recombinação radiativa dos pares electrão-lacuna capturados vai produzir emissão de radiação electromagnética, característica dos PQAs. Naturalmente, os electrões e as lacunas fora do equilíbrio também se podem recombinar no GaAs ou então na *wetting layer*, mas esta emissão situa-se na zona de comprimentos de onda menores, relativamente à dos PQAs. Como alternativa à junção *p-n* pode-se usar uma estrutura com contacto de Schottky [6.97], esquematizada na figura 6.23. Aplicando uma diferença de potencial suficientemente grande neste díodo de Schottky é possível fazer com que haja injecção das lacunas (de energia inferior ao nível de Fermi no metal) para o semicondutor. Ao mesmo tempo vai existir um fluxo de electrões no sentido contrário. A captura de um electrão e de uma lacuna no mesmo ponto quântico irá conduzir, com grande probabilidade, à emissão de um fotão.

A vantagem deste tipo de heteroestrutura, sem junção *p-n*, consiste na possibilidade de usar uma camada pouco espessa para cobrir os PQAs. Foi mostrado na referência [6.97] que é possível, através de uma escolha cuidadosa da espessura e da composição da camada "cobertor", desviar a emissão dos pontos quânticos para a zona espectral de comprimentos de onda maiores ($\lambda \approx 1{,}5\mu m$, o que corresponde a uma energia $E_{ex}^{PQA} \approx 0{,}8\,\mathrm{eV}$). Esta gama de comprimentos de onda, no infravermelho próximo, é muito importante do ponto de vista de aplicações em sistemas de telecomunicação por fibra óptica porque corresponde ao mínimo de perdas nas fibras à base de SiO_2.

Embora o mesmo efeito, em princípio, pudesse ser atingido ajustando o tamanho dos PQAs, em termos práticos isto torna-se muito difícil porque o crescimento de nano-agregados suficientemente grandes (para diminuir a energia de confinamento) deixa de ser controlável. A causa mais plausível do desvio das transições inter-bandas para o vermelho nas estruturas com uma camada "cobertor" combinada (InGaAs/GaAs) é provavelmente a relaxação das tensões elásticas nos pontos quânticos devido a uma variação mais suave da constante da rede entre as diferentes camadas. Os espectros de electroluminescência apresentados na fig. 6.22 foram medidos neste tipo de estrutura, que assim exemplifica um LED a funcionar no infravermelho próximo.

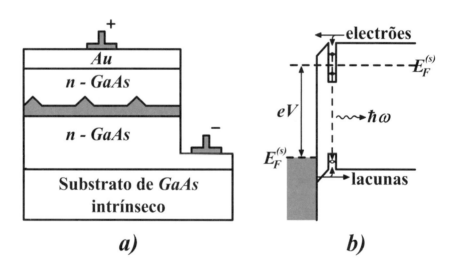

Figura 6.23 Representação esquemática de uma heteroestrutura com pontos quânticos e um contacto de Schottky, sujeita a uma d.d.p. (*V*) com polaridade directa (*a*). O diagrama (*b*) mostra as respectivas bandas de energia e os fluxos de electrões e lacunas que originam a electroluminescência dos pontos quânticos.

Capítulo VI – Estruturas de Semicondutores com Confinamento Quântico 319

Os lasers à base de PQAs têm exactamente o mesmo princípio de funcionamento que o laser de injecção com poço quântico discutido em 6.1.3.3. Como a densidade superficial de PQAs dificilmente pode ser aumentada para além de $\sim10^{11}cm^{-2}$, opta-se por crescer várias (~10) camadas de pontos quânticos, umas sobre as outras. Assim, atinge-se a intensidade necessária do acoplamento entre o campo de fotões e os excitões nos pontos quânticos. Em conformidade com a previsão teórica, os lasers de PQAs que se fabricam hoje em dia já são superiores aos seus antecessores de poços quânticos em termos do rendimento da corrente limiar, e da estabilidade em relação à temperatura[26]. Desenvolveu-se uma nova modalidade de lasers que possuem cavidade "vertical", ou seja, as faces laterais da respectiva heteroestrutura são espelhos perfeitos. Neste tipo de lasers, chamados VCSELs (*Vertical Cavity Surface Emitting Lasers*) a emissão sai através da superfície da estrutura, ao contrário dos lasers de heteroestruturas convencionais, o que facilita a conjugação com fibras ópticas [6.99]. Enquanto os lasers à base de PQAs de InAs e de InP já funcionam com sucesso no infravermelho próximo, estão a desenvolver-se trabalhos na área dos pontos quânticos à base de nitretos (InN e AlN no GaN) que permitirão cobrir praticamente toda a zona visível. A investigação neste domínio é muito intensa e o progresso é rápido.

Por fim, mencionam-se outras aplicações de pontos quânticos auto-organizados cujo potencial ainda não está aproveitado na totalidade [6.86]:

1) detectores de radiação no infravermelho longínquo e médio que fazem uso das transições intra-banda;
2) fontes e detectores de fotões singulares;
3) elementos para computação quântica ("*qubits*").

As últimas duas apostam nas propriedades de um único ponto quântico ou então de uma "molécula" de dois pontos quânticos e envolvem uma física bastante refinada e interessante.

Os autores acreditam que o previsível sucesso nestas áreas irá revolucionar as tecnologias de computação e de telecomunicações no futuro.

---

[26] Os parâmetros que representam o "estado da arte" podem ser encontrados na referência [6.98].

Problemas

VI.1 Considere um filme muito fino de semicondutor, no qual o movimento dos electrões da banda de condução é quantificado na direcção perpendicular à superfície (z) e é livre nas restantes duas direcções. Admita que a altura da barreira de potencial, na superfície do filme e na interface com o substrato, é infinita. A espessura do filme é d e a massa efectiva do electrão é m^*.

  a) Obtenha os valores de energia possíveis para os electrões neste filme em função de números quânticos adequados.

  b) Tomando $m^* = 0{,}01 m_0$ e $d = 0{,}1\mu m$ calcule (em eV) o desvio do fundo da banda de condução, para energias mais altas, relativamente ao mesmo material na forma de cristal maciço.

  c) Utilizando o resultado obtido na resolução do Problema **II.2**, faça um gráfico qualitativo para a densidade de estados electrónicos neste sistema.

VI.2 Considere a camada junto à superfície do semicondutor no transístor MOSFET do Problema **V.13** que está no regime de inversão. Nesta camada, o movimento dos electrões da banda de condução é livre nas duas direcções x e y, mas na direcção z (perpendicular à superfície) o seu movimento pode ser quantificado.
Admita que o fundo da banda de condução forma um perfil aproximadamente triangular (ver fig. P6.1). Admita que a altura da barreira de potencial, na superfície do semicondutor é infinita. Assim, a energia potencial pode ser aproximada por:

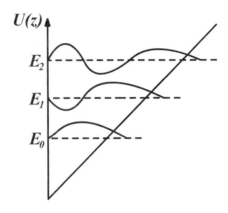

Figura P6.1 O perfil da energia potencial, os níveis de energia e as funções de onda do electrão na vizinhança da superfície do semicondutor num MOSFET.

$$U(z) = \begin{cases} \infty & \text{para } z < 0 \\ E_c^s + eEz & \text{para } z > 0 \end{cases}$$

onde E_c^s é a energia do fundo da banda de condução na superfície do semicondutor, e a carga do electrão e E a intensidade do campo eléctrico junto à interface.

  a) Utilizando o princípio de quantificação de Bohr-Sommerfeld obtenha o espectro de energias para o movimento unidimensional do electrão segundo z nesta camada.

Resposta.

$$E = E_c^s + \left[\frac{\pi \hbar e E}{\sqrt{m^*}} n \right]^{2/3} \quad ; \quad n = 1, 2, 3, \ldots \tag{P6.1}$$

Capítulo VI – Estruturas de Semicondutores com Confinamento Quântico 321

b) Tomando $m^* = 0,34m_0$ e $eE = 1\text{eV/nm}$, calcule (em eV) a energia do estado fundamental dos electrões relativamente ao fundo da banda de condução, na superfície do semicondutor.

c) Obtenha a condição sob a qual a quantificação do movimento do electrão na região considerada pode ser desprezada.

VI.3 Calcule as massas efectivas das lacunas com $J_z = 1/2$ e $J_z = 3/2$ num poço quântico de InAs, para o movimento no plano das interfaces e na direcção (z) perpendicular a ele. Utilize os seguintes valores dos parâmetros de Luttinger: $\gamma_1 = 19,7$, $\gamma_2 = 8,4$, $\gamma_3 = 9,3$. Tome $\gamma = (\gamma_3 + \gamma_2)/2$.

VI.4 Obtenha a relação entre o nível de Fermi e a densidade (n_s) para um gás electrónico bidimensional, fortemente degenerado.

Resposta.

$$E_F = \frac{\pi\hbar^2 n_s}{m^*} \ .$$

VI.5 Utilizando as equações de movimento clássicas, mostre que um electrão livre que está sob acção de campos eléctrico e magnético, ambos uniformes e estacionários, perpendiculares entre si, faz um movimento de rotação com a frequência ciclotrónica, sobreposto a um movimento uniforme de translação com a velocidade $\vec{u} = c\left(\dfrac{\vec{B}\times\vec{E}}{B^2}\right)$.

Sugestão.
Apresente a velocidade do electrão na forma $\vec{v}(t) = \vec{v}'(t) + \vec{u}$, em que $\vec{v}'(t)$ é uma função incógnita, e substitua nas equações de movimento.

VI.6 Considere um gás de electrões a 2D (no plano xy). Dentro do plano, os electrões movem-se livremente, embora apenas na área $S = L^2$. Um campo magnético uniforme está aplicado na direcção z.

a) Calcule os níveis de energia dos electrões.

b) Calcule a degenerescência de cada nível, desprezando o spin.

Resposta.

$$v = \frac{L^2}{2\pi}\left(\frac{eB}{\hbar c}\right) \ .$$

c) Admita que neste sistema existem $N = n_s L^2$ electrões e que a interacção entre eles pode ser desprezada. Calcule o potencial químico (μ) deste gás electrónico e trace um gráfico qualitativo para μ em função da intensidade do campo magnético.

322 *Física dos Semicondutores*

d) Se a distância entre os níveis de Landau for grande, $\hbar\omega_c \gg kT$, verifica-se o efeito de Hall quântico inteiro, neste sistema. Para uma concentração de electrões $n_s = 10^{12}\,\text{cm}^{-2}$, qual seria o campo magnético necessário para observar este efeito a $T = 4\text{K}$ e a $T = 77\text{K}$?

VI.7 Prove as relações (6.18a) e (6.19) relativas ao espectro de energia do gás electrónico bidimencional na presença de campos magnético e eléctrico. Calcule a velocidade média do movimento segundo o eixo y (perpendicular aos dois campos).

Resolução.
Na presença do campo eléctrico dirigido ao longo do eixo x, o hamiltoniano (6.16) é:

$$\hat{H} = \frac{1}{2m^*}\left[\hat{p}_x^2 + \hat{p}_y^2 + \hat{p}_z^2\right] + \frac{1}{2}m^*\omega_c^2 x^2 + \omega_c x\,\hat{p}_y + e\mathrm{E}x + U(z) \;, \tag{P6.2}$$

em que foi introduzida a frequência ciclotrónica. Procura-se a solução da equação de Schrödinger com o hamiltoniano (P6.2) na forma

$$F(x,y,z) = \psi_x(x)\left\{\frac{1}{\sqrt{L_y}}\exp\left[\frac{i}{\hbar}\left(p_y + m^*\frac{c\mathrm{E}}{B}\right)y\right]\right\}\psi_z(z) \tag{P6.3}$$

em que $\psi_z(z)$ obedece a equação

$$\left[\frac{\hat{p}_z^2}{2m^*} + U(z)\right]\psi_z(z) = E_0\,\psi_z(z) \;.$$

Substituindo (P6.3) em (P6.2), tem-se a seguinte equação para a função $\psi_x(x)$:

$$\left[\frac{\hat{p}_x^2}{2m^*} + \frac{1}{2}m^*\omega_c^2(x - x_0')^2\right]\psi_x(x) = \left[E - E_0 - \frac{p_y^2}{2m^*} + \frac{m^*\omega_c^2 x_0'^2}{2}\right]\psi_x(x) \tag{P6.4}$$

em que

$$x_0' = -\left[\frac{p_y}{m^*\omega_c} + \frac{e\mathrm{E}}{m^*\omega_c^2}\right] \;,$$

ou seja, coincide com (6.19). A eq. (P6.4) é a equação de Schrödinger para um oscilador harmónico, com o ponto de equilíbrio em x_0'. O espectro de energias é representado pelos níveis de Landau e as respectivas funções de onda são

$$\psi_x(x) = \varphi_n(x - x_0')$$

com

$$\varphi_n(x) = \frac{1}{\pi^{1/4}\sqrt{2^n\,n!\,l_B}}\exp\left[-\frac{x^2}{2l_B}\right]H_n\left(\frac{x}{l_B}\right) \tag{P6.5}$$

onde H_n é o polinómio de Hermite de ordem n e $l_B = \left(\dfrac{c\hbar}{eB}\right)^{1/2}$ é o comprimento magnético [6.11].

Igualando a expressão em parênteses rectos no 2º membro da eq. (P6.4) a $\hbar\omega_c(n+1/2)$ e notando que

$$\frac{m^*\omega_c^2 x_0'^2}{2} = \frac{p_y^2}{2m^*} + \frac{e\mathrm{E}\,p_y}{m^*\omega_c} + \frac{e^2\mathrm{E}^2}{2m^*\omega_c^2}\ ,$$

obtém-se a eq. (6.18a).

De acordo com a expressão (P6.3) para a função de onda, o movimento segundo o eixo y é quase-clássico. Então, a velocidade média pode ser achada derivando o espectro (6.18a):

$$v_y = \frac{\partial E_n}{\partial p_y} = -c\,\frac{\mathrm{E}}{B}\ . \tag{P6.6}$$

É igual para todos os níveis de Landau e coincide com o resultado clássico (ver Problema **VI.5**).

VI.8 Deduza a eq. (6.33) para o coeficiente de absorção inter-bandas de um poço quântico.

VI.9 Calcule o desvio do limiar de absorção e o coeficiente de absorção para esta frequência da luz num poço quântico.de GaAs, de largura igual a 10nm. Utilize os parâmetros de Luttinger dados no Problema **I.13** para calcular as massas das lacunas. A massa dos electrões é $m^* = 0{,}067m_0$, $E_g \approx 1{,}5\text{eV}$ e $\left|P_{cv}\right|^2 \approx 2{,}7m_0 E_g$.

VI.10 Mostre que o espectro de energias de um excitão bidimensional de Wannier, sem momento angular e com o quase-momento do seu centro de massa nulo, é dado por

$$E_n = E_g - \frac{R'_{ex}}{(n+1/2)^2}\,; \qquad n = 0,1,2,\ldots \tag{P6.7}$$

com $R'_{ex} = \dfrac{\mu'_{eh}e^4}{2\varepsilon_0\hbar^2}$, ε_0 a constante dieléctrica e μ'_{eh} definido em (6.34).

Resolução.

O hamiltoniano de um par electrão-lacuna que não tem qualquer liberdade de movimento segundo a direcção z e cujo centro de massa está em repouso, é:

$$\hat{H} = -\frac{\hbar^2}{2\mu'^*_{eh}}\left[\frac{\partial^2}{\partial x^2}+\frac{\partial^2}{\partial y^2}\right]-\frac{e^2}{\varepsilon_0\sqrt{x^2+y^2}} \quad . \tag{P6.8}$$

A resolução da respectiva equação de Schrödinger é mais conveniente em coordenadas polares (r,ϕ), nas quais toma a seguinte forma:

$$-\frac{\hbar^2}{2\mu'^*_{eh}}\left[\frac{1}{r}\frac{\partial}{\partial r}\left(r\frac{\partial}{\partial r}\right)+\frac{1}{r^2}\frac{\partial^2}{\partial\phi^2}\right]\Psi-\frac{e^2}{\varepsilon_0 r}\Psi = \left(E-E_g\right)\Psi \quad .$$

É conveniente introduzir variáveis adimensionais, $\varepsilon = \left(E-E_g\right)/R'_{ex}$ e $\rho = r/a'_{ex}$ em que $a'_{ex}=\varepsilon_0\hbar^2/\left(\mu'_{eh}e^4\right)$ é o raio de Bohr efectivo do excitão no plano $x\,y$. Note-se que ε é negativo para os estados acoplados. Considerando que o momento angular é nulo, ou seja, que a função de onda depende apenas de r, a derivada em ordem a ϕ é nula.

A função envelope procura-se na seguinte forma:

$$\Psi = R(\rho)\exp\left(-\sqrt{-\varepsilon}\rho\right) \tag{P6.9}$$

em que $R(\rho)$ é uma função incógnita. Substituindo (P6.9) na equação de Scrödinger obtém-se a seguinte equação diferencial para esta função:

$$\rho\frac{d^2 R}{d\rho^2}+(1-2\sqrt{-\varepsilon}\rho)\frac{dR}{d\rho}+\left(2-\sqrt{-\varepsilon}\right)R = 0 \quad . \tag{P6.10}$$

A solução da eq. (P6.10) pode ser obtida na forma polinomial,

$$R = \sum_{l=0}^{n}C_l\rho^l \quad . \tag{P6.11}$$

em que $n = 0,1,2,\ldots$ A substituição de (P6.11) em (P6.10) dá a seguinte relação recorrente para os coeficientes C_l:

$$C_{l+1} = 2C_l\frac{(l+1/2)\sqrt{-\varepsilon}-1}{(l+1)^2} \quad .$$

O último termo em (P6.11) é o termo de ordem n, ou seja, $C_{n+1}=0$ com $C_n \neq 0$. Daqui tem-se:

$$(n+1/2)\sqrt{-\varepsilon} - 1 = 0 \ ,$$

o que é equivalente a (P6.7).

VI.11 As funções de Bloch para as bandas de valência com $J_z = 1/2$ e $J_z = 3/2$ são dadas por [6.100]:

$$u_{1/2} = i\left(\left|X\downarrow\right\rangle + i\left|Y\downarrow\right\rangle - 2\left|Z\uparrow\right\rangle\right)\big/\sqrt{6} \ ; \qquad u_{3/2} = \left(\left|X\uparrow\right\rangle + i\left|Y\uparrow\right\rangle\right)\big/\sqrt{2} \ ;$$

$$\text{(P6.12)}$$

$$u_{-1/2} = \left(\left|X\uparrow\right\rangle - i\left|Y\uparrow\right\rangle + 2\left|Z\downarrow\right\rangle\right)\big/\sqrt{6} \ ; \qquad u_{-3/2} = i\left(\left|X\downarrow\right\rangle - i\left|Y\downarrow\right\rangle\right)\big/\sqrt{2}$$

em que $\left|X\right\rangle$, $\left|Y\right\rangle$ e $\left|Z\right\rangle$ são as funções de Bloch de uma banda do tipo p e as setas representam a projecção do spin segundo o eixo z. Sabendo que

$$\left\langle S\left|\hat{p}_x\right|X\right\rangle = \left\langle S\left|\hat{p}_y\right|Y\right\rangle = \left\langle S\left|\hat{p}_z\right|Z\right\rangle = iD$$

obtenha as componentes do vector $\vec{P}_{cv}$ para as transições ópticas entre cada uma destas bandas e a banda de condução do tipo s representada pelos estados $\left|S\uparrow\right\rangle$ e $\left|S\downarrow\right\rangle$.

VI.12 Considere as transições intra-banda na banda de condução do poço quântico do Problema **VI.9**.
   a) Prove que o vector $\vec{P}_{nn'}$ definido pela eq. (6.36) tem a direcção do eixo z.
   b) Calcule o coeficiente de absorção a partir da eq. (6.37), considerando apenas a transição $2 \to 1$, e compare-o com o valor encontrado no Problema **VI.9**.

Sugestão.
Admita que as barreiras são infinitas. Assim, as funções envelope são dadas pela eq. (6.6).

VI.13 Calcule o elemento de matriz do hamiltoniano do efeito túnel (6.43) para a barreira rectangular mostrada na figura P6.2.

Sugestão.
Admita que as funções de onda nas regiões à esquerda e à direita da barreira são ondas planas,

$$F_1 = \frac{1}{\sqrt{SL}}\exp[i(k_{1z}z - \phi_1)]; \quad F_2 = \frac{1}{\sqrt{Sd}}\exp[i(k_{2z}z - \phi_2)]$$

em que L e d são os comprimentos das respectivas regiões, S é a área da barreira, e

$$k_{jz} = \sqrt{2E_{jz}/m^*}\,; \qquad j = 1, 2\,.$$

No interior da barreira central, as caudas exponenciais das funções de onda podem ser aproximadas por

$$\psi_1 = A_1 \exp(-\kappa z); \qquad \psi_2 = A_2 \exp[-\kappa(b-z)]$$

com $\kappa = \sqrt{2(U_1 - E_{1z})/m^*} = \sqrt{2(U_2 - E_{2z})/m^*}$, sendo U_1 e U_2 as alturas das barreiras laterais. As constantes A_1, A_2, ϕ_1, ϕ_2 podem ser achadas exigindo a continuidade das funções de onda e das suas derivadas em $z = 0$ e $z = b$.

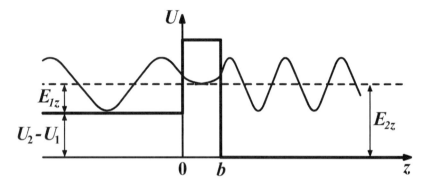

Figura P6.2 As barreiras de energia potencial do electrão e as suas funções de onda nas duas regiões laterais e no interior da barreira central. A barreira do lado esquerdo tem altura U_1 e a do lado direito U_2.

Resposta.

$\left|T_{\vec{k}_1, \vec{k}_2}\right|^2$ é dado pela eq. (6.44) com

$$\mathrm{T} = 16 \frac{k_{1z} k_{2z} \kappa^2}{\left(\kappa^2 + k_{1z}^2\right)\left(\kappa^2 + k_{2z}^2\right)} \exp(-2\kappa b)\,. \qquad \text{(P6.13)}$$

VI.14 Calcule a resistência diferencial, em regime de ressonância, de um díodo de efeito túnel ressonante constituído por um poço de GaAs, com largura $d = 10\,\mathrm{nm}$, e duas barreiras de $Al_{0,3}Ga_{0,7}As$, com largura $b = 2\,\mathrm{nm}$. Avalie também a gama das tensões para o regime de ressonância. Utilize as eqs. (6.47), (6.48) e (P6.13) tomando $S = 5 \cdot 10^{-6}\,\mathrm{cm}^2$ e $U_1 = 300\,\mathrm{meV}$.

VI.15 Considere o efeito da carga acumulada no poço, no funcionamento de um díodo ressonante com dupla barreira. Mostre que este efeito explica a histerese da curva característica $I(V)$ apresentada na fig. 6.12-b.

Resolução.

Quando a estrutura se encontra em ressonância, a carga acumulada no poço é dada pelas eqs. (6.49) e (6.50). Numa primeira aproximação, pode-se admitir que esta carga está distribuida uniformemente pelo volume do poço. Com esta simplificação, é fácil resolver a equação de Poisson e obter o perfil do potencial eléctrico, qualitativamente apresentado na fig. 6.11. O potencial φ varia com a coordenada z

-   parabolicamente no poço,
-   linearmente nas barreiras, e
-   de uma maneira exponencial no emissor e no colector, com uma escala característica apresentada pelo comprimento de Debye, L_d, dada por (P2.18) e considerada igual no emissor e no colector.

Este último facto deve-se ao efeito de blindagem que tem lugar nas partes dopadas da estrutura. O potencial é contínuo nas interfaces e a sua variação total ao longo da estrutura é igual a V. A sua derivada (ou seja, a intensidade do campo eléctrico) também pode ser considerada contínua, desprezando a pequena diferença nas constantes dieléctricas de GaAs e de AlGaAs.

Assim, para o valor absoluto do potencial eléctrico no ponto médio do poço tem-se:

$$V_m = \frac{V}{2} - \frac{2\pi e}{\varepsilon_0} nd\left(b + \frac{d}{4}\right) + \frac{(\varphi_a - \varphi_d)}{2}$$

em que $n = N/(S\,d)$ é a concentração volumétrica de electrões no poço, e

$$\varphi_{a,d} = V \frac{L_d}{2b + d + 2L_d} \mp \frac{2\pi e}{\varepsilon} nd\,L_d \ .$$

A energia do nível ressonante é dada por

$$E_r = E_1 + \frac{eV}{2} + \frac{2\pi e^2}{\varepsilon_0} nd\left(b + \frac{d}{4} + L_d\right) \tag{P6.14}$$

e depende da concentração dos electrões. Esta última, por sua vez, depende da posição do nível ressonante, relativamente ao nível de Fermi no emissor, $E_F' = E_F + eV$. Das eqs. (6.47), (6.49) e (6.50) obtém-se:

$$n = \frac{m^*}{2\pi\hbar^2 d}\left(\frac{T_E}{T_D}\right)\left(E_F - E_1 - \Delta + \frac{eV}{2}\right) \cdot \theta\left(E_F - E_1 - \Delta + \frac{eV}{2}\right) \cdot \theta\left(E_1 + \Delta - \frac{eV}{2} + e\varphi_a\right)$$

$$\tag{P6.15}$$

em que

$$\Delta = n\frac{2\pi e^2}{\varepsilon} d\left(b + \frac{d}{4} + L_d\right).$$

328   *Física dos Semicondutores*

As eqs. (P6.14) e (P6.15) têm que ser resolvidas de um modo auto-consistente. Para simplificar esta resolução, com base nas expressões quase-clássicas [6.11], o quociente das transmitâncias pode ser estimado da seguinte maneira:

$$\ln\left(\frac{T_E}{T_D}\right) = B\exp(-C\cdot\Delta),$$

em que

$$B = \exp\left\{\frac{2b\sqrt{2m^*}}{\hbar}\left[\left(U_0 - E_1 - \frac{eV}{2}\frac{d}{2b+d+2L_d}\right)^{1/2} - \left(U_0 - E_1 + \frac{eV}{2}\right)^{1/2}\right]\right\};$$

$$C = \frac{\sqrt{2m^*}}{e\hbar}\frac{d\,b}{4b+4L_d+d}\left\{\left[U_0 - E_1 - \frac{eV}{2}\frac{d}{2b+d+2L_d}\right]^{-1/2} - \left(1+\frac{4b}{d}\right)\left[U_0 - E_1 + \frac{eV}{2}\right]^{-1/2}\right\}$$

e U_0 é a altura das barreiras sem qualquer tensão aplicada à estrutura. Considerando $d \gg b, L_d$, vem $C \approx 0$ e $B \approx \mathrm{const}$. Assim, as eqs. (P6.14) e (P6.15) podem ser reescritas na seguinte forma fechada:

$$\Delta = \left[B\frac{b+L_d+d/4}{a_B}\right]\times$$
$$\left(E_F - E_1 - \Delta + \frac{eV}{2}\right)\cdot\theta\left(E_F - E_1 - \Delta + \frac{eV}{2}\right)\cdot\theta\left(E_1 + \Delta - \frac{eV}{2} + e\varphi_a\right). \qquad \text{(P6.16)}$$

A eq. (P6.16) determina o parâmetro Δ e, através dele, a carga acumulada no poço,

$$Q = -\Delta\cdot\left[\frac{\varepsilon_0 S}{2\pi e(b+L_d+d/4)}\right],$$

e a densidade de corrente eléctrica que atravessa a estrutura,

$$j = |Q|/(\tau S).$$

A resolução gráfica da eq. (P6.16) está apresentada na figura P6.3. As soluções possíveis correspondem aos pontos em que os gráficos do primeiro membro (PD) e do segundo membro (PE) desta equação se cruzam. Em função da tensão aplicada, três situações diferentes são possíveis, com uma intersecção (1), duas (2), ou nenhuma (não está mostrada na figura). A primeira situação corresponde à parte estável da curva característica, a última, obviamente, à ausência de corrente. A segunda situação

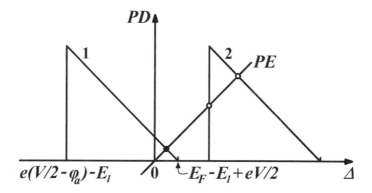

Figura P6.3 Resolução gráfica da eq. (P6.16). Os gráficos 1 e 2 representam o segundo membro desta equação para dois valores diferentes da tensão aplicada. A bissectriz corresponde ao primeiro membro da eq. (P6.16). Os pontos de intersecção (assinalados pelos círculos) correspondem às soluções da eq. (P6.16) nas duas situações correspondentes aos dois valores da tensão.

representa a bistabilidade da curva característica e verifica-se entre $V_1 = 2E_1/e$ e um valor V_2 determinado pela condição:

$$E_1 - \frac{eV}{2} + e\varphi_a = 0.$$

Então,

$$V_2 \approx \frac{2E_1}{e}\left[1 - \frac{L_d}{b + L_d + d/4}\right]^{-1}.$$

VI.16 Calcule as larguras das duas primeiras mini-bandas electrónicas para uma super-rede GaAs/Al$_{0,3}$Ga$_{0,7}$As, com $d = 10$nm e $b = 1$nm. Utilize a eq. (6.56) tomando $m^* = 0,067\, m_0$ e $U_0 = 300$meV. Calcule também a massa efectiva m_{zz} no fundo da primeira mini-banda.

VI.17 Trace um gráfico qualitativo para a densidade de estados em função da energia na banda de condução da super-rede considerada no problema anterior.

VI.18 Considere uma super-rede de período a_{SR}. Admita que as mini-bandas electrónicas podem ser descritas por um espectro do tipo *"tight-binding"*. Para a mini-banda de energia mínima, que tem largura $2t$, obtenha a expressão para o período das oscilações de Bloch de um electrão sujeito a um campo eléctrico E, dirigido ao longo do eixo da super-rede.

VI.19 Considere fonões acústicos longitudinais numa super-rede AB cujo período é constituído por apenas duas camadas de cada material. Aplique o modelo de cadeia atómica, semelhante à apresentada na fig. P3.1, com todas as constantes de força iguais a f, as massas atómicas M_A e M_B e a distância interatómica a. Mostre que as frequências permitidas das vibrações acústicas com $k_z = 0$ (*folded acoustic phonons*) são dadas por

$$\omega^2 = 0 ; \qquad \omega^2 = f\left(M_A^{-1} + M_B^{-1}\right);$$

$$\omega^2 = f \frac{3\left(M_A + M_B\right) \pm \sqrt{9\left(M_A - M_B\right)^2 + 4M_A M_B}}{2M_A M_B} .$$

Mostre também que as frequências próprias na fronteira da ZB reduzida da super-rede, a $k_z = \pi/(4a)$, são dadas pelas relações

$$\omega^2 = f \frac{\left(3M_A + M_B\right) \pm \sqrt{\left(3M_A + M_B\right)^2 - 8M_A M_B}}{2M_A M_B} ;$$

$$\omega^2 = f \frac{\left(M_A + 3M_B\right) \pm \sqrt{\left(M_A + 3M_B\right)^2 - 8M_A M_B}}{2M_A M_B} .$$

Faça um esquema das curvas de dispersão dos fonões acústicos na ZB desta super-rede admitindo que $M_A > M_B$.

VI.20 A condutância eléctrica de um fio quântico, no regime quase balístico, é dada por [6.54]:

$$G = \frac{e^2}{2\pi\hbar}\left[\exp\left(L/l_d\right) - 1\right]^{-1} . \qquad (P6.17)$$

em que $l_d = \left(1 - R\right)/(R\lambda)$, R é a reflectância associada a uma impureza e λ é o número de impurezas por unidade de comprimento. Note-se que l_d tem o significado de percurso livre médio. Note-se ainda que a resistência aumenta com o comprimento do fio, L, de forma exponencial quando $L \geq l_d$, o que corresponde à localização dos estados electrónicos neste sistema unidimensional.

Mostre que, no limite $L \ll l_d$, a eq. (P6.17) tende para o limite clássico. Calcule a primeira correcção ao resultado clássico, referida como "localização fraca".

VI.21 Considere um ponto quântico de forma cúbica, de aresta $a = 2\text{nm}$. Admitindo que a banda de condução é simples e parabólica ($m_e^* = 0{,}2m_0$), e a barreira da energia

Capítulo VI – Estruturas de Semicondutores com Confinamento Quântico

potencial na sua superfície é de altura infinita, calcule as energias dos primeiros quatro níveis de um electrão neste ponto quântico.
Em que zona espectral se situa o fotão emitido numa transição entre os dois níveis de menor energia?

VI.22 Considere um ponto quântico esférico, de raio $R = 1\text{nm}$, feito do mesmo material do problema anterior.

    a) Admitindo que a banda de valência é parabólica, $\Delta_{so} \to \infty$, a massa efectiva das lacunas pesadas $m_{hh} = m_0$ e $m_{lh}/m_{hh} \ll 1$, calcule a energia do estado fundamental das lacunas.

    b) Calcule o desvio para energias mais altas do limiar de absorção, neste ponto quântico, quando comparado com o mesmo material na forma de cristal maciço.

    c) Determine a energia da interacção Coulombiana entre o electrão e a lacuna, ambos no seu estado fundamental, e compare-a com o valor obtido na alínea anterior. Tome $\varepsilon_0 = 10$.

VI.23 Considere o estado fundamental das lacunas num ponto quântico esférico ($1S_{3/2}$).

    a) Utilizando as expressões conhecidas para os símbolos $3j$ (apresentadas, por exemplo, em [6.67]), obtenha a forma explícita das funções de onda (6.73).

Resposta.
As funções de onda $\psi_{\frac{3}{2},M}(\vec{r})$ com $M = \pm1/2, \pm3/2$ podem ser escritas como:

$$\psi_{\frac{3}{2},M} = \psi_M^{(0)} + \psi_M^{(2)}$$

onde

$$\psi_M^{(0)} = R_0(r)Y_{00}(\vartheta,\phi)u_M,$$

$$\psi_{1/2}^{(2)} = -R_2(r)\left\{\frac{1}{\sqrt{5}}Y_{20}(\vartheta,\phi)u_{1/2} + \sqrt{\frac{2}{5}}\,Y_{2,-1}(\vartheta,\phi)u_{3/2} + \sqrt{\frac{2}{5}}\,Y_{22}(\vartheta,\phi)u_{-3/2}\right\},$$

$$\psi_{-1/2}^{(2)} = R_2(r)\left\{\frac{1}{\sqrt{5}}Y_{20}(\vartheta,\phi)u_{-1/2} - \sqrt{\frac{2}{5}}\,Y_{21}(\vartheta,\phi)u_{-3/2} - \sqrt{\frac{2}{5}}\,Y_{2,-2}(\vartheta,\phi)u_{3/2}\right\},$$

$$\psi_{3/2}^{(2)} = R_2(r)\left\{-\frac{1}{\sqrt{5}}Y_{20}(\vartheta,\phi)u_{3/2} + \sqrt{\frac{2}{5}}\,Y_{21}(\vartheta,\phi)u_{1/2} - \sqrt{\frac{2}{5}}\,Y_{22}(\vartheta,\phi)u_{-1/2}\right\},$$

$$\psi_{-3/2}^{(2)} = R_2(r)\left\{ -\frac{1}{\sqrt{5}} Y_{20}(\vartheta,\phi)u_{-3/2} + \sqrt{\frac{2}{5}} Y_{2,-1}(\vartheta,\phi)u_{-1/2} - \sqrt{\frac{2}{5}} Y_{2,-2}(\vartheta,\phi)u_{1/2} \right\}.$$

b) Utilizando este resultado, calcule os elementos de matriz que determinam as probabilidades das transições radiativas deste estado (com números M diferentes) para oestado $1S$ na banda de condução, de acordo com a eq. (6.84).

Resposta.

$$\left| \left\langle S;\uparrow \left| \vec{e}\cdot\hat{\vec{p}} \right| S_{3/2};3/2 \right\rangle \right|^2 = \left| \left\langle S;\downarrow \left| \vec{e}\cdot\hat{\vec{p}} \right| S_{3/2};-3/2 \right\rangle \right|^2 = (KD^2/2)\sin^2(\theta);$$

$$\left| \left\langle S;\uparrow \left| \vec{e}\cdot\hat{\vec{p}} \right| S_{3/2};1/2 \right\rangle \right|^2 = \left| \left\langle S;\downarrow \left| \vec{e}\cdot\hat{\vec{p}} \right| S_{3/2};-1/2 \right\rangle \right|^2 = (2KD^2/3)\cos^2(\theta);$$

$$\left| \left\langle S;\downarrow \left| \vec{e}\cdot\hat{\vec{p}} \right| S_{3/2};1/2 \right\rangle \right|^2 = \left| \left\langle S;\uparrow \left| \vec{e}\cdot\hat{\vec{p}} \right| S_{3/2};-1/2 \right\rangle \right|^2 = (KD^2/6)\sin^2(\theta) \qquad \text{(P6.18)}$$

em que θ é o ângulo entre o vector de polarização do fotão, $\vec{e}$, e o eixo z (que pode ser escolhido de uma maneira arbitrária).

VI.24 Considere fonões acústicos confinados num ponto quântico esférico e utilize o modelo contínuo da teoria de elasticidade. Determine as frequências próprias das vibrações elásticas livres, de simetria radial, de uma esfera maciça e homogénea, com a superfície rigidamente fixada na matriz. O raio da esfera é R, o material tem densidade ρ, módulo de Young E e coeficiente de Poisson ν.

Sugestão.
A equação do movimento com a simetria radial tem a seguinte forma [6.89]:

$$\frac{E(1-\nu)}{(1+\nu)(1-2\nu)} \operatorname{grad}\operatorname{div}\vec{u} = \rho\frac{\partial^2\vec{u}}{\partial t^2} .$$

O vector deslocamento tem apenas a componente radial que depende só da coordenada radial r. Apresente-o na forma $\vec{u} = \operatorname{grad}\Phi$, onde Φ é uma função escalar de r. Mostre que esta função obedece à equação de onda. Devido à a simetria radial, a parte angular do laplaciano pode ser omitida. Para resolver a equação diferencial note-se que a parte radial do laplaciano pode ser escrita como $\nabla_r^2\Phi = \frac{1}{r}\frac{\partial^2(r\Phi)}{\partial r^2}$.

VI.25 Mostre que níveis electrónicos localizados num ponto quântico esférico com barreira finita (ΔE_c), deixam de existir se o seu raio for inferior a um valor crítico, dado por $R_c = \pi\hbar \big/ \sqrt{2m_e^*\Delta E_c}$.

Capítulo VI – Estruturas de Semicondutores com Confinamento Quântico 333

VI.26. Considere os níveis electrónicos localizados num ponto quântico auto-organizado utilizando o modelo de potencial de confinamento parabólico (6.88).

a) Escreva as funções envelope para o estado $|p\rangle$.

b) Calcule o coeficiente de absorção devido à transição radiativa $|p\rangle \to |s\rangle$ tomando $\delta E_{sp} = \hbar\Omega_e = 50\text{meV}$ e os parâmetros do GaAs que sejam necessários e ainda admitindo que os PQAs ocupam 1% da camada da espessura $h \approx 3,5\text{nm}$ na qual se encontram.

Sugestão.
Utilize as funções próprias do oscilador harmónico unidimensional dadas por (P6.5) para construir $F_p(\rho, \vartheta, z)$, sem concretizar $F_z(z)$ que é a mesma da eq. (6.89). Na alínea b) pode-se fazer uso da eq. (6.40).

Bibliografia

6.1 Y. Imry, "Introduction to Mesoscopic Physics", Oxford University Press, 1997

6.2 G. Bastard, "Wave Mechanics Applied to Semiconductor Heterostructures", Halsted Press, NY, 1988

6.3 T Ando, A.B. Fowler, F. Stern, "Electronic properties of two-dimensional systems", Rev. Mod. Phys. **54**, pp. 437–672 (1982)

6.4 V.Y. Demikhovskii, G.A. Vugal'ter, "Physics of Quantum Low-Dimensional Structures" (em Russo), Logos, Moscow, 2000

6.5 M.J. Kelly, "Low-dimensional Semiconductors: Materials, Physics, Technology, Devices", Clarendon Press, Oxford, 1995

6.6 D. Bimberg, M. Grundmann, N.N. Ledentsov, "Quantum Dot Hetrostructures", Wiley, 1999

6.7 U. Woggon, "Optical Properties of Semiconductor Quantum Dots", Springer, 1999

6.8 Y.F. Ogrin, V.N. Lutskii, M.I. Elinson, Pis'ma v JETF [JETP Letters] **3**, 114 (1966)

6.9 E.I. Rashba, V.B. Timofeev, Fizika i Tekhnika Poluprovodnikov [Sov. Phys. Semiconductors] **20**, 977 (1986)

6.10 P.Y. Yu, M. Cardona, "Fundamentals of Semiconductors", Springer, 1996

6.11 L.D. Landau, E.M. Lifshits, "Quantum Mechanics", Pergamon, 1977

6.12 P.K. Basu, "Theory of Optical Processes in Semiconductors. Bulk and Microstructures", Clarendon, Oxford, 1997

6.13 E.L. Ivchenko, G. Pikus, "Superlattices and Other Heterostructures", Springer, 1995

6.14 V.A. Burdov, Semiconductors **36**, 1154 (2002); Journal of Experimental and Theoretical Physics **94**, 411 (2002)

6.15 K. von Klitzing, G. Dorda, M. Pepper, Phys. Rev. Lett. **45**, 494 (1980)

6.16 K. von Klitzing, Rev. Mod. Phys. **58**, 519 (1986)

6.17 Y.G. Arapov, N.A. Gorshkov, O.A. Kuznetsov, Fizika i Tekhnika Poluprovodnikov [Sov. Phys. Semiconductors] **27**, 1165 (1993)

6.18 K.I. Wysokinski, European J. Phys. **58**, 21 (2000)

6.19 R.E. Prange, Phys. Rev. B **26**, 991 (1982)

6.20 R.B. Laughlin, Phys. Rev. B **23**, 5632 (1981)

6.21 B.I. Halperin, Phys. Rev. B **25**, 2185 (1982)

6.22 P.A. Lee, T.V. Ramakrishnan, "Disordered electronic systems", Rev. Mod. Phys. **57**, pp. 287–337 (1985)

6.23 T.D. Tsui, H.L. Stormer, A.C. Gossard, Phys. Rev. Lett. **48**, 1559 (1982)

6.24 R.B. Laughlin, Phys. Rev. B **27**, 3383 (1983); Phys. Rev. Lett. **50**, 1395 (1983)

6.25 R. Dingle, W. Wiegmann, C.H. Henry, Phys. Rev. Lett. **33**, 827 (1974)

6.26 C. Weisbuch, B. Vinter, "Quantum Semiconductor Structures", Academic Press, San Diego, 1991

6.27 D.D. Awschalom, D. Loss, N. Samarth, "Semiconductor Spintronics and Quantum Computation", Springer, 2002

6.28 V.Y. Aleshkin, Y.A. Romanov, Fizika i Tekhnika Poluprovodnikov [Semiconductors] **27**, 329 (1993)

Capítulo VI – Estruturas de Semicondutores com Confinamento Quântico   335

6.29 Zh.I. Alferov, "Double Heterostructures: Concepts and Applications in Physics, Electronics and Technology", Uspekhi Fizicheskih Nauk **172**, 1068 (2002)

6.30 W.T. Tsang, Appl. Phys. Lett. **39**, 134 (1981); **40**, 217 (1982).

6.31 D.A. Vinokurov et al, Fizika i Tekhnika Poluprovodnikov [Semiconductors] **39**, 388 (2005)

6.32 H. Kroemer, G. Griffiths, IEEE Electron. Dev. Lett. **EDL4**, 20 (1983)

6.33 A.N. Baranov et al, Fizika i Tekhnika Poluprovodnikov [Sov. Phys. Semiconductors] **20**, 1385 (1986)

6.34 R. Tsu, L. Esaki, Appl. Phys. Lett. **22**, 562 (1972)

6.35 L.L. Chang, L. Esaki, R. Tsu, Appl. Phys. Lett. **24**, 593 (1974)

6.36 M. Jonson, Phys. Rev. B **39**, 5924 (1989)

6.37 J. Bardeen, Phys. Rev. Lett. **6**, 57 (1961)

6.38 V.J. Goldman, D.G. Tsui, J.B. Cunningham, Phys. Rev. B **36**, 7635 (1987) ; Phys. Rev. Lett. **58**, 1256 (1987)

6.39 M. Tsuchiya, H. Sakaki, J. Yoshino, Jap. J. Appl. Phys. **24**, L466 (1985)

6.40 F. Capasso, S. Sen, A.C. Gossard, IEEE Electron. Dev. Lett. **EDL7**, 573 (1986)

6.41 S.S. Makler, M.I. Vasilevskiy, D.E. Tuyarot, J. Weberszpil, E.V. Anda, H.M. Pastawski, J. Phys.: Condensed Matter **10**, 5905 (1998)

6.42 H. Sakaki, Solid State Communications **92**, 119 (1994)

6.43 R.F. Kazarinov, R.A. Suris, Sov. Phys. Semicond. **5**, 707 (1971)

6.44 J. Faist, F. Capasso, D.L. Sivco, C. Sirtori, A.L. Hutchinson, A.Y. Cho, Science **264**, 553 (1994)

6.45 J. Faist, F. Capasso, D.L. Sivco, A.L. Hutchinson, S.N.G. Chu, A.Y. Cho, Appl. Phys. Lett. **72**, 680 (1998)

6.46 L.V. Keldysh, Fizika Tverdogo Tela **4**, 2265 (1962) [Sov. Phys. Solid State **4**, 1658 (1963)]

6.47 L. Esaki, R. Tsu, IBM J. Res. Dev. **14**, 61 (1970)

6.48 G.T. Einevoll, P.C. Hemmer, Semicond. Sci. Technol. **6**, 590 (1991)

6.49 P. Apell, O. Hunderi, "Optical Properties of Superlattices", In: "Handbook of Optical Constants of Solids", E.D. Palik (ed.), Academic Press, 1991, pp. 97-124

6.50 F. Bloch, Z. Phys. **52**, 555 (1928)

6.51 S.M. Rytov, Sov. Phys. JETP **2**, 466 (1956)

6.52 "Photonic Crystals and Light Localization in the 21st Century", C.M. Soukoulis (ed.), NATO Science Series vol.563. Serie C: Mathematical and Physical Sciences, Kluwer Academic Publishers, 2001

6.53 M.A. Herman, "Semiconductor Superlattices", Springer, 1986

6.54 R. Landauer, Phil. Mag. **21**, 863 (1970)

6.55 B.J. von Wees, H. van Houten, C.W.J. Beenakker, J.G. Williamson, L.P. Kouwenhoven, D. van der Marel, C.T. Foxon, Phys. Rev. Lett. **60**, 848 (1988)

6.56 Y. Arakawa, H. Sakaki, Appl. Phys. Lett. **40**, 939 (1982)

6.57 A.I. Ekimov, A.A. Onujchenko, Pis'ma v JETF **34**, 363 (1981) [JETP Letters **34**, 345 (1981)]

6.58 A.L. Efros, Al.L. Efros, Sov. Phys. Semicond. **16**, 772 (1982)

6.59 L.E. Brus, J. Chem. Phys. **80**, 4403 (1984)

6.60 J.A. Medeiros Neto, L.C. Barbosa, C.L. Cesar, O.L. Alves, F.L. Galenbeck, Appl. Phys. Lett. **59**, 2715 (1991)

6.61 M.P. Shepilov, J. Non-Cryst. Solids **146**, 1 (1992).

6.62 A.I. Ekimov, J. Luminescence **70**, 1 (1996)

6.63 "Nanoestruturas Semiconductoras", J. Tutor-Sanchéz, H. Rodríguez-Coppola, G. Armelles-Reig (eds.), CYTED, 2003, Capítulo 2.

6.64 A.P. Alivisatos, Science **271**, 933 (1996)

6.65 C.B. Murray, D.J. Norris, M.G. Bawendi, J. Am. Chem. Soc. **115**, 8706 (1993)

6.66 D.V. Talapin, A.L. Rogach, A. Kornowski, M. Haase, H. Weller, Nano Letters **1**, 207 (2001)

6.67 L.D. Landau, E.M. Lifshits, "Quantum Mechanics", Pergamon, 1977

6.68 B.L. Gelmont, M.I. Diakonov, Fizika I Tekhnika Poluprovodnikov [Sov. Phys. Semiconductors] **5**, 2191 (1971)

6.69 A. Baldereshi, N.O. Lipari, Phys. Rev. B **8**, 2697 (1973)

6.70 A.I. Ekimov, A.A. Onushchenko, A.G. Plyukhin, Al.L. Efros, Zh. Eksp. Teor. Fiz. **88**, 1490 (1985) [Sov. Phys. JETP **61**, 891 (1985)]

6.71 A.I. Ekimov, F. Hache, M.C. Schanne-Klein, D. Ricard, C. Flytzanis, I.A. Kudryavtsev, T.V. Yazeva, A.V. Rodina, Al.L. Efros, J. Opt. Soc. Am. B **10**, 100 (1993)

6.72 Y. Kayanuma, Phys. Rev. B **38**, 9797 (1988)

6.73 Al.L. Efros, M. Rosen, M. Kuno, M. Nirmal, D.J. Norris, M. Bewendi, Phys. Rev. B **54**, 4843 (1996)

6.74 M.I. Vasilevskiy, E.I. Akinkina, A.M. de Paula, E.V. Anda, Semiconductors **32**, 1378 (1998)

6.75 A.G. Rolo, M.V. Stepikhova, S.A. Filonovich, C. Ricolleau, M.I. Vasilevskiy, M.J.M. Gomes, physica status solidi (b) **232**, 44 (2002)

6.76 W.C.W. Chan, S. Nie, Science **281**, 2016 (1998)

6.77 A.J. Nozik, Physica. E **14**, 115 (2002)

6.78 Y.P. Rakovich, J.F. Donegan, N. Gaponik, A.L. Rogach, Appl. Phys. Lett. **83**, 2539 (2003) ; Y.P. Rakovich *et al*, phys. stat. sol. (c) **2**, 858 (2005)

6.79 C. Teichert, Phys. Rep. **365**, 335 (2002)

6.80 "Nano-Optoelectronics. Concepts, Physics and Devices", M. Grundmann (ed.), Springer, 2002

6.81 N.N. Ledentsov, V.M. Ustinov, V.A. Shchukin, P.S. Kop'ev, Zh.I. Alferov, D. Bimberg, Fizika i Tckhnika Poluprovodnikov **32**, 385 (1998) [Semiconductors **32**, 343 (1998)]

6.82 G. Citrin et al, Appl. Phys. Lett. **67**, 97 (1995)

6.83 M. Volmer, A. Weber, Z. Phys. Chem. **119**, 277 (1926)

6.84 I.N. Stranski, L. Krastanow, Sitzungsberichte d. Akad. d. Wissenschaften in Wien, Abt. lib, Band **146**, 797 (1937)

6.85 D. Leonard, K. Pond, P.M. Petroff, Phys. Rev. B **50**, 11687 (1994)

6.86 M.S. Skolnick, D.J. Mowbray, Physica E **21**, 155 (2004)

6.87 F.Y. Tsai, C.P. Lee, J. Appl. Phys. **84**, 2624 (1998)

6.88 J.M. Gérard *et al*, "InAs quantum dots: artificial atoms for solid state quantum optics", in: "Physics of Semiconductors 2002. Proceedings of the 26-th International Conference", A.R. Long and J.H. Davies (eds.), IOP Publishing, 2003, pp. 11-20

6.89 L.D. Landau, E.M. Lifshits, "Theory of Elasticity", Pergamon, 1977

6.90 O. Stier, M. Grundmann, D. Bimberg, Phys. Rev. B **59**, 5688 (1999)

6.91 O. Stier, D. Bimberg, Phys. Rev. B **55**, 7726 (1997)

6.92 J.Y. Marzin, J.M. Gérard, A. Izraël, D. Barrier, G. Bastard, Phys. Rev. Lett. **73**, 716 (1994)

6.93 A.J. Williamson, L.W. Wang, A. Zunger, Phys. Rev. B **62**, 12963 (2000)

6.94 L. Jasak, P. Hawrylak, A. Wojs, , "Quantum Dots", Springer, 1998

6.95 A.O. Govorov, Phys. Rev. B **71**, 155323 (2005)

6.96 P. Palinginis, S. Tavenner, M. Lonergan, H. Wang, Phys. Rev. B **67**, 201307 (2003)

6.97 I.A. Karpovich, B.N. Zvonkov, N.V. Baidus, S.V. Tikhov, D.O. Filatov, "Tuning the energy spectrum of the InAs/GaAs quantum dot structures by varying the thickness and composition of a thin double GaAs/InGaAs cladding layer", in: "Trends in Nanotechnology Research", E.V. Dirote (ed.), Nova Science Publishers, NY, 2005, Chapter 8.

6.98 M. Telford, "QD lasers go to market", III-Vs Review, **17**, №3, p.29 (2004)

6.99 V.M. Ustinov, N.A. Maleev, A.R. Kovsh, A.E. Zhukov, Phys. Stat. Sol. (a) **202**, 396 (2005)

6.100 A.I. Anselm, "Introduction to Semiconductor Theory", Mir, Moscow, 1981